国家电网公司
电力科技著作出版项目

高比例可再生能源电力系统灵活性：

概念、理论与应用

鲁宗相　乔颖　李海波　闵勇　胡伟　著

中国电力出版社
CHINA ELECTRIC POWER PRESS

内 容 提 要

在国际社会推动能源转型发展、应对全球气候变化的背景下，清洁、低碳、安全、高效成为电力系统追求的关键发展目标，高比例可再生能源成为世界各国中远期发展共识。未来电力系统的"双高"新特征——高比例可再生能源、高比例电力电子装置，促进了电力系统本征特性的深刻改变。

本专著作为高比例可再生能源电力系统灵活性的系统性理论著作，旨在为高比例可再生能源电力系统的规划和运行工作提供理论支撑。全书包括 6 章，分别是概述，灵活性基本概念、平衡机理与量化评估，源网荷储一体化的灵活性规划理论与方法，高比例可再生能源电力系统灵活性规划实例及工程应用，基于电力系统灵活性的源网协调综合优化运行方法，基于电力系统灵活性的源网协调综合优化运行应用实例。

本专著可供电力系统规划和运行相关从业人员和研究人员学习使用。

图书在版编目（CIP）数据

高比例可再生能源电力系统灵活性：概念、理论与应用 / 鲁宗相等著. —北京：中国电力出版社，2022.1
ISBN 978-7-5198-6322-7

Ⅰ. ①高… Ⅱ. ①鲁… Ⅲ. ①再生能源–电力系统–灵活性 Ⅳ. ①TM7

中国版本图书馆 CIP 数据核字（2021）第 263507 号

出版发行：中国电力出版社
地　　址：北京市东城区北京站西街 19 号（邮政编码 100005）
网　　址：http://www.cepp.sgcc.com.cn
责任编辑：王春娟　罗　艳（010-63412315）　高　芬　邓慧都　王　磊　付静柔
责任校对：黄　蓓　常燕昆
装帧设计：张俊霞
责任印制：石　雷

印　　刷：北京博海升彩色印刷有限公司
版　　次：2022 年 1 月第一版
印　　次：2022 年 1 月北京第一次印刷
开　　本：710 毫米×1000 毫米　16 开本
印　　张：20.25　插页　1
字　　数：372 千字
印　　数：0001—1000 册
定　　价：198.00 元

在国际社会推动能源转型发展、应对全球气候变化的背景下，清洁、低碳、安全、高效成为电力系统追求的关键发展目标，高比例可再生能源成为世界各国共同的中远期发展共识。未来电力系统的"双高"新特征——高比例可再生能源、高比例电力电子装置，促进了电力系统本征特性的深刻改变。

2018 年，国际能源署（IEA）年度能源展望报告中指出："灵活性是电力系统的新口号"。太阳能发电和风力发电的快速发展，使得灵活性成为保证电力系统稳定运行的关键特性。然而，目前对电力系统灵活性的定义基本还停留在定性层面，对灵活性供需平衡涉及的关键要素及其相互作用关系没有厘清，缺乏专门的灵活性规划和运行的理论与技术体系。

本书围绕高比例可再生能源电力系统灵活性概念：理论与应用，主要阐释以下三个方面的内容：

（1）高比例可再生能源电力系统灵活性的平衡机理与量化评估。针对电力系统灵活性尚无定量定义、灵活性供需平衡机理缺乏严格数学论证的问题，解析高比例可再生能源电力系统灵活性的基本定义、关键要素及其关系、数学特征，并考虑源网荷的不确定性特点，基于概率原理论证灵活性供需平衡的严格数学模型，开展随机生产模拟和量化评估分析。

（2）源网荷储一体化的灵活性统筹规划。针对现有"源匹配荷"的单向电力电量平衡机理不适应高比例可再生能源未来电力系统源网荷广泛互动协调的基本特性，经典电源电网规划方法不适应高比例可再生能源电力系统多场景复杂性带来的技术挑战等问题，构建全新的电力系统灵活性规划方法框架，提出源荷储广义灵活电源的双层规划、大型可再生能源基地汇集和送出系统一体化规划、源侧多类型储能的多点布局和优化配置等一系列新技术，并在我国西北、东北、蒙西电网规划中应用。

（3）基于电力系统灵活性的源网协调综合优化运行。针对现有基于确定性方法的调度运行体系难以应对可再生能源带来的高不确定性与强波动性的变革需求，提出风光高精度预测技术、基于集群虚拟机组的分层优化调度技术、考虑电网约束的风光水火储多能互补优化运行方法、基于多时空尺度灵活性的可再生能源综合消纳技术，并在我国东北、内蒙古、甘肃、冀北等可再生能源富集区域电网中应用。

本书提出的理论与方法有望促进电气工程学科关于灵活性的理论体系发展，提升电力系统可再生能源发电综合高效消纳水平，并促进电力系统向高比例可再生能源未来场景稳步迈进。感谢国家自然科学基金——智能电网联合重点基金项目（U1766201）的资助。

著　者

2022 年 1 月

目　录

第1章

概　　述

1.1　高比例可再生能源电力系统灵活性的研究意义

在国际社会推动能源转型发展、应对全球气候变化的背景下，清洁、低碳、安全、高效成为电力系统发展的关键目标，高比例可再生能源成为世界各国共同的中远期发展共识，欧洲、美国和中国分别提出 2050 年实现 100%、80%、60%可再生能源电力系统蓝图。2017 年，丹麦电网的可再生能源发电量占比已经达到53%，成为国际领跑者，也证明了高比例可再生能源发展路径的可行性。

未来电力系统高比例可再生能源、高比例电力电子装置接入的"双高"新特征，促进了整个电力系统本征特性的深刻改变。具有高不确定性、强波动性的风能和太阳能发电成为主力电源，常规火电机组逐步向灵活调节电源转型，并通过水电厂、燃气电厂、储能、主动负荷需求响应等灵活资源调节，实现对可再生能源随机波动性的互补，网源荷广泛互动协调使得灵活性成为规划和运行关注的核心问题。

近年来，灵活性不足也成为我国"弃风、弃光、弃水"矛盾的内在原因。2014～2018 年，全国弃风率统计平均值为 11.8%，三北地区多数大型风电基地的弃风率甚至超过 20%。中国不同地区弃风的原因各异，如内蒙古、冀北和甘肃电网弃风主要是由于外送通道不足，东北三省严重弃风的主要原因是调峰能力不足。而外送问题导致弃风的核心原因是电网灵活性不足，调峰问题导致弃风的核心原因是电源结构灵活性不足，归根结底都是系统灵活性不足的问题。而引入储能乃至考虑负荷需求响应机制来减少弃风、弃光的研究，其本质也是增加系统的灵活调节能力。

可见，无论是中低比例可再生能源的现阶段，还是高比例可再生能源的未来电力系统场景，灵活性都是系统规划和运行的核心问题。2018 年，国际能源署（international energy agency，IEA）年度能源展望报告中指出："灵活性是电力系

1

统的新口号"，太阳能发电和风力发电的快速发展，也使得灵活性成为保证电力系统稳定运行的关键。然而，目前对电力系统灵活性的定义基本还停留在定性层面，对灵活性供需平衡与电力电量平衡之间的关系没有厘清，缺乏专门的灵活性规划和运行的理论与技术体系。

因此，有必要聚焦电力系统灵活性供需平衡的理论原理、基于概率模型的生产模拟和量化评估方法、灵活性统筹规划和基于灵活性的源网协调优化运行技术，系统阐释电力系统灵活性基本原理、理论方法和关键技术等一系列原创性成果，并介绍了提升电网新能源消纳能力的工程应用案例。

1.2　国内外研究现状

1.2.1　高比例可再生能源电力系统灵活性平衡原理

在电力系统的安全性、可靠性、灵活性、经济性四个基本特性中，灵活性一直难于量化，例如，评价变电站主接线灵活性往往采用操作方便、调度方便、扩建方便、便于检修等定性描述方式。高比例可再生能源接入电力系统后，灵活性成为系统运行特性的核心和关键，其定量评价成为研究热点[1-4]，目前的研究大致可分为两类：

（1）静态直接评价法。采用类似专家评价的方法对系统灵活性供需平衡进行评价。文献［5］采用"灵活度雷达图（flexibility chart）"刻画系统灵活性，具体以各类灵活性资源（水电厂、热电联产、抽水蓄能等）及灵活性需求（负荷、风电等）装机容量百分比的雷达图表示。IEA 提出包含电网区域范围、网架强度、可调度灵活资源等因素的打分法[6]，针对常规电厂、储能设备、需求侧响应及电网四类灵活性资源建立评估方法。然而，这些评价指标基本都是在通用规模指标基础上的二次表征，无法反映系统灵活性供需平衡的物理机理，且静态评价结果偏保守。

（2）动态仿真评价法。设定若干场景进行生产模拟，根据是否存在失负荷或可再生能源限电判断系统灵活性大小。例如：文献［7］基于机组灵活性指标规划待建机组，促进新能源消纳；文献［8］和文献［9］获取机组出力序列并将其转化为灵活性供给概率分布，并与灵活性需求序列对比判定系统灵活性大小；文献［10］建立 1h 时间尺度的系统灵活性需求及供给模型，并应用于短期运行规划中分析系统灵活性供需平衡；文献［11］提出灵活性需求和供给的区间形式，对比判断其充裕性；文献［12］从爬坡、功率和能量 3 个维度提出灵活性指标；文献［13］提出衡量系统爬坡能力是否满足需求的指标。上述灵活性研究着眼于解决新能源消纳等工程目标，仍然存在若干基础理论问题没厘清：① 基本特性方面，电力系统灵活性具有方向性、概率性、多时空尺度特性、状态相依性和双向转化特征，现有研究仅就其中部分特性展开，难以体现其多特性耦合的复杂特点；② 数学模型方面，不仅需要了解某时刻系统灵活性是否充裕，更需要关注一段时间内系统灵活性充裕的概率，搭建多时空尺度、不同场景的概率性、灵活性评价的统一数学框架；③ 评价指标方面，现有评价指标与可再生能源消纳水平、系统安全性之间还有待建立因果逻辑。因此，构建逻辑严谨的电力系统灵活性供需平衡机理，是高比例可再生能源电力系统规划和运行迫切需要解决的关键基础问题。

1.2.2　源网荷储一体化的广义灵活性统筹规划

1.2.2.1　电源灵活性规划

传统电源规划的关键约束是电力电量平衡方程，然而随着可再生能源装机容量的增加，装机负荷比不断提高，系统发电裕度即可靠性水平已经较高，但由于可再生能源电源的出力波动仍存在局部时段、局部地区供电不足的风险，即传统电源的灵活性是否能够满足可再生能源的随机变化成为制约可再生能源消纳的关键因素。因此，需要在电源规划中考虑灵活性因素，否则决策方案难以支撑高比例可再生能源系统的正常运行。已经有学者指出[14]，在中国电力规划中，提高系统中灵活性电源（抽水蓄能、燃气电站等）的占比十分重要。针对规划阶段高度不确定性的问题，文献［15］提出了灵活电源规划模型，从而以最优的成本实现电源结构灵活性的最大化。

随着可再生能源接入比例的增加，Mark O'Malley 等学者提出了灵活性规划思路[16]，即需要对灵活性定量评价并将其纳入传统电力系统规划框架中。文献［17］给出了量化发电系统灵活性的方法，在此基础上，建立了基于经济性和灵活性的电源规划模型，并定义在各类不确定性场景下，灵活性指标为机组运行成本与基准成本之间的偏差，模型能够得到经济性与灵活性的帕累托最优解。文献［18］从机组参数角度定义了常规电源灵活性，并以可再生能源消纳目标为关键约束，将运行模拟与电源扩展规划结合，建立了不同灵活性水平的电源规划模型。

为了提高热电联产（combined heat and power，CHP）机组在供热期的灵活性，有较多在热电耦合系统灵活性规划方面开展的研究。文献［19］提出采用储热与电锅炉提高 CHP 机组的灵活性，从而降低夜间低电负荷需求高热负荷需求时段的弃风量。文献［20］和文献［21］分别提出将储热设备应用于电—热联合系统的运行框架体系以及优化调度模型，仿真表明加入储热后能够通过调整 CHP 机组的发电计划，实现与风电出力的互补。文献［22］基于电—热联合系统，建立了详细的 CHP 系统模型及电热耦合元件的动态模型，并提出了面向风电消纳的电热耦合系统规划的解决方案。

1.2.2.2 输电网灵活性规划

在输电网灵活规划方面已经有比较丰硕的研究成果，提出了多种模型的求解算法，如基于补偿随机规划的柔性决策方法及考虑线路被选概率、基于盲数 BM模型、基于等微增率准则、基于联系数模型、考虑发电和负荷不确定性因素、基于蒙特卡洛模拟的电网灵活规划方法。上述模型和算法并不是针对可再生能源的不确定性，而是针对传统输电网规划中的不确定性，提供具有较强鲁棒性的规划方案。美国电科院对灵活性定量评价开展了深入研究并形成商业软件，提出了在发输电系统规划中考虑灵活性的必要性及评估流程。首先根据系统历史运行数据和预测数据，对系统的灵活性需求进行评估，并进行详细的运行模拟，计算系统运行状态和灵活性供给能力，进而可分析输电网对灵活性资源的传输和承载能力，并反馈到规划决策模块对方案进行校正。

1.2.2.3 配电网灵活性规划

随着分布式电源和微电网的发展，配电网的不确定性逐渐增强，因此也需要进行灵活性规划。在传统配电网规划中，负荷预测、馈线规划及可靠性分析是重点内容。然而，随着各类新型元素的加入，配电网灵活性规划有了新的内涵，有学者提出需要考虑需求侧响应、储能规划等因素，从而提升配电系统的灵活性。

需求侧灵活性资源主要指需求响应，包括直接负荷控制（direct load control，DLC）、可中断负荷（interruptible load，IL）、需求侧竞价（demand side bidding，DSB）、紧急需求响应（emergency demand response，EDR）、容量市场项目和辅助服务项目等。需求响应主要通过合适的电力市场机制（如分时电价等）来激励，取决于用户侧的消费弹性，如果实施效果较好，相当于对负荷曲线进行"削峰填谷"，从负荷侧降低对灵活性的需求，以较低的成本间接为系统提供灵活性。文献[32]提出了火电机组灵活性模型，并将需求响应纳入日前机组组合模型中，考虑安全约束及各类不确定性因素（如机组故障、负荷风电预测误差），定量分析了相关因素对风电消纳的影响。文献[33]针对主动配电网规划进行了综述和展望，介绍了需求响应、电动汽车等新型因素对负荷不确定性建模的影响，可用于指导未来主动配电网的灵活性规划。文献[34]提出在配电侧成立灵活性交易中心的思路，能够降低配电网的阻塞，从而对配电网规划进行优化。

1.2.2.4 储能资源规划

储能作为最有潜力的灵活性资源之一，得到了学术界和工业界的重视。文献［35］对储能技术在智能电网中的应用前景、规划和效益评估方法进行了综述。文献［36］从储能带来的效益入手进行分析，提出了能量型储能在风储联合发电系统中的容量优化配置模型。在工业应用方面，国家电网有限公司的"电网新技术前景研究"项目咨询组对大规模储能技术在电力系统中的应用前景进行了全面分析，考虑了不同类型储能技术在中国发展的路线图（当前至 2030 年）[37]。文献［38］针对多个风储联合系统，建立了集群风电场的储能配置和优化调度模式。文献［39］从调频角度，分析了储能对高比例可再生能源接入电网后的调频价值。

因此，在高比例可再生能源电力系统中，不仅要进行源网灵活性规划，还应充分考虑配电侧及储能侧灵活性资源，在电力系统灵活性规划中，实现源网荷储一体化的统筹优化规划，从而以最低成本实现最大限度的灵活性提升。

1.2.3 基于电力系统灵活性的源网协调优化运行

1.2.3.1 经典风电预测方法

准确的风电功率预测，是把握其不确定性特性，实现源网协调的基础和前提。根据所采用方法机理的不同，风电功率预测方法分为物理预测方法和统计预测方法。

1. 物理预测方法

物理预测方法的本质是对数值天气预报（numerical weather prediction，NWP）结果的降尺度处理，属于微尺度数值模拟方法，与空间分辨率数千米到数十千米的中尺度 NWP 相比，物理方法的空间分辨率可以达到 500m 的水平。采用计算流体力学方法考虑风机尾流效应对风资源的影响，可进一步提高数值模拟空间分辨率。以微尺度模式和中尺度 NWP 结果作为初值背景场，一些原先在中尺度模式中参数化处理的动力过程需要更加精细地用方程加以描述，空间分辨率越高，模式对局地微气象、微地形的考虑越复杂。在降尺度过程中，受初值积分过程影响，中尺度 NWP 的预测误差往往会继续放大。因此，在风电功率预测应用中，微尺度模式的预报精度和预报空间尺度之间的矛盾更为突出。

物理预测方法的工程简化思路则试图绕开较为复杂的微尺度模式，避免动力学方程求解，典型的做法是采用参数化思路，利用地表粗糙度变化模型、地形变化模型及尾流效应模型，将 NWP 结果转化为风机预测风速。这种方法的确大大降低了物理方法的计算难度，在工程应用上具有一定的效率优势。但从技术原理考虑，这类工程方法对各类参数化模型精确度要求较高，由于风资源具有随机波动性，仅使用经验参数难以准确刻画实际情况，对于物理方法本身应具备的局地小尺度精细模拟效果有一定削弱。

2. 统计预测方法

统计预测方法通过对大量历史样本的统计分析建立预测模型，应用比较广泛。超短期预测（4~6h 以内）和短期预测（1 周到数周）是目前风电功率预测研究最关注的时间尺度。对于超短期尺度，可以不依赖 NWP 提供的气象变量预测结果，而直接基于历史统计数据建立预测模型实现序列外推。在超短期预测中，统计方法的应用可以分为数据预处理和序列外推两个步骤，其中序列外推是预测必要环节，数据预处理则为序列外推提供分析基础，二者常见的配合方式为首先用预处理方法将原预测对象进行变换或解构，从而得到统计特征更加显著的直接预测对象，然后利用序列外推方法对直接预测对象进行建模，实现规定时间尺度的预测。较为常用的数据预处理方法有小波分解、傅里叶变换、基于混沌理论的相空间变换方法等；序列外推方法则有持续法、时间序列方法、状态估计方法、人工智能学习方法等。对于短期预测尺度，相关研究多在功率输出模型等环节采用统计建模，替代物理方法的降尺度过程。对于数据预处理环节，有文献在 NWP 预处理环节采用聚类模型进行模式分类，提高预测精度；有研究者采用支持向量机对全年的相似日进行分类，再进行后续预测流程。

从具体数学模型来看，最常用的两类风电功率预测统计方法是经典时间序列方法和人工智能方法。经典时间序列方法包括自回归（autoregression，AR）、滑动平均（moving average，MA）、自回归移动平均（autoregressive moving average，ARMA）等基于鲍克斯—詹金斯（Box Jenkins）时间序列建模理论的预测方法，对于平稳时间序列具有很好的预测建模效果。人工智能方法包括人工神经网络、模糊逻辑、支持向量机等基于感知器的方法，对于非线性特征的样本具有较好的自学习能力。在超短期时间尺度，相对于简单的持续法，人工智能方法具有较为明显的预测精度提升效果。主要缺点是如果历史样本蕴含的统计特征不明显，学习得到的模型将十分复杂，大大增加模型训练时间。此外，以局部回归为代表的非参数模型，由于具有对非线性样本适应性强的优点，也常用在风电功率预测建模中。

总的来看，目前关于预测方法的研究主要有两方面不足：①研究对象多为预测系统特定环节，缺乏对风电功率预测全过程的系统性分析；②研究方法多直接套用其他预测领域（如电力系统负荷预测）的经典方法，缺乏风资源/风电功率时空波动特性对预测精度影响的机理性认识。因此，如何结合动力学方法和统计学方法，从物理机理分析和统计特性细化两个角度深入认识风资源/风电功率时空波动特性，是预测精度提升研究的关键。

本书关于综合协调风电功率预测方法的研究，目标是从方法论层面指导算法改进，因此以"统计学方法"和"动力学方法"作为应用于预测系统不同环节统计/物理方法的一般性统称。

1.2.3.2 风电场概率模型

建立风电虚拟机组（wind farm virtual power generation unit，WVPG）概率模型的核心是建立多元相关随机变量和的概率分布，涉及单个风电场的边缘概率分布建模、多风电场间空间相关性建模以及基于边缘概率分布和空间相关性模型的随机变量和的概率分布建模三个部分。现有研究在风电特性建模方面已做了大量有益的工作，但仍存在如下问题：

（1）风电场边缘概率分布建模方面，多采用固定参数和形态的概率分布建模单个风电场的波动性和不确定性，或仅考虑预测出力对不确定性概率分布的影响。但是风资源条件是时变的，WVPG 作为资源约束发电机组，其波动性和不确定性概率分布参数和形态也会随之变化，并且不确定性概率分布还随着预测时间尺度而改变。因此，若采用固定概率分布描述风电特性，将导致较大建模误差，最终影响运行决策结果的有效性。

（2）多风电场空间相关性建模方面，现有研究多采用固定函数或固定相关系数矩阵进行描述。但风电场间的空间相关性也随资源特性变化而改变，如当风向不同时，风电出力的空间相关性将随之变化。

（3）现有研究并未就风电场边缘分布时变特性、多风电场空间相关系数时变特性共同约束下，集群风电及内部各风电场时变概率模型建模方法进行讨论。

1.2.3.3 含风电系统的调度运行

关于风电与常规电源的协调调度运行，核心在于对风电不确定性特征的描述和优化处理，含风电系统的调度运行模型见表 1-1。

表 1-1　　　　　　　　　　含风电系统的调度运行模型

名称	引入风电不确定性的形式	方法描述	主要问题
等备用容量法	点值信息	按预测值的一定比例增加旋转备用	备用容量比例难以确定
风险备用法	点值信息	满足一定风险指标的备用容量	风险阈值难以确定
区间法	区间信息	备用覆盖不确定性上下界信息	区间内无法考虑概率信息，区间外无法控制风险
多场景分析法	概率分布的离散采样信息	约束条件满足所有场景，目标为各场景期望成本最小	风电接入点多时，场景数目过多导致维数灾
机会约束法	概率分布	风电相关的备用约束采用概率形式	无法控制概率约束置信区间外的风险
模糊规划法	隶属度函数	基于隶属度建立风电约束条件和目标函数	模糊隶属度函数往往根据经验选取，难以有效确定

等备用容量法是在早期研究中对经典方法进行修正，按照风电预测出力的一定比例增加旋转备用来应对风电不确定性，但备用容量的比例选取难以确定。

风险备用法是为控制风电不确定性对系统运行带来的风险，由相关研究提出的，以包含风电不确定性的风险指标小于某一预设阈值，或以风险指标最小来确定旋转备用和常规机组运行点。

等备用容量法和风险备用法实质上仅将风电不确定性的点值信息引入优化模型，为将风电不确定性的区间信息引入调度模型，相关研究提出了基于区间法的运行调度模型。区间法通过上调/下调备用配置，使得风电出力在整个区间内波动时，系统均能保持有功平衡。区间法应用时仅需要风电不确定性的置信区间信息，无需得到具体的概率分布，但无法考虑风电特性全概率信息。

为在调度模型中引入更丰富的风电概率信息，多场景分析法得到了广泛应用。这种方法通过概率分布采样获得的若干场景来近似风电不确定性的概率分布，对每种场景均建立一组约束条件，求解满足所有出力场景约束的调度决策。多场景分析法应用时的主要挑战在于随着风电接入点的增加，场景数目将快速增长，在机组组合中应用时计算量较大，难以快速有效求解。

在调度模型中考虑风电概率信息的另一方法是机会约束法。它将风电出力看作随机变量加入优化模型中，与随机变量相关的约束条件采用概率形式。求解机会约束规划的关键在于将概率性约束确定化，一般有两种思路：① 若已知随机变量概率分布，且概率约束为线性形式，可以通过分位点转换为确定性约束；② 若随机变量概率分布未知，或概率约束为非线性形式，通常以随机采样代替机会约束中的随机变量，转换为确定性约束。

上述研究尽管使用的建模方法不同，但从本质而言，多将风电视作"负负荷"，或仅在优化模型中添加弃风量最小作为优化目标，未充分发挥风电的电源调节特性。另外，以单个风电场为调度协调变量，存在风电参与日前计划不确定性高、可调度性差的问题；对于大型风电基地而言，还存在随机型决策变量多、协调难度大的问题。除此之外，目前优化运行模型侧重最小化弃风量以提高经济性，对这类资源约束型电源的不确定性给调度造成的安全性风险考虑不足。

1.2.3.4 多风电场间协调调度运行

研究多风电场间协调调度运行的意义在于利用各风电场出力平滑效应，通过多场互济来提高整体对调度指令的跟踪能力。

多风电场间协调调度运行问题仍需要解决：

（1）在策略方面，目前的方法侧重于多风电场协调以最大化出力的经济性，对各风电场当前调度指令所面临的安全性风险考虑不足。

（2）在运行模式方面，通常为各风电场在每时段均平等参与调节，对风电场当前实时可用资源和出力不确定性的差异考虑不足，难以发挥资源特性好、出力不确定性低的风电场的优势。

（3）在时间尺度方面，局限于实时调度或更短时间尺度，缺乏对于计划时间尺度如何通过多风电场协调为日内调节提供基准点的讨论。

（4）在风电不确定性的考虑方面，实时调度时间尺度缺乏对超短期预测误差的考虑，难以保证较高的实时调度精度。

1.2.3.5　风电—抽蓄和风储联合系统研究现状

1. 风电—抽蓄系统研究现状

风电—抽蓄系统包括风电场、抽水蓄能电站及外电网，运行过程中通过电网调度将抽水蓄能电站和风电场出力进行协调，合理地控制风电的波动性，减少弃风限电的现象。

文献［40］为了确定各时段的风力发电机和抽水蓄能电站的出力状态，实现优化控制，从电能质量、经济效益和综合效益 3 个角度建立了优化模型，并利用遗传算法进行仿真计算。

文献［41］以风电—抽蓄系统的经济效益最大和弃风电量最小为目标，采用一种混合多智能体遗传算法来对模型进行求解，在模型的约束条件中加入了负荷的波动、风电预测的误差、火电机组的启停成本、火电机组爬坡率约束，使得模型拟合度增大，但是文章的仿真结果分析过于简单，没有明确给出所减少的弃风量。

文献［42］使用呼和浩特抽水蓄能电站和蒙西电网的实际数据，分供热期和非供热期两种时期，探讨内蒙古这种高寒地区风电与抽水蓄能电站联合运行方式的不同。结果表明，在供热期，抽水蓄能电站用于调峰填谷、减少弃风，联合模型效益好；而在非供热期，抽水蓄能电站用于为风电提供旋转备用，替代火电机组为风电提供备用空间，联合模型效益较好，且可减少系统煤耗。

文献［43］提出了一种针对风电—抽蓄系统综合效益的评价方法，该方法将火电机组出力曲线、风电机组出力曲线和电网的负荷特性匹配在一起，在考虑火电机组的装机情况下，利用系统频率与负荷或发电变化之间的关联关系，量化分析了抽水蓄能系统的装机容量、运行年限、投资成本及经济效益等因素的变化对综合效益和风电并网容量的影响。可以据此确定抽水蓄能电站的最优配置容量和风电—抽蓄系统的最大综合效益。但在确定最优配置容量时，该方法并不能给出容量与效益的连续性结果，只能得出若干离散的结果，相较而言结果有些简单。

2. 风储联合系统研究现状

目前储能的接入方式主要分为两种。第一种接入方式是分布式储能，由风电场投资，在风电场出口处安装储能系统，以风储联合系统的方式并网，从电源侧提高风电的接入能力。风储联合系统以自身利益最大化为运行目标，以厂站级分散控制为主，对储能功率和容量的要求相对较小，储能应用模式和控制策略灵活，一般采用电池储能技术。第二种接入方式是集中式储能，一般由电网集中运营和调度的大型储能电站直接参与系统级的优化调度，以全网经济运行最优为控制目标，从电网侧提高风电的接纳能力，此类储能系统功率和容量较大，主要包括抽水蓄能和压缩空气储能，对地理建设条件的要求较高。两种控制方式各具优势，互相补充，由于经济主体和储能特性的不同，调度体系和控制目标也有所不同。

（1）集中式储能。集中式储能容量规模较大且受电网统一调控，故可纳入电网常规有功调度体系，在日前经济调度的机组组合（unit commitment，UC）模型中发挥作用。文献［44］建立了抽水蓄能电站和风电联合运行的 UC 模型，仿真结果说明：供热期电网调峰能力不足导致大量弃风，抽水蓄能电站应充分发挥其削峰填谷的能力；而非供热期弃风不明显时，抽水蓄能电站则主要为风电提供备用，用于平抑风电波动。文献［45］讨论了 UC 模型中储能作为削峰填谷和快速备用的作用，并指出兼顾两种模式可进一步提高运行效益。文献［46］将随机机组组合分解为内外两层进行求解，外层求解确定性的经济调度问题，储能承担削峰填谷的作用；内层则基于风电的不确定性场景对系统的安全运行约束进行校验，储能作为校正控制手段提供备用，通过 Benders 割集实现内层对外层策略的迭代修正。

除参与日前发电计划之外，储能还可参与滚动计划和实时调度。文献［47］基于风电超短期预测信息制订储能滚动发电计划，保证系统具有足够的二次备用。

（2）分布式储能。作为具有一定控制能力的随机电源，风储联合系统需向调度部门或电力市场提交日前发电计划。文献［48］的计算结果表明，相比各自独立运行，风电与储能联合运行可获得更大的利益，这是由于联合运行下储能可兼顾不同的应用模式，从而更好地应对市场和风电的不确定性。文献［49］指出，基于预测电价优化安排储能的富余调节能力，可更好地发挥储能的杠杆作用，显著提高风储联合系统的运行效益。

实时控制阶段，受调节容量的限制，储能系统需要根据超短期预测信息评估自身的可调容量，进而修正风储联合系统的发电计划，保证风储联合系统的整体可控性。文献［50］提出了预测控制模型（model predictive control，MPC），以预测时间内联合系统输出与计划值的偏差平方和作为控制目标，考虑储能系统的物理约束，从而得到储能的控制指令。

随着储能技术的成熟和推广，当多个风电场配置了储能装置、构成集群风储联合系统时，分散式的控制将可能导致储能无序充放电的现象，对电网造成更大的冲击，因此有必要研究多个风储联合系统的广域协调控制方法。文献［51］和文献［52］基于集群风电预测总偏差进行控制，分别采取了基于储能容量分配和基于风电场自身预测偏差分配的方式，对多个储能的控制指令进行统一协调。但由于各个分散储能系统的营运主体不同，在缺乏有效的利益分配方式或辅助服务机制的情况下，难以形成统一协调控制的局面。对于多个储能的协调控制方法，V2G（vehicle to grid）技术具有一定的借鉴意义。

从已有的研究可以看到，基于储能有限容量的特点，为更好地安排储能的充放电计划，需要考虑风电的预测信息，因此风电的短期不确定性对储能的运行具有重要的影响。而已有的风储联合运行研究中鲜有考虑风电不确定性模型的时间相关性，这将造成对储能运行状态估计的较大偏差。对于多个风储系统的广域协调控制，还需考虑风电的空间相关性，以体现集群风电的空间互补特点及其对储能控制策略的影响。

1.2.3.6　含风电的交直协同调频策略研究现状

在柔性直流网络的"隔离"下，异步互联同步子系统拥有各自的频率，任何一个子系统电网发生频率偏移时，其余系统无法获知其频率变化，从而提供惯性支撑或参与频率调整。当柔性直流输送功率所占同步电网容量的比例较高时，该电网的惯性大幅减弱，调频能力下降。因此，有必要研究柔性直流互联多区域协同调频策略，使不同区域系统具备相互支援的能力，以维持频率稳定和保证频率质量。

文献［53］和文献［54］提出利用换流站远程通信的方法，实现送端电网和柔性直流电网协同参与受端电网调频。但该方法具有一定的延时，且存在可靠性低、稳定性差等问题。在不采用通信的情况下，可利用换流站的附加下垂控制来实现信号传递。文献［55］～［57］提出了风电经柔性直流并网的换流站间协调策略，受端换流站通过直流电压－频率下垂方式传递受端电网频率变化信息。送端换流站接收到直流电压偏差信号后，通过频率－直流电压下垂方式改变其交流侧频率，从而使风电场参与调频。文献［58］提出了柔性直流换流站的辅助调频控制策略，通过调整直流电压使线路电容和送端风电场共同参与受端电网的频率调整。文献［59］设计了换流站附加下垂控制的控制器结构，并设置了控制器动作的上下限值。文献［60］提出了基于附加控制的风电场柔性直流并网与传统直流外送的源网协同调频控制策略，并设计了同步发电机、风电场和直流电网参与调频的时序。

文献［53］～［60］均基于两端直流系统案例，以直流电压偏差作为换流站间的传递信号，实现多区域协同调频。但是，在风电集群接入的柔直电网中，风电功率正常波动也会引起直流电压偏差，导致风电集群侧换流站难以区分检测到的直流电压偏差信号究竟来源于受端电网频率偏移还是风电功率波动。这样带来的问题是，即使受端电网频率处于正常状态，风电集群侧换流站也会因风电功率波动引起的直流电压偏差而启动下垂控制，从而导致其所连风电集群在无需调频时频繁地调整出力。

1.2.4 基于多时空尺度灵活性的可再生能源综合消纳技术及应用

国际能源署风电第 25 任务组——大规模风电接入电力系统设计与运行（IEA WIND Task 25：Design and Operation of Power Systems with Large Amounts of Wind Power）专门组织了世界范围内相关领域的著名专家，对风电消纳能力研究的流程进行分析总结，并提交了报告《关于操作规程建议的专家组报告：风能整合研究》（EXPERT GROUP REPORT ON RECOMMENDED PRACTICES： WIND INTEGRATION STUDIES），其中推荐的风电消纳研究内容和流程如图 1-1 所示。

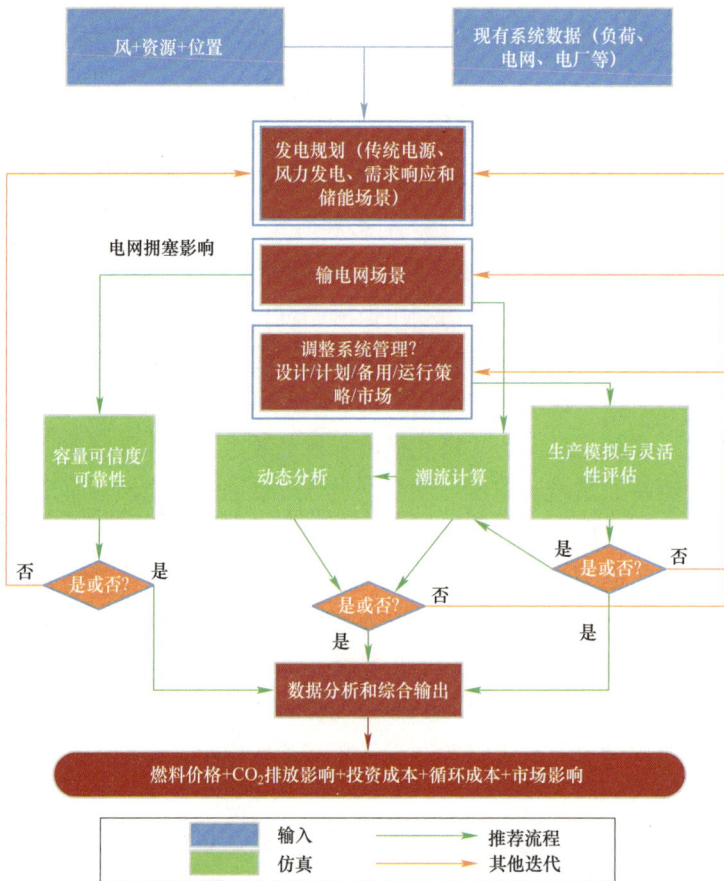

图 1-1　风电消纳研究内容和流程

从图 1-1 中可以看到，对风电消纳的研究，也是从系统安全稳定性（包括潮流计算和动态分析）、供需平衡（生产模拟、灵活性）两个方面入手。

在安全稳定约束方面，目前的研究以时域仿真法为主。大量研究流程是针对具体的某个电网，利用大量的仿真研究风电对其稳定性的影响，结果缺乏普适性，很多研究结论甚至是截然相反的，给目前对风电特性的认识带来很大混乱。目前的研究缺乏对机理的认识和系统性的结论，亟需深入研究风电影响电力系统安全稳定的机理。此外，我国电网主要采用大规模集中接入、远距离输送的方式，这种方式下风电对系统安全稳定性的影响更加显著，而由于欧洲国家的风电接入大量采用分散接入、就地消纳的方式，国外并无太多成熟经验可供借鉴。

供需平衡约束分析方面，目前较为常用的分析手段和方式主要有三种：典型日分析法、随机生产模拟方法及基于时序的生产模拟方法。

（1）典型日分析法是选取峰谷差最大的一天作为典型日进行分析计算，得到当天的新能源上网电力电量。但是该方法是最严重情况下的新能源平衡情况，不能体现每日风电出力特性及全网应如何优化机组启停和检修安排，如果将其用来指导全年的新能源调度方式，计算结果必将过于保守，不利于提高新能源实际上网电力电量。

（2）随机生产模拟方法是一种通过优化发电机组的生产情况，考虑机组的随机故障及电力负荷的随机性，从而计算出最优运行方式下各电厂的发电量、系统的生产成本及系统的可靠性指标的算法，它广泛应用于电力系统电源规划、运行规划以及可靠性评估等。由于新能源发电出力具有间歇性和波动性，可将其作为随机性的因素考虑到随机生产模拟中，目前含新能源发电的随机生产模拟算法的核心问题是将时序负荷曲线转化为持续负荷曲线，丢失了有关负荷和新能源出力的时间信息，无法计及负荷与新能源出力的时序特性，忽略了与时序相关的约束，如机组启停机约束、最小开机时间、机组爬坡率约束等。大规模新能源接入后会使等效负荷峰谷差增大，常规机组启停次数增多，随机生产模拟算法无法全面分析生产成本，难以满足含新能源发电的电力系统运行分析评估。

（3）基于时序的生产模拟方法针对电力系统调度问题，被国内外广泛用于电力电量平衡和发电生产计划安排。基于时序的生产模拟方法是指在给定的负荷条件下，模拟各发电机组的运行状况，并计算发电系统生产费用的一种时序仿真方法。将系统负荷、新能源发电出力看作随时间变化的时间序列，能够计及时序变化特性。系统负荷与机组出力之间的平衡关系看作供给与需求间的平衡关系，在这种约束下优化目标函数，得到最优指标。时序生产模拟对发电系统的运行和决策具有重要作用，其中短时间尺度的生产模拟一般为几个小时到几十个小时不等，可以优化系统运行方式，提高新能源接纳能力，消纳更多的新能源电量，为调度

13

部门提供合理的发电计划；长时间尺度的生产模拟时间可以是数月或数年，可以模拟不同的装机规模、电网架构等条件下新能源生产情况，为新能源产业发展规划及电网规划提供参考依据。

相对于选取典型日分析法和随机生产模拟方法进行电力电量平衡研究，基于时序的生产模拟方法更加精细，更接近电力系统生产运行的实际情况，能够较为全面评估全年风力发电运行情况，准确计算风电限电率、风电限电量、火电机组运行指标等参数，细致、量化地分析风电消纳能力，是用于分析大规模风电并网运行情况的最佳途径，当然其计算复杂性是一个难题。

第2章

灵活性基本概念、平衡机理与量化评估

电力系统灵活性概念十分复杂，具有方向性、多时空特性、状态相依性、双向转化性和概率特性，因此选用合适的灵活性评价指标十分关键。现有研究在灵活性评价方面已经做了大量工作，但大多数指标缺乏明确的物理含义且计算十分繁杂，难以应用到灵活性资源优化规划中。从本质上来讲，灵活性需求源自负荷及可再生能源的波动性和不确定性，属于随机变量。采用确定性变量描述灵活性供给是不合理的，由于机组可用性和机组调节能力与机组状态有关，而机组的运行状态受运行方式安排的影响，也服从一定分布。确定性描述无法反映潜在的随机灵活性资源，如负荷的需求响应、可再生能源的自我调节能力等。因此，本章将灵活性视为随机性变量，采用完整的概率方法体系来建立灵活性供需模型、概率性评估方法及评价指标体系，并努力探究灵活性与系统安全性、可再生能源限电之间的量化函数关系。

本章的核心内容包括灵活性基本概念及特征、随机过程与随机规划的数学基础、灵活性平衡基本原理、面向电-热广义负荷的非时序随机生产模拟、灵活性评价方法。具体而言，首先提出灵活性的概念及其特征；其次，引入相关的随机变量及其数学描述、概率方法，提出全环节灵活性资源与需求的平衡原理及数学模型，定义了判定灵活性是否平衡的判据；随后，介绍了非时序随机生产模拟模型及相关的设备建模，为灵活性评估提供运行状态信息；最后，给出灵活性的评估方法和指标体系。

2.1 灵活性基本概念及特征

2.1.1 电力系统灵活性定义

电力系统灵活性是指在所关注时间尺度的有功平衡中，电力系统通过优化调配各类可用资源，以一定的成本适应发电、电网及负荷随机变化的能力。根据上述定义，结合实际电力系统的运行特性，可以总结得到电力系统灵活性的特征及其示意图，如表 2−1 和图 2−1 所示。

表 2−1　　　　　　　　　　　　电力系统灵活性的特征

特征	含义	举例
方向性	向上调节功率和向下调节功率	负荷增加（可再生能源减少）；负荷减少（可再生能源增加）
多时空特性	灵活性供给和需求均与时间尺度相关，并受空间约束	调频（≤15min）、爬坡（15min～4h）、调峰（24h）；空间尺度上，灵活性资源不能自由流动
状态相依性	灵活性供给和需求均与系统状态有较强相关性	常规机组、储能的调节特性与其出力水平、历史状态有关；灵活性需求与负荷水平、可再生能源出力等条件相关
双向转化性	在一定条件下，灵活性供给和需求可以相互转化	需求响应、弃风/弃光等运行操作
概率特性	需要用概率方法构建不确定性分析的框架	采用随机变量对灵活性进行描述

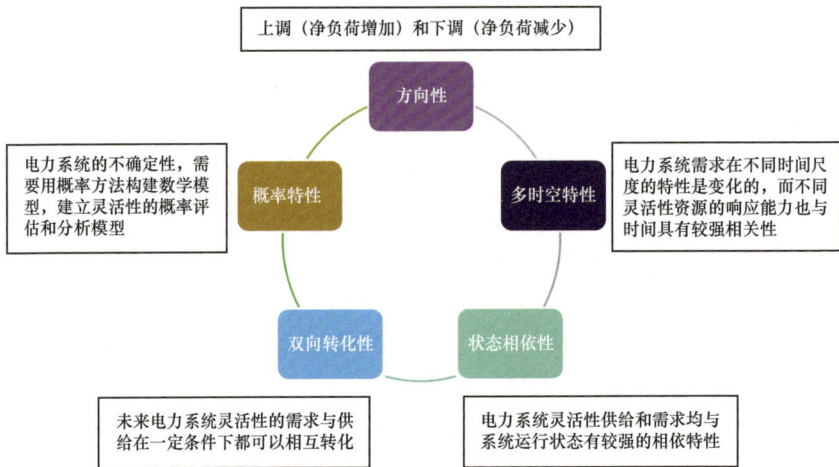

图 2−1　电力系统灵活性的特征示意图

2.1.2　运行灵活性供给与需求

类比电力供给与负荷需求平衡的思路，本节通过定义灵活性供给与需求的概念，来实现对灵活性的量化描述。

2.1.2.1　灵活性方向

在给定时间尺度 τ 下，系统需求（如净负荷）的变化正负性称为灵活性方向，用符号 A 表示。如果变化为正，则称灵活性方向为上调，用"＋"表示；反之，则称灵活性方向为下调，用"－"表示，即 $A\in\{+,-\}$。

2.1.2.2　灵活性量纲

量化灵活性的物理量量纲称为灵活性量纲。对于电力系统有功平衡的衡量，主要有几个维度：① 电力供给容量调节能力 $X_\pi^\pm$ 和功率调节需求 $Y_\pi^\pm$（MW）；② 电力爬坡容量供给 $X_\rho^\pm$ 和爬坡需求 $Y_\rho^\pm$（MW/min）；③ 电量供给调节能力 $X_\varepsilon^\pm$ 和电量调节需求 $Y_\varepsilon^\pm$（MWh）。

电力系统灵活性度量指标示意图如图 2−2 所示，各类指标均为相对于系统正常运行点的增量，具有状态相依特性和时间尺度特性，并且具有上调（＋）和下调（－）两个方向。如果指标大于 0，代表元件向电网输送功率；若指标小于 0，则代表元件从电网汲取功率。爬坡持续时间指标 $\delta=\pi/\rho$，可以由其他指标导出，因此在指标体系中不再考虑。可见，采用容量 π、电量 ε 和爬坡 ρ 三个维度即能完全对电力系统灵活性进行表征。

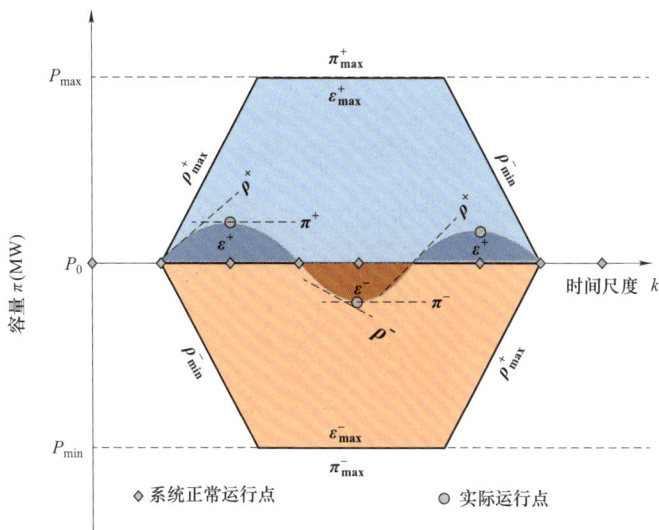

图 2−2　电力系统灵活性度量指标示意图

容量 π、电量 ε 和爬坡 ρ 三类指标之间在时域上具有紧密联系，存在微分或积分关系：电量是容量在时间轴上的积分，同时容量是爬坡的积分，如式（2−1）所示。三个指标构成了电力系统灵活性的三维评价体系。

$$
\begin{array}{ccc}
\text{爬坡型} & \text{功率型} & \text{能量型} \\
\text{（MW/min）} & \text{（MW）} & \text{（MWh）}
\end{array}
$$

$$
\rho \quad \xleftrightarrow[\frac{d}{dt}]{\int dt} \quad \pi \quad \xleftrightarrow[\frac{d}{dt}]{\int dt} \quad \varepsilon \tag{2-1}
$$

2.1.2.3　灵活性需求

给定时间尺度 τ，电力系统波动性或不确定性源的集合设置为 D，那么对于该集合中某一个源 $i \in D$ 带来的有功功率调节量 y_i 称为灵活性需求。相应的波动源或不确定性源称为灵活性需求源。考虑到时刻 t、灵活性的多时间尺度、方向性和多量纲特性，灵活性需求可采用更加一般的数学形式，记为 $y_{\upsilon,i}^{A}(t;\tau),\upsilon\in\{\rho,\pi,\varepsilon\},A\in\{+,-\},\forall t,\tau$。常见的灵活性需求源是负荷及可再生能源，对于含有多个需求源的系统，系统级灵活性需求按照式（2-2）计算。

$$
y_{\upsilon}^{A}(t;\tau)=\sum_{i\in D}y_{\upsilon,i}^{A}(t;\tau),\upsilon\in\{\rho,\pi,\varepsilon\},A\in\{+,-\},\forall t,\tau \tag{2-2}
$$

2.1.2.4　灵活性供给

给定时间尺度 τ，将应对波动性或不确定性的电力系统资源集合设置为 S，那么资源 i（$i \in S$）能够提供的最大有功功率调节量 x_i 称为灵活性供给。相应的资源称为灵活性资源。类似地，灵活性供给可采用更加一般的数学形式描述，记为 $x_{\upsilon,i}^{A}(t;\tau),\upsilon\in\{\rho,\pi,\varepsilon\},A\in\{+,-\},\forall t,\tau$。常见的灵活性需求源是传统电源、储能、可再生能源等，随着电力市场的发展，需求侧响应也逐渐能够为系统提供灵活性。对于含有多个灵活性资源的系统，系统级灵活性供给按照式（2-3）计算。

$$
x_{\upsilon}^{A}(t;\tau)=\sum_{i\in S}x_{\upsilon,i}^{A}(t;\tau),\upsilon\in\{\rho,\pi,\varepsilon\},A\in\{+,-\},\forall t,\tau \tag{2-3}
$$

2.1.2.5　灵活性裕量

给定时间尺度 τ，电力系统灵活性供给与需求的差，称为灵活性裕量，记为 $z_{\upsilon,i}^{A}(t;\tau)$，其计算公式为

$$
z_{\upsilon,i}^{A}(t;\tau)=\sum_{i\in S}x_{\upsilon,i}^{A}(t;\tau)-\sum_{i\in D}y_{\upsilon,i}^{A}(t;\tau),\upsilon\in\{\rho,\pi,\varepsilon\},A\in\{+,-\},\forall t,\tau \tag{2-4}
$$

2.1.3　规划灵活性的相关概念

本节主要研究如何在规划阶段考虑灵活性，并进行灵活性量化评估和资源的

优化规划。在规划阶段，一般并不关心具体某一时刻或某一时段内灵活性是否充裕，而关心在整个规划期内灵活性充裕的概率。因此，采用概率方法对规划灵活性进行描述较为合适，此外，由于灵活性主要针对系统的不确定性，采用概率建模更加能够揭示系统的不确定性。

如果采用概率建模，灵活性供给、需求等代数量就变为随机变量，并服从一定的分布函数，相应的代数加减运算转变为概率中的卷和/卷差运算。例如，记 X_i 表示资源 $i(i \in \boldsymbol{S})$ 灵活性供给的随机变量，Y_j 表示需求源 $j(j \in \boldsymbol{D})$ 灵活性需求的随机变量。如果上述随机变量是独立的，则系统总的灵活性供给和需求随机变量按式（2-5）的卷积运算求取

$$X = \bigoplus_{i \in \boldsymbol{S}} X_i, Y = \bigoplus_{j \in \boldsymbol{D}} Y_j \tag{2-5}$$

系统灵活性裕量为供给和需求变量的卷差，如果考虑到灵活性的若干特性，则系统灵活性裕量的随机变量计算为

$$
\begin{aligned}
Z_v^A(\tau) &= X_v^A(\tau) \ominus Y_v^A(\tau) \\
&= \left(\bigoplus_{i \in \boldsymbol{S}} X_{v,i}^A(\tau) \right) \ominus \left(\bigoplus_{j \in \boldsymbol{D}} Y_{v,j}^A(\tau) \right), v \in \{\rho, \pi, \varepsilon\}, A \in \{+, -\}, \forall \tau
\end{aligned}
\tag{2-6}
$$

在实际应用中，由于灵活性的状态相依特性，各类元件的灵活性供给与系统状态（如机组出力水平）相关，而灵活性需求则与负荷水平等因素有关，因此各随机变量之间并不是完全独立的。仅能够说，上述各随机变量在同一个系统条件下是独立的，因此，给定系统条件 ψ_i，则上述运算变为

$$Z_v^A(\psi_i; \tau) = \left(\bigoplus_{i \in \boldsymbol{S}} X_{v,i}^A(\psi_i; \tau) \right) \ominus \left(\bigoplus_{j \in \boldsymbol{D}} Y_{v,j}^A(\psi_i; \tau) \right), v \in \{\rho, \pi, \varepsilon\}, A \in \{+, -\}, \forall \tau$$

$$\tag{2-7}$$

2.1.4　概率规划体系的数学描述形式

电力系统运行与概率体系的数学描述形式对比见表 2-2，可以看出，负荷需求、资源出力、灵活性需求、灵活性供给和灵活性裕量等在运行体系中为代数量，在概率体系下转变为随机变量并服从一定的概率分布。加减等代数运算转变为概率的卷和或卷差运算。时序运行模拟模型在概率体系下，转变为非时序概率运行模拟模型，数学模型从线性整数混合规划转变为泛函极值优化问题。传统灵活性规划的试算、校验法，在灵活性定量评价指标体系下，转变为双层数学规划模型。

表 2-2 电力系统运行与概率体系的数学描述形式对比

对象	运行体系	概率体系
负荷需求	代数量 $P_d(t)$	随机变量 $D \sim F_d(D) = P(D \leqslant d)$
资源出力（如常规机组、可再生能源等）	代数量 $P_g(t)$	随机变量 $P_g \sim F_g(p) = P(P_g \leqslant p)$
运算	加减 $+/-$	卷和/卷差 $\oplus/\ominus$
灵活性需求	代数量 $y = f[\Delta P_d(t,\tau)]$	随机变量 $Y \sim F_Y(y) = P(Y \leqslant y \mid C)$
灵活性供给	代数量 $x = g[\Delta P_g(t,\tau)]$	随机变量 $X \sim F_X(x) = P(X \leqslant x \mid C)$
灵活性裕量	代数量 $z = x - y$	随机变量 $Z \sim F_Z(z) = F_X(x) \ominus F_Y(y)$
灵活性平衡判据	代数判据 $x - y \geqslant 0$	概率判据 $P(X-Y \geqslant 0) \geqslant \beta$
运行模拟	线性整数混合规划	泛函极值优化问题
优化规划	试算、校验法	双层数学规划模型

2.2 随机过程与随机规划的数学基础

2.2.1 概率论与随机过程

2.2.1.1 随机变量与经验分布

1. 随机变量

若随机试验样本空间中的每一个样本点 ω，都有一个实数 $X(\omega)$ 与之对应，则称实值函数 $X(\omega)$ 是定义域为样本空间的随机变量。

随机变量有离散型随机变量和连续型随机变量两种类型：若随机变量 X 一切可能取值为有限点集，则称 X 为离散型随机变量；反之，若随机变量 X 一切可能取值不能用有限点集描述，则称 X 为连续型随机变量。

单个时间断面的风电出力波动性、不确定性和可发功率均为连续型随机变量。由于这类连续型随机变量的概率特性只能通过对历史数据样本统计得到，而数据样本取值为有限点集，因此，本书将其转化为离散型随机变量进行研究。

为刻画离散型随机变量的概率特性，以下介绍其概率分布和累积概率分布函数。

2. 离散型随机变量的概率分布

设 X 为离散型随机变量，且其一切可能取值为有限点集 $x_1, x_2, \cdots, x_n$，则称 X 在各个取值点处的概率分布律为 X 的概率分布，即

$$P_k = P(X = x_k), k = 1, 2, \cdots, n \qquad (2-8)$$

式中：P_k 为当 X 取值为 x_k 时的概率；P 为随机变量的概率；n 为各有限点集合中的元素数量。

3. 累积概率分布函数

设 X 为随机变量，则对任意实数 x，定义随机变量的累积概率分布函数为

$$F_X(x) = P(X \leqslant x) \qquad (2-9)$$

对历史数据的统计分析表明，风电出力特性的概率分布具有非正态、难用解析化函数描述的特点，常用的解析型概率分布函数［如正态分布、贝塔（Beta）分布、柯西（Cauchy）分布、威布尔（Weibull）分布等］难以准确刻画其概率特性。

基于经验分布函数的建模方法不对累积概率分布函数的解析形式作出任何假设，直接根据历史数据样本统计来构造随机变量的分布函数，适用于难用解析化函数描述的随机变量建模。因此本书采用经验分布函数来建模风电特性的累积概率分布。

4. 经验累积概率分布函数

设 X 是随机变量，对任意实数 x，定义 X 的经验累积概率分布函数 $F_X(x)$ 为

$$F_X(x) = \frac{1}{n_T} \sum_{\hat{x}(i) \in \Omega_X} I\{\hat{x}(i) \leqslant x\} \qquad (2-10)$$

式中：$F_X(x)$ 为阶梯型取值的概率分布函数；$\hat{x}(i)$ 为随机变量 X 的第 i 个样本；Ω_X 为随机变量 X 的样本集合；n_T 为 Ω_X 中样本总个数；I 为指示函数，若 $\hat{x}(i) \leqslant x$，则 $I\{\hat{x}(i) \leqslant x\} = 1$，反之 $I\{\hat{x}(i) \leqslant x\} = 0$。

为得到随机变量在一定置信概率下的取值上界，需计算其分位点。

5. 分位点

设 X 是随机变量，β 是取值范围为 $0 < \beta \leqslant 1$ 的实数。若实数 x_β 满足式（2-11），则称 x_β 为 X 的 β 分位点。

$$F_X(x_\beta) = P(X \leqslant x_\beta) = \beta \qquad (2-11)$$

以风电可发功率为例，其累积概率分布函数的 β 分位点 x_β 指风电可发功率的取值 X 小于等于 x_β 的概率为 β。

6. 产生服从任意累积概率分布的随机变量样本

产生服从任意累积概率分布的随机变量样本方法示意图如图 2-3 所示。随机变量 X 经累积概率分布函数 F_X 变换后，所得的 $F_X(x)$ 为服从取值范围为 ［0, 1］ 的均匀分布随机变量。设累积概率分布函数 F_X 可逆，则产生服从任意 F_X 的随机变量样本可通过如下两步实现：

（1）产生服从取值范围为 ［0, 1］ 的均匀分布随机数样本 $\tilde{z}$；

（2）对 $\tilde{z} = F_x(x)$ 求逆，得随机变量 X 的采样样本 $\tilde{x} = F_x^{-1}(\tilde{z})$。

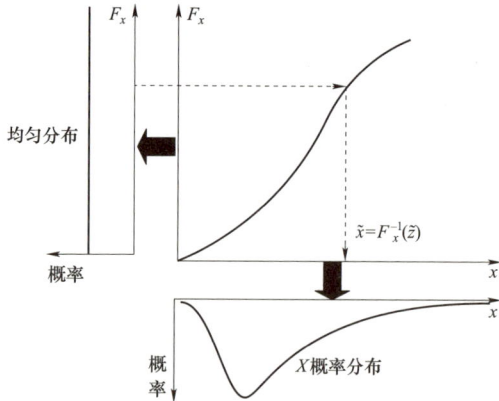

图 2-3　产生服从任意累积概率分布的随机变量样本方法示意图

2.2.1.2　随机变量的条件概率分布

设 X 是随机变量，$\boldsymbol{\varPsi}_X$ 为随机变量 X 取值的条件集合，且 $\boldsymbol{\varPsi}_X$ 可实现对 X 样本空间的完全分割，则 X 的条件概率分布定义为

$$P(X=x_i \mid \boldsymbol{\varPsi}_X), i=1,2,\cdots,n_X \qquad (2-12)$$

式中：n_X 为 X 样本空间中所有可能取值的个数。

本书讨论的条件集合 $\boldsymbol{\varPsi}_X$ 有两类划分方法。第一类是当多元随机变量 $(X_1, X_2, \cdots, X_n)$ 不独立时，描述在随机变量 $X_1, \cdots, X_{i-1}, X_{i+1}, \cdots, X_n$ 取值一定的条件下，随机变量 X_i 的条件概率分布。以二元随机变量为例，此时随机变量 X_1 取值的条件集合为随机变量 X_2 在样本空间中所有的可能取值，即

$$P(X_1=x_i \mid X_2=x_j), i=1,2,\cdots,n_X \qquad (2-13)$$

例如，风电场的可发功率可看作随机变量，由于风资源条件相近，相邻两个风电场间可发功率是相互影响的，当风电场 1 的可发功率实测值已知时，风电场 2 可发功率的概率分布可用式（2-13）的条件概率分布来描述。

第二类是在影响随机变量 X 取值的相关因素取值一定的条件下，随机变量 X 的条件概率分布。这些相关因素称为随机变量的影响因子，若影响因子的取值集合可对 X 样本空间进行完全分割，称影响因子取值集合为 X 的条件集合 $\boldsymbol{\varPsi}_X$。

例如，风电场的出力不确定性可看作随机变量，由于不确定性受预测尺度和预测出力取值影响，可将这两个因素看作不确定性取值的影响因子，建立与一定预测尺度和预测出力相对应的不确定性条件概率分布。

2.2.1.3　多元随机变量及其代数和

设多元随机变量 $(X_1, X_2, \cdots, X_n)$ 中各随机变量的概率分布已知，求随机变量 $Y = X_1 + X_2 + \cdots + X_n$ 的概率分布。

1. 随机变量概率分布求解

求解随机变量 Y 的概率分布有两种方法：

（1）建模多元随机变量的联合概率分布，再由联合概率分布积分求随机变量代数和的概率分布。但多元随机变量的联合概率分布难以直接建模，且当联合概率分布表达式复杂时，积分难以进行。

（2）分别建立随机变量 $X_1, X_2, \cdots, X_n$ 的边缘概率分布以及相关性模型，再产生同时服从边缘概率分布和相关性模型的大量样本，由样本估计 Y 的概率分布。

本书采用第二种方法建模。

对 Y 进行建模关键在于多元随机变量相关性建模，方法主要有如下两种：

（1）线性相关系数矩阵建模法。该方法的优点是简单直观、物理概念清晰且计算量小，但其仅能描述随机变量线性相关性，并且经过非线性严格单增变换后相关系数会改变。

（2）连接函数（Copula 函数）建模法。Copula 函数不受边缘分布形态影响，可通过历史数据拟合解析形式的 Copula 函数参数来描述随机变量的非线性相关性。但当随机变量个数较多时，解析形式的 Copula 函数难以直接应用，需对多元随机变量进行分解，将其等价为多个相关的二元随机变量，方法复杂且计算量大；若采用经验 Copula 函数存在"维数灾"问题。

为保持线性相关系数矩阵建模方法简单直观、计算量小的优点，又避免其不能描述非线性相关性的缺点，本书采用斯皮尔曼（Spearman）秩相关系数矩阵（简称秩相关系数矩阵）描述多元随机变量的相关性。秩相关系数能描述随机变量的非线性相关性，并且随机变量经过严格非线性单增变换后，秩相关系数不会改变。由于随机变量 X 的分布函数 $F_X(x)$ 是 X 的严格非线性单增变换，因此随机变量 X_1 和 X_2 的秩相关系数等于其概率分布 $F_{X1}(x)$ 和 $F_{X2}(x)$ 的秩相关系数，即 $\mathcal{R}(X_1, X_2) = \mathcal{R}(F_{x1}(x), F_{x2}(x))$。

2. Spearman 秩相关系数

设 $(\hat{x}_1(i), \hat{x}_2(i))$ 为随机变量 X_1、X_2 的第 i 组样本，$R_{1,i}$、$R_{2,i}$ 分别为 $\hat{x}_1(i)$、$\hat{x}_2(i)$ 在 X_1、X_2 的所有样本中的秩次，n_T 为样本总长度，则随机变量 X_1、X_2 的秩相关系数定义为

$$\mathcal{R}_{X1X2} = \frac{\sum_{i=1}^{n_T}\left(R_{1,i} - \overline{R}_1\right)\left(R_{2,i} - \overline{R}_2\right)}{\sqrt{\sum_{i=1}^{n_T}\left(R_{1,i} - \overline{R}_1\right)^2}\sqrt{\sum_{i=1}^{n_T}\left(R_{2,i} - \overline{R}_2\right)^2}} \qquad (2-14)$$

秩次指将随机变量 X_1、X_2 的所有样本进行排序后，$\hat{x}_1(i)$、$\hat{x}_2(i)$ 在样本集合中分别对应的序号；$\overline{R}_1 = \dfrac{1}{n_T}\sum_{i=1}^{n_T}R_{1,i}, \overline{R}_2 = \dfrac{1}{n_T}\sum_{i=1}^{n_T}R_{2,i}$。

设 $\mathcal{R}_{X_iX_j}$ 为多元随机变量 $X_1, X_2, \cdots, X_n$ 中随机变量 X_i、X_j 的秩相关系数，则描述多元随机变量相关关系的秩相关系数矩阵 $\boldsymbol{R}$ 为

$$\boldsymbol{R} = \begin{bmatrix} 1 & \mathcal{R}_{X1X2} & \cdots & \mathcal{R}_{X1Xn} \\ \mathcal{R}_{X2X1} & 1 & \cdots & \mathcal{R}_{X1Xn} \\ \vdots & \vdots & & \vdots \\ \mathcal{R}_{XnX1} & \mathcal{R}_{XnX2} & \cdots & 1 \end{bmatrix} \qquad (2-15)$$

式中：$\mathcal{R}_{X_iX_j}$ 取值范围为 $[-1，1]$，矩阵 $\boldsymbol{R}$ 为对偶矩阵，即 $R_{X_iX_j} = R_{X_jX_i}$。

2.2.1.4 随机过程及其平稳性

对任意给定时刻 t，风电特性可看作随机变量，当 t 在一定范围内取值变化时，风电特性可看作随机过程。

1. 随机过程

设对每一个实数 t 的取值，$X(t)$ 为随机变量，对多个实数 t 的取值集合 $\boldsymbol{T}$，随机变量序列 $\boldsymbol{X}_T = \{X(t), t \in \boldsymbol{T}\}$ 为随机过程。

在对随机过程建模时，由于平稳随机过程建模简单，通常假设其为平稳随机过程。平稳随机过程有宽平稳和严平稳两类，应用中常用的是宽平稳随机过程。

2. 宽平稳随机过程

若随机过程 $\boldsymbol{X}_T = \{X(t), t \in \boldsymbol{T}\}$ 为二阶矩过程，即 $E\left|X(t)\right|^2 < \infty$ [E 表示求取随机变量 $X(t)$ 的期望值]，且满足以下条件：

（1）$E[X(t)]$ 恒等于常数。

（2）$cov[X(t_i), X(t_j)] = c_{XX}(t_j - t_i)$，$cov$ 表示求取随机变量 $X(t_i)$、$X(t_j)$ 的协方差，即协方差取值仅依赖于时间差 $t_j - t_i$（$t_j > t_i$），与时标 t 的具体取值无关。

则称 $\boldsymbol{X}_T$ 为宽平稳随机过程。

3. 联合宽平稳随机过程

设 $\boldsymbol{X}_{1T} = \{X_1(t), t \in \boldsymbol{T}\}$ 和 $\boldsymbol{X}_{2T} = \{X_2(t), t \in \boldsymbol{T}\}$ 均为随机过程，且满足以下条件：

（1）$\boldsymbol{X}_{1T}$、$\boldsymbol{X}_{2T}$ 分别为宽平稳随机过程。

（2）$X_1(t_i)$ 和 $X_2(t_j)$ 的互相关系数仅依赖于时间差 $t_j - t_i$（$t_j > t_i$），与时标 t 具体取值无关。

则称 $\boldsymbol{X}_{1T}$、$\boldsymbol{X}_{2T}$ 为联合宽平稳随机过程。

由宽平稳随机过程的定义可知，若随机过程 $\boldsymbol{X}_T$ 在各时刻 t 对应的概率分布会随着时间推移而变化，则期望 $E[X(t)]$ 和协方差 $c_{XX}(t_j - t_i)$ 也会随着时间推移而变化，此时 $\boldsymbol{X}_T$ 将不满足宽平稳随机过程的假设。

4. 随机过程平稳性判别方法

根据上述定义推导出随机过程平稳性判别方法如下：

（1）随机过程平稳性判别的定义法。若随机过程 $\boldsymbol{X}_T$ 不满足宽平稳随机过程定义的条件（1）和条件（2），则称 $\boldsymbol{X}_T$ 为非平稳随机过程，这是非平稳随机过程的充要条件。

（2）随机过程平稳性判别的期望值法。若随机变量 $X(t)$ 的期望值不恒等于常数，则称 $\boldsymbol{X}_T$ 为非平稳随机过程，这是非平稳随机过程的充分条件。

（3）随机过程平稳性判别的概率分布函数法。若随机变量 $X(t)$ 的概率分布或累积概率分布函数的表达式或参数会随着时间推移变化，则称 $\boldsymbol{X}_T$ 为非平稳随机过程，这是非平稳随机过程的充分条件。

事实上，受风资源变化的影响，风电场出力特性随机变量序列中，各随机变量概率分布点期望值，以及概率分布的函数和参数在不同时间断面会相应变化，不满足随机过程平稳性条件。以某风电场不确定性为例，设 t_i 时刻该风电场的预测出力较低（装机容量的 0～0.25 倍），t_j 时刻该风电场的预测出力较高（装机容量的 0.75～1 倍），则在 t_i 和 t_j 时刻该风电场不确定性的概率分布分别如图 2－4（a）和（b）所示，其期望值分别为 13.86MW 和 －106.28MW。

由随机过程平稳性判别方法中的期望值法和概率分布函数法可知，风电不确定性为非平稳随机过程。

5. 联合随机过程平稳性判别方法

（1）若随机过程 $\boldsymbol{X}_{1T} = \{X_1(t), t \in \boldsymbol{T}\}$ 或 $\boldsymbol{X}_{2T} = \{X_2(t), t \in \boldsymbol{T}\}$ 为非平稳随机过程，则称 $\boldsymbol{X}_{1T}$ 和 $\boldsymbol{X}_{2T}$ 为联合非平稳随机过程，这是联合非平稳随机过程的充分条件。

（2）若随机变量 $X_1(t_i)$ 和 $X_2(t_j)$ 的互相关系数取值会随着时间推移而变化，则称 $\boldsymbol{X}_{1T}$ 和 $\boldsymbol{X}_{2T}$ 为联合非平稳随机过程，这是联合非平稳随机过程的充分条件。

多个风电场出力特性可看作联合随机过程，由于各风电场出力特性为非平稳随机过程，由条件（1）可知，多风电场出力特性为联合非平稳随机过程。事实上，各风电场出力特性间的互相关系数取值也是随着时间推移变化的。

（a）t_i时刻概率分布

（b）t_j时刻概率分布

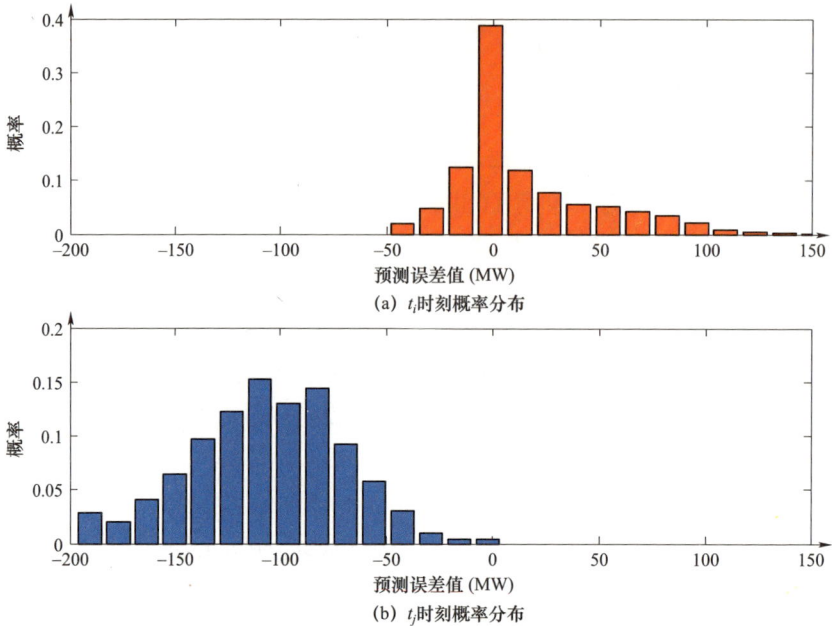

图 2-4　风电场不确定性的概率分布

2.2.1.5　时变概率分布与时变秩相关系数

1．时变概率分布

对各风电场出力特性建模本质上是对非平稳随机过程建模，现有数学工具难以直接应用，因此可简化为分段近似平稳过程，滚动建立风电场出力特性随机变量序列在未来不同时刻的概率分布模型。

现有研究往往采用固定概率分布建模风电出力特性随机变量，而由平稳性判别方法可知，风电场出力特性随机变量的概率分布在不同时刻会发生变化，固定概率分布难以描述。因此，本书提出时变概率分布，用于刻画非平稳随机过程在各时刻 t 对应的随机变量概率分布函数和参数随时间变化的特征。

设 $\boldsymbol{X}_T = \{X(t), t \in \boldsymbol{T}\}$ 为非平稳随机过程，若至少存在两个不同时刻 t_i、t_j 使得随机变量 $X(t)$ 的概率分布函数 $f_{x|t}$ 和累积概率分布函数 $F_{x|t}$ 的表达式或其参数不同，则称 $X(t)$ 概率分布具有时变特性。

此时，$\boldsymbol{X}_T$ 在不同时刻的概率特性不可用同一个概率分布函数或累积概率分布函数描述，即

$$\exists t_i \neq t_j : f_{x|t_i} \neq f_{x|t_j} \tag{2-16}$$

$$\exists t_i \neq t_j : F_{x|t_i} \neq F_{x|t_j} \tag{2-17}$$

2. 时变秩相关系数

对 WVPG 出力特性建模本质上是对联合非平稳随机过程建模,无法用显式表达式描述。因此,本书基于前文定义,采用时变概率分布描述非平稳随机过程在各时刻的概率特性;在此基础上,定义时变秩相关系数,结合时变概率分布、时变秩相关系数来共同建模联合非平稳随机过程中,随机变量序列在不同时刻的概率分布模型。

设 $X_{1T} = \{X_1(t), t \in T\}$ 和 $X_{2T} = \{X_2(t), t \in T\}$ 均为随机过程,采用秩相关系数 $\mathcal{R}_{x_1x_2}(t)$ 来刻画随机变量 $X_1(t)$、$X_2(t)$ 在时刻 t 的互相关性,若 $\mathcal{R}_{x_1x_2}(t)$ 会随着时间推移变化,不恒等于常数,则称随机过程 X_{1T}、X_{2T} 的秩相关系数具有时变特性,即

$$\mathcal{R}_{x_1x_2}(t) \neq C \qquad (2-18)$$

式中:$C \in R$ 为常数,R 为实数集合。

2.2.1.6　基于条件相依的时变概率分布建模

目前在数学上对非平稳随机过程的通用建模手段还不多。考虑到风电这一研究对象的特殊性,本书提出一种条件相依概率分布模型和条件相依秩相关系数矩阵模型,来描述随机变量概率分布及其相关系数在不同时刻的变化。

1. 条件相依型随机过程

本书定义一类特殊的随机过程。假设一个随机过程 $X_T = \{X(t), t \in T\}$,若在任意时刻 t,随机变量 $X(t)$ 的概率分布都可以由一组条件集合 $\Psi_X(t)$ 和前一时刻随机变量的取值 $X(t-1) = x(t-1)$ 唯一确定,则称该过程为条件相依型随机过程。

显然,条件相依型随机过程是经典马尔科夫过程的一个推广。马尔科夫过程要求当前时刻随机变量的取值仅与上一时刻的取值相关,当不考虑条件集合 $\Psi_X(t)$ 时,以上定义就等价于马尔科夫过程。

对于条件相依型随机过程,对任意时刻 t,可以根据影响因子确定条件集合 $\Psi_X(t)$ 的取值,而 $x(t-1)$ 则可以事先观测或由时刻 $t-1$ 的采样样本得到。只要样本集足够大,就能采用一种"离线+在线"相结合的模式,建立一个随机过程 $X_T = \{X(t), t \in T\}$ 在不同时刻随机变量 $X(t)$ 的时变概率模型:

(1)基于历史数据,离线建立在每个条件集合 Ψ_X 取值下,随机变量 X 的条件相依概率分布。

(2)基于历史数据,离线建立相邻两时刻随机变量取值的时间相关性模型,可通过建立随机变量差分 $X(t) - X(t-1)$ 的概率分布来实现。

(3)在时刻 t,从离线模型集中选取与当前时刻条件集合 $\Psi_X(t)$ 取值相对应的

条件相依概率分布，通过随机抽样产生大量满足条件（1）的样本，并对样本进行时间相关性校核使其满足条件（2）。

（4）通过对大量样本的统计得到相应的概率分布。

虽然理论上难以证明与风电相关的一些随变量序列（如本书的研究对象风电出力波动性序列、不确定性序列）是条件相依型随机过程，但是风电出力的时变特性本质上源于风资源条件或预测尺度的变化。若将导致风电出力时变特性的因素称为影响因子，假设影响因子构成的条件集合可实现对风电出力特性随机变量样本空间的完全划分，则可将风电出力特性随机过程的时变概率分布建模，转化为建立不同时刻随机变量与该时刻条件集合取值对应的条件相依模型。

类似地，多个风电场出力特性的秩相关系数取值也是与影响因子条件相依的。因此，可将联合随机过程的时变概率分布建模问题，转化为建立在不同时刻随机变量和秩相关系数与相应时刻条件集合取值对应的条件相依模型。

2. 条件相依概率分布

设 $\Psi_X = \{\mu_1, \mu_2, \cdots, \mu_s\}$ 为随机变量 X 的条件集合，且 Ψ_X 可实现对 X 样本空间的完全分割，其中 $\mu_1, \mu_2, \cdots, \mu_s$ 分别为条件集合中的影响因子。对于某一组由影响因子确定的分割条件 $\Psi_X' = \{\mu_1', \mu_2', \cdots, \mu_s'\}$，若各影响因子取值集合中有限点集的个数分别为 $n_{\mu 1}, n_{\mu 2}, \cdots, n_{\mu s}$，则可将 X 的样本集合 Ω_X 划分为 $n_{\mu 1} \times n_{\mu 2} \times \cdots \times n_{\mu s}$ 个子集，对每个子集采用经验分布建立其累积概率分布模型，可得与不同条件集合 Ψ_X 取值相对应的 X 的条件相依概率分布离线集合。

3. 条件相依秩相关系数

设 $\Psi_{R_{X_i X_j}} = \{v_1, v_2, \cdots, v_r\}$ 为随机变量 X_i、X_j 间秩相关系数 $\mathcal{R}_{X_i X_j}$ 的条件集合，且 $\Psi_{R_{X_i X_j}}$ 可实现对 X_i、X_j 样本空间的完全分割，其中 $v_1, v_2, \cdots, v_r$ 分别为条件集合中的影响因子。对于某一组由影响因子确定的分割条件 $\Psi_{R_{X_i X_j}}' = \{v_1', v_2', \cdots, v_r'\}$，$\mathcal{R}_{X_i X_j}$ 相依于 $\Psi_{R_{X_i X_j}}'$ 的条件相依秩相关系数可表示为

$$\mathcal{R}(X_i, X_j \mid \Psi_{R_{X_i X_j}}') \qquad (2-19)$$

若各影响因子取值集合中有限点集的个数分别为 $n_{v 1}, n_{v 2}, \cdots, n_{v r}$，则可将 X_i, X_j 的历史数据对集合 $\Omega_{X_i X_j}$ 划分为 $n_{v 1} \times n_{v 2} \times \cdots \times n_{v r}$ 个子集，对每个子集计算秩相关系数，可得与不同条件集合 $\Psi_{R_{X_i X_j}}$ 取值相对应的随机变量 X_i、X_j 的条件相依秩相关系数离线取值集合。

对给定时刻 $t = T_1$，若随机变量和互相关系数的条件集合已知，WVPG 的时变概率分布建模，即为建立多元随机变量 $(X_1, X_2, \cdots, X_n)$ 在各随机变量边缘条件相依概率分布和条件相依秩相关系数矩阵共同约束下，随机变量之和（$Y = X_1 + X_2 + \cdots + X_n$）的条件概率分布，即

$$P\left(Y = y_i \mid \Psi_{X1} \cdots \Psi_{Xn}; \Psi_{RX1X2} \cdots \Psi_{RXn-1Xn}\right), i = 1, 2, \cdots, n_Y \qquad (2-20)$$

式中：Ψ_{Xi} 为随机变量 X_i 的条件集合；Ψ_{RXiXj} 为随机变量 X_i 和 X_j 秩相关系数的条件集合。

此时，考虑相关性的 WVPG 内部各风电场的时变概率分布建模，即建立在条件集合取值和其他随机变量取值一定条件下，随机变量 X_i 的条件概率分布，具体如下

$$P\left(X_i = x_{i,k} \mid \cdots X_{i-1} = x_{i-1,h}, X_{i+1} = x_{i+1,g} \cdots X_n = x_{n,d}; \Psi_{X1} \cdots \Psi_{Xn}; \Psi_{RX1X2}, \cdots, \Psi_{RXn-1Xn}\right)$$
$$k = 1, 2, \cdots, n_X$$

$$(2-21)$$

式中：x_i 为随机变量 X_i 的取值。

由于式（2-21）的条件概率分布表达式难以直接获得，因此，本书提出基于蒙特卡罗模拟和遗传算法的在线采样算法，通过产生符合相应条件集合的大量样本，实现对随机变量条件概率分布的离散估计。

2.2.1.7　时间相关性校核

条件相依随机过程在相邻时刻随机变量的取值具有时间相关性。例如，时刻 t 风电出力不确定性取值大小与时刻 $t-1$ 不确定性相关，若时刻 $t-1$ 不确定性较高，则时刻 t 仍具有较高不确定性概率较大。

因此，通过在线采样算法建模随机过程的时变概率分布时，需对时间相关性进行校核。若相邻时刻随机变量采样样本序列取值之差小于一定范围，则命题为真，通过检验；否则命题为伪，不通过检验。

设 X 为随机变量，$F_{\Delta X}$ 为相邻时刻 X 样本取值之差的累积概率分布，$\tilde{x}_g(t)$ 为时刻 t 随机变量 X 的第 g 个采样样本，则在 $1-\beta$ 置信水平下的时间相关性校核方法为

$$F_{\Delta X}\left(\frac{\beta}{2}\right) \leqslant \tilde{x}_g(t) - \tilde{x}_k(t-1) \leqslant F_{\Delta X}\left(1 - \frac{\beta}{2}\right) \qquad (2-22)$$

若 $\tilde{x}_g(t) - \tilde{x}_k(t-1) < F_{\Delta X}\left(\frac{\beta}{2}\right)$，令 $\tilde{x}_g(t) = F_{\Delta X}\left(\frac{\beta}{2}\right) + \tilde{x}_k(t-1)$；反之令 $\tilde{x}_g(t) = F_{\Delta X}\left(1 - \frac{\beta}{2}\right) + \tilde{x}_k(t-1)$。

2.2.1.8　多状态概率分布

由建模得到的风电特性时变概率分布模型是区间型概率分布。进行卷积和、卷积差运算需要根据卷积的定义进行概率函数的分段积分运算，十分复杂。因此，本书首先将上述随机变量的区间型概率分布转化为多状态概率分布，以简化随机

变量间的卷积运算。

设 $\tilde{f}_X$ 为随机变量 X 的区间型概率分布，$\tilde{x}_i$ 为随机变量 X 第 i 个区间中点，$\tilde{P}_{X,i}$ 为第 i 个区间的概率。将原区间型概率分布转化为多状态概率分布后，区间 i 对应的状态值等于原区间中点取值，区间 i 对应的状态概率等于原区间的概率，多状态概率分布示意图如图 2-5 所示。

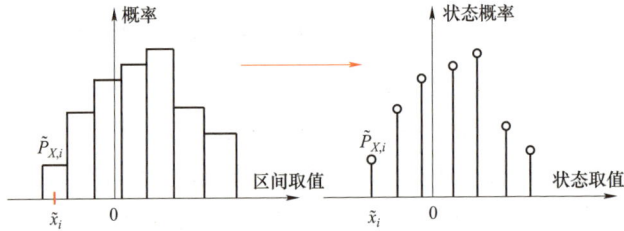

图 2-5 多状态概率分布示意图

以 WVPG 为例，某时刻可发功率的多状态概率分布如图 2-6 所示，物理意义为在时刻 t，WVPG 可发功率可能出现的各种取值状态及相应概率。

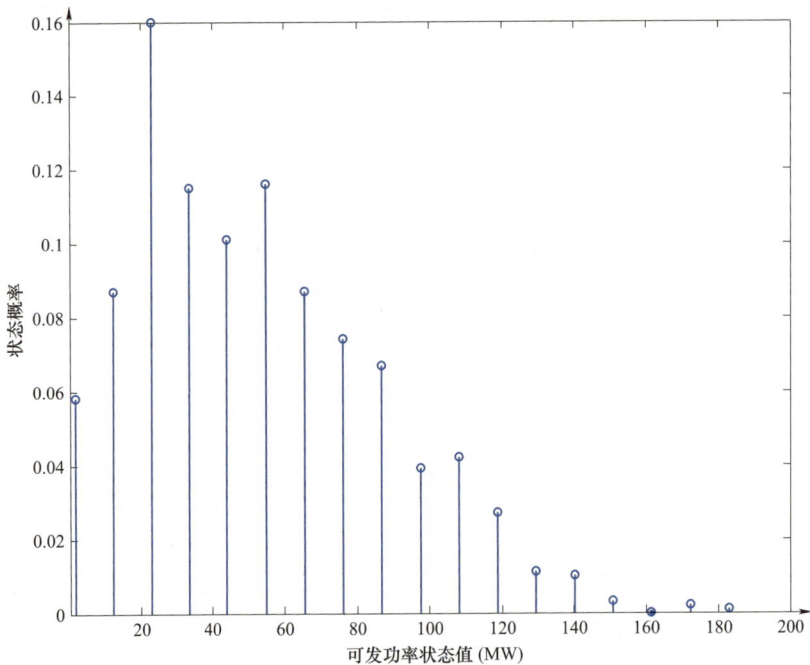

图 2-6 WVPG 某时刻可发功率多状态概率分布

2.2.1.9 多状态概率分布基本运算

在 WVPG 的可调度性指标评估、概率优化运行决策中，均会频繁应用多状态概率分布的平移，上、下截断，卷积和/差运算和分位点运算。其中平移、截断和卷积运算分别参考了序列运算理论中关于单位序列进行卷和运算的平移性、序列投影度、序列卷积运算的定义。

　　基于序列运算理论基本法则，以多状态概率分布为应用对象，定义各运算对应的状态值和状态概率计算方法，并提出多状态概率分布分位点求解方法。

　　1. 平移运算

　　平移运算指将随机变量的多状态概率分布整体向正半轴或负半轴平移一定长度，获得新的多状态概率分布，多状态概率分布的平移运算如图 2-7 所示。例如，将风电场不确定性的多状态概率分布向正半轴平移该时刻风电场点预测值，可得风电场可发功率的多状态概率分布。

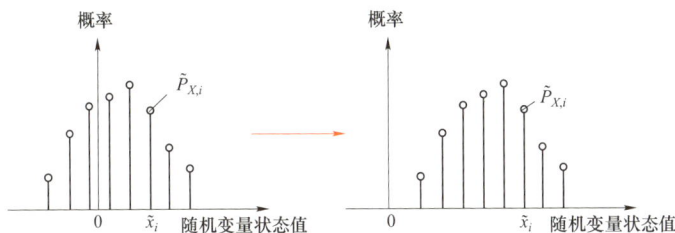

图 2-7　多状态概率分布的平移运算

　　设 $\vec{X}$ 为随机变量 X 进行长度为 L 的平移运算后所得的随机变量，则 $\vec{X}$ 中各状态的概率等于 X 中相应的状态概率，$\vec{X}$ 中第 i 个状态的状态值等于原状态值加上平移长度 L，即

$$\overrightarrow{P}_{X,i} = \tilde{P}_{X,i} \tag{2-23}$$

$$\vec{x}_i = \tilde{x}_i + L \tag{2-24}$$

　　2. 截断运算

　　向下截断运算指令随机变量的多状态概率分布小于某一实数 C 的状态值对应的概率为 0，例如风电可发功率概率分布需要在 0 处向下截断，多状态概率分布的向下截断运算如图 2-8 所示。

　　向下截断运算计算时，令小于 C 的状态对应的概率为 0，并新增一状态值为 C 的状态，其状态概率为小于等于 C 的所有状态的概率之和。设原多状态概率分布中第 1~g 个状态的状态值小于等于截断点 C，则截断后新的概率分布在截断点 C 新增状态的状态概率 $P'_{X,C}$ 为

$$P'_{X,C} = \sum_{i=1}^{g} \tilde{P}_{X,i} \tag{2-25}$$

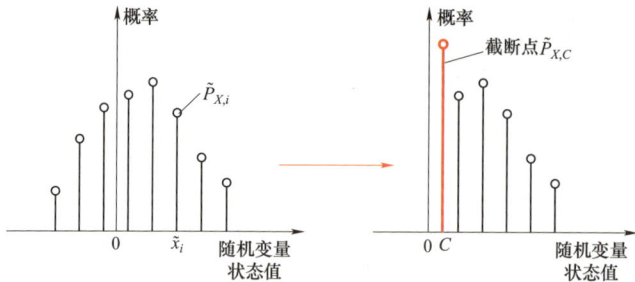

图 2-8　多状态概率分布的向下截断运算

向上截断运算指令随机变量的多状态概率分布大于某一实数 C 的状态值对应的概率为 0，多状态概率分布的向上截断运算如图 2-9 所示。

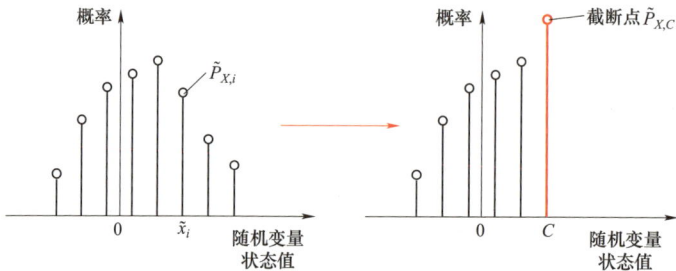

图 2-9　多状态概率分布的向上截断运算

向上截断运算计算时，令大于等于 C 的状态对应的状态概率为 0，并新增一状态值为 C 的状态，其状态概率为大于等于 C 的所有状态的概率之和，计算公式与向下截断运算类似。

3. 分位点运算

设 x_β 为随机变量 X 的 β 分位点，存在状态 a，使得其对应的累积概率满足 $\sum_{i=1}^{a} \tilde{P}_{X,i} \leqslant \beta < \sum_{i=1}^{a+1} \tilde{P}_{X,i}$，则

$$x_\beta = \tilde{x}_a + (\tilde{x}_{a+1} - \tilde{x}_a) \frac{\beta - \sum_{i=1}^{a} \tilde{P}_{X,i}}{\tilde{P}_{X,a+1}} \qquad （2-26）$$

式中：$\tilde{x}_a$ 为第 a 个状态的状态值，$\tilde{P}_{X,i}$ 为第 i 个状态的状态概率。

4. 卷积和/差运算

常数之间求和对应代数加法运算，而随机变量之间求和对应卷积和运算。设随机变量 X_1、X_2 的多状态概率分布第 i 个状态值分别为 $\tilde{x}_{1,i}$、$\tilde{x}_{2,i}$，状态的数目分别为 n_{x1}、n_{x2}。若 $Y = X_1 \oplus X_2$，则 Y 的多状态概率分布计算方法如下：

（1）根据 X_1、X_2 状态值，按照 $\tilde{y}_m = \tilde{x}_{1,i} + \tilde{x}_{2,j}$ 确定 Y 状态值的取值集合；

（2）对 Y 状态值取值集合中的任意状态值 $\tilde{y}_m$，其对应的状态概率为

$$\tilde{P}(Y = \tilde{y}_m) = \sum_{i}^{n_{x1}} \sum_{j}^{n_{x2}} \tilde{P}(X_1 = \tilde{x}_{1,i}) \tilde{P}(X_2 = \tilde{y}_m - \tilde{x}_{1,i} \mid X_1 = \tilde{x}_{1,i}) \qquad （2-27）$$

式中：$\tilde{P}(X_1 = \tilde{x}_{1,i})$ 为随机变量 X_1 多状态概率分布中状态值 $\tilde{x}_{1,i}$ 的取值概率；$\tilde{P}(X_2 = \tilde{y}_m - \tilde{x}_{1,i} \mid X_1 = \tilde{x}_{1,i})$ 为在随机变量 X_1 取值为 $\tilde{x}_{1,i}$ 条件下，随机变量 X_2 多状态条件概率分布中状态值 $\tilde{x}_{2,j}$ 的概率。

当随机变量 X_1、X_2 的多状态概率分布均由考虑互相关性约束的在线采样算法估计所得时，在时刻 t 影响因子取值给定条件下，采样得到的随机变量 X_2 概率分布实际上是在相关随机变量 X_1 取值一定下的条件概率分布，即 $\tilde{P}(X_2 = \tilde{x}_{2,j} \mid X_1 = \tilde{x}_{1,i})$。因此，可利用 X_2 多状态概率分布状态概率作为条件概率参与卷积运算，从而简化多元相关随机变量的卷积运算。

随机变量 X_1、X_2 进行卷积差运算时，计算方法与卷积和类似，区别在于求取 $Y = X_1 \ominus X_2$ 的状态值时，按照 $\tilde{y}_m = \tilde{x}_{1,i} - \tilde{x}_{2,j}$ 求取。

2.2.2　随机优化问题与方法

2.2.2.1　风险价值及条件风险价值

WVPG 作为资源约束电源，具有不完全可调度的特性，因此需对 WVPG 参与调度运行的风险进行定量刻画，在此基础上做出风险最小的优化运行决策。其理论基础为风险价值与条件风险价值理论，在此首先进行介绍。

对于含随机变量的决策，设 $\boldsymbol{q} = [q_1, q_2, \cdots, q_n]^{\mathrm{T}}$ 为确定型决策变量的向量，$\boldsymbol{X} = [X_1, X_2, \cdots, X_m]^{\mathrm{T}}$ 为输入随机变量向量，决策对应的损失函数为 $\mathscr{G}(\boldsymbol{q}, \boldsymbol{X})$，则 $\mathscr{G}(\boldsymbol{q}, \boldsymbol{X})$ 也是服从某种概率分布的随机变量，令 $Y = \mathscr{G}(\boldsymbol{q}, \boldsymbol{X})$。

1. 风险价值

在置信概率 $\beta \in [0,1]$ 条件下，风险价值（value at risk，VaR）定义为

$$VaR = \min[a : P(Y \leqslant a) \geqslant \beta] \qquad （2-28）$$

VaR 物理意义为以超过 β 的概率确信 Y 的取值小于等于 a，所有这些 a 中最小值为置信概率 β 下 Y 的风险价值。

2. 条件风险价值

在置信概率 $\beta \in [0,1]$ 条件下，条件风险价值（conditional value at risk，CVaR）定义为

$$
\begin{aligned}
CVaR &= E[Y \mid Y \geqslant VaR] \\
&= \frac{1}{1-\beta} \int_{y \geqslant VaR} y f_Y(y) \mathrm{d}y
\end{aligned}
\qquad （2-29）
$$

式中：$f_Y(y)$ 为损失函数对应的随机变量 Y 的概率密度函数。

$CVaR$ 物理意义为随机变量 Y 取值超过 VaR 这部分取值的期望，刻画当损失超过风险价值阈值的尾部风险。$CVaR$ 是一致性风险度量指标，有良好的数学性质，在优化问题中应用方便。风险价值与条件风险价值示意图如图 2−10 所示。

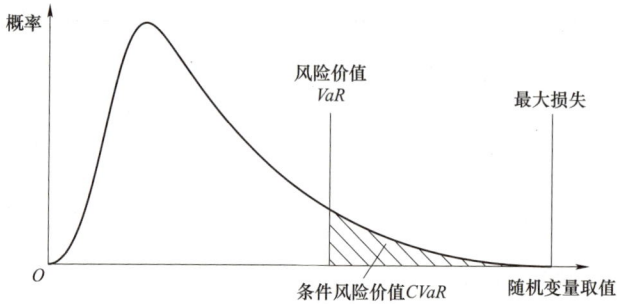

图 2−10　风险价值与条件风险价值示意图

2.2.2.2　两类概率优化问题模型

1. 随机型与确定型决策变量混合概率优化模型

设 $\boldsymbol{q}(t) = [q_1(t), q_2(t), \cdots, q_n(t)]^{\mathrm{T}}$ 为确定型决策变量的向量，$\boldsymbol{x}(t) = [x_1(t), x_2(t), \cdots,$ $x_m(t)]^{\mathrm{T}}$ 为随机型决策变量的向量，其对应的随机变量分别为 $X_1(t), X_2(t), \cdots, X_m(t)$。以 WVPG 和火电机组协调日前发电计划为例，$\boldsymbol{q}(t)$ 对应火电机组的出力和启停变量，$\boldsymbol{x}(t)$ 对应 WVPG 的出力。

引入随机变量前，与 $\boldsymbol{q}(t)$ 相关的确定型优化问题可表示为

$$\min \quad \mathcal{G}(\boldsymbol{q}(t))$$
$$\mathrm{s.t.} \begin{cases} \boldsymbol{A}_{eq}\boldsymbol{q}(t) = \boldsymbol{b}(t) \\ \boldsymbol{A}_{neq}\boldsymbol{q}(t) \leqslant \boldsymbol{a}(t) \end{cases} \tag{2−30}$$

式中：$\mathcal{G}$ 为与 $\boldsymbol{q}(t)$ 相关的优化目标；$\boldsymbol{A}_{eq}$ 和 $\boldsymbol{b}(t)$ 分别为与 $\boldsymbol{q}(t)$ 等式约束相关的系数矩阵与向量；$\boldsymbol{A}_{neq}$ 和 $\boldsymbol{a}(t)$ 分别为与 $\boldsymbol{q}(t)$ 不等式约束相关的系数矩阵与向量。

当式（2−30）为不考虑风电的机组组合模型时，$\mathcal{G}$ 对应火电机组的发电成本和启停成本；$\boldsymbol{A}_{eq}\boldsymbol{q}(t) = \boldsymbol{b}(t)$ 对应功率平衡约束、火电机组最小开停机时间约束等等式约束；$\boldsymbol{A}_{neq}\boldsymbol{q}(t) \leqslant \boldsymbol{a}(t)$ 对应火电机组出力范围、爬坡率等不等式约束。

将随机型决策变量 $\boldsymbol{x}(t)$ 引入后，原有模型会发生如下三方面的变化，最终转变为概率优化模型：

（1）目标函数中会引入与随机型决策变量相对应的目标，可采用随机型决策对应的损失函数风险指标来表示，例如 $CVaR$ 对应风电虚拟机组（WVPG）安全

性和经济性综合 $CVaR$ 风险指标。

（2）约束条件中需增加与随机型决策变量 $x_i(t)$ 取值范围对应的约束条件，即 $x_i(t) \leqslant p_i(t)$。其中 $p_i(t)$ 为随机变量 $x_i(t)$ 的 β 分位点，满足 $P[X_i(t) \leqslant p_i(t)] \geqslant \beta$，例如当 $x_i(t)$ 为 WVPG 可发功率随机变量时，$p_i(t)$ 为可发功率概率分布在一定置信概率下的取值上界。

（3）原有的部分确定型约束将转变为概率约束，即 $P(X_1(t) \oplus \cdots \oplus X_m(t) \geqslant d(t) - q_1(t) - q_2(t) \cdots - q_n(t)) \geqslant \beta$，例如当 $X_k(t)$ 为第 k 个 WVPG 的输出可发功率概率随机变量，$q_j(t)$ 为第 j 台火电机组提供上调备用时的输出，$d(t)$ 为负荷预测值时，则该式对应备用约束。

随机型与确定型决策变量混合概率优化模型为

$$\min \quad \mathcal{g}(\boldsymbol{q}(t)) + CVaR(\boldsymbol{x}(t))$$

$$\text{s.t.} \begin{cases} \boldsymbol{A}_{eq}\boldsymbol{q}(t) + \boldsymbol{B}_{eq}\boldsymbol{x}(t) = \boldsymbol{b}(t) \\ \boldsymbol{A}_{neq}\boldsymbol{q}(t) \leqslant \boldsymbol{a}(t) \\ x_i(t) \leqslant p_i(t) \quad i = 1, 2, \cdots, m \\ P(X_1(t) \oplus \cdots \oplus X_m(t) \geqslant d(t) - q_1(t) - q_2(t) \cdots - q_n(t)) \geqslant \beta \end{cases} \quad (2-31)$$

2. 随机型决策变量间的概率优化模型

对随机型决策变量 $\boldsymbol{x}(t) = [x_1(t), x_2(t), \cdots, x_m(t)]^T$ 的优化模型，可将式（2-31）简化，得

$$\min \quad CVaR(\boldsymbol{x}(t))$$

$$\text{s.t.} \begin{cases} \boldsymbol{B}_{eq}\boldsymbol{x}(t) = \boldsymbol{b} \\ x_i(t) \leqslant p_i(t) \quad i = 1, 2, \cdots, m \\ P(X_1(t) \oplus \cdots \oplus X_m(t) \geqslant \eta) \geqslant \beta \end{cases} \quad (2-32)$$

对于 WVPG 内部多风电场间的发电计划模型，$CVaR$ 对应风电场的安全性风险指标；$x_i(t) \leqslant p_i(t)$ 对应风电场输出决策变量取值范围，例如一定置信概率下的输出范围；$P(X_1(t) \oplus \cdots \oplus X_m(t) \geqslant \eta) \geqslant \beta$ 对应风电场电量利用率、线路传输容量等约束。

2.2.2.3　基于多状态概率分布的概率优化求解方法

2.2.2.2 中提出的两类概率优化模型求解难点在于 $CVaR$ 指标的转化以及概率约束条件的处理。以随机型与确定型决策变量混合的概率优化基本模型为例，基于多状态概率分布的基本运算，求解优化模型时的两个关键转化步骤分别为 $CVaR$ 指标的转化和概率约束条件的转化。

1. $CVaR$ 指标的转化

首先，由于目标函数中的 $CVaR$ 指标函数表达式中的 VaR 值难以写出解析表

达式，优化问题求解十分困难，因此需要引入等效计算函数，将目标函数中最小化 $CVaR$ 指标转化为最小化等效计算函数 ξ_Y，即

$$\xi_Y = \alpha + \frac{1}{1-\beta} \int_{y \in R} [y - \alpha]^+ f_Y(y) \mathrm{d}y \qquad (2-33)$$

式中：y 为随机变量 Y 的取值；R 为实数集合；$[y-\alpha]^+ = \max(y-\alpha, 0)$。决策前损失函数 Y 的概率密度函数 $f_Y(y)$ 通常未知，由于 Y 的概率分布取决于输入随机变量 X 的概率分布，因此，在 X 概率密度函数函数 $f_X(x)$ 已知情况下，可写为

$$\xi_Y = \alpha + \frac{1}{1-\beta} \int_{x \in R} [\mathcal{G}(\boldsymbol{q}, x) - \alpha]^+ f_X(x) \mathrm{d}x \qquad (2-34)$$

式中：x 为随机变量 X 的取值；R 为实数集合；α 为等效计算函数中引入的优化变量。

可以证明，在 Y 的取值空间 $\boldsymbol{B}_Y$ 内极小化等价于在 (Y, α) 的取值空间 $\boldsymbol{B}_Y \times \boldsymbol{B}_\alpha$ 中极小化。

若随机变量 X 的多状态概率分布 $\tilde{f}_X$ 已知，连续型随机变量的积分可转换为

$$\xi_Y = \alpha + \frac{1}{1-\beta} \sum_{i=1}^{n_x} [\mathcal{G}(\boldsymbol{q}, x_i) - \alpha]^+ \tilde{P}_{X,i} \qquad (2-35)$$

进一步地，令 $v_i = [\mathcal{G}(\boldsymbol{q}, x_i) - \alpha]^+$，其中约束条件称为辅助约束条件，线性优化目标为

$$\begin{aligned} \xi_Y &= \alpha + \frac{1}{1-\beta} \sum_{i=1}^{n_x} v_i \tilde{P}_{X,i} \\ \text{s.t.} \quad &\begin{cases} v_i \geqslant 0 & i = 1, 2, \cdots, n_x \\ v_i \geqslant \mathcal{G}(\boldsymbol{q}, x) - \alpha & i = 1, 2, \cdots, n_x \end{cases} \end{aligned} \qquad (2-36)$$

式中：β 为已知置信概率参数；$\tilde{P}_{X,i}$ 为随机变量 X 多状态概率分布的状态概率；α 为辅助优化变量；v_i 为与多状态概率分布第 i 个状态对应的辅助优化变量。

2. 概率约束条件的转化

需要将概率约束条件 $P[X_1(t) \oplus \cdots \oplus X_n(t) \geqslant d(t) - q_1(t) - q_2(t) \cdots - q_n(t)] \geqslant \beta$ 转化为确定型约束条件，该约束等价于

$$P[X_1(t) \oplus \cdots \oplus X_n(t) \leqslant d(t) - q_1(t) - q_2(t) \cdots - q_n(t)] \leqslant \beta$$

根据多状态概率分布卷积和运算计算 $Z = X_1(t) \oplus \cdots \oplus X_n(t)$ 的概率分布，然后根据分位点运算计算 Z 的 β 分位点 z_β，则概率约束等价为

$$d - q_1(t) - q_2(t) \cdots - q_n(t) \leqslant z_\beta \qquad (2-37)$$

通过以上步骤，可将概率优化模型转化为混合整数线性规划问题求解。

2.2.2.4　快速傅里叶计算

本书的研究中涉及大量的概率卷积与卷差运算，而快速傅里叶变换算法

（fast fourier transform，FFT）是实现卷积快速计算的重要算法之一。FFT 能够快速将时域信号转化到频域，而 FFT 反变换实现相反的过程。根据信号与系统理论，将时域信号的卷积进行傅里叶变换，在频域中变为相乘的关系。根据该原理，可将概率分布视作时域信号，概率分布的卷积运算即为相应时域信号的卷积计算。通过 FFT 可得到各时域信号的傅里叶变换，然后相乘即得到频域的卷积；通过 FFT 反变换即可得到概率分布的卷积结果。离散傅里叶变换的快速算法和反变换算法计算公式分别为

$$
\begin{bmatrix}
X_d(0) \\
X_d(1) \\
\vdots \\
X_d(N-1)
\end{bmatrix}
=
\begin{bmatrix}
W_N^0 & W_N^0 & W_N^0 & \cdots & W_N^0 \\
W_N^0 & W_N^{1\times1} & W_N^{2\times1} & \cdots & W_N^{(N-1)\times1} \\
\vdots & \vdots & \vdots & \ddots & \vdots \\
W_N^0 & W_N^{1\times(N-1)} & W_N^{2\times(N-1)} & \cdots & W_N^{(N-1)\times(N-1)}
\end{bmatrix}
\begin{bmatrix}
x_d(0) \\
x_d(1) \\
\vdots \\
x_d(N-1)
\end{bmatrix}
$$

$$(2-38)$$

$$
\begin{bmatrix}
X_d(0) \\
X_d(1) \\
\vdots \\
X_d(N-1)
\end{bmatrix}
=
\begin{bmatrix}
W_N^0 & W_N^0 & W_N^0 & \cdots & W_N^0 \\
W_N^0 & W_N^{-1\times1} & W_N^{-2\times1} & \cdots & W_N^{-(N-1)\times1} \\
\vdots & \vdots & \vdots & \ddots & \vdots \\
W_N^0 & W_N^{-1\times(N-1)} & W_N^{-2\times(N-1)} & \cdots & W_N^{-(N-1)\times(N-1)}
\end{bmatrix}
\begin{bmatrix}
X_d(0) \\
X_d(1) \\
\vdots \\
X_d(N-1)
\end{bmatrix}
$$

$$(2-39)$$

式中：$X_d(n)$ 为原始时域信号；$X_d(n)$ 为频域信号；$W_N^{kn}=\mathrm{e}^{-\mathrm{j}\frac{2\pi}{N}kn}$，为长度为 1、辐角为 $-2\pi\times kn/N$ 的乘子符号。

给定两个多状态离散概率分布 a 和 b，可将其视作时域信号序列，通过 FFT 变换快速得到其在频域的序列 A 和 B，相乘得到频域的卷积结果 C，然后通过 FFT 反变换得到分布 a 和 b 的卷积，基于 FFT 的快速卷积计算原理如图 2-11 所示。

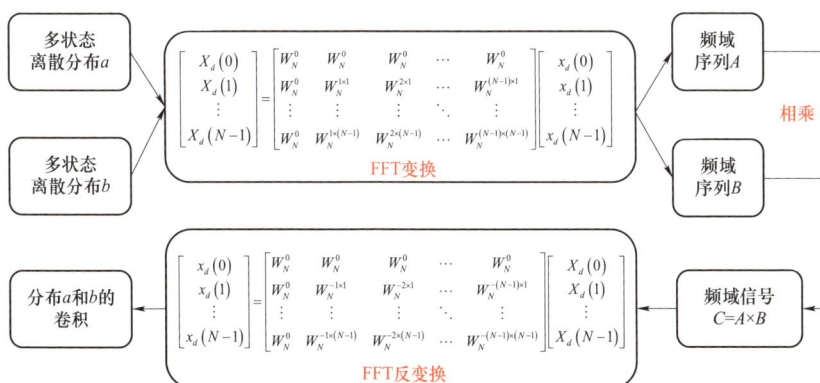

图 2-11　基于 FFT 的快速卷积计算原理图

2.2.3 优化规划模型及求解方法

本部分介绍在后续规划模型中经常用到的基础模型，包括风电、光伏等可再生能源出力的概率模型、非时序生产模拟模型和优化规划模型，并介绍考虑随机变量的概率优化规划模型的求解方法。

2.2.3.1 风电与光伏模型

本书主要考虑风电与光伏两种类型的波动性可再生能源，水电作为常规机组模型考虑，因此不在这里介绍。在中长期规划阶段，由于各类因素的不确定性，获取准确的风电、光伏时序出力曲线很困难甚至是不可能的，而根据风、光资源勘测研究，一般中长期的风速分布、光伏出力遵循贝塔（β）、韦布尔（Weibull）双参数分布。通过风电场的功率—风速函数即可将风速概率分布转化为功率的概率分布，如式（2−40）所示

$$f_V(v) = \frac{kv^{k-1}}{c^k} e^{-\left(\frac{v}{c}\right)^k}, v \geq 0; k,c > 0 \qquad (2-40)$$

式中：c 和 k 分别为风机所在位置的尺度和形状参数；v 为风速随机变量 V 的取值。

风机有功出力与风速之间的关系一般可用如下的分段函数来描述

$$p_w = g(v) = \begin{cases} 0, & 0 \leq v < v_{ci} \text{或} v \geq v_{co} \\ p_{wr}(A + Bv + Cv^2), v_{ci} \leq v < v_r \\ p_{wr}, v_r \leq v < v_{co} \end{cases} \qquad (2-41)$$

式中：v_{ci}、v_r、v_{co} 分别为风电机组的切入风速、额定风速和切出风速；p_{wr} 为额定功率；p_w 为风机输出有功功率；A、B、C 为风电机组的特性常数。

本书采用非参数估计的核密度估计方法对风、光出力概率分布进行建模。以风电为例，假定风电场具有 N 个输出功率场景，分别记为 $p_{w1}, p_{w2}, \cdots, p_{wN}$，设 $f_w(p)$ 为风电出力的概率分布函数，根据非参数估计理论可以对风电出力的概率密度函数进行估计，即

$$\hat{f}_w(p) = \frac{1}{Nh} \sum_{i=1}^{N} K\left(\frac{p - p_{wi}}{h}\right) \qquad (2-42)$$

式中：$\hat{f}_w(p)$ 为基于非参数估计的风功率概率密度函数分布；$K(p,h)$ 为核函数；p_{wi} 为风功率出力的第 i 个样本取值；h 为带宽。

同时，核函数 $K(p,h)$ 需要为对称平滑的非负函数，从而保证被估计的概率密度函数具有连续性，即需要满足描述特性。

以蒙西电网 2014 年实际运行数据为例，经验分布与核密度函数估计对比如图 2-12 所示。图中给出了各季度风电与光伏出力之和的离散概率密度与核密度函数估计结果的对比，可以看出，系统可再生能源出力概率分布在不同季度的差异性较大，并且具有一定的"拖尾"效应，难以采用韦布尔分布准确描述。核密度函数估计结果能够准确对经验分布进行拟合，因此适合应用到规划阶段，用来对风电、光伏等可再生能源出力的概率分布进行描述。

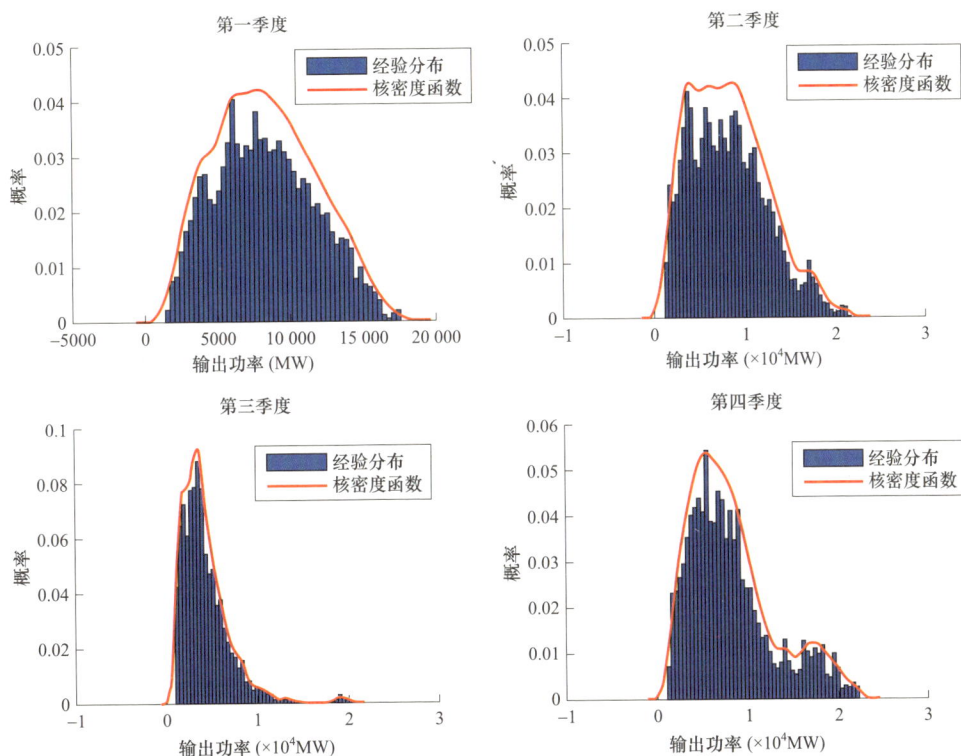

图 2-12　经验分布与核密度估计函数对比

2.2.3.2　非时序生产模拟泛函极值模型

以可再生能源消纳最大化为目标的生产模拟优化模型为

$$\max T\sum_{i=1}^{N_{RE}}\int_{0}^{P_{REi\max}} F_{REi}(P_{REi})\,\mathrm{d}P_{REi} \tag{2-43}$$
$$\mathrm{s.t.}\quad A(\boldsymbol{F},\boldsymbol{G},\boldsymbol{F}_{RE})\in C$$

式中：A 为系统各类约束条件与决策变量之间的函数关系；C 为约束条件集合；T 为评估时段时长。

模型待求取的决策变量为各类型常规机组出力累计分布函数 CDF F_i 和概率密度函数 PDF $f_i, i=1,2,\cdots,N$；热电联产机组热功率 CDF G_i 和 PDF $g_i, i=1,2,\cdots,M$；可再生能源出力 CDF $F_{RE,i}$ 和 PDF $f_{RE,i}, i=1,2,\cdots,N_{RE}$；灵活性资源出力 CDF F_{Xi} 和 PDF $f_{Xi}, i=1,2,\cdots,N_X$。其中约束集 C 如式（2-44）所示，从数学角度来看，该模型为泛函极值模型

$$
\begin{cases}
f(p) = -\dfrac{\mathrm{d}F_L(P)}{\mathrm{d}P} = \left(\bigoplus_{i=1}^{N} f_{g,i}(p_{g,i})\right) \oplus f_{RE,i}(p_{RE,i}) \oplus \left(\bigoplus_{j=1}^{N_X} f_{X,j}(p_{X,j})\right) \\[3mm]
p = \sum_{i=1}^{N} p_{g,i} + p_{RE,j} + \sum_{j=1}^{N_X} p_{X,j} \\[3mm]
f_{RE}(p_{RE}) = \bar{p}_1 f_{RE,1}(p_1) \oplus \cdots \oplus \bar{p}_{N_{RE}} f_{RE,N_{re}}(p_{N_{RE}}), \; p_{RE} = \sum_{i=1}^{N_{RE}} p_i \\[3mm]
g_j(h) = -\dfrac{\mathrm{d}G_{j,L}(H)}{\mathrm{d}H} = \left(\bigoplus_{i=1}^{M_j} g_{i,j}(h_i)\right) \oplus \left(\bigoplus_{i=1}^{N_{X,j}} g_{X,i,j}(h_{X,i})\right), \; j=1,2,\cdots,Z \\[3mm]
h = \sum_{i=1}^{M_j} h_i + \sum_{i=1}^{N_{X,j}} h_{X,i}, \; j=1,2,\cdots,Z \\[3mm]
f_i, f_{RE} \in \boldsymbol{F}, g_{i,j} \in \boldsymbol{G}, A(\boldsymbol{F}, \boldsymbol{G}) \in \boldsymbol{D}
\end{cases}
\tag{2-44}
$$

式中：$f(p)$ 和 $g_j(h)$ 分别为系统电负荷与区域 j 热负荷的概率密度函数；$f_{g,i}(p_{g,i})$、$f_{RE},i(p_{RE},i)$ 和 $f_{X,j}(p_{X,j})$ 分别为常规机组、可再生能源及灵活性资源出力的概率密度函数；$\bar{p}_{RE}$、$f_{RE,i}(p)$ 分别为可再生能源状态 i 的概率及该状态下出力的概率密度函数；$\boldsymbol{F}$ 为电出力概率分布集合；$\boldsymbol{G}$ 为热出力概率分布集合；$\boldsymbol{D}$ 为系统资源运行域集合。

2.2.3.3 灵活性优化规划和双层规划模型

基于灵活性平衡概念，对电力系统灵活性规划定义为：根据某一时期的负荷需求预测及电源规划方案 Ω^*，在满足系统可靠性 θ_1 及灵活性水平 θ_2 的条件下，寻求经济性最优的灵活性资源配置方案 $\boldsymbol{X}^*$。

由于灵活性需求和供给源均具有不确定性和状态相依性，需要采用随机变量描述灵活性供给、需求，即系统的平衡方程和目标决策函数中均含有随机变量，灵活性规划的数学模型如式（2-45）所示，属于随机规划模型。

$$
\min E[C(X,\xi,\eta)|\Omega^*]
$$
$$
\text{s.t.}
\begin{cases}
P[f(X,\xi,\eta) \geqslant \alpha | \Omega^*] \geqslant \beta \\[2mm]
E[g_i(X,\xi,\eta)|\Omega^*] \leqslant 0, i=1,2,\cdots,m \\[2mm]
E[h_j(X,\xi,\eta)|\Omega^*] = 0, j=1,2,\cdots,n
\end{cases}
\tag{2-45}
$$

式中：X 为灵活性资源投资决策变量；ξ 和 η 分别为生产模拟中的待优化随机变量；C 代表成本函数；f、g_i、h_j 分别为系统相关约束与决策变量间关系的方程；P 和 E 分别为概率和期望算子；α、β 分别为概率分布函数边界和累计概率分布边界。

对于电力系统灵活性规划而言，由于其关键约束为系统灵活性指标约束，而灵活性指标的计算建立在运行模拟的输出结果（即系统状态概率分布）的基础上，电力系统非时序生产模拟模型同样为优化问题，因此灵活性规划决策问题的若干约束为另一优化问题的最优解的函数，即灵活性规划从数学上来看，属于双层优化模型，其上层和下层优化模型见表 2-3。

表 2-3　　　　　　　　　　　　　上层和下层优化模型

类型	上层模型	下层模型
表达式	$$\min_{x} \quad F(x, y)$$ $$\text{s.t.} \begin{cases} G(x, y) \leqslant 0 \\ x \in R^{n_1}, y \in R^{n_2} \\ F: R^{n_1} \times R^{n_2} \to R \\ G: R^{n_1} \times R^{n_2} \to R^{m_1} \end{cases}$$	$$\min_{y} \quad f(x, y)$$ $$\text{s.t.} \begin{cases} g(x, y) \leqslant 0 \\ f: R^{n_1} \times R^{n_2} \to R \\ g: R^{n_1} \times R^{n_2} \to R^{m_2} \end{cases}$$

表 2-3 中，x 为优化问题的决策变量，y 为下层优化问题的决策变量；F 和 G 分别为上层优化模型的目标函数和约束条件，f 和 g 分别为下层优化模型的目标函数和约束条件。上层模型的决策变量 x 作为参量输入下层模型中，对 y 进行优化求解后反馈到上层模型中进行迭代求解。对于线性双层优化问题，目前常用的求解算法有极点算法、分支定界法、K-T 算法等；对于非线性双层优化问题，目前常用的求解算法有下降算法、罚函数法、禁忌搜索算法和遗传算法等。

2.3　灵活性平衡基本原理

2.3.1　运行灵活性平衡的一般数学描述

电力系统运行灵活性平衡是指任何时刻、任一时间尺度下及任何方向上，系统全环节资源各维度灵活性的供给之和相对于需求的充裕程度超过允许水平。

在运行中，衡量灵活性是否充裕的原理，即电力系统灵活性不足场景示意图如图 2-13 所示。在预测场景下系统具有充足的灵活性，但是由于系统的各种不确定性，可能会导致调节需求如红色或黄色虚线所示，而此时的机组出力上限或下限均无法对需求进行包络，所以如果出现系统灵活性需求超出灵活性供给能力，系统将会面临灵活性不足的问题。

一般地，运行中灵活性平衡的判据为

$$x - y \geqslant \varepsilon \qquad (2-46)$$

式中：x 为总灵活性供给；y 为总灵活性需求；ε 为充裕度水平。

如果式（2-46）不满足，则称为系统灵活性不平衡。其中

$$x = \sum_{i \in S} x_i, y = \sum_{i \in D} y_i \qquad (2-47)$$

式中：S 和 D 分别为灵活性供给源和需求源的集合；x_i 为第 i 个供给源的灵活性供给值；y_i 为第 i 个需求源的灵活性需求值。

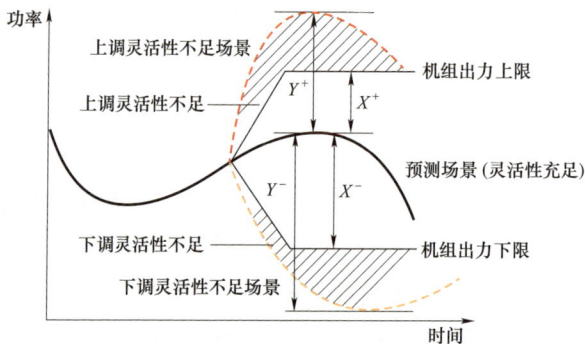

X：灵活性供给；Y：灵活性需求（+代表向上，-代表向下）

图 2-13 电力系统灵活性不足场景示意图

在时刻 t、时间尺度 τ 下 A 方向的灵活性平衡判据为

$$z_v^A(t;\tau) = \sum_{i \in S} x_{v,i}^A(t;\tau) - \sum_{i \in D} y_{v,i}^A(t;\tau) \geqslant \delta, v \in \{\rho, \pi, \varepsilon\}, A \in \{+,-\}, \forall t, \tau$$

$$(2-48)$$

式中：v 为灵活性指标的量纲；ρ, π, ε 分别为爬坡、功率和能量指标；A 和 τ 为参数项，$A \in \{+,-\}$ 为灵活性的调节方向，τ 通常取 15min、4h 和 24h 等，分别表示调频、爬坡和调峰等研究对应的时间尺度；$x_{v,i}^A(t;\tau)$ 和 $y_{v,i}^A(t;\tau)$ 分别为灵活性供给源 i 和需求源 i 在相应参数下的灵活性供给和需求；S 和 D 分别为灵活性资源和需求源的集合；t 为系统运行时刻；δ 代表灵活性裕量最低要求。

2.3.2 规划灵活性平衡的一般数学描述

基于灵活性平衡概念，考虑到灵活性指标的特性，引入随机变量对灵活性进行描述，则规划灵活性平衡的判据为：系统灵活性资源供给能力小于灵活性需求

的概率（或风险）低于给定阈值。定义 X 、 Y 分别为系统灵活性总供给和总需求的随机变量， $Z = X - Y$ 为灵活性裕度变量，则灵活性平衡的确定性判据可写为更一般的概率形式，即

$$P(Z < 0) = P(X < Y) = P\left(\sum_{i \in S} X_i \leqslant \sum_{i \in D} Y_i\right) \leqslant \theta \qquad (2-49)$$

式中： θ 为充裕水平； S 为灵活性供给源的集合； X_i 为第 i 个源的供给量； D 为灵活性需求的集合； Y_i 为第 i 个需求量。

系统灵活性供给与需求概率分布示意图如图 2-14 所示， $P(X^-)$ 、 $P(X^+)$ 分别代表上调、下调灵活性供给概率密度曲线， $P(Y)$ 代表灵活性需求概率密度曲线。在图中的黄色阴影区域，可能出现灵活性供给小于需求的现象，对应后果分别为失负荷（上调不足）和可再生能源限电（下调不足）。从定性角度看，黄色阴影区域的面积越小，系统的灵活性水平越高。

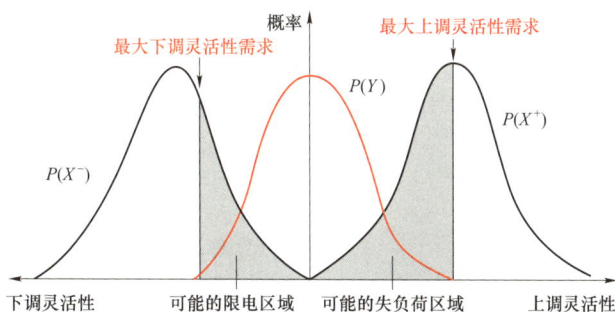

图 2-14　系统灵活性供给与需求概率分布示意图

考虑灵活性时间尺度、方向性和条件相依等特性，可得到灵活性平衡判据的一般形式为

$$P\left(Z_v^A;\tau\right) = \sum_{\psi_i \in \varPsi} P(\psi_i) P\left(Z_v^A \mid \psi_i;\tau\right)$$

$$= \sum_{\psi_i \in \varPsi} P(\psi_i) P\left(\sum_{i \in S} X_{v,i}^A < \sum_{i \in D} Y_{v,i}^A \mid \psi_i;\tau\right) \leqslant \theta_{v,\tau}^A \qquad (2-50)$$

$$\forall \tau, v \in \{\rho, \pi, \varepsilon\}, A \in \{+, -\}$$

式中： ψ_i 为系统条件，可定义为负荷水平、可再生能源出力状态等； $\varPsi$ 为可枚举状态的集合；其他参数含义与前面相同。

式（2-50）仅为定义式，直接计算较为复杂，具体可采取概率分布函数形式表示。基于卷积的基本运算原理，在同一系统条件下，灵活性随机变量之间相互独立，其加减运算可分别用卷和/卷差表示，即

$$Z_v^A = X_v^A \ominus Y_v^A = \left(\bigoplus_{i \in S} X_{v,i}^A \right) \ominus \left(\bigoplus_{i \in D} Y_{v,i}^A \right) \tag{2-51}$$

$$P\left(Z_v^A = z \middle| \psi_i; \tau \right) = \sum_{i_1 \in [1, \cdots, n_{x1}]} \sum_{i_{n_x + n_y - 1} \in [1, \cdots, n_{x2}]} P\left(X_{v,1}^A = x_1 \middle| \psi_i; \tau \right) \cdots$$

$$P\left(Y_{v,n_y}^A = \left(\sum_{i=1}^{n_x} x_i - \sum_{i=1}^{n_y - 1} y_i - z \right) \middle| X_{v,1}^A = x_1, \cdots, Y_{v,n_y-1}^A = y_{n_y-1}, \psi_i; \tau \right) \tag{2-52}$$

$$\sum_{\psi_i \in \Psi} \sum_{z=-\infty}^{0} P\left(Z_v^A = z \middle| \psi_i; \tau \right) \leqslant \theta_{v,\tau}^A \qquad \forall \tau, v \in \{\rho, \pi, \varepsilon\}, A \in \{+, -\} \tag{2-53}$$

式中：$\oplus / \ominus$ 为卷和/卷差运算；$P\left(Z_v^A = z \middle| \psi_i; \tau \right)$ 为灵活性裕量在系统条件 ψ_i 和时间尺度 τ 参数下的条件概率分布；$\theta_{v,\tau}^A$ 为系统灵活性缺额概率阈值；其他参数含义与前面相同。

基于灵活性平衡的新型电力系统运行模型为

$$\min \sum_{A \in \{+, -\}} \sum_{v \in \{\rho, \pi, \varepsilon\}} \sum_{i \in S} E\left(f_{v,i}^A \left(X_{v,i}^A \right) \right)$$

$$\text{s.t.} \begin{cases} g_i(\Psi) = 0 & i = 1, 2, \cdots, n \\ h_j(\Psi) \leqslant 0 & j = 1, 2, \cdots, m \\ \sum_{\psi_i \in \Psi} P\left(\sum_{i \in S} X_{v,i}^A < \sum_{i \in D} Y_{v,i}^A \middle| \psi_i; \tau \right) \leqslant \theta_{v,\tau}^A \\ \forall \tau, v \in \{\rho, \pi, \varepsilon\}, A \in \{+, -\} \\ S = S_g \bigcup S_l \bigcup S_{st} \end{cases} \tag{2-54}$$

式中：E 为期望算子；$f_{v,i}^A(x)$ 为资源 i 调用 A 方向 v 类型灵活性资源的成本函数；Ψ 为系统状态集合；$g_i(\Psi)$ 和 $h_j(\Psi)$ 分别为系统等式（如功率平衡、潮流方程等）与不等式（线路潮流限制、出力限制等）约束函数；$\theta_{v,\tau}^A$ 为灵活性水平阈值；S 为系统灵活性资源集合；S_g、S_l、S_{st} 分别为电源、负荷及储能环节的灵活性资源集合。

与传统"电源侧匹配负荷+基于煤耗成本最低发电调度"的运行机理不同，该模型引入了灵活性平衡的关键约束，并且将成本扩展到多维度灵活性调用成本，不仅考虑了电量成本（能量市场），还考虑了爬坡与容量成本辅助服务市场与容量市场，新型运行机理下，系统的运行模式转变为"源荷储"各环节资源以综合灵活性调用成本最低的模式来满足系统在各维度、各方向上的灵活性供需平衡。

2.3.3　灵活性平衡与电力电量平衡的区别

电力电量平衡主要保证以下两点：① 电力平衡，系统所有电源的可靠出力之和满足负荷需求并保留一定的备用，即保障一定的可靠性水平；② 电量平衡，考虑到不同电源的利用小时数不同，系统所有电源的可发电量之和还应满足负荷电量需求。一般来说，如果系统能够满足任意时刻的电力平衡约束，则一定满足电量平衡要求。

根据上述的特征描述可以看出，电力电量平衡主要关心某一时间断面系统电力供给与负荷需求是否能够平衡。然而，电力电量平衡无法反映系统是否有足够的能力，在多个时间断面之间的动态过程中进行调节。在传统电力系统中，一般多断面间的调节需求仅来自负荷的波动性和不确定性，调节需求较小，一般仅靠传统电源的调节能力能够满足需求。随着可再生能源比例不断增加，系统面临的调节需求剧增，实际的工程运行经验表明，仅靠传统电力电量平衡模式已经难以满足系统多时间断面间的调节需求。

灵活性平衡的含义是系统灵活性供给满足灵活性需求并留有一定的裕量，该平衡模式反映了系统在多时间断面间的调节能力和需求之间的关系，从而解决了电力电量平衡的缺陷。本书通过一个最简原型系统的定量推导分析，证明电力平衡模式下系统会面临灵活性不足的问题。

在不含波动性可再生能源（variable renewable energy source，VRES）的电力系统中，一般采用传统电源出力匹配负荷并保留一定备用的电力平衡模式，其原理为

$$\begin{cases} \sum_i P_{\max i} \geqslant P_{nL} \\ \sum_i \dfrac{\mathrm{d}P_{\max i}}{\mathrm{d}t} \geqslant \dfrac{\mathrm{d}P_{nL}}{\mathrm{d}t} \end{cases} \quad (2-55)$$

式中：$P_{\max,i}$ 为常规机组 i 的最大容量；P_{nL} 为系统净负荷的最大需求。

常规机组的最大（最小）出力等于负荷加（减）正（负）备用容量，功率时刻保持平衡，考虑到我国大部分地区火电机组承担供热任务，因此增加热力平衡约束。

如果 VRES 接入比例较低，则将其作为"负负荷"进行处理。如果比例进一步增加，仍按照"负负荷"对待可能会出现运行模型没有可行解的情况，即无法找到能够同时满足净负荷爬坡需求和"电力+备用"需求的机组组合。这种情况下，一般引入可再生能源限电变量对模型进行松弛，从数学意义上保证了模型具有可行解，从物理意义上表明传统运行方式下系统可能出现的 VRES

限电情况。在中等比例 VRES 的场景下，少量限电有利于系统的经济运行，工程上是可以接受的。

高比例风电接入电力系统后，电力系统灵活性资源供给、需求平衡示意图如图 2-15 所示，其中绿色曲线代表传统不含可再生能源场景下的负荷需求曲线，紫色曲线代表高比例可再生能源并网后的净负荷（负荷与新能源出力之差）需求曲线，阴影部分代表其不确定性范围。此时如果仍然按照传统的运行模式，则会在较多时段出现限电情况，如图中红色虚线所示时段，这不仅降低了电力系统运行的经济性，也不利于可再生能源的健康发展。

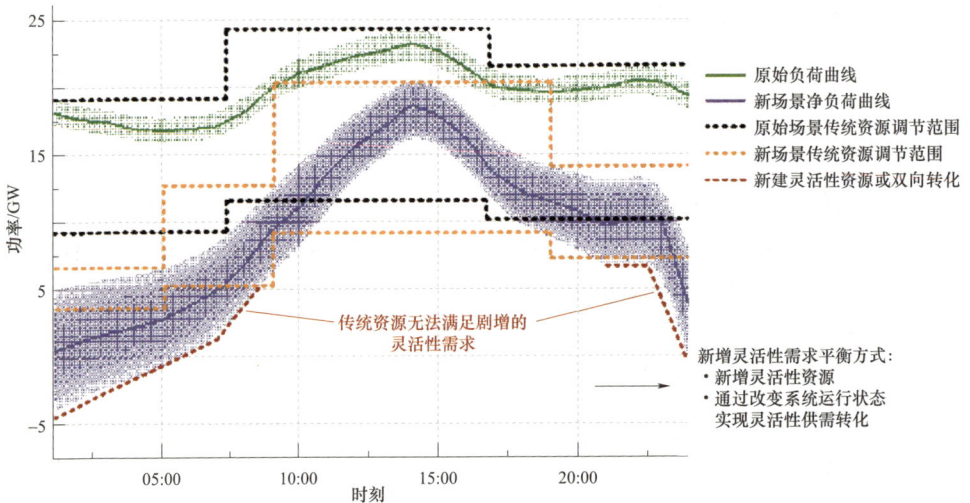

图 2-15　电力系统灵活性资源供给、需求平衡示意图

高比例可再生能源接入电力系统后，可以看出有 3 点明显的特征变化：① 系统在局部时段的爬坡剧增且峰谷差增大，即灵活性需求大幅度增加；② 可再生能源替代了大部分传统机组出力，从而降低了常规电源的调节能力（灵活性供给）；③ 传统的电力平衡模式失效，即传统电源出力范围无法实现对净负荷区域的完全包络，局部时段出现灵活性不足的情况，必然面临可再生能源限电或者失负荷的后果。在目前以安全性为核心的运行规则中，限电几乎成为唯一的选择。

为了定量分析高比例可再生能源接入对电力系统运行的影响，以最简原型系统为例进行分析。最简原型系统示意图如图 2-16 所示，为单节点系统，包含一台传统非供热机组、热电联产机组 CHP 及其热负荷、VRES 机组（风、光、水电共同构成）和电负荷，系统应满足如式（2-56）所示方程

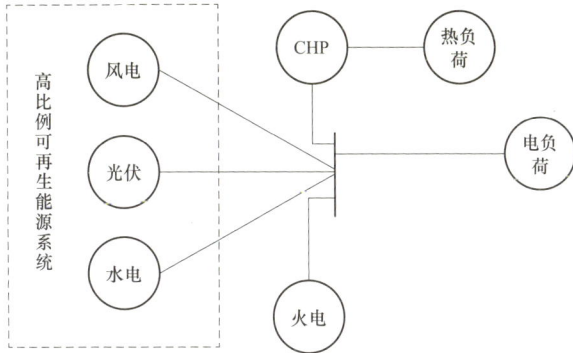

图 2-16　最简原型系统示意图

$$
\begin{cases}
P_g^e(t) + P_g^c(t) + P_{VRES}(t) = P_d(t) \\
Q_g^c(t) = Q_d(t) \\
a_1 Q_g^c(t) + b_1 \leqslant P_g^c(t) \leqslant a_2 Q_g^c(t) + b_2 \\
\forall t = 1, 2, \cdots, T \\
P_{g,\max}^e + P_{g,\max}^c = P_{d,\max} + R^+
\end{cases}
\tag{2-56}
$$

式中：$P_g^e(t)$、$P_g^c(t)$、$P_{VRES}(t)$ 分别为非供热机组、CHP 机组和 VRES 在时刻 t 的出力；$P_d(t)$ 为负荷需求；$Q_g^c(t)$、$Q_d(t)$ 分别为 CHP 机组热出力和热负荷需求；a_1、b_1、a_2、b_2 分别为 CHP 机组热出力与电出力耦合函数的相关参数；$P_{g,\max}^e$、$P_{g,\max}^c$、$P_{d,\max}$ 分别为非供热机组和 CHP 机组的最大出力、最大负荷需求，R^+ 为备用容量需求。

引入松弛变量 π^+ 和 π^- 分别反映系统上调和下调灵活性不足，即分别对应失负荷与 VRES 限电，系统平衡方程变为

$$
\begin{cases}
P_g^e(t) + P_g^c(t) + \left(P_{VRES}^a(t) - \pi^-(t) \right) = \left(P_d(t) - \pi^+(t) \right) \\
\pi^+(t) \cdot \pi^-(t) = 0 \\
\pi^+(t), \pi^-(t) \geqslant 0
\end{cases}
\tag{2-57}
$$

进而研究高比例 VRES 接入对系统灵活性的影响。根据式（2-57），引入出力系数 α_t、β_t 分别代表非供热常规机组和 CHP 机组实时出力占开机容量比例，λ_t 为负荷率，可得到灵活性缺额量差值（正值代表下调灵活性不足，负值代表上调灵活性不足）为

$$\pi^-(t) - \pi^+(t) = \left(P_g^e(t) + P_g^c(t) + P_{VRES}^a(t) \right) - P_d(t)$$

$$= \alpha_t P_{g,\max}^e + \beta_t P_{g,\max}^c + P_{VRES}^a(t) - P_d(t)$$

$$= \alpha_t \left(P_{d,\max} + R^+ - P_{g,\max}^c \right) + \beta_t P_{g,\max}^c + P_{VRES}^a(t) - P_d(t) \quad (2-58)$$

$$= \alpha_t \left(\frac{P_d(t)}{\lambda_t} + R^+ - P_{g,\max}^c \right) + \beta_t P_{g,\max}^c + P_{VRES}^a(t) - P_d(t)$$

$$= \left(\frac{\alpha_t}{\lambda_t} - 1 \right) P_d(t) + (\beta_t - \alpha_t) P_{g,\max}^c + P_{VRES}^a(t) + \alpha_t R^+$$

考虑到 $P_{g,\max}^c \approx a Q_{d,\max} = a r_Q P_{d,\max}$，代入式（2-58）得到

$$\pi^-(t) - \pi^+(t) = \left(\frac{\alpha_t}{\lambda_t} - 1 \right) P_d(t) + (\beta_t - \alpha_t) a r_Q P_{d,\max} + P_{VRES}^a(t) + \alpha_t R^+$$

$$= (\alpha_t + (\beta_t - \alpha_t) a r_Q - \lambda_t) P_{d,\max} + P_{VRES}^a(t) + \alpha_t R^+ \quad (2-59)$$

由式（2-59）可以看出，随着 VRES 接入比例的增加，系统下调灵活性可能会出现缺额，且缺额量越来越大。根据实际经验，一般 $a r_Q$ 取值为 0.6，因此式（2-59）可近似为

$$\pi^-(t) - \pi^+(t) = (0.4\alpha_t + 0.6\beta_t - \lambda_t) P_{d,\max} + P_{VRES}^a(t) + \alpha_t R^+ \quad (2-60)$$

根据式（2-60），可得到如下推论：

（1）系统基本不存在上调灵活性不足的情况。式（2-60）为负说明上调灵活性不足，下面证明该式可以恒为正值。根据我国实际机组参数，一般 α_t 取值为 0.4～1，供暖期 CHP 机组调节能力有限，β_t 取值一般为 0.8～1，因此 $0.4\alpha_t + 0.6\beta_t$ 取值范围为 0.64～1，而 λ_t 范围一般为 0.7～1，因此在任何时刻均存在 α_t、β_t，使得 $0.4\alpha_t + 0.6\beta_t - \lambda_t \geqslant 0$，推论得证。

（2）系统存在严重下调灵活性不足。式（2-60）为正说明下调灵活性不足，下面证明一定存在时刻 t，使得该式为正。仍然采用上述经验取值，可得 $\pi^-(t) - \pi^+(t) \geqslant (0.64 - \lambda_t) P_{d,\max} + P_{VRES}^a(t) + 0.4R^+$，当处于低谷负荷时，即 λ_t 为 0.7 时，只需 $-0.06 P_{d,\max} + P_{VRES}^a + 0.4R^+ \geqslant 0$ 即可，该式十分容易满足。在高比例 VRES 接入场景下，显然其可发出力高于负荷峰值的 6% 概率极高，即使不考虑备用容量（$R^+ = 0$），式（2-60）取正值的可能性也较大，推论（2）得证。

因此，传统模式下仅靠电源侧调节的电力电量平衡机理，在高比例 VRES 接入场景下已经无法适应，需要充分挖掘"源-荷-储"各环节的灵活性资源，来满足系统灵活性的调节需求。从电源匹配负荷的单向跟踪模式转变为"源-网-荷-储"双向互动模式，是传统电力电量平衡与灵活性平衡的关键区别。这种灵活性平衡，多数场景下仍然是电源跟踪负荷，在特定时段会通过需求响应来匹配电源

波动，即需求响应机制。两种平衡机制的对比见表 2−4。

两种平衡机制对比表

属性	电力平衡	灵活性平衡
平衡需求	负荷及可再生能源的波动性及不确定性综合而得的"净负荷"	
平衡资源	灵活电源（主要是依靠常规机组）	"源−网−荷−储"在特定时段均可作为灵活性资源
作用机制	单向作用，源单向匹配荷	双向互动作用，多数场景源匹配荷，特定场景荷匹配源（需求响应机制）
平衡点	电源出力约等于负荷需求	灵活性供给略大于需求

灵活性资源、需求及支撑平台是实现灵活性平衡存在 3 大关键要素，其交互作用关系示意图如图 2−17 所示。首先，灵活性需求主要来自需求侧（负荷波动和不确定性）和供给侧（可再生能源波动和不确定性），同时电源或电网故障也会带来额外的灵活性需求；其次，灵活性资源包括所有能够应对波动性与不确定性的调节手段，可来自供给侧、储能及需求侧。供给侧主要靠常规电源提供灵活性，可再生能源在局部时段也可通过限电手段提供灵活性，储能通过对电能供需时间上的平移提供灵活性。灵活性供需平衡需要电网和电力市场的支撑平台，电网利用空间分布特性实现灵活性供给和需求的平移，是物理层面的支持平台；而市场则是利用价格杠杆调节供需关系，降低灵活性需求或增加灵活性供给，是运营管理层面的支持平台。

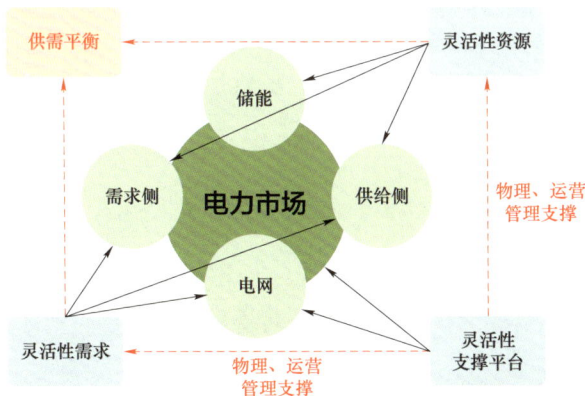

图 2−17　电力系统灵活性资源、需求及支撑平台交互作用关系示意图

2.4 面向电—热广义负荷的非时序随机生产模拟

2.4.1 随机生产模拟模型

2.4.1.1 目标函数

在非时序随机生产模拟（non-sequential probabilistic production simulation，NPPS）模型中，待求解的决策变量为各常规非供热机组、CHP 机组和可再生能源机组出力的概率分布函数。与时序生产模拟不同，该模型不需要知道各机组在任意时刻的出力状态，而是获取各个状态的概率（或者等价为状态的持续时间）。进而可以通过对出力的累积概率分布函数积分，计算任意机组包括可再生能源机组的发电量。基于 2.2.1.8 节提出的可再生能源出力的多状态模型，其发电量可通过求解 NPPS 模型得到，该模型的目标函数是最大化可再生能源的消纳量，即

$$\max \quad T\sum_{i=1}^{N_w} \overline{p}_{re,i} \int_0^{P_{re,i\max}} F_{re,i}(p)\mathrm{d}p \qquad (2-61)$$

式中：T 为待评估时段的总时间；N_w 为新能源机组数量；$p_{re,i}$ 为可再生能源机组 i 的平均出力；$P_{re,j\max}$ 为可再生能源机组 i 的最大出力。

2.4.1.2 约束条件

从概率角度看，系统供给和需求的平衡可通过概率分布的卷和运算表示，即所有 CHP 热出力概率分布的卷和等于热负荷需求概率分布，所有常规机组及可再生能源出力的概率分布卷和等于电负荷需求概率分布。考虑到供热的经济性，实际中不可能采用远距离传输热能，因此一般供热是分区平衡模式，即某区域的热负荷由本区域的 CHP 机组承担。对于区域 j，其热负荷的概率分布函数为同一区域 CHP 机组概率分布函数的卷和，即

$$g_j(h) = g_{1j}(h_1) \oplus \cdots \oplus g_{M_j j}(h_{M_j}), \ j = 1, 2, \cdots, Z \qquad (2-62)$$

式中：$h = \sum_{i=1}^{M_j} h_i$；M_j 为 CHP 机组数量；Z 为系统分区总数。

考虑到不同区域的热负荷具有明显的相关性，采用联合概率密度函数对系统的热负荷进行描述，即

$$g_s(h) = g_s(h_1, h_2, \cdots, h_Z) \qquad (2-63)$$

根据热负荷需求的概率分布 $g_s(h)$，能够确定各分区各 CHP 机组的热出力和电出力。类似的，CHP 机组、常规非供热机组和可再生能源机组的出力通过 PLDC 确定，如式（2-64）所示

$$f(p) = f_1(p_1) \oplus \cdots \oplus f_N(p_N) \oplus f_w(P_w) \tag{2-64}$$

式中：$p = \sum_{i=1}^{N} p_i + p_w$；$p_i$ 为 CHP 机组、常规非供热机组出力；P_w 为可再生能源机组出力。

综上所述，用来评估可再生能源最大消纳能力的 NPPS 模型的主要方程如式（2-61）～式（2-64）所示。从数学上来看，该模型属于泛函极值问题，在数学上难以直接进行求解。由于卷和和反卷和计算的复杂度，难以采用显式解析表达式进行描述，所以一般采用数值算法求解 NPPS 模型。

2.4.1.3　处理约束采用的 EJEF 方法

在仅考虑电力平衡的随机生产模拟方法中，等效电量函数（equivalent energy function，EEF）法是最常用的方法之一。采用这种方法，概率分布的卷积或者反卷积运算等价于相应累积概率分布函数面积的加减。本书在 EEF 方法的基础上，对其进行改进，提出来同时考虑热—电的联合等效电量函数法（equivalent joint energy function method，EJEF），来同时满足热力和电力平衡约束。本节对该方法的核心步骤进行介绍。

EJEF 方法主要应用在迭代过程中，在数值计算的 $(k-1)$ 步之后，假定系统所有机组的出力之和已经安排到点 (h_{k-1}, p_{k-1})。在第 k 步计算中，需要安排 CHP 机组 i 增加其出力 $(\Delta h, \Delta p)$，然后将该机组的热出力及电出力概率分布分别修正为 $\tilde{G}^{(k_i)}(h)$ 和 $\tilde{F}^{(k_i)}(h)$。相应地，系统总的热—电出力变为 $(h_{k-1} + \Delta h, p_{k-1} + \Delta p)$，系统被满足的热—电负荷概率分布函数为 $\tilde{G}^{(k)}(h)$ 和 $\tilde{F}^{(k)}(h)$。因此，在第 k 步计算中，系统被满足的热负荷需求增量为

$$\Delta E_h^k = T \int_{h_{k-1}}^{h_{k-1}+\Delta h} \left[\tilde{G}^{(k)}(h) - \tilde{G}^{(k-1)}(h) \right] \mathrm{d}h \tag{2-65}$$

显然，机组 i 的热负荷供给增量等于 ΔE_h^k，即

$$\Delta E_{h_i}^{k_i} = \Delta E_h^k, \forall \Delta h \tag{2-66}$$

类似地，考虑到电—热随机变量之间的相关性，可以得到电负荷平衡的 EJEF 表示形式，即

$$\Delta p = \gamma_i \Delta h, \Delta E_{p_i} = \Delta E_p, \Delta E_p = \gamma_i \Delta E_h, \forall \Delta h \tag{2-67}$$

式中：γ_i 为 CHP 机组 i 的电热比，如果是背压式机组，$\gamma_i = a_i$；如果是抽汽式机组，则满足

$$D_i = \left\{ (p_i, h_i) \,\middle|\, \begin{array}{l} a_{i1}h_i + b_{i1} \leqslant p_i \leqslant a_{i2}h_i + b_{i2} \\ h_{i\min} \leqslant h_i \leqslant h_{i\max} \end{array} \right., \quad i(i = M^b + 1, \cdots, M) \tag{2-68}$$

式中：p_i、h_i 为机组 i 的电出力和热出力；a_{i1}、b_{i1}、a_{i2}、b_{i2} 分别为电、热出力之间的关系系数；h_{imax}、h_{imin} 分别为热出力的上、下限。

2.4.1.4　机组最优排序方法

NPPS 方法中的 EJEF 方法机理示意图如图 2-18 所示，电力系统电—热出力的随机变量在状态空间 (H,P) 中取值，其可行域 D 为

$$D = \{(H,P)\,|\,0 \leqslant H \leqslant H_{max}, 0 \leqslant P \leqslant P_{max}\} \qquad (2-69)$$

式中：H_{max} 和 P_{max} 分别为热—电负荷最大需求。

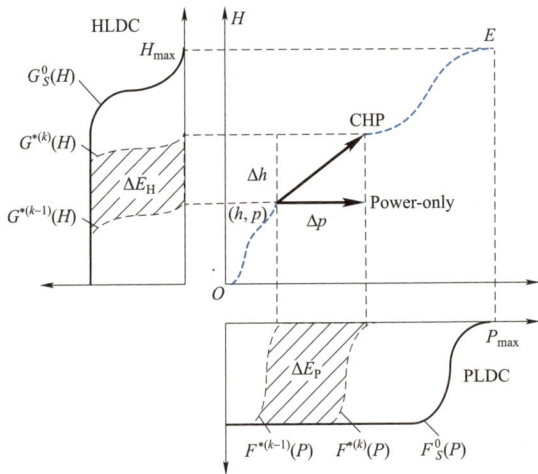

图 2-18　NPPS 方法中的 EJEF 方法机理示意图

优化过程的目标是寻求一条从原点 O 开始到终点 E 结束的最优轨迹，从而能够最大化式（2-61）所示的可再生能源消纳量。对于中间的每一步迭代过程，存在某常规机组或者可再生能源机组被选中来安排增加其电或热出力，随着轨迹的变化，HLDC 和 PLDC 也在同时进行更新。

在本书后续的算法中，采用如下的最优机组排序方法：

（1）CHP 机组的最小技术出力；

（2）CHP 机组为了满足剩余热负荷需求，根据电—热比增加的出力；

（3）常规非供热机组提供的最小技术出力；

（4）可再生能源机组；

（5）所有常规机组均按照燃料成本递增进行排序。

在上述排序方式中，排除了常规机组的强迫出力，可再生能源作为最优先调度的机组进行发电，从而能够最大化其消纳量。在轨迹扩展过程的每个迭代步骤

中，系统存在两个选择：① 增加非供热机组的电出力，即增量为 $(0, \Delta p)$；② 增加 CHP 机组出力，增量为 $(\Delta h, \Delta p)$。

2.4.2　灵活性资源在随机生产模拟中的建模

为了得到考虑灵活性资源的生产模拟模型，本节考虑不同灵活性资源的特性，对其在随机生产模拟中的影响进行建模。根据目前常见的灵活性资源类型，分别考虑灵活电源（调峰机组）、储能设备、电—热相关元件和需求侧相应模型，提出考虑上述资源的随机生产模拟优化模型。

2.4.2.1　灵活电源建模

常规电源的灵活性参数主要体现在以下几个方面：调峰能力、爬坡率和启停时间。在随机生产模拟安排过程中，灵活电源的影响主要体现在调峰能力上，而爬坡及启停时间的影响则在灵活性定量计算中体现，本节主要讨论常规电源调峰能力变化，对随机生产模拟出力安排的影响。

灵活机组在 NPPS 方法中的影响机理如图 2-19 所示。根据前文所述的安排模式，在原始场景下，假设安排完常规机组基荷后，系统电出力概率曲线到达 p_b 点，提高机组灵活性后，基荷部分被压缩到 p_a 点。设调峰能力提升量为 Δp，则两点的关系满足 $p_b - p_a = \Delta p$。因此，提升常规机组灵活性后，相当于对常规机组电出力曲线进行了平移，为可再生能源提供了更多消纳空间。

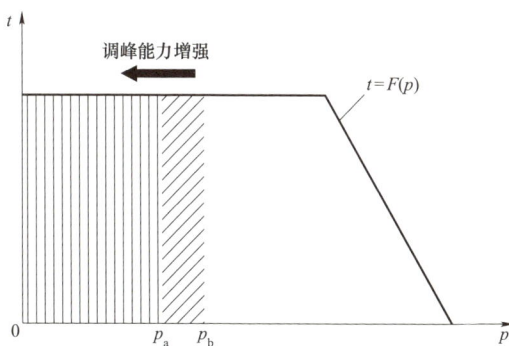

图 2-19　灵活机组在 NPPS 方法中的影响机理

2.4.2.2　储能设备建模

储能设备主要包括储电类设备和储热类设备，两者原理相似，主要目的是实现负荷曲线的削峰填谷作用，降低系统的灵活性需求。本部分以储电设备为例，讨论其在非时序生产模拟中的作用机理，并推广到储热设备的建模。储能设备在发电场景下可以看作给定电量约束的机组，为了最大化利用储能设备来提高可再生能源消纳，应在净负荷持续曲线上对储能设备出力进行安排。

为了降低系统的运行成本，在净负荷曲线上，尽可能采用储能发电来代替承担峰荷的火电机组；同时为了提高可再生能源的消纳能力，建立稳定的基荷，应尽可能采用储能充电来填补净负荷曲线的低谷段。基于上述原理，讨论储能设备的生产安排模式。首先讨论储能设备放电替代常规机组峰荷时的安排原理，设放电功率和电量分别为 P_{st}^{max} 和 E_{st}。储能设备在 NPPS 方法中的出力安排机理示意图如图 2-20 所示，显示了储能设备担任峰荷的情况，阴影部分 S_{p2} 为其所担任的净负荷部分，即

$$S_{p2} = E_{st}, C_p = p_e - p_d = P_{st}^{max} \tag{2-70}$$

下面确定储能设备充电部分的安排方式。设充电功率及电量仍然为 P_{st}^{max} 和 E_{st}，关键在于确定图中的 p_b 和 p_c 点，使得图形 $abcd$ 的面积为 E_{st}，且 $p_c - p_b = P_{st}^{max}$。知道两点位置后，即可按照式（2-71）修改等效持续净负荷曲线的形状，得到考虑储能设备充电后的持续负荷曲线 $\tilde{F}(p)$。可在此基础上，安排常规机组的基荷部分，同时能够获取储能充电计划的累积概率函数 $F_{st}(p)$ 和概率密度函数 $f_{st}(p)$

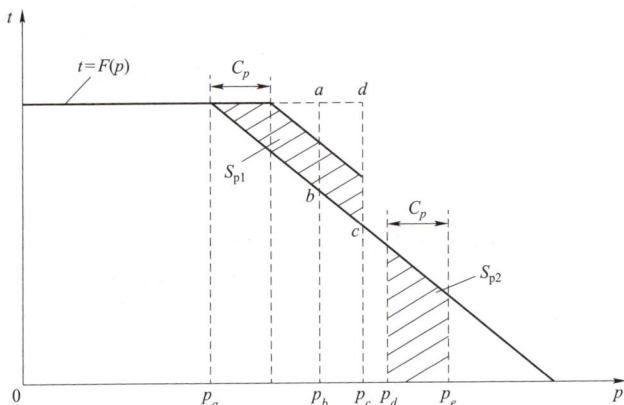

图 2-20　储能设备在 NPPS 方法中的出力安排机理示意图

$$p^* = \begin{cases} p + P_{st}^{max}, & p \in [p_a, p_b] \\ p_c, & p \in [p_b, p_c] \\ p, & p > p_c \end{cases} \tag{2-71}$$

同理，可以采用上述原理对储热设备出力进行安排。不同的是，上述操作需要在持续热负荷曲线上进行，输出结果能够得到修正后的热负荷持续曲线 $\tilde{G}(h)$，以及储热设备出力的累积概率函数 $G_{hs}(h)$ 和概率密度函数 $g_{hs}(h)$。

2.4.2.3　电—热相关元件建模

电—热相关元件能够通过解耦 CHP 机组的电—热出力，提升其灵活运行空间，本节主要针对电热锅炉进行讨论。电热锅炉作为提升 CHP 机组灵活性的辅助设备，能够在低电负荷、高热负荷需求场景下，通过耗电发热来消纳 CHP 机组的电力，并为系统提供热力，从而实现了 CHP 机组电—热出力的解耦，其运行变量耦合关系的数学模型为

$$\begin{cases} \tilde{p}_c = p_c - p_{eb}, \tilde{h}_c = h_c + h_{eb} \\ h_{eb} = \eta \cdot p_{eb} \end{cases} \tag{2-72}$$

式中：p_c, h_c 和 $\tilde{p}_c, \tilde{h}_c$ 分别为 CHP 机组实际和等效电—热出力；p_{eb}, h_{eb} 分别为电锅炉的电力需求和热力出力；η 为电锅炉的效率。

考虑电锅炉后 NPPS 方法的修正原理，即电—热相关元件在 NPPS 中的建模机理如图 2-21 所示，将系统安排点从 (p_a, h_a) 转移到点 (p_b, h_b)，且满足 $p_b = p_a - p_{eb}, h_b = h_a + h_{eb}$。通过该过程的修正运算，即能够得到系统修正后的电、热出力累积概率分布曲线 $\tilde{F}(p)$、$\tilde{G}(h)$，同时能够得到电热锅炉运行状态的累积概率分布 $F_{eb}(p), G_{eb}(h)$ 与密度函数 $f_{eb}(p), g_{eb}(h)$。

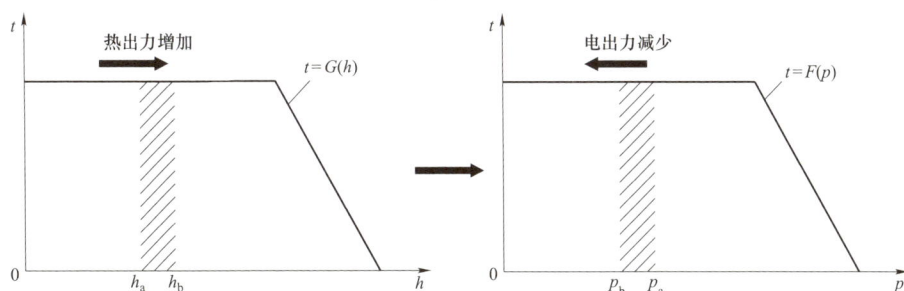

图 2-21　电—热相关元件在 NPPS 中的建模机理

2.4.2.4　需求响应建模

在传统规划中，往往将负荷视作不可调节的"刚性"需求，按照电源匹配负荷的模式进行电源、电网规划。然而，在高比例可再生能源场景下，由于源侧的高度不确定性，如果负荷仍然保持强刚性，规划方案会造成较大的经济代价。因此，需要在灵活性规划模型中考虑需求侧响应的影响，首先在运行模拟中需要考虑其影响，获取考虑需求响应后的系统状态。

主要从技术层面分析需求侧响应对 NPPS 方法的影响机理。由于需求响应主要影响负荷曲线，因此应在进行 NPPS 之前，采用需求响应对原始持续负荷

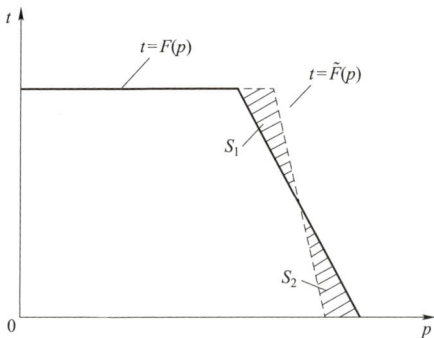

图 2-22 需求侧响应在 NPPS 中的建模机理

曲线 $F(p)$ 进行修正，得到新的持续负荷曲线 $\tilde{F}(p)$，然后采用 NPPS 方法求取系统状态。

需求侧响应在 NPPS 中的建模机理如图 2-22 所示。需求响应在 NPPS 方法中对持续负荷曲线的影响机理，相当于削减了高峰负荷，来填补低谷负荷，从而减少因负荷带来的灵活性需求。图 2-22 中阴影部分面积代表削减或增加的负荷电量需求，满足 $S_1 \approx S_2$，修正后得到更新的持续负荷曲线 $\tilde{F}(p)$。

2.4.3　模型求解算法

本节采用的优化算法过程主要有 5 个阶段，NPPS 方法优化算法的示意图如图 2-23 所示。首先，对于任何区域，所有 CHP 机组承担最小技术出力，同时按照热—电比尽量满足最多的热负荷（图中 $O \sim A$ 段）。然后根据最小热—电比原则，确定 CHP 机组的带负荷顺序，依次增加其电出力和热出力，满足剩余的负荷需求（图中 $A \sim B_1$ 段）。循环上述过程，满足所有分区的热负荷需求（图中 $B_1 \sim B_Z$ 段），随后常规非供热机组承担最小技术出力（图中 $B_Z \sim C$ 段）。令可再生能源承担负荷并对其最大发电量进行评估，最后，按照煤耗从小到大排列，使常规非供热机组带负荷，满足全部负荷需求。

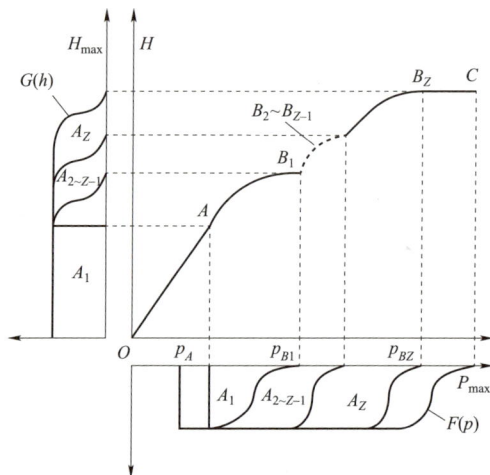

图 2-23　NPPS 方法优化算法的示意图

NPPS 模型详细算法流程如下：

（1）准备系统所有区域的联合热负荷需求 HLDC，记为 $G_S^0(h_1,h_2,\cdots,h_Z)$，以及电负荷需求 PLDC，记为 $\mathcal{F}_S^0(p)$；获取常规非供热机组和 CHP 机组信息以及电网分区信息；根据 $G_S^0(h_1,h_2,\cdots,h_Z)$，计算得到各分区热负荷需求的边际累积概率分布函数 HLDC $G_j^0\,(j=1,2,\cdots,Z)$；如果有灵活性资源，采用 2.4.2.3 节提出的算法，对电—热负荷进行修正，并得到相关灵活性资源出力的概率分布。

（2）首先，各分区的热负荷需求由本区域的 CHP 机组来满足。对区域 j，所有开机的 CHP 机组首先承担最小技术出力，相应地，机组 i 热—电出力的累积概率分布函数更新为

$$h_i^0 = h_{i\min},G_{i,j}^*(h)=1\Big(i=1,\cdots,M_j,h\in\Big[0,h_i^0\Big]\Big) \tag{2-73}$$

$$p_i^0 = p_{i\min},\mathcal{F}_i^*(p)=1\Big(i=1,\cdots,M_j,p\in\Big[0,p_i^0\Big]\Big) \tag{2-74}$$

相应地，系统级热—电出力的累积概率函数及其随机变量修正为

$$h^0 = \sum_{i=1}^{M_j} h_{i\min},G_j^*(h)=1\Big(j=1,2,\cdots,Z,h\in\Big[0,h^0\Big]\Big) \tag{2-75}$$

$$p^0 = \sum_{i=1}^{M_j} p_{i\min},\mathcal{F}_j^*(p)=1\Big(j=1,2,\cdots,Z,p\in\Big[0,p^0\Big]\Big) \tag{2-76}$$

式中：h^0、p^0 分别为系统级热—电出力随机变量的取值；M_j 为本区域的 CHP 机组数量；$h_{i\min}$、$p_{i\min}$ 分别为 CHP 机组 i 的热—电出力最小值。

这部分安排如图 2-23 的 $O\sim A$ 段所示。

（3）如果热负荷需求没有被完全满足，则需要重新安排 CHP 机组的出力，来满足剩余的热负荷。为了最大化可再生能源的消纳量，需要在可行工作域约束内，使得 CHP 机组的电出力最小化，如图 2-23 的 $A\sim B_1$ 段所示。因此，需要在区域 j 的所有可用 CHP 机组中，寻找具有最小电—热比的机组，即

$$\gamma = \min\left\{\frac{\mathrm{d}p_i}{\mathrm{d}h_i}\middle| \left(p_i+\frac{\mathrm{d}p_i}{\mathrm{d}h_i}\Delta h,h_i+\Delta h\right)\in D_i,i\in A_j\right\} \tag{2-77}$$

从而在满足同样的热负荷需求下，最小化 CHP 机组的电出力。

假设区域 j 的机组 g 作为电—热比最小的机组被选中，则其需要增加热出力来满足等效热量约束式（2-66）～式（2-68）。在该步骤中，假设机组 g 增加热出力 Δh，则相应地机组热出力概率分布函数和系统热出力概率分布函数修正为

$$h_g^{k_g} = h_g^{k_g-1} + \Delta h, h^k = h^{k-1} + \Delta h \qquad (2-78)$$

$$G_{g,j}^* \left(h_g^{k_g-1} + \varepsilon_h \right) = G_j^0 \left(h^{k-1} + \varepsilon_h \right) (\varepsilon_h \in [0, \Delta h]) \qquad (2-79)$$

$$G_j^*(h) = G_j^0(h) \left(j = 1, \cdots, Z, \forall h \in \left[h^{k-1}, h^k \right] \right) \qquad (2-80)$$

然后考虑到机组 g 的热—电耦合约束，在增加热出力的同时，需要按照最低电—热比增加电出力，其累积概率函数应该进行更新为

$$p_g^{k_g} = p_g^{k_g-1} + \gamma_g \Delta h, p^k = p^{k-1} + \gamma_g \Delta h \qquad (2-81)$$

$$F_{g,j}^* \left(p_g^{k_g-1} + \varepsilon_p \right) = F_j^* \left(p^{k-1} + \varepsilon_p \right) = G_j^0 \left(h^{k-1} + \frac{\varepsilon_p}{\gamma_g} \right), j = 1, \cdots, Z, \forall \varepsilon_p \in [0, \gamma_g \Delta h]$$

$$(2-82)$$

（4）令 $k = k+1$ 和 $k_g = k_g + 1$，然后循环进行步骤（3），直至区域 j 的所有热负荷均被满足，即满足

$$G_j^*(h) = G_j^0(h)(j = 1, 2, \cdots, Z, \forall h) \qquad (2-83)$$

循环进行上述步骤，直至完成所有的区域，对应图 2—23 的 $B_1 \sim B_Z$ 段。如果所有区域的热负荷均已经被满足，则得到各区域当前的热—电出力累积概率函数。为了描述方便，用 $f_{A_j}^*(p)$ 表示在步骤（3）结束后，区域 j 电出力的边缘概率密度函数。考虑到各区域电出力的相关性，基于上述边缘分布，采用 Copula 函数计算各区域电出力的联合概率密度函数，即

$$f_S^*(P_1, P_2, \cdots, P_Z) = C(f_{A_1}^*(P_1), f_{A_2}^*(P_2), \cdots, f_{A_Z}^*(P_Z)) \qquad (2-84)$$

式中：$C(\cdots)$ 为 Copula 函数。

基于联合概率密度函数，采用多重积分即可得到系统总的电出力累积概率分布函数，即

$$F_S(p) = F \left(\sum_{i=1}^{Z} P_i \leqslant p \right) = \int_{-\infty}^{+\infty} \cdots \int_{-\infty}^{p-x_2-\cdots-x_Z} f_S^*(x_1, x_2, \cdots, x_Z) \mathrm{d}x_1 \mathrm{d}x_2 \cdots \mathrm{d}x_Z$$

$$(2-85)$$

式中：P_i 为区域 i 的电出力。

在上述步骤完成之后，即所有区域的热负荷已经被满足，需要安排常规非供热机组的出力，为了最大化可再生能源的消纳，需要尽量降低常规机组出力，因此安排所有非供热机组带基荷运行，对应图 2—23 的 $B_Z \sim C$ 段。因此，非供热常规机组 i 及系统出力的累积概率函数可以修正为

$$p_i^0 = p_{i\min}, \mathcal{F}_i^{(0)}(p_i) = 1 (i = M+1, \cdots, N) \qquad (2-86)$$

$$\mathcal{F}_S^*(p) = \mathcal{F}_S\left(p - \sum_{i=M+1}^{N} p_{i\min}\right) \qquad (2-87)$$

式中：$p_{i\min}$ 为非供热机组 i 的最小技术出力。

步骤（4）之后，剩余的 PLDC 部分可以单独处理，此时已经与热出力无关，可以将系统视作仅含电负荷的系统。剩余部分的负荷可以通过增加常规非供热机组、可再生能源出力或者 CHP 机组（仅增加电出力）来满足。

（5）由于调度的优先性，首先安排可再生能源带负荷。根据前文所述，可再生能源机组模型为多状态机组，对于每个状态，所有可用的电能应尽可能被利用，直至总出力超过了系统负荷需求，则需要进行限电。因此，状态 i 下可再生能源的最大发电量为

$$E_{wi} = \bar{p}_{wi} T \int_0^{+\infty} \left\{ \min\left[\mathcal{F}_S^0(p), \mathcal{F}_S^*(p - p_{wi})\right] - \mathcal{F}_S^*(p) \right\} \mathrm{d}p \qquad (2-88)$$

式中：$\bar{p}_{wi}$ 为机组 i 的平均出力；p_{wi} 为机组 i 的出力。

可再生能源完全消纳和限电的场景示意图如图 2-24 所示。

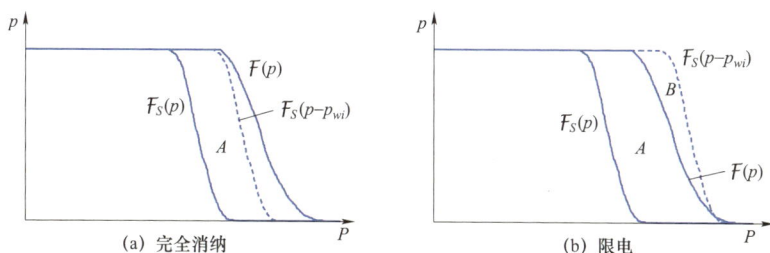

图 2-24　可再生能源完全消纳和限电场景示意图

上述步骤结束后，即可得到可再生能源出力的累积概率分布，进而可统计其发电量及消纳率，即

$$E_w = \sum_{i=1}^{N_w} E_{wi}, E_a = T \cdot \sum_{i=1}^{N_w} \bar{p}_{wi} P_{wi}, \eta = E_a / E_w \times 100\% \qquad (2-89)$$

式中：N_w 为可再生能源机组数量；E_{wi} 为可再生能源机组 i 的发电量；E_w 为新能源发电量直接加和结果；E_a 为可再生能源消纳电量；T 为统计周期。

（6）按照常规机组煤耗由低到高，令其带负荷，直至满足所有电负荷需求，得到所有机组出力的概率函数。NPPS 模型的算法流程图如图 2-25 所示。

```
                        ┌─────────┐
                        │  开始   │
                        └────┬────┘
                             │
        ┌────────────────────┴────────────────────┐
        │ 准备系统 HLDC、PLDC 数据，以及风电可发出力的│
        │ PDF数据，输入常规机组、CHP机组及灵活性资源参数│
        └────────────────────┬────────────────────┘
                             │
        ┌────────────────────┴────────────────────┐
        │ 考虑灵活性资源，对HLDC和PLDC曲线进行        │
        │ 修正，并得到灵活性资源出力的分布曲线        │
        └────────────────────┬────────────────────┘
                             │
                    ┌────────┴────────┐
                    │     令 j=1      │
                    └────────┬────────┘
                             │
        ┌────────────────────┴────────────────────┐
        │ 通过更新CHP机组电-热出力的CDF曲线，        │
        │ 对区域 j 的电-热负荷需求进行安排           │
        └────────────────────┬────────────────────┘
                             │
     否              ┌───────┴───────┐
  ◄──────────────────┤ 区域 j 的热负荷是否完全被满足？├
                    └───────┬───────┘
                        是  │
                    ┌───────┴───────┐      否      ┌─────────┐
                    │     j=Z?      ├────────────►│  j=j+1  │
                    └───────┬───────┘             └─────────┘
                        是  │
        ┌────────────────────┴────────────────────┐
        │ 根据各区域CHP出力的CDF曲线，计算考虑       │
        │ 相关性后系统CHP机组总电出力的CDF曲线       │
        └────────────────────┬────────────────────┘
                             │
        ┌────────────────────┴────────────────────┐
        │ 安排在线非供热常规机组出力在最小强迫出     │
        │ 力值，并修正系统电出力之和的CDF曲线        │
        └────────────────────┬────────────────────┘
                             │
        ┌────────────────────┴────────────────────┐
        │ 根据式（2-89）评估可再生能源在每个状态     │
        │ 下的最大消纳电量                          │
        └────────────────────┬────────────────────┘
                             │
        ┌────────────────────┴────────────────────┐
        │ 分析爬坡违反事件，并根据式（2-90）计算     │
        │ 可再生能源的限电率                        │
        └────────────────────┬────────────────────┘
                             │
        ┌────────────────────┴────────────────────┐
        │ 按照常规机组煤耗从低到高排序，令其分别     │◄──┐
        │ 带剩余负荷                                │   │
        └────────────────────┬────────────────────┘   │
                             │                         │
                    ┌────────┴────────┐       否       │
                    │ 系统电负荷是否完全被满足？├──────┘
                    └────────┬────────┘
                        是  │
                    ┌───────┴────────┐
                    │ 计算结束，输出结果 │
                    └────────────────┘
```

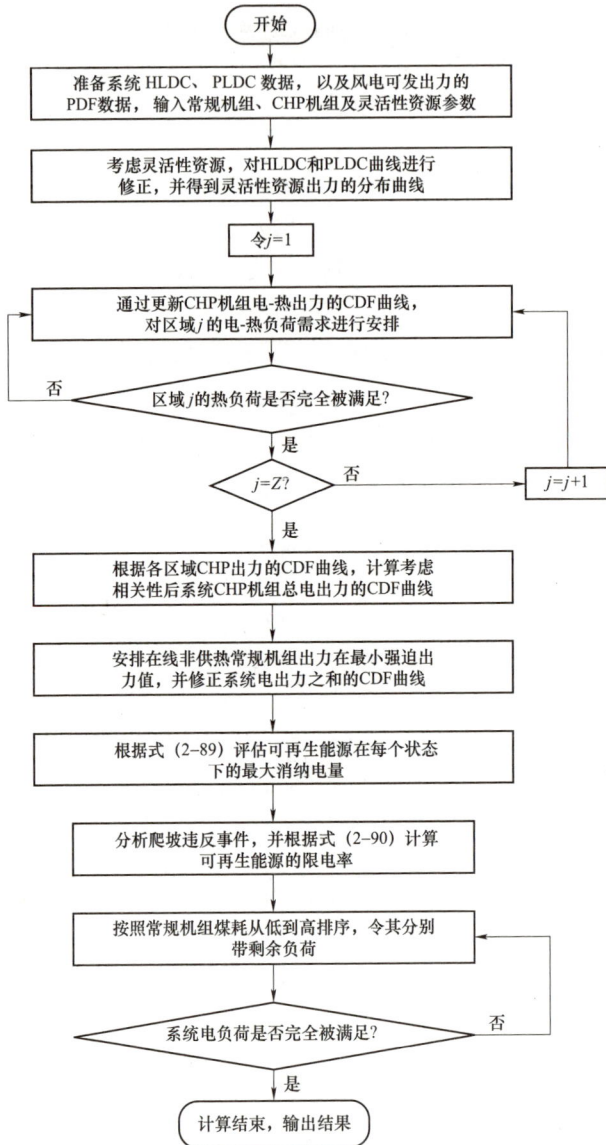

图 2-25 NPPS 模型的算法流程图

2.5 灵活性评估方法

2.5.1 灵活性供给、需求及裕量评估

本节基于概率运算，对规划灵活性供给、需求及裕量的概率分布计算模型进

基本概念

- **灵活性定义** —— 电力系统灵活性指在所关注时间尺度的有功平衡中，电力系统通过优化调配各类可用资源，以一定的成本适应发电、电网及负荷随机变化的能力。

- **灵活性5大特征**
  - 方向性：向上调节功率、向下调节功率。
  - 多时空特性：灵活性供给和需求均与时间尺度相关，并受空间约束。
  - 状态相依性：灵活性供给和需求均与系统状态有较强相关性。
  - 双向转化性：在一定条件下，灵活性供给和需求可以相互转化。
  - 概率特性：需要用概率方法构建不确定性分析的框架。

- **灵活性需求与灵活性供给**
  - 灵活性需求：给定时间尺度，电力系统因波动性或不确定性源带来的有功功率调节量，称为灵活性需求，相应的波动源或不确定性源称为灵活性需求源。
  - 灵活性供给：给定时间尺度，电力系统资源为应对波动性或不确定性能够提供的最大有功功率调节量，称为灵活性供给，相应的资源称为灵活性资源。

- **运行灵活性平衡与规划灵活性平衡**
  - 运行灵活性平衡：任何时刻、任一时间尺度下及任何方向上，系统全环节资源各维度灵活性的供给之和相对于需求的充裕程度超过允许水平。
  - 规划灵活性平衡：系统灵活性资源供给能力小于灵活性需求的概率（或风险）低于给定阈值。

- **灵活性量化评估指标**
  - 灵活性不足概率（LOFP）：反映系统出现上调或下调灵活性不足的可能性。
  - 灵活性不足时间期望（LOFD）：代表在评估周期内，系统出现灵活性不足的总持续时间。
  - 灵活性不足期望（LOFE）：与系统在评估周期内的期望失负荷量或可再生能源限电量建立联系，上调和下调灵活性不足期望分别代表了系统失负荷量期望值和可再生能源限电量期望值。

规划理论与方法

- **源荷储广义灵活电源的双层规划方法** —— 灵活性规划模型采用双层协调规划方式，将灵活性指标约束纳入规划模型中，可将其分解为灵活电源投资决策问题和运行模拟校验两个子问题，投资决策模型对灵活发电厂、储能、需求侧响应等灵活电源进行优化，生产模拟优化模型对目标年内系统电力、热力进行优化生产，输出各类资源的电力、热力生产情况。

- **含大规模风电接入电网的协调规划** —— 针对传统规划方法中存在的裕度过高导致的经济性差以及风电只纳入电量平衡计算导致的风电消纳不足等缺点，提出含大规模风电接入电网的协调规划流程，首先考虑在系统允许范围内多消纳风电，通过风电送出规划、风电外送消纳等手段，对风电的消纳给出适应当前实际的优化容量；然后通过电源规划对风电进行配套，使系统具有足够的调节能力；同时，在电网规划中利用可靠性约束，考虑对电源、电网的综合协调；最后在得到规划方案后，对风、源、网的经济协调性进行评估，从而得到具有高可靠性、经济性、安全性、协调性的电网规划方案。

规划实例及工程应用

- **JL电网2030、2050年远期电源规划** —— 以东北某省为算例，多类型灵活性资源规划的规划结果显示，其光伏相对于风电不具有竞争力，因此RE新增装机又以风电为主体。同时2050年RE能源发电量占比由2020年的18.15%增长到48.87%，RE由辅助供能变成主要的供能者；火电发电量占比从2020年的62.51%降至2050年的39.16%，实现了火电从主体供能变成辅助供能的功能角色转变。

- **GS省JQ基地含大规模风电接入电网的协调规划** —— 含大规模风电接入电网的协调规划的规划结果显示，与原规划方案相比，在保证负荷可靠性不变甚至提升的情况下，新建的线路总条数、总成本可以大大降低，电源和负荷的年停电时间分别下降了0.6h和1h，协调规划方案总成本较原规划方案降低30.5%。

综合优化运行方法

- **基于集群虚拟机组的风电分层优化调度方法** —— 将地理上相邻、出力特性上相关，并且从同一升压汇集变电站接入的多个风电场进行整合，对外以虚拟机组的形式响应调度指令，对内协调局部分散的多个风电场来提高整体跟踪调度指令的能力，可以将风电机组以"准常规电源"形式纳入调度运行，使可再生电源在系统优化运行中也能够发挥一定的积极作用。

- **基于多时空尺度灵活性的可再生能源综合消纳技术** —— 综合考虑可再生能源运行特性、常规机组运行特性、负荷特性、电网网架特性，在综合"源—网—荷"整体特性下，从电力和电量两个角度研究电网对可再生能源的消纳能力，包括考虑调峰、调频下的实时运行可接纳的可再生能源容量、现有条件下电网对可再生能源的利用水平、制约可再生能源消纳的各种因素的影响大小以及改善这些因素的措施及其敏感性分析，能够充分利用不同类型资源的时空互补特性，缓解灵活供需资源的矛盾，同时减少弃风、弃光量，提高可再生能源利用率。

优化运行案例及应用

- **风光集群虚拟机组分层优化运行实例** —— 以酒泉基地系统为算例，算例分析结果显示，与直调策略相比，基于集群虚拟机组的风电分层优化调度方法可提高风电电量利用率，分层策略中WVPG1的风电电量利用率为89.47%，直调策略中为87.26%，以虚拟机组技术分层调度的风电场电量利用率提高1.6%～2.3%（1.5～2.1个百分点）。同时，分层策略的外送功率或负荷功率不满足比例比直调策略低67.65%（约0.9个百分点），分层策略中该比例为0.44%，直调策略中该比例为1.36%。

- **基于多时空尺度灵活性的综合消纳技术实例** —— 对东北电网的风电电力消纳能力进行评估，评估结果显示，电源结构和负荷特性是制约东北电网风电消纳的最主要原因，其影响比例分别为52%和23%，主要表现形式是运行调峰约束，优化消纳可从技术、政策等多角度入手，针对主要限制因素开展工作，比如提升机组的调峰能力、建设储能、提高电网调峰能力等。

基本概念

- **灵活性定义** — 电力系统灵活性指在所关注时间尺度的有功平衡中，电力系统通过优化调配各类可用资源，以一定的成本适应发电、电网及负荷随机变化的能力。

- **灵活性5大特征**
  - 方向性：向上调节功率、向下调节功率。
  - 多时空特性：灵活性供给和需求均与时间尺度相关，并受空间约束。
  - 状态相依性：灵活性供给和需求均与系统状态有较强相关性。
  - 双向转化性：在一定条件下，灵活性供给和需求可以相互转化。
  - 概率特性：需要用概率方法构建不确定性分析的框架。

- **灵活性需求与灵活性供给**
  - 灵活性需求：给定时间尺度，电力系统因波动性或不确定性源带来的有功功率调节量，称为灵活性需求，相应的波动源或不确定性源称为灵活性需求源。
  - 灵活性供给：给定时间尺度，电力系统资源为应对波动性或不确定性能够提供的最大有功功率调节量，称为灵活性供给，相应的资源称为灵活性资源。

- **运行灵活性平衡与规划灵活性平衡**
  - 运行灵活性平衡：任何时刻、任一时间尺度下及任何方向上，系统全环节资源各维度灵活性的供给之和相对于需求的充裕程度超过允许水平。
  - 规划灵活性平衡：系统灵活性资源供给能力小于灵活性需求的概率（或风险）低于给定阈值。

- **灵活性量化评估指标**
  - 灵活性不足概率（LOFP）：反映系统出现上调或下调灵活性不足的可能性。
  - 灵活性不足时间期望（LOFD）：代表在评估周期内，系统出现灵活性不足的总持续时间。
  - 灵活性不足期望（LOFE）：与系统在评估周期内的期望失负荷量或可再生能源限电量建立联系，上调和下调灵活性不足期望分别代表了系统失负荷量期望值和可再生能源限电量期望值。

规划理论与方法

- **源荷储广义灵活电源的双层规划方法** — 灵活性规划模型采用双层协调规划方式，将灵活性指标约束纳入规划模型中，可将其分解为灵活电源投资决策问题和运行模拟校验两个子问题，投资决策模型对灵活发电厂、储能、需求侧响应等灵活电源进行优化，生产模拟优化模型对目标年内系统电力、热力进行优化生产，输出各类资源的电力、热力生产情况。

- **含大规模风电接入电网的协调规划** — 针对传统规划方法中存在的裕度过高导致的经济性差以及风电只纳入电量平衡计算导致的风电消纳不足等缺点，提出含大规模风电接入电网的协调规划流程，首先考虑在系统允许范围内多消纳风电，通过风电送出规划、风电外送消纳等手段，对风电的消纳给出适应当前实际的优化容量；然后通过电源规划对风电进行配套，使系统具有足够的调节能力；同时，在电网规划中利用可靠性约束，考虑对电源、电网的综合协调；最后在得到规划方案后，对电源、网的经济协调性进行评估，从而得到具有高可靠性、经济性、安全性、协调性的电网规划方案。

规划实例及工程应用

- **JL电网2030、2050年远期电源规划** — 以东北某省为算例，多类型灵活性资源规划的规划结果显示，其光伏相对于风电不具有竞争力，因此RE新增装机又以风电为主体。同时2050年RE能源发电量占比由2020年的18.15%增长到48.87%，RE由辅助供能变成主要的供能者，火电发电量占比从2020年的62.51%降至2050年的39.16%，实现了火电从主体供能变成辅助供能的功能角色转变。

- **GS省JQ基地含大规模风电接入电网的协调规划** — 含大规模风电接入电网的协调规划的规划结果显示，与原规划方案相比，在保证负荷可靠性不变甚至提升的情况下，新建的线路总条数、总成本可以大大降低，电源和负荷的年停电时间分别下降了0.6h和1h，协调规划方案总成本较原规划方案降低30.5%。

综合优化运行方法

- **基于集群虚拟机组的风电分层优化调度方法** — 将地理上相邻、出力特性上相关，并且从同一升压汇集变电站接入的多个风电场进行整合，对外以虚拟机组的形式响应调度指令，对内协调局部分散的多个风电场来提高整体跟踪调度指令的能力，可以将风电机组以"准常规电源"形式纳入调度运行，使可再生电源在系统优化运行中也能够发挥一定的积极作用。

- **基于多时空尺度灵活性的可再生能源综合消纳技术** — 综合考虑可再生能源运行特性、常规机组运行特性、负荷特性、电网网架特性，在综合"源—网—荷"整体特性下，从电力和电量两个角度研究电网对可再生能源的消纳能力，包括考虑调峰、调频下的实时运行可接纳的可再生能源容量、现有条件下电网对可再生能源的利用水平、制约可再生能源消纳的各种因素的影响大小以及改善这些因素的措施及其敏感性分析，能够充分利用不同类型资源的时空互补特性，缓解灵活性供需资源的矛盾，同时减少弃风、弃光量，提高可再生能源利用率。

优化运行案例及应用

- **风光集群虚拟机组分层优化运行实例** — 以酒泉基地系统为算例，算例分析结果显示，与直调策略相比，基于集群虚拟机组的风电分层优化调度方法可提高风电电量利用率，分层策略中WVPG1的风电电量利用率为89.47%，直调策略中为87.26%，以虚拟机组技术分层调度风电场电量利用率提高1.6%～2.3%（1.5～2.1个百分点）。同时，分层策略的外送功率或负荷功率不满足比例比直调策略低67.65%（约0.9个百分点），分层策略中该比例为0.44%，直调策略中该比例为1.36%。

- **基于多时空尺度灵活性的综合消纳技术实例** — 对东北电网的风电电力消纳能力进行评估，评估结果显示，电源结构和负荷特性是制约东北电网风电消纳的最主要原因，其影响比例分别为52%和23%，主要表现形式是运行调峰约束，优化消纳可从技术、政策等多角度入手，针对主要限制因素开展工作，比如提升机组的调峰能力、建设储能、提高电网调峰能力等。

行介绍。根据灵活性的特征可知，灵活性供需均具有状态相依特性，因此随机变量之间具有相关性，并不能进行简单的卷和、卷差运算。本节仅将系统条件 ψ_i 作为参变量，介绍灵活性评估的一般数学模型。

2.5.1.1　灵活性供给评估

本节介绍各类元件的灵活性供给模型，包括常规机组、储能设备、热力相关元件（热泵、储热设备）模型。首先介绍元件级供给模型，然后在考虑电网约束下，建立系统级灵活性供给模型。为了后续建模的方便，首先介绍元件灵活性供给的概念。

给定指标维度 $\upsilon \in \{\rho, \pi, \varepsilon\}$，元件在时刻 t、给定时间尺度 τ 能够提供的最大调节能力，称为元件灵活性供给。在实际中，由于该物理量与诸多参变量有关，因此用函数 $x(\boldsymbol{u})$ 表示，其中 $\boldsymbol{u}$ 为参数向量。

1. 常规机组

前述章节已经从机理上给出了常规机组灵活性供给模型，并给出了概率分布的获取方法，常规机组多时间尺度灵活性与出力关系示意图如图 2-26 所示，本节不再赘述，仅给出其各方向、多时间尺度、多维度的灵活性供给指标计算方法。

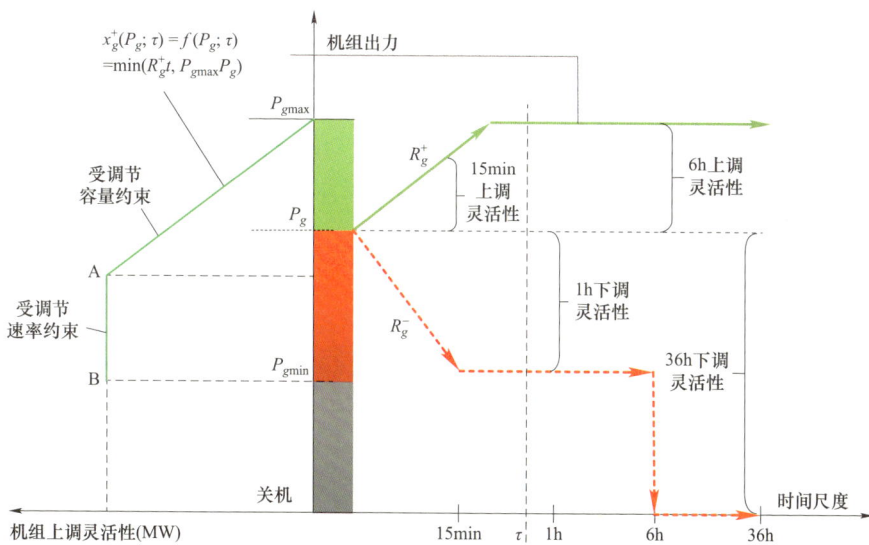

图 2-26　常规机组多时间尺度灵活性与出力关系示意图

给定时间尺度 τ 和指标维度 $\upsilon \in \{\rho, \pi, \varepsilon\}$，常规机组 g 上调灵活性供给与出力

水平函数关系的数学模型为

$$\begin{cases} x_{g,\rho,\tau}^+(t;P_{g,t}) = x_{g,\pi,\tau}^+(t;P_{g,t})\big/\tau \\ x_{g,\pi,\tau}^+(t;P_{g,t}) = \min\left\{ RR_g^+[\tau - (1-U_g)T_{\text{up}}], P_g^{\max} - P_{g,t} \right\} \\ x_{g,\varepsilon,\tau}^+(t;P_{g,t}) = \int_t^{t+\tau} x_{g,\pi,\tau}^+(t;P_{g,t})\mathrm{d}k \end{cases} \quad (2-90)$$

类似地，下调灵活性供给与出力水平的函数关系为

$$\begin{cases} x_{g,\rho,\tau}^-(t;P_{g,t}) = x_{g,\pi,\tau}^-(t;P_{g,t})\big/\tau \\ x_{g,\pi,\tau}^-(t;P_{g,t}) = \begin{cases} \min\left(RR_g^-\tau, P_{g,t} - P_g^{\min} \right), & \tau < T_{\text{dn}} \\ P_{g,t}, & \tau \geqslant T_{\text{dn}} \end{cases} \\ x_{g,\varepsilon,\tau}^-(t;P_{g,t}) = \int_t^{t+\tau} x_{g,\pi,\tau}^-(t;P_{g,t})\mathrm{d}k \end{cases} \quad (2-91)$$

式中：$x_{g,\upsilon,\tau}^+(t)$ 和 $x_{g,\upsilon,\tau}^-(t)$ 分别为机组 g 上调和下调灵活性供给变量，其中 $\upsilon \in \{\rho, \pi, \varepsilon\}$；$RR_g^+$ 和 RR_g^- 为机组 g 的上调、下调爬坡率；$P_{g,t}, P_g^{\max}, P_g^{\min}$ 分别为机组 g 出力、出力上限和出力下限；U_g 为机组的启停状态，0 代表停运，1 代表运行；T_{up} 和 T_{dn} 分别为机组的启动时间和关机时间。

非时序生产模拟模型得到的优化结果为各类机组（资源）出力的概率分布函数，因此需要研究如何根据出力概率分布，得到灵活性供给的概率分布。如果给定时间尺度 τ，机组的灵活性仅与出力状态有关 $x_g^A = f_g^A(p)$，为一确定数。若获得该机组出力状态的概率分布 $P_g \sim f(p) = P(P_g = p)$，则该机组上调灵活性供给的概率分布为

$$f_g^A(x) = P\left(X_g^A = x \right) = P(P_g = p) = f_g\left[f_g^{A(-1)}(x) \right] \quad (2-92)$$

式中：$f_g^A(x)$ 为机组上调灵活性供给的概率分布，X_g^A 和 x 分别为灵活性供给随机变量和相应的随机变量取值。

特别地，如果考虑电网约束，则灵活性供给的求取过程较为复杂，转变为含约束的优化问题。以常规机组上调功率型灵活性为例进行说明，其灵活性供给能力最大值为

$$\max \sum_{i=1}^{N_F} x_{g,i,\rho}^+$$

$$\text{s.t.} \begin{cases} -f_l^{\lim} \leqslant \sum_{b \in \Phi_b} g_{l,b} \sum_{i=1}^{N_F} \alpha_{i,b}\left(x_{g,i,\rho}^+ + P_{g,i} \right) + \sum_{i=1}^{N_{\text{re}}} \alpha_{\text{re},i,b} P_{\text{re},i}(s_i) \\ \qquad\qquad + \sum_{d=1}^{N_d} \alpha_{d,b} P_{d,i}(s_j) \leqslant f_l^{\lim}, \forall s_i, s_j, l \\ x_{g,i,\rho}^+ \leqslant \min\left[RR_{g,i}^+(\tau - (1-U_i)T_{\text{up}}), P_{g,i}^{\max} - P_{g,i} \right] \end{cases} \quad (2-93)$$

式中：f_l^{lim} 为线路 l 的容量约束；$g_{l,b}$ 为节点 b 与线路 l 的分布因子；$\alpha_{i,b}, \alpha_{\text{re},i,b}, \alpha_{d,b}$ 分别为发电机 i、可再生能源 i、负荷节点 d 与节点 b 的关联因子；s_i, s_j 分别为系统场景；其余符号含义与前文相同。

通过求解该优化模型获取常规机组的最大功率型灵活性供给能力之后，则能够计算其他类型的灵活性指标。

2. 储能设备

储能设备灵活性供给概率模型的求解方法与常规机组类似，仍然呈现状态相依特性，储能多时间尺度灵活性与出力关系示意图如图 2-27 所示。随着时间尺度的增加，系统上调和下调灵活性供给增加，增加到一定时间尺度之后，由于最大充放电功率的限制，其灵活性供给为恒定值。如果时间尺度继续增加，由于储能的容量有限，无法继续提供灵活性。

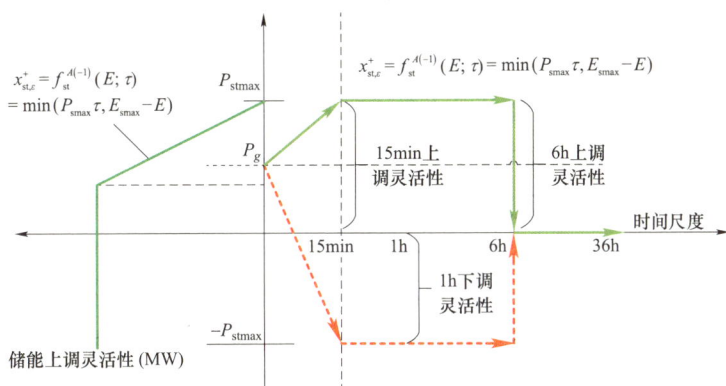

图 2-27　储能多时间尺度灵活性与出力关系示意图

以上调能量型灵活性为例，设储能的剩余电量为 E，则其在时间尺度 τ 的灵活性供给能力为

$$x_{\text{st},\varepsilon}^+ = f_{\text{st}}^{A(-1)}(E;\tau) = \min(P_{\text{smax}}\tau, E_{\text{smax}} - E) \tag{2-94}$$

$$f_{\text{st}}^A(x) = P(X_{\text{st}}^A = x) = P(E_{\text{st}} = e) = f_{\text{st}}\left(f_{\text{st}}^{A(-1)}(x)\right) \tag{2-95}$$

式中：P_{smax} 和 E_{smax} 分别为储能的最大放电功率和最大容量。

如果获知了储能剩余电量状态的概率分布函数 $E \sim f_{\text{st}}(e) = P(E_{\text{st}} = e)$，则可转化得到其上调能量型灵活性供给的概率分布。

同理，可以参考常规机组灵活性模型，求取储能其他量纲的灵活性供给指标。此外，加入储能设备后如果考虑电网传输容量的约束，则可采用优化模型求取系统常规机组与储能的灵活性供给能力。以上调灵活性供给为例，如式（2-96）所示，采用前文所述的方法，则可求取其他维度的灵活性供给指标。

$$\max \sum_{i=1}^{N_F} x_{g,i,\rho}^+ + \sum_{i=1}^{N_{st}} x_{st,i,\rho}^+$$

$$\text{s.t.} \begin{cases} -f_l^{\lim} \leqslant \sum_{b \in \Phi_b} g_{l,b} \sum_{i=1}^{N_F} \alpha_{i,b} \left(x_{g,i,\rho}^+ + P_{g,i} \right) + \sum_{i=1}^{N_{re}} \alpha_{re,i,b} P_{re,i}(s_i) + \\ \sum_{st=1}^{N_{st}} \alpha_{st,b} \left(x_{st,i,\rho}^+ + P_{st,i} \right) + \sum_{d=1}^{N_d} \alpha_{d,b} P_{d,i}(s_j) \leqslant f_l^{\lim}, \forall s_i, s_j, l \\ x_{g,i,\rho}^+ \leqslant \min \left[RR_{g,i}^+ (\tau - (1 - U_i)T_{up}), P_{g,i}^{\max} - P_{g,i} \right] \\ x_{st,i,\rho}^+ \leqslant \min \left(RR_{st,i}^+ \tau, P_{st,i}^{\max} - P_{st,i} \right) \end{cases}$$

$$(2-96)$$

式中：$x_{st,i,\rho}^+$ 为储能上调功率灵活性供给变量；$\alpha_{st,b}$ 为储能与节点 b 的关联因子；其他符号与前文相同。

3. 热力相关设备

热电相关设备的主要目的是提升 CHP 机组的灵活性，本部分主要讨论电热泵和储热两类设备的灵活性模型。

（1）储热设备。储热设备可以在供热过剩的情况下，储存多余的热能，从而可以维持 CHP 的出力不降低，相当于为系统提供了上调灵活性；反之，如果需要 CHP 降低出力来接纳可再生能源，储能可以通过放热和 CHP 实现互补，从而为系统提供下调灵活性。根据 CHP 机组运行原理，储热设备的上、下调灵活性供给的数学模型为

$$x_{hs}^+ = f_{hs}^+(E_{hs}; \tau) = \sum_{i=1}^{N_c} \Delta P_{g,i}^+, x_{hs}^- = f_{hs}^-(E_{hs}; \tau) = \sum_{i=1}^{N_c} \Delta P_{g,i}^-$$

$$\text{s.t.} \begin{cases} \sum_{i=1}^{N_c} \gamma_{g,i} \Delta P_{g,i}^+ = \min[H_{smax}, (E_{hsmax} - E_{hs}) / \Delta T] \\ \sum_{i=1}^{N_c} \gamma_{g,i} \Delta P_{g,i}^- = \min[H_{smax}, (E_{hs} - E_{hsmin}) / \Delta T] \end{cases} \quad (2-97)$$

$$f_{hs}^A(x) = P\left(X_{hs}^A = x\right) = P(E_{hs} = e) = f_{hs}\left(f_{hs}^{A(-1)}(x)\right) \quad (2-98)$$

式中：$\gamma_{g,i}$ 和 $\Delta P_{g,i}$ 分别为 CHP 机组的热电比和出力的调整量；H_{smax} 为储热设备最大供热功率，E_{hsmax} 为储热最大容量；$f_{hs}^{\pm}(E_{hs}; \tau)$ 为储热设备的灵活性供给函数。

如果知道了储热状态概率分布函数 $f_{hs}(e) = P(E_{hs} = e)$，则灵活性供给的概率分布可转化得到。

（2）电热泵。电热泵通过增加或降低其用电需求，来调节供热需求，并能够

改变 CHP 机组的等效出力，从而为系统提供上调或下调灵活性。如果要电热泵提供下调灵活性，需令其增加供热量，则可使得 CHP 机组出力降低，同时由于电热泵耗电量增加，从而使得 CHP 机组的等效出力进一步降低，即电热泵提供的下调灵活性为 CHP 供热量降低带来的电出力降低量与电热泵用电需求增加量之和。同理，电热泵可通过减少供热量提供上调灵活性。

如果获取了电热泵状态的概率分布函数 $f_{eb}(p) = P(P_{eb} = p)$，则其灵活性供给函数为

$$x_{eb}^+ = f_{eb}^+(P_{eb}; \tau) = P_{eb} + \sum_{g=1}^{N_c} \Delta P_g^+, x_{eb}^- = f_{eb}^-(P_{eb}; \tau) = P_{ebmax} - P_{eb} + \sum_{g=1}^{N_c} \Delta P_g^-$$

$$\text{s.t.} \begin{cases} \sum_{i=1}^{N_c} \gamma_{g,i} \Delta P_{g,i}^+ = P_{eb} H_{ebmax} / P_{ebmax} \\ \sum_{i=1}^{N_c} \gamma_{g,i} \Delta P_{g,i}^+ = H_{ebmax} - P_{eb} H_{ebmax} / P_{ebmax} \end{cases} \quad （2-99）$$

$$f_{eb}^A(x) = P\left(X_{eb}^A = x\right) = P(P_{eb} = p) = f_{eb}\left(f_{eb}^{A(-1)}(x)\right) \quad （2-100）$$

式中：P_{eb} 为电热泵耗电功率；H_{ebmax} 和 P_{ebmax} 分别为其最大供热功率和耗电功率；$\Delta P_{g,i}^+$ 和 ΔP_g^- 分别为 CHP 机组 i 的上调和下调功率调整量；$f_{eb}^{\pm}(P_{eb}; \tau)$ 为电热泵设备的灵活性供给函数。

2.5.1.2 灵活性需求评估

灵活性需求定量建模分析是后续供需平衡指标评价的基础，根据灵活性的定义，灵活性需求可理解为系统的变化，将系统元件按照可控、半可控与不可控分成三类，不可控元件带来了灵活性需求（如负荷需求），可控元件为系统提供灵活性（如常规电源），半可控元件既可作为灵活性资源，也提出了灵活性需求（如风电、光伏等半可控电源）。本小节对系统多时间尺度和多维度灵活性需求进行统一建模，首先研究系统原始灵活性需求，然后考虑运行阶段的因素，提出灵活性需求的修正模型。

1. 原始灵活性需求

电力系统灵活性需求来自负荷与波动性可再生能源（风电/光伏等）的波动性和不确定性，并且需求与时间尺度相关。一般地，随着时间尺度的增加，灵活性需求也随之增加。以 15min 为例，电力系统 15min 尺度灵活性需求源见表 2-5。

表2-5 电力系统 15min 尺度灵活性需求源

类型	秩相关系数矩阵	单个风电场概率分布
负荷	15min 不确定性	15min 尺度负荷预测值与实测值误差
	15min 波动性	未来 15min 负荷点预测值与当前值之差
风/光等可再生能源	15min 不确定性	15min 尺度新能源预测值误差
	15min 波动性	未来 15min 新能源点预测值与当前值之差

多时间尺度电力系统灵活性需求与负荷水平的关系示意图如图 2-28 所示。右半轴所示为系统灵活性需求与时间尺度的关系，随着时间尺度的增加，灵活性需求呈现增加趋势，但是由于负荷的不确定性，某一时间尺度下系统灵活性需求并不是一个确定值，而是服从某一概率分布。左半轴所示为给定时间尺度下，系统上调灵活性需求与负荷水平的关系，总体而言，随着负荷水平的上升，上调灵活性需求呈现下降趋势，但在某一负荷水平下，灵活性需求仍然服从某一概率分布。

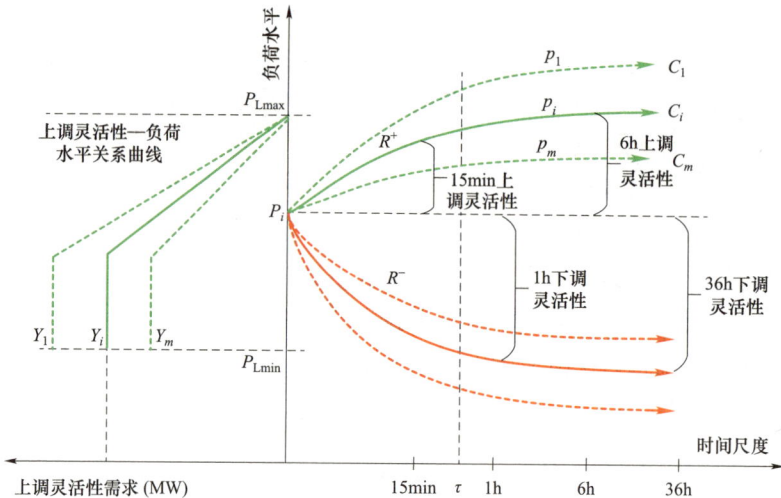

图 2-28 多时间尺度灵活性需求与负荷水平的关系示意图

设系统在时刻 t 的负荷为 $P_{d,t}$，考虑时间尺度 τ，在时刻 $t+\tau$ 的负荷预测值为 $P_{d,t+\tau}$，预测不确定误差为 $P_{d,t+\tau}^{err}$，则系统因负荷波动和不确定性带来的多维灵活性需求为

$$Z_v^A(\tau) = X_v^A(\tau) \ominus Y_v^A(\tau)$$

$$= \left(\bigoplus_{i \in S} X_{v,i}^A(\tau) \right) \ominus \left(\bigoplus_{j \in D} Y_{v,j}^A(\tau) \right), v \in \{\rho, \pi, \varepsilon\}, A \in \{+, -\}, \forall \tau$$

$$(2-101)$$

式中：对于 $\upsilon \in \{\rho, \pi, \varepsilon\}$，若 $y_{d,\upsilon,\tau,t}^{A} \geqslant 0$，则 $A = \{+\}$，反之 $A = \{-\}$。

同理，对于可再生能源电源出力 $y_{d,\upsilon,\tau,t}^{A}$，可以得到其出力波动指标 $y_{\text{VRES},\upsilon,\tau}^{A}$，系统总灵活性需求为两者之差，即

$$y_{\upsilon,\tau,t}^{A} = y_{d,\upsilon,\tau,t}^{A} - y_{\text{VRES},\upsilon,\tau,t}^{A}, \upsilon \in \{\rho, \pi, \varepsilon\} \qquad (2-102)$$

如果系统有多个负荷节点和可再生能源电源点，则系统总灵活性需求为

$$y_{\upsilon,\tau,t}^{A} = \sum_{i=1}^{N_d} y_{d,i,\upsilon,\tau,t}^{A} - \sum_{i=1}^{N_{VRES}} y_{\text{VRES},i,\upsilon,\tau,t}^{A}, \upsilon \in \{\rho, \pi, \varepsilon\} \qquad (2-103)$$

式中：$y_{d,i,\upsilon,\tau,t}^{A}$ 为负荷点 i 的灵活性需求；N_d 为负荷点数；$y_{\text{VRES},i,\upsilon,\tau,t}^{A}$ 为电源点 i 的波动量；N_{VRES} 为可再生能源电源数量。

若引入随机变量描述灵活性需求，则上述运算转变为概率卷和/卷差运算，此时系统总灵活性需求随机变量应为各灵活性需求的卷和，然后与 VRES 波动量的随机变量求卷差，即

$$Y_{\upsilon,\tau,t}^{A} = \left(\bigoplus_{i \in N_d} Y_{d,i,\upsilon,\tau,t}^{A} \right) \ominus \left(\bigoplus_{i \in N_{VRES}} Y_{\text{VRES},i,\upsilon,\tau,t}^{A} \right) \qquad (2-104)$$

值得注意的是，灵活性需求与系统状态（负荷水平、可再生能源出力等）密切相关，本节讨论的均为原始灵活性需求，即系统潜在原始负荷（不考虑需求侧响应之前）的灵活性需求、可再生能源潜在原始出力（不考虑限电）的波动量。然而，考虑到需求侧响应、切负荷等情况会导致负荷偏移原始值，从而灵活性需求会发生变化；同理，对于可再生能源，可能会存在限电的情况，因此其波动量与原始值也不相同。因此，需要讨论发生上述情况时的灵活性需求修正方法。

2. 修正灵活性需求

本部分讨论负荷或者可再生能源限电情况下的灵活性需求修正方法，灵活性需求的修正机理如图 2-29 所示。实线为原始净负荷曲线，虚线为考虑需求侧响应或限电之后的曲线，用 $DR_{d,t}^{A}$，$A \in \{+,-\}$ 代表时刻 t 的需求侧响应容量，正值代表增加负荷，负值代表减少负荷。负荷调整之后的灵活性需求量为

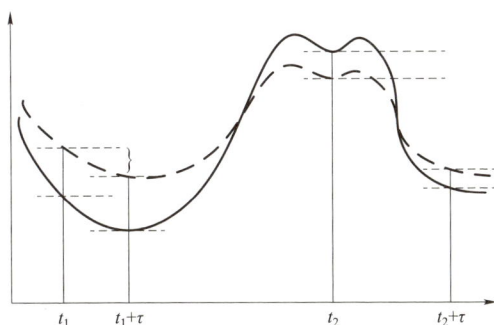

图 2-29　灵活性需求的修正机理

$$\tilde{y}_{d,\upsilon,\tau,t}^{A} = y_{d,\upsilon,\tau,t}^{A} + \left(DR_{d,t+\tau}^{A} - DR_{d,t}^{A}\right), \upsilon \in \{\rho,\pi,\varepsilon\} \qquad (2-105)$$

式中：$y_{d,\upsilon,\tau,t}^{A}$、$\tilde{y}_{d,\upsilon,\tau,t}^{A}$ 分别为修正前后的灵活性需求量。

若在概率体系下讨论，灵活性需求为随机变量。在实际运行中，对于决策而言，各时刻的需求侧响应容量应该为确定值，因此修正后灵活性需求概率分布为原始分布的平移运算，具体计算方法前面介绍过。同理，如果可再生能源限电量为 $P_{VRES,t}^{curt}$，则其波动量修正为

$$\tilde{y}_{VRES,\upsilon,\tau,t} = y_{VRES,\upsilon,\tau,t}^{A} + \left(P_{VRES,t}^{curt} - P_{VRES,t+\tau}^{curt}\right), \upsilon \in \{\rho,\pi,\varepsilon\} \qquad (2-106)$$

综上，考虑到系统总灵活性需求修正量，修正后的灵活性需求概率分布为原始需求分布向右平移 $\left(DR_{d,t+\tau}^{A} - DR_{d,t}^{A} + P_{VRES,t}^{curt} - P_{VRES,t+\tau}^{curt}\right)$ 距离。

3. 灵活性裕量评估

灵活性裕量定义为灵活性供给与需求之差，从概率角度来看，裕量随机变量的概率分布为供给和需求概率分布的概率卷差。如果采用条件概率分布，则灵活性裕量计算为

$$f_{M}(z|\psi_{i},\tau) = f_{S}(x|\psi_{i},\tau) \ominus f_{D}(y|\psi_{i},\tau) \qquad (2-107)$$

进一步，对系统状态 ψ_{i} 进行积分，从而得到灵活性裕量的全概率分布为

$$f_{M}(z|\tau) = \int_{\psi_{i}\in\Psi} f_{M}(z|\psi_{i},\tau)\mathrm{d}\psi_{i} \qquad (2-108)$$

2.5.2　电力系统灵活性量化评估指标

借鉴可靠性评估指标定义的思路，本书选取灵活性缺额概率（loss of flexibility probability，LOFP）、灵活性缺额时间期望（loss of flexibility duration，LOFD）和灵活性不足期望（loss of flexibility expectation，LOFE）作为系统灵活性评价指标。其物理含义如图 2-30 所示。

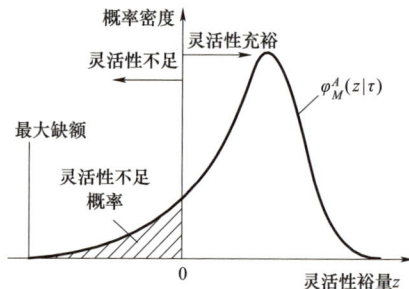

图 2-30　电力系统灵活性评价指标的物理含义

当系统运行状态的概率分布函数 $P_i = P(\Psi = \psi_i), i = 1, 2, \cdots$ 及元件灵活性供给 $x_{\upsilon,i}^A$ 确定以后，即可用前文介绍的卷积法计算系统的灵活性指标，上述各类指标的计算为

$$LOFP_{\upsilon,\tau}^A = \sum_{\psi_i \in \Psi} P(\Psi = \psi_i) P\left(\sum_{i \in S} x_{\upsilon,i}^A(\psi_i) < \sum_{i \in D} Y_{\upsilon,i}^A \middle| \Psi = \psi_i, \tau \right)$$

$$= \sum_{\psi_i \in \Psi} P(\Psi = \psi_i) P\left(Y_\upsilon^A = y \middle| \Psi = \psi_i, \tau \right) I\left(\sum_{i \in S} x_{\upsilon,i}^A(\psi_i) < y \right)$$

$$(2-109)$$

$$LOFD_{\upsilon,\tau}^A = T \times LOFP_{\upsilon,\tau}^A \qquad (2-110)$$

$$LOFE_{\upsilon,\tau}^A = \sum_{\psi_i \in \Psi} P(\Psi = \psi_i) P\left(Y_\upsilon^A = y \middle| \Psi = \psi_i \right) \left[y - \sum_{i \in S} x_{\upsilon,i}^A(\psi_i) \right]^+$$

$$(2-111)$$

式中：$LOFP_{\upsilon,\tau}^A$、$LOFD_{\upsilon,\tau}^A$、$LOFE_{\upsilon,\tau}^A$ 分别为时间尺度 τ 下方向 A 维度为 υ 的系统灵活性指标；$[\alpha]^+ = \max\{\alpha, 0\}$；$I$ 为指示函数，若 $\sum x_{\upsilon,i}^A(\psi_i) < y$，则 $I\left(\sum x_{\upsilon,i}^A(\psi_i) < y \right) = 1$，反之 $I\left(\sum x_{\upsilon,i}^A(\psi_i) < y \right) = 0$。

上述灵活性指标具有明确的物理含义，LOFP 指标反映了系统出现上调或下调灵活性不足的可能性，而 LOFD 指标则代表在评估周期内，系统出现灵活性不足的总持续时间。LOFE 指标则能够与系统在评估周期内的期望失负荷量或可再生能源限电量建立联系：上调和下调灵活性不足期望分别代表了系统失负荷量期望值和可再生能源限电量期望值，以功率型灵活性指标为例，其数学推导分别为

$$E_{LS} = \sum_i P_{LS,i} t_i = T \sum_i P_{LS,i} \frac{t_i}{T}$$

$$\approx T \times \sum_{\psi_i} P(\Psi = \psi_i) P\left(Y_\upsilon^- = y \middle| \Psi = \psi_i \right) \left[y - \sum_{i \in S} x_{\upsilon,i}^-(\psi_i) \right]^+ = T \times LOFE_{\rho,\tau}^-$$

$$(2-112)$$

$$E_{REC} = \sum_i P_{REC,i} t_i = T \sum_i P_{REC,i} \frac{t_i}{T}$$

$$\approx T \times \sum_{\psi_i} P(\Psi = \psi_i) P\left(Y_\upsilon^+ = y \middle| \Psi = \psi_i \right) \left[y - \sum_{i \in S} x_{\upsilon,i}^+(\psi_i) \right]^+ = T \times LOFE_{\rho,\tau}^+$$

$$(2-113)$$

式中：E_{LS}、E_{REC} 分别为失负荷量和可再生能源限电量。

可以看出，系统失负荷量及可再生能源限电量与灵活性指标具有简单的线性关系，系数比例即评估周期。

此外，还可定义一个灵活性源缺额量指标（flexibility demand shortage，FDS），来反映系统如果达到要求的灵活性水平，需要增加的理想灵活性供给源（即恒定灵活性供给源）。设系统灵活性水平要求为 β，其计算公式为

$$FDS_{v,\tau}^A(\beta) = \min\left[\max\left[\alpha : \mathcal{F}_{v,\tau}^A(\alpha) \leqslant \beta\right], 0\right] \qquad (2-114)$$

式中：$\mathcal{F}_{v,\tau}^A(z)$ 为灵活性裕量的累积概率分布函数。

2.5.3　灵活性评估与可靠性评估的联系与区别

传统可靠性评估的重点在于计算系统电力供给能够满足负荷需求的能力，灵活性评估更加侧重系统多时间断面调节能力满足不确定性需求的能力。一般来说，在传统电力系统中，如果可靠性能够满足要求，一般灵活性也能够满足要求。但随着高比例可再生能源的并网，可能会出现可靠性满足要求，但同时灵活性不足的现象。可靠性与灵活性对比见表 2-6。

表 2-6　　　　　　　　　　　　　可靠性与灵活性的对比

类型	可靠性	灵活性
指标形式	各个负荷点可靠性指标系统的可靠性指标	各个灵活性供需平衡场景指标、系统的灵活性指标
指标关联	负荷点指标加即为系统级指标	各场景按概率加权求和即系统指标
判据	是否连续供电	是否满足动态调节要求
评判指标	是否切负荷	是否切负荷或可再生能源限电
判据基础	电力电量平衡：对电力系统逐个断面分别进行评价	灵活性平衡：电力系统动态调节能力的评价，是一个过程的评价，必然涉及调节方向、调节幅度和调节时间尺度等因素

本节通过一个简单算例，来阐述灵活性评估与可靠性评估的区别。

假设系统有 3 台在线的常规机组 U1、U2 和 U3，其系统机组参数见表 2-7。为了简化分析，将负荷减去可再生能源出力得到净负荷，在此基础上分析可靠性与灵活性，给定 2 个时段（时间间隔 1h）进行分析，时刻 1 的净负荷值为 100MW，时刻 2 的净负荷值由于可再生能源出力的增加，并考虑不确定性，可能降低到 80MW（概率 0.3）、60MW（概率 0.4）和 40MW（概率 0.3）。

表 2-7　　　　　　　　　　算 例 系 统 机 组 参 数

机组	最小出力（MW）	最大出力（MW）	爬坡率（MW/min）	强迫停运率
U1	10	20	0.2	0.03
U2	20	40	0.6	0.02
U3	25	60	1.2	0.01

首先进行可靠性评估，计算机组的停运容量表，见表 2-8。

表 2-8　　　　　　　　　　　算例系统机组停运容量表

可用容量（MW）	停运容量（MW）	概率（MW）
120	0	0.97×0.98×0.99=0.941 094
100	20	0.03×0.98×0.99=0.029 106
80	40	0.97×0.02×0.99=0.019 206
60	60	0.97×0.98×0.01+0.03×0.02×0.99=0.010 1
40	80	0.03×0.98×0.01=0.000 294
20	100	0.97×0.02×0.01=0.000 194
0	120	0.03×0.02×0.01=0.000 006

根据上述结果，可以得到时段 1 失负荷概率为 0.029 8，时段 2 失负荷概率为 0.006 2，从可靠性的角度来看，系统在评估时段均具有较高的可靠性水平。下面针对两个时段的动态调整过程，进行下调灵活性评估，假设时段 1 各机组的出力分别为 10MW、30MW 和 60MW，则其在 1h 内能够提供的下调灵活性分别为 0MW、10MW 和 35MW，类似可靠性评估中的停运容量表，同样可得到下调灵活性供给的概率分布表，见表 2-9。根据时段 2 可能出现的净负荷场景，系统在两个时段间的机组下调灵活性需求概率分布见表 2-10。

表 2-9　　　　　　　　算例系统机组下调灵活性供给概率分布

下调灵活性供给（MW）	概率（MW）
45	0.97×0.98×0.99+0.03×0.98×0.99=0.970 2
35	0.97×0.02×0.99+0.03×0.02×0.99=0.019 8
10	0.97×0.98×0.01+0.03×0.98×0.01=0.009 8
0	0.03×0.02×0.01+0.97×0.02×0.01=0.000 2

表 2-10　　　　　　　　算例系统机组下调灵活性需求概率分布

下调灵活性需求（MW）	概率（MW）
20	0.3
40	0.4
60	0.3

基于灵活性供给和需求的概率卷差运算，可以得到下调灵活性裕量的概率分布，如图 2-31 所示。

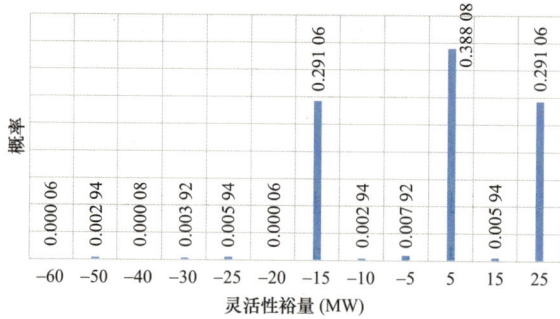

图 2–31　下调灵活性裕量的概率分布图

　　根据上述结果，可以计算得到灵活性不足的概率为 0.314 9，该概率值已经明显超出了灵活性水平阈值，反映出了系统从时段 1 到时段 2 出现下调灵活性的水平较低。从实际物理系统角度分析，主要原因是时段 2 可再生能源出力较高的概率较大，常规机组的下调能力达到下限，无法提供充裕的灵活性，实际工程中出现的后果则是可再生能源限电。

　　根据上述简单的算例分析可知，灵活性评估与可靠性评估有一定的联系，但是反映的是不同的物理现象。正如表 2–6 可靠性与灵活性的对比所示，可靠性评价关注的是电力系统的各个运行断面，只要能够保证各断面电力供应充足，则系统的可靠性水平就较高。而灵活性评价则是对电力系统动态调节能力的评价，是一个过程的评价，反映了系统以要求的性能指标在不同断面之间调整的能力。

第3章

源网荷储一体化的灵活性规划理论与方法

灵活性规划对实现未来高比例可再生能源电力系统具有重要意义。传统规划没有灵活性专项规划，随着可再生能源接入比例的升高，规划阶段缺乏对灵活性的考虑致使规划与运行脱节的矛盾越来越突出，进而成为弃风弃光问题的根源。目前电力系统规划已经注意到这一点，并在规划方案中增加对灵活性是否满足进行试算或校验，但这种增补无法保证方案的最优性。因此，亟待从基本理论、数学模型和优化方法等方面建立并完善灵活性规划的专门体系。

灵活性规划是传统电力系统规划的扩展和优化，是针对系统不确定性特性及应对方案的专项规划。在低比例可再生能源系统中，系统不确定性较小，采用确定性的备用容量法即可以包络系统不确定性；随着可再生能源比例的增加，传统规划思路已无法满足需求。

本章主要围绕源网荷储一体化的灵活性统筹规划理论与方法开展，包括：① 源荷储广义灵活电源的双层规划；② 考虑大型可再生能源基地汇集和送出系统一体化规划；③ 电源侧多类型储能的多点布局和优化配置。具体内容如下：

（1）在传统电力系统中，灵活性资源主要依靠常规电源提供。但随着可再生能源电源比例大幅提高，常规电源容量进一步降低，仅靠常规电源提供灵活性不经济且技术不可行，因此需要充分挖掘需求侧、储能、电网、储热、火电自备调峰与深度调峰等多种灵活性资源，挖掘各个环节的灵活性资源潜力，并对其进行统筹规划。

（2）在电网规划方面，研究大型可再生能源基地汇集和送出系统一体化规划方法。场站汇集、配套灵活性电源、送端电网同步规划，突破传统电源电网串序规划框架，解决源网规划脱节难题。提出了计入可再生能源"半可控"电源特性（虚拟机组）的源网均衡规划方法，改善低密度新能源的可靠性低、送出线路经济性差导致分立规划总投资过高的不协调问题。对海上风电基地，研究中远海分时序、分梯次开发规划框架，建立了场内—集群—交直流送出分层整体规划方法。

（3）在储能专项规划方面，主要针对受网架约束的大规模储能的多点布局问题。计及风资源相关性和平滑性，研究大规模风电基地储能多点布局方法，综合储能容量选择和空间最优布点，实现点/群之间协调优化。

3.1 源荷储广义灵活电源的双层规划方法

3.1.1 总体建模思路

如何在广义灵活电源优化规划模型中考虑灵活性指标约束，是建模的重点。从数学角度分析，灵活性、充裕性指标与系统决策变量之间呈现复杂的非线性关系，因此，灵活性平衡约束的加入使得规划问题成为高维度、非线性随机优化问题，在数学上具有较高的求解难度。

灵活性规划模型采用双层协调规划方式，可将其分解为灵活电源投资决策问题和运行模拟校验两个子问题，源荷储多元灵活性资源协调规划思路如图 3—1 所示。投资决策模型对灵活发电厂、储能、需求侧响应等灵活电源进行优化。生产模拟优化模型对目标年内系统电力、热力进行优化生产，输出各类资源的电力、热力生产情况。

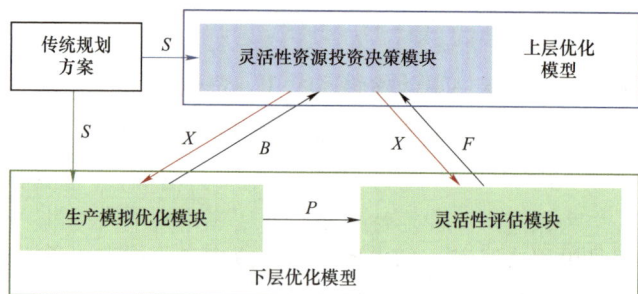

图 3–1 源荷储多元灵活性资源协调规划思路

在传统规划方案 S 基础上，上层投资决策问题对源（深度调峰）、荷（需求响应）、储（储热、储能）等资源容量进行优化，得到方案 X。通过生产模拟优化模块得到净收益 B，并为灵活性评估模块输入系统运行点 P，计算系统灵活性指标，并反馈至上层投资决策模块，进行迭代优化。

双层优化规划的一般数学模型为

$$\min_{\boldsymbol{x}_t} F(\boldsymbol{x}_t, \boldsymbol{u}_t) = \sum [CI(\boldsymbol{x}_t) + CO(\boldsymbol{x}_t, \boldsymbol{u}_t)]$$

$$\text{s.t.} \begin{cases} \boldsymbol{h}(\boldsymbol{x}_t) = 0 \\ \boldsymbol{g}(\boldsymbol{x}_t) \leqslant 0 \\ \begin{cases} \min_{\boldsymbol{u}_t} f(\boldsymbol{x}_t, \boldsymbol{u}_t) = CO(\boldsymbol{x}_t, \boldsymbol{u}_t) \\ \text{s.t.} \begin{cases} \boldsymbol{h}(\boldsymbol{x}_t, \boldsymbol{u}_t) = 0 \\ \boldsymbol{g}(\boldsymbol{x}_t, \boldsymbol{u}_t) \leqslant 0 \end{cases} \end{cases} \\ t = 1, 2, \cdots, T \end{cases} \qquad (3-1)$$

式中：F 和 f 分别为规划期内的总成本和单位时间的运行成本函数；CI 为规划期 t 的总投资成本函数；CO 为规划期 t 的总运行成本函数；$\boldsymbol{x}_t$ 和 $\boldsymbol{u}_t$ 分别为规划期 t 的投资决策变量和运行变量向量；$\boldsymbol{h}(\boldsymbol{x}_t)$ 和 $\boldsymbol{g}(\boldsymbol{x}_t)$ 分别为等式约束和不等式约束函数。

3.1.2　双层规划的数学模型

根据 3.1.1 的思路，灵活性规划问题可以分解为上层投资决策和下层运行模拟两个子问题，本节分别对其数学模型进行介绍。为了简化问题，先讨论单目标年的规划模型，多目标年的动态规划模型是后续的研究方向。

优化模型中，各类资源出力、灵活性供给和需求均采用随机变量描述，通过两层优化问题的交替迭代处理概率约束。对于下层运行模拟模型，采用机组安排策略，获取各类资源出力的概率分布，在此基础上进行概率卷和/卷差运算，计算得到灵活性指标，反馈到上层优化模型中，进行约束条件校验。

3.1.2.1　上层问题：广义灵活电源投资决策模型

上层问题的优化目标为最大化系统总净收益增量。净收益增量为与规划前相比，系统的净收益变化与灵活性资源投资成本之差，如式（3-2）所示。本书模型主要针对单一规划年，对于多年的动态规划模型，可在本书模型的基础上增加年际间灵活性资源投建容量的动态约束条件

$$\max \sum_{i \in \{g, st, dr\}} (\Delta B_i(\boldsymbol{X}) - \Delta C_i(\boldsymbol{X})) - IC(\boldsymbol{X})$$

$$= T \times \sum_{j=1}^{N_\mu} \sum_{i=1}^{N_\lambda} f(\lambda_i, \mu_j) \sum_{i=1}^{N_g} \int_0^{P_{gi\max}} f_{gi}(p) \times (\varpi_g + \varpi_c + \varpi_p) \Delta f_{gi}(p \mid \boldsymbol{X}, \lambda_i, \mu_j) \mathrm{d}p \qquad (3-2)$$

$$- w(1+w)^{LT} / [(1+w)^{LT} - 1] \sum_{i=1}^{N_X} c_i X_i$$

式中：T 为规划周期长度；$\Delta B_i(\boldsymbol{X})$ 和 $\Delta C_i(\boldsymbol{X})$ 分别为资源 i 在规划方案 $\boldsymbol{X}$ 下相对于规划前的效益变化和成本变化，从全系统角度看，系统净收益增加等于火电机组发电量降低带来的煤耗和碳排放成本降低、可再生能源出力增加效益；ϖ_g、ϖ_c 和 ϖ_p 分别为煤价、碳排放价及可再生能源单位收益；w 为贴现率；LT 为设备寿命周期；N_X 为投资设备种类；c_i 为设备 i 的单位投资成本；X_i 为设备 i 的投资容量。

约束条件为多时间尺度各方向灵活性水平约束和灵活电源投资约束等，其数学模型为

$$
\text{s.t.}
\begin{cases}
f_{si}^A(x;\tau \mid \boldsymbol{X}) = f_{Pi}\left(f_i^{-1(t)}(x;\tau) \mid \boldsymbol{X}\right), i \in \{g, st, dr\} & \text{①}\\[2mm]
f_M^A(z;\psi,\tau \mid \boldsymbol{X}) = \left(\bigoplus_{i \in \Omega_S} f_{Si}^A(x;\psi,\tau \mid \boldsymbol{X})\right) \odot \left(\bigoplus_{i \in \Omega_D} f_D(y;\psi,\tau \mid \boldsymbol{X})\right) & \text{②}\\[2mm]
\int_{\psi \in \Psi}\int_{-\infty}^{0} f_M^A(z;\psi,\tau \mid \boldsymbol{X})\mathrm{d}z\mathrm{d}\psi \leq \theta_1 & \text{③}\\[2mm]
\int_{\psi \in \Psi}\int_{-\infty}^{0} (-z)f_M^A(z;\psi,\tau \mid \boldsymbol{X})\mathrm{d}z\mathrm{d}\psi \leq \theta_2 & \text{④}\\[2mm]
\boldsymbol{0} \leq \boldsymbol{X} \leq \boldsymbol{X}_{\max}, \boldsymbol{X} \in R^n, A \in \{+,-\} & \text{⑤}
\end{cases}
\tag{3-3}
$$

式中：$f_i^{-1(t)}(x;\tau)$ 为灵活资源出力与灵活性供给的转化函数；A 为灵活性方向，θ_1、θ_2 为灵活性阈值；f_M^A 为系统灵活性裕量概率分布函数。

约束方程①阐述了从各类资源出力的概率分布向灵活性供给概率分布的转化过程；约束方程②为灵活性条件裕量分布的计算公式；约束方程③和④分别为灵活性概率和期望约束；约束方程⑤为灵活性资源投资容量约束。

3.1.2.2 下层问题：非时序概率运行校验模型

下层问题基于非时序模拟模型，以最大化可再生能源消纳为目标，约束条件为系统网络及电、热平衡约束，各类机组及灵活电源特性约束，获取系统运行状态的概率分布，其目标函数为

$$
\max \quad E_{\mathrm{re}} = T \times \sum_{i=1}^{N_{\mathrm{re}}} \overline{p}_i \int_0^{P_{\mathrm{re},i\max}} \mathcal{F}_{\mathrm{re},i}(p)\mathrm{d}p
\tag{3-4}
$$

式中：E_{re} 为可再生能源消纳电量；T 为评估时段的时长；$\overline{p}_i$ 为可再生能源多状态机组状态 i 的概率；$\mathcal{F}_{\mathrm{re},i}(p)$ 为可再生能源在状态 i 下，实际出力的累积概率分布函数；$P_{\mathrm{re},i\max}$ 为可再生能源在状态 i 下的最大出力。

非时序模型的主要约束条件为

$$\text{s.t.}\begin{cases} f(p) = \left(\overset{N}{\underset{i=1}{\oplus}} f_{g,i}(p_{g,i}) \right) \oplus f_{re}(p_{re}) \oplus \left(\overset{N_X}{\underset{j=1}{\oplus}} f_{X,j}(p_{X,j}) \right) & \text{①} \\[2mm] p = \sum_{i=1}^{N} p_{g,i} + p_{re} + \sum_{j=1}^{N_X} p_{X,j} & \text{②} \\[2mm] f_{re}(p_{re}) = \overline{p}_1 f_{re,1}(p_1) \oplus \cdots \oplus \overline{p}_{N_{re}} f_{re,N_{re}}(p_{N_{re}}), p_{re} = \sum_{i=1}^{N_{re}} p_i & \text{③} \\[2mm] g_j(h) = \left(\overset{M_j}{\underset{i=1}{\oplus}} g_{i,j}(h_i) \right) \oplus \left(\overset{N_{X,j}}{\underset{i=1}{\oplus}} g_{X,i,j}(h_{X,i}) \right), j = 1, 2, \cdots, Z & \text{④} \\[2mm] h = \sum_{i=1}^{M_j} h_i + \sum_{i=1}^{N_{X,j}} h_{X,i}, j = 1, 2, \cdots, Z & \text{⑤} \\[2mm] f_i, f_{re} \in \boldsymbol{F}, g_{i,j} \in \boldsymbol{G}, A(\boldsymbol{F}, \boldsymbol{G}) \in \boldsymbol{D} & \text{⑥} \\[2mm] -f_l^{\lim} \leqslant \sum_{b \in \Phi} g_{l,b} \left(\sum_{i \in \Omega_1} \alpha_{i,b} P_{g,i}(\boldsymbol{X}) + \sum_{i \in \Omega_2} \alpha_{i,b} P_{X,i}(\boldsymbol{X}) \right) \leqslant f_l^{\lim} & \text{⑦} \\[2mm] P_{g,i} \sim f_i(p_i), P_{X,i} \sim f_{X,i}(p_{X,i}), \forall l, \forall P_{g,i} \in S_{P_g}, P_{re} \in S_{P_{re}} & \text{⑧} \end{cases}$$ （3-5）

式中：$f(p)$ 和 $g_j(h)$ 分别为系统电负荷与区域 j 热负荷的概率密度函数；$f_{g,i}(p_{g,i})$、$f_{re}(p_{re})$ 和 $f_{X,j}(p_{X,j})$ 分别为常规机组、可再生能源及灵活性资源出力的概率密度函数；$\overline{p}_{re}, f_{re,i}(p)$ 分别为可再生能源状态 i 的概率及该状态下出力的概率密度函数；$f_l^{\lim}$ 为线路 l 的功率传输容量，MW；Φ 为电网节点集合；$g_{l,b}$ 为节点 b 到线路 l 的功率转移分布因子；$\alpha_{i,b}$ 为电源或灵活性资源 i 与节点 b 连接关系系数；$\boldsymbol{F}$ 为电出力概率分布集合；$\boldsymbol{G}$ 为热出力概率分布集合；$\boldsymbol{D}$ 为系统资源运行域集合；Ω_1 和 Ω_2 分别为电源和灵活性资源（负荷、储能）集合。

约束方程①和②代表了全系统的电出力平衡约束，即电负荷概率分布函数等于常规机组出力分布、可再生能源出力分布与灵活性资源出力分布的概率卷积；约束方程③为可再生能源出力约束，即其出力的概率分布等于各状态下实际出力概率分布的卷积；约束方程④和⑤为系统各分区热力平衡约束，含义与电力平衡类似；约束方程⑥为系统运行域约束，即所有机组出力必须属于运行域；约束方程⑦和⑧表示系统网架传输功率约束，本书采用直流潮流模型。

式（3-5）模型属于泛函极值模型，决策变量为各类型常规机组出力累积分布函数 CDF F_i 和概率密度函数 PDF $f_i, i = 1, 2, \cdots, N$；热电联产机组热功率 CDF G_i 和 PDF $g_i, i = 1, 2, \cdots, M$；可再生能源出力 CDF $F_{RE i}$ 和 PDF $f_{RE i}, i = 1, 2, \cdots, N_{RE}$；灵活性资源出力 CDF F_{Xi} 和 PDF $f_{Xi}, i = 1, 2, \cdots, N_X$。

3.1.3 基于最大净收益微增率的算法设计

3.1.3.1 模型求解算法

根据上文分析可知，系统灵活性指标依赖于决策变量（灵活性资源容量配置），且二者间不存在明确的解析函数形式。因此模型的求解难点在于如何在上层灵活性资源优化决策模型中考虑灵活性指标评价。有两个思路可解决上述问题：

（1）通过大量仿真，研究灵活性指标与决策变量的近似函数关系，并进行拟合，得到灵活性指标与决策变量之间的多元拟合解析式，并将其纳入灵活性优化规划模型中进行求解。

（2）迭代求解。设置投建灵活性资源步长为定值，依据单位投建容量系统净收益最大化的原则增加灵活性资源，并计算灵活性指标判断是否满足需求，如果不满足继续按照上述原则进行迭代计算。该方法属于迭代计算，每步计算过程中，需要计算目标函数相对于各类资源增量的偏导数。

对于思路 1，其计算量取决于灵活性资源数量，假设有 N 类灵活性资源，每类资源有 m_i 个场景需要计算，则总共需要进行 $\prod\limits_{i=1}^{N} m_i$ 次仿真。对于灵活性资源数量较少的情况，采用思路 1 较为合适，但是如果灵活性资源数量较多，则会出现维数灾的情况。由于本书考虑的灵活性资源种类较多，因此采用思路 2 进行求解。

本书提出最大"净收益增量比"算法来求解灵活性优化规划模型，其中净收益微增率定义为增加单位灵活性付出的总成本，即

$$\gamma_i = \frac{\partial L(x_1, x_2, \cdots, x_n)}{\partial x_i} \qquad (3-6)$$

式中：$L(x_1, x_2, \cdots, x_n)$ 为系统的净收益函数。

由于灵活性机组同时在电力电量平衡约束和灵活性约束中，属于耦合变量，本书采用两阶段法进行求解，共包含如下 5 个步骤：

（1）准备系统所有区域的电-热负荷需求数据，可再生能源潜在出力的概率分布数据，以及常规电源规划数据、电网结构及相关参数等。

（2）假定系统有 n 类待规划的灵活性资源，设定初始灵活性资源投资向量 $\boldsymbol{X}^{(0)} = \boldsymbol{0}_{n \times 1}$，并采用非时序生产模拟计算系统各类机组出力的概率分布函数，即可计算得到系统基准场景下（规划前）的总收益值为

$$B_0 = T \times \sum_{j=1}^{N_\mu} \sum_{i=1}^{N_\lambda} f(\lambda_i, \mu_j) \sum_{i=1}^{N_g} \int_0^{P_{g\max}} f_{gi}(p) \times (\varpi_g + \varpi_c + \varpi_p) f_{gi}(p|\boldsymbol{0}, \lambda_i, \mu_j)\mathrm{d}p \quad (3-7)$$

（3）设定步长 Δx，增加灵活性资源 i，则可根据非时序生产模拟，快速计算得到增加后系统的总收益值，并可计算得到给定时间尺度下的灵活性不足指标 $LOFP_\tau^A$ 和 $LOFE_\tau^A$，即可计算灵活性资源 i 增加后带来的净收益微增率，即净收益与投建容量增量之比，净收益为相对基准场景的运行收益，减去灵活性资源投资成本等年值和灵活性不足惩罚项。净收益微增率为

$$\gamma_i = \frac{B(\boldsymbol{X}+\Delta\boldsymbol{X})-B_0-\dfrac{w(1+w)^{LT}}{\left[(1+w)^{LT}-1\right]}C_i\Delta x-\sum_\tau\sum_A\left(\lambda_1 LOFP_\tau^A+\lambda_2 LOFE_\tau^A\right)}{\Delta x} \qquad (3-8)$$

（4）循环步骤（3），计算所有灵活性资源的净收益微增率，按照式（3-9）选取使 γ_i 最大的灵活性资源，增加灵活性资源建设容量 $\boldsymbol{X}^{(k+1)}=\boldsymbol{X}^{(k)}+\Delta\boldsymbol{X}$，即满足公式 $x_i^{(k+1)}=x_i^{(k)}+\Delta x_i^{(k)},x_j^{(k+1)}=x_j^{(k)}(j\neq i)$

$$\gamma^{(k)}=\max\left\{\frac{\partial L\left(x^{(k)}\right)}{\partial x_i^{(k)}},i=1,\cdots,n\Big|\,x_i^{(k)}+\Delta x\in D_i\right\} \qquad (3-9)$$

系统灵活性资源净收益调整为

$$L^{(k+1)}=L^{(k)}+\gamma\,\Delta x_i^{(k)} \qquad (3-10)$$

（5）计算系统灵活性指标。如果不满足式（3-11）中的灵活性约束，令 $k=k+1$，继续按照上述过程进行迭代计算；否则达到最优解，迭代结束。根据灵活性电源最优数量，对传统电源规划结果进行调整，按照成本从高到低顺序，降低传统非灵活电源数量。本书提出的基于最大"净收益微增率"的两阶段算法流程如图 3-2 所示。

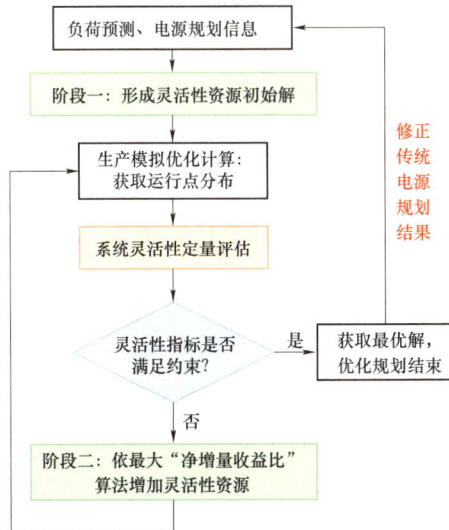

图 3-2　基于最大"净收益微增率"的两阶段算法流程图

3.1.3.2 最优解的唯一性证明

借助灵活性指标函数的概念，3.2 所述双层优化模型可以转化为单层优化模型，即将下层优化模型以灵活性函数来表示。在该单层优化问题中，如果沿最优搜索轨迹增加灵活性资源，根据实际工程的物理意义和模型特征，总可寻找到满足罚函数为 0 的灵活性资源配置。随着投资成本的增加，系统的净收益增量呈现先增后减的趋势，因此存在资源配置的局部成本最优值。单层优化模型为

$$\max \sum_{i \in \{g,st,dr\}} (\Delta B_i(\boldsymbol{X}) - \Delta C_i(\boldsymbol{X})) - IC(\boldsymbol{X})$$

$$= \varpi \times \lambda \times \Delta g_\tau^-(x_1, x_2, \cdots, x_n) - w(1+w)^{LT} / [(1+w)^{LT} - 1] \sum_{i=1}^{N_X} c_i x_i \qquad (3-11)$$

$$\mathrm{s.t.} \begin{cases} f_\tau^A(\boldsymbol{X}) = f_\tau^A(x_1, x_2, \cdots, x_n) \leqslant \alpha_\tau^A \\ g_\tau^A(\boldsymbol{X}) = g_\tau^A(x_1, x_2, \cdots, x_n) \leqslant \beta_\tau^A \\ \boldsymbol{0} \leqslant \boldsymbol{X} \leqslant \boldsymbol{X}_{\max}, \boldsymbol{X} \in R^n, A \in \{+, -\} \end{cases}$$

式中：$\varpi = \varpi_g + \varpi_c + \varpi_p$；$\Delta g_\tau^-(x_1, x_2, \cdots, x_n)$ 为系统下调灵活性期望增量；λ 为可再生能源限电与下调灵活性不足期望间的线性关系系数；$f_\tau^A(\boldsymbol{X})$ 和 $g_\tau^A(\boldsymbol{X})$ 分别为灵活性不足概率和期望指标函数；α_τ^A 和 β_τ^A 分别为概率和期望指标阈值。

1. 定义

分析完局部最优解的存在性，下面对上述模型最优解的唯一性进行证明，首先介绍 2 个涉及的最优化理论概念。

（1）凸规划。考虑如式（3-12）所示的极小化问题，如果 $f(x)$ 是凸函数，$g_i(x)$ 是凸函数，$h_j(x)$ 是线性函数，则这类问题称为凸规划

$$\min \ f(x)$$

$$\mathrm{s.t.} \begin{cases} g_i(x) \leqslant 0, & i = 1, 2, \cdots, m \\ h_j(x) = 0, & j = 1, 2, \cdots, l \end{cases} \qquad (3-12)$$

（2）最优搜索轨迹。记系统各类灵活性资源容量之和为 S，对于优化迭代过程 k，当增加资源 i 的单位净增量效益最大，则该资源成为第 k 步的最优资源，记其增量为 $\Delta X_{i,k}^*$。迭代过程最优资源之和的集合称为最优搜索轨迹，即

$$S^* = \left\{ \sum_{m=1}^k \Delta X_{i,m}^* \mid k = 1, 2, \cdots \right\} \qquad (3-13)$$

2. 推论

（1）灵活性指标函数具有边际递增性。在最优搜索轨迹上定义灵活性指标函数为

$$LOFP_{\tau}^{A} = f_{\tau}^{A}(\boldsymbol{X}) = f_{\tau}^{A}(x_1, x_2, \cdots, x_n) \tag{3-14}$$

$$LOFE_{\tau}^{A} = g_{\tau}^{A}(\boldsymbol{X}) = g_{\tau}^{A}(x_1, x_2, \cdots, x_n) \tag{3-15}$$

则根据上述定义可知，灵活性函数满足

$$\left.\frac{\mathrm{d}f_{\tau}^{A}}{\mathrm{d}S}\right|_{S=S_1} \leqslant \left.\frac{\mathrm{d}f_{\tau}^{A}}{\mathrm{d}S}\right|_{S=S_2}, \forall S_1 \in S^* \leqslant S_2 \in S^* \tag{3-16}$$

同理，函数 g_{τ}^{A} 也有上述性质。

（2）灵活性指标函数具有凸性。取任意两点 $\forall s_1 \leqslant s_2 (s_1, s_2 \in S^*)$，取 $\lambda \in [0,1]$，令 $s = \lambda s_1 + (1-\lambda)s_2$ ，根据灵活性函数的性质，可得到

$$\frac{f_{\tau}^{A}(s) - f_{\tau}^{A}(s_1)}{s - s_1} \leqslant \frac{f_{\tau}^{A}(s_2) - f_{\tau}^{A}(s)}{s_2 - s} \tag{3-17}$$

整理即得到

$$f_{\tau}^{A}(\lambda s_1 + (1-\lambda)s_2) \leqslant \lambda f_{\tau}^{A}(s_1) + (1-\lambda)f_{\tau}^{A}(s_2) \tag{3-18}$$

根据定义，可知 $f_{\tau}^{A}(s)$ 为凸函数。同理，可证得 g_{τ}^{A} 也为凸函数。

引入罚函数，可将上述灵活性优化规划问题转变为无约束极值问题，即

$$\max L(s) = \sum_{i \in \{g, net, d, st\}} (\mathrm{d}B_i(s) - \mathrm{d}C_i(s)) - IC(s) -$$
$$\sum_{\tau} \sum_{A} \left(M_{\tau}^{A} f_{\tau}^{A}(s) + N_{\tau}^{A} g_{\tau}^{A}(s) \right) \tag{3-19}$$
$$\text{s.t. } s \in S^*$$

式中：M_{τ}^{A} 和 N_{τ}^{A} 分别为灵活性不足概率和期望的惩罚系数。

由于成本函数 IC 为线性函数，也为凸函数。根据凸函数运算法则，加入罚函数后的目标函数为凸函数，根据定义（1）可知属于凸规划问题。优化模型存在局部最优点 $\overline{s}$ ，其必要条件是 $\nabla L(\overline{s}) = 0$ 。

对于任意的 $s \in S^*$，有 $\nabla L(\overline{s})^{\mathrm{T}}(s - \overline{s}) = 0$ ，由于目标函数为凸函数，则

$$L(s) > L(\overline{s}) + \nabla L(\overline{s})^{\mathrm{T}}(s - \overline{s}) = L(\overline{s}) \tag{3-20}$$

因此局部最优点 $\overline{s}$ 是全局最优解，即优化模型最优解具有唯一性。

3.2　大型新能源基地汇集和送出系统一体化规划方法

3.2.1　传统规划的问题

随着我国风电发展规模不断扩大，出现了风电送出困难、风电大量弃风等问

题，其根源为电力系统现有规划方法及流程无法适应含大规模风电的电力系统规划的新要求。因此，有必要对大规模风电接入电力系统规划协调方法进行研究及分析。

传统的电力系统规划方法的不协调具体表现在以下 4 个方面：

（1）传统电力系统规划中典型日难以获得。由于传统规划中，电源可控性强，通常采用容量配合等确定性的方法对典型日进行计算。而大规模风电接入后，由于风电的波动性、随机性，难以获得典型日、最大日等电力系统的特定状态，方法难以适应大规模风电接入后的规划要求。

（2）电网结构形式变化。传统电力系统规划中，电源、电厂容量大，在实践中通常升压后直接接入较高等级的电网，并且电网可以依据电源进行布点。而单机容量小的风电接入无法直接套用原有的规划方法。

（3）电源性质差别大。传统电源的运行成本高于其停机成本；而风电具有优先上网政策且运行成本很低，停运、弃风时反而具有一定的运行成本，与传统的电源相反。风电接入后，系统电源也由传统的高利用小时数可控电源向低利用小时数低可控性电源转变。

（4）传统电力系统规划结果的负荷灵活性无法得到保证。由于风电可控性差，导致风电替代常规电源后，电源整体调节能力下降，不一定能够满足负荷的调节需求。

经典的电力系统规划主要分为资源分析，负荷预测，电源项目分析、电源规划，电网项目分析、电网规划以及规划方案的校验等过程，经典电力系统规划示意图如图 3-3 所示。

在规划中，以负荷预测作为初始条件，分析煤、水等资源，依据资源条件提出电源规划方案并优化，电源规划的最大容量与负荷最大容量相比，具有一定的裕度。电网以保障电源有效送出为目的，其规划同样具有较高的裕度。

电网规划中引入风电后，在风电接入容量较小时，通过将风电作为负负荷处理，不纳入电力电量平衡，只在方案校验与优化中考虑风电影响。但当风电接入容量较大时，风电不确定性带来常规电源的调节难度加大、电网输电瓶颈增多等问题，导致电网规划方案难于实现，必须将风电纳入所有规划流程中。现有含大规模风电的电力系统规划在正常运行的电网基础上进行扩展。首先对风资源进行分析及调研，得到测风数据后，对地区内风电资源的容量、特性进行有效地估计。然后根据风资源状况，规划数个、数十个风电场。在得到风电场规划后，还需要对配套的常规电源进行规划与选址，对电源的调节能力进行校验。优化电网规划方案对电源进行送出。最后，利用可靠性、安全性、经济性等指标对规划方案后评估乃至返回修订规划。

规划流程 ——→　电网运行能源流向 ➡

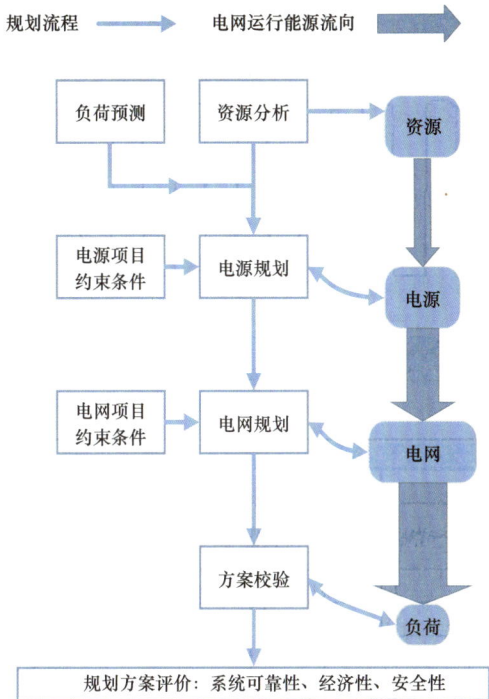

图 3-3　经典电力系统规划示意图

从根本的机理而言，上述规划过程并未将风电和其他常规电源放到一个平等位置来处理，风电电源与常规电源、电网的矛盾协调，往往存在由于裕度过高导致的经济性差，以及由于风电只纳入电量平衡计算而导致的风电消纳不足等缺点。

3.2.2　电力系统协调规划流程

为促进风电消纳，主要从两个途径进行电力系统的优化：① 通过控制、优化手段，对风电的出力进行调整，使其减少波动随机性，增加风电的能量密度；② 通过改进电网的建设与规划方案，增强系统对风电的适应能力。含风电的电网规划的协调，即为优化风电特性与优化电源电网两类优化手段的协调，其本质为系统总体经济性与风电消纳、负荷供电可靠等目标的协调。

将可靠性、经济性及风电消纳等因素综合协调优化，在原有的电力系统规划流程中，针对风电的波动随机性及低能量密度不可控性，提出含大规模风电接入的电网协调规划流程，含风电的电力系统协调规划示意图如图 3-4 所示。

在电网协调规划流程中，首先考虑在系统允许范围内多消纳风电，通过风电送出规划、风电外送消纳等手段，对风电的消纳给出适应当前实际的优化容量；然后通过电源规划对风电进行配套，使系统具有足够的调节能力；同时，在电网

83

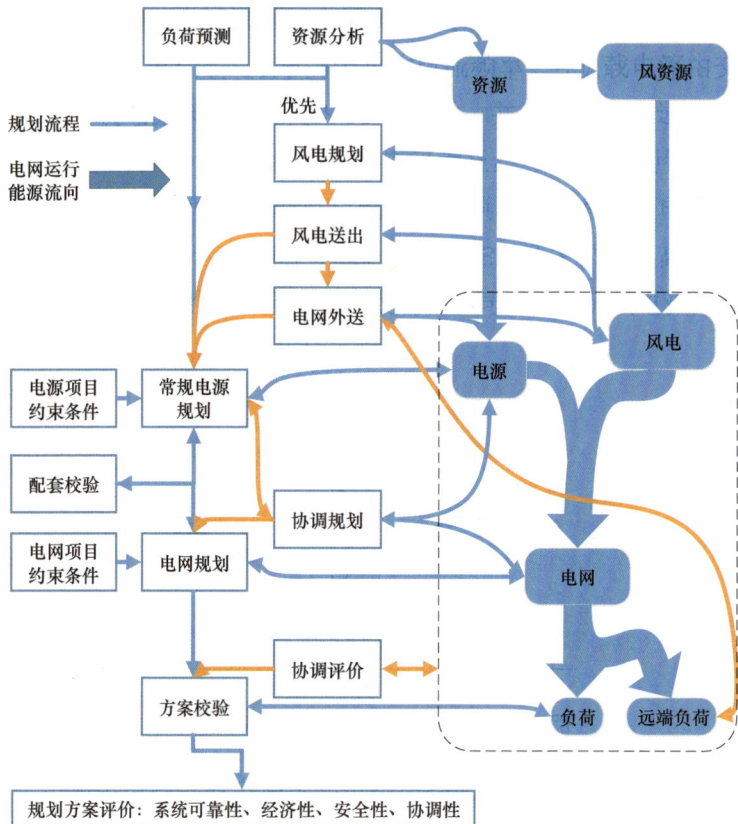

图 3-4 含风电的电力系统协调规划示意图

规划中利用可靠性约束，考虑对电源、电网的综合协调；最后在得到规划方案后，对风、源、网的经济协调性进行评估，从而得到具有高可靠性、经济性、安全性、协调性的电网规划方案。

3.2.3 场群分层接入优化

3.2.3.1 风电场集群接入系统协调规划模型及优化原理

为简化分析，暂不考虑多年滚动规划以及电源、电网规划的时序不匹配问题，以风电场集群接入系统整体规划建成的目标年作为规划场景开展研究。

在风电场通过集中接入、远距离输电的输电方式接入电网时，通常从风电场出口，利用数级变电站接入超/特高压输电网络中，从而将风电电能送至负荷中心。接入系统通常具有以下两种形式：

（1）单个风电场直接接入地区内的中心（枢纽）变电站；

（2）数个风电场汇集至一个汇集变电站后接入到地区内的中心（枢纽）变电站。

将连接到同一个汇集变电站的所有风电场定义为一个风电场组，整个风电场集群划分成数个风电场组后，接入系统含有风电场—风电场组、风电场组—风电场集群两级结构，风电场集群接入系统示意图如图 3-5 所示。接入系统包括风电场与汇集变电站连接的线路，汇集变电站以及汇集变电站与集群中心变电站的连接线路。在假设风电场和集群中心变电站选址确定条件下，风电场分组接入哪一个汇集变电站（也包含直接接入中心变电站的情况）、汇集变电站的选址就是有待协调的两个规划目标，而风电场到汇集站、汇集站到中心站的线路技术和经济参数是其中的重要影响因素。

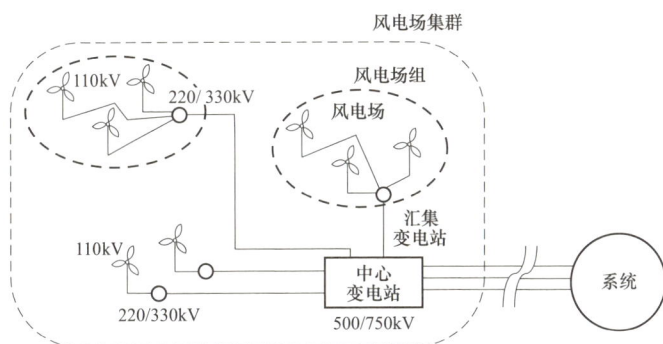

图 3-5　风电场集群接入系统示意图

综合考虑建设及运行的成本和收益，利用风电场及接入系统的整体经济性作为接入系统规划协调性指标，对风电场集群的接入系统进行优化，以解决接入系统的输电能力对电源的限制与输电线路空（轻）载浪费的矛盾。

在规划过程中，接入系统规划的优化目标为净收益最大，可以进行优化的变量分别为风电场分组线路选择集合，线路长度、容量以及变电站位置、容量，其模型为

$$\max \quad f\left(\boldsymbol{S}(L), P_L^i, P_T^j, x_T^j, y_T^j\right), i=1,\cdots,n \qquad (3-21)$$

式中：f 为接入系统的总净收益；$\boldsymbol{S}(L)$ 为风电场分组后的线路选择集合；P_L^i 为第 i 条线路的容量；P_T^j、x_T^j、y_T^j 分别为第 i 个变电站的容量及位置信息。

对于模型的求解，首先需要分析风电场及风电场组的出力特性，从而得到模型的初始条件，然后根据经济性指标分别对线路、变电站容量、变电站选址以及风电场分组线路选择进行优化，从而得到最优的接入系统协调规划方案。

3.2.3.2　风电场集群特性分析

风电场集群的有功输出，在由风电机组向风电场、风电场集群的汇聚过程中，

具有波动的平滑效应。对西北某地区数个风电场组成的集群进行历史数据统计，得到了该风电场集群出力曲线如图3-6所示。

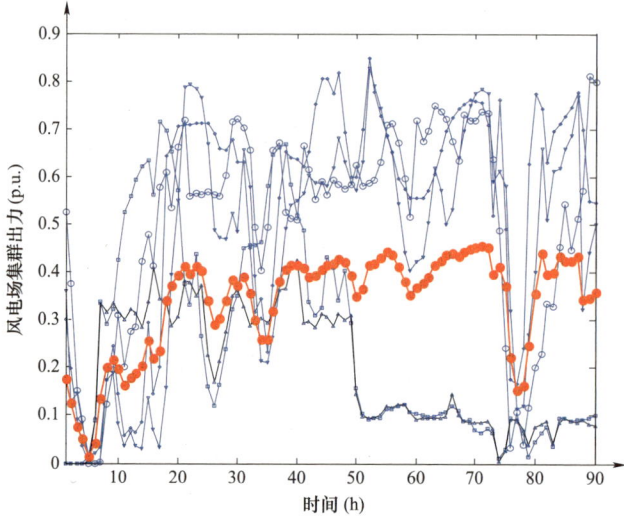

图3-6 西北某地区风电场集群出力曲线

图3-6中红色粗线为风电场集群总体出力，体现了当数个风电场同时接入时的互补性，使风电场总体出力的标幺最大值减小。考虑到时序分析对风电场集群出力的趋势模拟较为困难，在规划阶段，为了了解风电场集群整体的变化规律，需要对风电场集群的出力分布进行统计及仿真模拟。对经验分布曲线进行变形，得到风电场集群的年持续出力曲线，可以对风电场集群出力的长期变化规律进行描述，从而分析风电场集群平滑效应对风电场长期出力波动的影响。

与负荷持续曲线类似，针对西北某地区风电场的历史数据，绘制如图3-7所示的风电场集群持续出力曲线。持续出力曲线横坐标表示持续时间，纵坐标表示风电场集群出力。曲线上的点 (t, P) 表示风电场集群出力大于或等于 P 的持续时间为 t。红色粗线为风电场集群的总体出力，由曲线可以看出风电场平滑效应的结果，即为最大出力减小以及出力为零的小时数减少。在进行风电场集群的接入系统规划时，需要考虑到风电场平滑效应的影响，当接入的风电场较多时，其总出力在持续出力曲线上的分布更加平均，最大标幺值减小。

3.2.3.3 风电场送出线路传输容量规划

如图3-7所示，由于平滑效应，该风电场集群的最大出力仅为装机容量的70%。对于风电场或风电场集群的送出线路，如按照装机容量进行配置，则会导致输电线路经常轻载，资产利用率低下；如果送出线路容量过低，又会造成大量弃风。因此需建立经济性综合优化模型，协调输电线路的建设容量与弃风损失。输电线路综合效益分为成本及收益两部分，由净现值给出，即

$$I_{\text{NPV}} = \sum_{t=0}^{N}(B_{\text{total}} - C_{\text{L}})_t(1+r)^{-t}$$

$$（3-22）$$

式中：B_{total} 为年度收益，其计算模型见式（3-24）；C_{L} 为年度成本；r 为利率；N 为运行年限。

成本分为建设成本与维护成本，为了计算方便，将变电站归入到高电

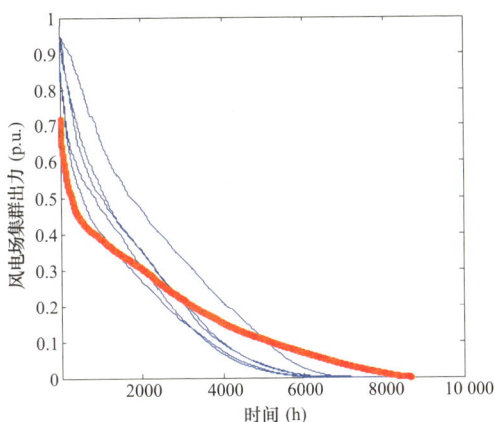

图 3-7　西北某地区风电场集群持续出力曲线

压侧线路成本中，输电线路的建设成本模型是线路长度及传输容量的函数，即

$$C_{\text{L}} = C_{\text{T}}(P_{\text{Line}}) + C_{\text{l}}(P_{\text{Line}}, L)$$

$$（3-23）$$

式中：C_{T} 为变压器成本函数；C_{l} 为线路成本函数；P_{Line} 为线路容量；L 为线路长度。

考虑到线路条数只能为整数，并且其型号有限，对于一定电压等级、一定长度的线路，其成本与 P 并不呈线性关系。

风电场送出的电能为线路的收益来源，而因为传输容量限制造成的弃风，即未送出电量，也应作为罚款计入线路的收益。忽略风电场送出电能不同时段的价格差异，建立风电场集群送出线路的收益模型为

$$B_{\text{total}} = p_{\text{o}}\int_t P_{\text{o}}(t)\mathrm{d}t - p_{\text{b}}\int_t P_{\text{b}}(t)\mathrm{d}t$$

$$P_{\text{o}} = \begin{cases} P_{\text{Line}} & P_{\text{total}} > P_{\text{Line}} \\ P_{\text{total}} & P_{\text{total}} \leqslant P_{\text{Line}} \end{cases}$$

$$（3-24）$$

$$P_{\text{b}} = \begin{cases} P_{\text{total}} - P_{\text{Line}} & P_{\text{total}} > P_{\text{Line}} \\ 0 & P_{\text{total}} \leqslant P_{\text{Line}} \end{cases}$$

式中：p_{o}、p_{b} 为价格参数；P_{o} 为实际送出功率；P_{b} 为未送出功率；P_{total} 为风电场集群总最大发电功率。

考虑到输电系统的建设成本较高，忽略输电系统的维护成本，最大化系统的净现值 I_{NPV}，从而得到风电场输电线路协调规划模型为

$$\max \quad I_{\text{NPV}} = \sum_{t=0}^{N} B_{\text{total}}(t)(1+r)^{-t} - C_{\text{L}}$$

$$（3-25）$$

式中：输电系统无维护成本，即 $C_{\text{L}}(t \geqslant 1) = 0$；$r$ 为利率；N 为运行年限。

3.2.3.4 规划区域内负荷线路传输容量规划

由于风电场集群多处于偏远地区，环境较为恶劣，附近的负荷较小，为了完成负荷供电，将负荷汇集后的变电站看作负荷点接入到集群内的汇集站中，由于负荷在正常运行状态下不可切除，接入到汇集站的外送线路容量应与最大负荷容量相等或更高。为保证线路潮流计算一致性，定义负荷线路潮流方向为由负荷流向变电站，则其潮流及线路容量为负，即

$$-P_{\text{line}}^{\text{load}} \geqslant -P_{\text{load,max}} \tag{3-26}$$

式中：$-P_{\text{line}}^{\text{load}}$ 及 $-P_{\text{load,max}}$ 分别为负荷相关线路的容量及最大负荷容量。

负荷总收益 $B_{\text{total}}^{\text{load}}$ 为

$$B_{\text{total}}^{\text{load}} = p_{\text{l}} \int_t P_{\text{l}}(t) \mathrm{d}t \tag{3-27}$$

式中：价格参数 p_{l} 应为负数，以体现负荷潮流为负时的正收益。

3.2.3.5 风电场集群内变电站选址规划

变电站选址问题，在配电网规划中主要是为了满足负荷的需求，从而对变电站的位置及规模进行选定，合理的站址选择可以有效地提高配电网的运行效率及经济效益。在风电场集群内部，对集电升压变电站的选址同样重要。

对于确定的风电场或风电场组及其包含的负荷点，只考虑一座升压站，对成本及收益的净现值进行优化，汇集变电站选址的优化问题模型为

$$\min C = C_{\text{hT}} + C_{\text{IT}} + C_{\text{load,T}} + C_{\text{g}} \tag{3-28}$$

$$\text{s.t.} \begin{cases} C_{\text{IT}} = \displaystyle\sum_{i \in \Lambda_j} (C_{\text{T}}(P_{li}) + C_{\text{l}}(P_{li}, d_{li})) & \text{①} \\[2mm] C_{\text{hT}} = C_{\text{l}}(P_{hj}, d_{hj}) + C_{\text{T}}(P_{hj}) + C_{\text{NPV}}(u_{\text{T}}) & \text{②} \\[2mm] C_{\text{load}} = \displaystyle\sum_{i \in \Lambda_{\text{load},j}} (C_{\text{T}}(P_{li}^{\text{load}}) + C_{\text{l}}(P_{li}^{\text{load}}, d_{li}^{\text{load}})) & \text{③} \\[2mm] C_{\text{g}} = \beta_{\text{l}} \displaystyle\sum_{i \in \Lambda_j} d_{li} + \beta_{\text{h}} d_{hj} + \beta_{\text{load}} \displaystyle\sum_{i \in \Lambda_{\text{load},j}} d_{li}^{\text{load}} & \text{④} \\[2mm] P_{li} = f(P_{\text{wi}}) & \text{⑤} \\[2mm] P_{hj} = f\left(\displaystyle\sum_{i \in \Lambda_j} \min(P_{\text{wi}}, P_{li}) + \displaystyle\sum_{i \in \Lambda_{\text{load},j}} P_{\text{load},i} \right) & \text{⑥} \\[2mm] P_{li}^{\text{load}} = P_{\text{load},i}^{\text{max}} & \text{⑦} \\[2mm] u(x_{\text{T}}, y_{\text{T}}) = 1 & \text{⑧} \end{cases} \tag{3-29}$$

式中：C_{hT} 为高压侧线路成本；C_{lT} 为低压侧线路成本；$C_{load,T}$ 为负荷线路成本；C_g 为网损成本；约束方程①～④为成本约束条件；Λ_j、$\Lambda_{load,j}$ 分别为风电场组内接入的风电场、负荷的编号集合；$P_{load,i}$、$P_{load,i}^{max}$ 分别为负荷出力及最大负荷；P_{li}、P_{hj}、P_{li}^{load} 分别为低压侧、高压侧、负荷连接线的线路容量；d_{li}、d_{hj}、d_{li}^{load} 分别为低压侧、高压侧、负荷连接线的线路长度；$C_{NPV}(u_T)$ 为汇集变电站运行成本的净现值；β_l、β_h、β_{load} 分别为低压侧、高压侧、负荷连接线的网损率；约束方程⑤～⑦为线路容量约束；P_{wi} 为第 i 个风电场的出力；f 为线路容量优化问题的解函数。

　　忽略输电网的运行成本及网损，针对平原地区的大型风电场集群，内部汇集变电站排布限制较少，将负荷作为负的风电场处理，则问题可以进一步简化为

$$\min \quad C = C_{hT} + C_{lT}$$

$$\text{s.t.} \begin{cases} C_{lT} = \sum_{i \in \Lambda_j \cup \Lambda_{load,j}} [C_T(P_{li}) + C_l(P_{li}, d_{li})] \\ C_{hT} = C_T(P_{hj}) + C_l(P_{hj}, d_{hj}) \\ P_{li} = \begin{cases} f(P_{wi}), i \in \Lambda_j \\ f(P_{load,i}), i \in \Lambda_{load,j} \end{cases} \\ P_{hj} = f\left(\sum P_{li}\right) \end{cases} \quad （3-30）$$

　　由于线路成本不同，产生的优化结果不同，当各个风电场分别接入中心变电站比接入汇集变电站后集中接入更加优化时，优化问题的结果中汇集变电站地址与中心变电站的地址即为同一地址，即使用单个风电场直接接入的方式构建接入系统。

3.2.3.6　目标年风电场集群接入规划

　　得到了风电场集群的线路与汇集变电站容量、选址的优化模型后，以测风数据变换得到未建成风电场的出力数据，即可通过对线路选择进行优化，从而得到风电场集群接入系统的规划方案。以风电场集群整体收益最大作为目标，构建风电场集群接入系统协调优化问题目标函数为

$$\max \sum_i B_{total}^i - \sum_i C_L(P_i, d_i) \quad （3-31）$$

式中：B_{total}^i、$C_L(P_i, d_i)$ 分别为各条线路的收益、成本。

　　风电场集群的两级聚合结构中，风电场以 110kV 作为输出电压等级，风电场

组以 220kV/330kV 作为输出电压等级。整个风电场集群则接入到一个或几个 500kV/750kV 的变电站中。在规划接入系统时忽略汇集变电站带有的负荷。定义通过同一个汇集变电站接入系统的风电场组成一个风电场组，即

$$WF_i \in \boldsymbol{WG}_j (i=1,\cdots,n, j=1,\cdots,m) \tag{3-32}$$

式中：WF_i 为第 i 个风电场；$\boldsymbol{WG}_j$ 为第 j 组风电场组集合。

则含有 n 个风电场的风电场集群可以划分为 m 个风电场组，风电场分组结果即确定了线路选择的结果，每个风电场组包含一个或多个风电场，共同使用一个汇集变电站。

风电场分组是协调风电场集群两级协调优化的关键，风电场分组确定后即可将协调接入优化问题分解为如下三个子问题：

（1）主干电网接入点选择。

（2）风电场送出线路传输容量优化。

（3）风电场组内部升压变电站选址优化。

由于主干电网的变电站通常距离较远，对于一个风电场组，只需对距离其最近或次近的接入点进行分别计算即可得到结果。而子问题（2）、（3）存在一定的耦合，主要是传输容量的成本曲线与传输距离有关，而变电站选址又与各线路的成本系数有关，将子问题（2）、（3）迭代求解，可以得到风电场组的传输容量及变电站位置优化结果。

定义风电场组从属函数，表示某个风电场 i 从属于该风电场组 j，即

$$g(i,j)=1(i=1,\cdots,n; \ j=1,\cdots,m) \tag{3-33}$$

对于式（3-33）描述的接入系统优化模型，构建双层规划模型进行求解。

上层问题求解风电场分组问题为

$$\max \sum_i B_{\text{total}}^i - \sum_i C_L(P_i,d_i) \tag{3-34}$$

$$\text{s.t.} \begin{cases} \sum_i g(i,j)=1 \\ g(i,j)=0,1 \end{cases} \tag{3-35}$$

下层问题求解分组内部线路选型及变电站选址为

$$\max B(P_1) + B\left(P_1^{\text{T}}\right) - C\left(P_1^{\text{q}},d_{\text{q}}\right) - C\left(P_1^{\text{T}},d_{\text{T}}\right)\Big|_{g(i,j)=1} \tag{3-36}$$

$$\text{s.t.}\begin{cases} B(P_1) = p_o^i \int_t P_o^i(t)\mathrm{d}t - p_b^i \int_t P_b^i(t)\mathrm{d}t \\[2mm] P_w^i = P_o^i + P_b^i \\[2mm] P_1 \geqslant P_o^i \\[2mm] P_b^i = 0\big|_{i \in \Lambda_{\text{load}}} \\[2mm] B\left(P_1^{\mathrm{T}}\right) = p_o^j \int_t P_o^{\mathrm{T}_j}(t)\mathrm{d}t - p_b^j \int_t P_b^{\mathrm{T}_j}(t)\mathrm{d}t \\[2mm] P_w^{\mathrm{T}_j} = \sum_{g(i,j)=1} P_o^i = P_o^{\mathrm{T}_j} + P_b^{\mathrm{T}_j} \\[2mm] P_1^{\mathrm{T}} \geqslant \sum_{g(i)=j} P_o^i \end{cases} \qquad (3-37)$$

式中：$B(P_1)$ 为风电场至风电场组的输电线路的收益；$B(P_1^{\mathrm{T}})$ 为风电场组内的变电站至风电场集群变电站的输电线路收益，其中 T 表示线路；q 表示风电场群。

由于子问题中风速、风功率为随机变量，无解析表达式，通过直接求解的数学算法难以得到，可以利用遗传算法进行求解。

遗传算法中，利用风电场从属函数进行整数编码。随机生成数个分组方案，并加入各个风电场各为一组、全部风电场都为一组的两种极端情况作为算法的祖先。经过变异、杂交操作，产生新的个体，对分组方案的适应性进行排序优选。上层规划模型将分组结果传递给下层，下层将分组方案的总收益反映到上层，对上层规划决策予以反馈，最后得到的解，即风电场集群接入系统的整体协调规划方案。

3.2.4　可靠性均衡优化

3.2.4.1　网源协调规划机理分析

风电具有能量密度低、稳定性差、可控性差的特点，即风电场年平均出力仅为风电场装机容量的四分之一甚至更低；风电场的出力具有可控性差及有波动性的特点，在运行中可替代理想电源的容量（可信容量）则比平均出力容量更低。风电场装机容量远大于平均出力容量及可信容量。而常规电源由于出力可控，其装机容量、可信容量、平均出力容量相差不大。

传统的电力系统规划中，电源规划忽略网络约束，根据负荷需求及电源裕度要求确定电源装机，电网规划根据电源规划的结果，利用 $N-1$ 校验等方法确定的电网裕度得到规划方案。风电接入后，已有的规划方法则在传统电力系统串序开展的规划方法上分别进行修正，即将风电"折扣"等效后纳入电力电量平衡，考虑可靠性指标，可以使风电部分替代常规电源，利用可信容量分析，得到相应的电源规划结果；在电网规划中，在考虑 $N-1$ 校验的裕度之外，考虑风电的出力波动性、不确定性，引入概率、风险的概念对电网规划进行修正及改进。

在不含风电的传统规划中，由于电源可控、可用率高，通过经验确定的电源、电网裕度大小相互匹配，独立求解得到的规划方案即为电力系统优化问题的次优甚至最优解。但风电接入后，由于电源可控性、年利用小时数的差异，以及风电通常远离负荷中心的特点，传统电源电网规划的匹配方式使电网规划方案冗余度高，虽然能够有效满足电源送出的需求，但出现了大量线路轻载、电网利用率低的问题，使投资未能有效利用。

要改善这种传统经验确定网源裕度配合造成的电源、电网规划不协调现象，可以从电源、电网两方面入手：

（1）通过加入调节性电源，改善风电出力的低密度特性，使风电与调节性电源的联合运行特性更加贴近高密度特性的常规电源，提高电源可靠性。

（2）在电网端允许风电适当弃风，适当降低电网可靠性，从而减小风电场送出至负荷相关线路的冗余度，节省投资。

电力系统规划的最终目标是根据资源约束，在最经济的条件下满足系统负荷供电的要求，而可靠性指标是一个评价规划方案优劣的有效判据。无论是常规电源还是风电，其规划都可纳入可靠性和经济性平衡的优化问题，该优化问题可以写为

$$\min(C_{\text{generator}} + C_{\text{network}}) \qquad (3-38)$$

$$\text{s.t.} \begin{cases} R_{\text{load}} \leqslant R_{\text{load,max}} \\ R_{\text{load}} = R_{\text{generator}} \times R_{\text{network}} \end{cases} \qquad (3-39)$$

式中：R_{load}、$R_{\text{generator}}$、R_{network} 分别为负荷、电源、电网的可靠性指标；$C_{\text{generator}}$、C_{network} 分别为电源、电网的总成本。

为保证系统规划方案的合理性及优化改善措施的配合，在电力系统规划过程中，将可靠性作为源网协调规划的协调变量，均衡优化电源、电网的可靠性。在求解电网规划过程中，为了综合考虑电源规划的调整与协调改善，提出虚拟机组模型，作为电源可靠性基准模型纳入电网规划问题求解，并最终得到虚拟机组的可靠性优化值。然后反馈到电源规划方案中，通过虚拟机组与真实机组（考虑风电、火电等不同类型的不同机组特性）对比修正确定电源、电网规划方案的边界条件以及改善措施的施行水平。通过这样的一个虚拟机组模型，实现了电源、电网规划的可靠性平衡和经济性最优。

3.2.4.2　传统电网规划问题模型

对于传统的确定性电网规划，根据直流潮流模型，优化问题可以写为

$$\min \sum_{(i,j)} c_{ij} n_{ij} \tag{3-40}$$

$$\text{s.t.} \begin{cases} \boldsymbol{S}^{\mathrm{T}} \boldsymbol{f} + \boldsymbol{g} = \boldsymbol{d} \\ f_{ij} - \gamma_{ij} \left(n_{ij}^0 + n_{ij} \right) \left(\theta_i - \theta_j \right) = 0 \\ \left| f_{ij} \right| \leqslant \left(n_{ij}^0 + n_{ij} \right) f_{ij,\max} \\ g_{i,\min} \leqslant g_i \leqslant g_{i,\max} \\ 0 \leqslant n_{ij} \leqslant n_{ij,\max} \\ n_{ij} \text{ 为整数, } (i,j) \in \Omega \\ \left(\boldsymbol{S}^{mn} \right)^{\mathrm{T}} \boldsymbol{f}^{mn} + \boldsymbol{g}^{mn} = \boldsymbol{d} \\ f_{ij}^{mn} - \gamma_{ij} \left(n_{ij}^0 + n_{ij} - 1 \right) \left(\theta_i^{mn} - \theta_j^{mn} \right) = 0, ij = mn \\ \left| f_{ij}^{mn} \right| \leqslant \left(n_{ij}^0 + n_{ij} - 1 \right) f_{ij,\max}, ij = mn \\ f_{ij}^{mn} - \gamma_{ij} \left(n_{ij}^0 + n_{ij} \right) \left(\theta_i^{mn} - \theta_j^{mn} \right) = 0, ij \neq mn \\ \left| f_{ij}^{mn} \right| \leqslant \left(n_{ij}^0 + n_{ij} \right) f_{ij,\max}, ij \neq mn \\ g_{i,\min} \leqslant g^{mn} \leqslant g_{i,\max} \\ (m,n) \in \Omega \end{cases} \tag{3-41}$$

式中：c_{ij} 为节点 i 与节点 j 之间线路的成本；n_{ij} 为节点 i 与节点 j 之间线路的条数；Ω 为系统线路首尾节点编号集合；$\boldsymbol{S}$ 为节点线路关联矩阵；$\boldsymbol{f}$ 为线路潮流向量；$\boldsymbol{d}$ 为负荷；n_{ij}^0 为节点 i 与节点 j 之间已有线路的条数；f_{ij} 为节点 i 与节点 j 之间线路的潮流；$f_{ij,\max}$ 为节点 i 与节点 j 之间线路的容量限制；g_i、$g_{i,\max}$、$g_{i,\min}$ 分别为发电机 i 的有功出力、最大出力、最小出力；θ_i 为节点 i 的电压相角。

3.2.4.3　不确定性电网规划模型

风电场的出力受到一次能源风速的限制，具有波动性且可控制性差的特征，系统元件的运行状态也具有不可预知性及不可控的特性。在电网规划中，具有各种无法确定描述的不可控变量，引入风电出力及可靠性指标作为系统规划的约束，则优化问题的约束条件增加为

$$R_{\mathrm{LOLP}} \leqslant R_{\mathrm{LOLP}}^{\max} \tag{3-42}$$

$$g_{\mathrm{w}i} = f_{\mathrm{w}}(\xi_i) \tag{3-43}$$

式中：R_{LOLP} 为失负荷概率；$g_{\mathrm{w}i}$ 为风电场的出力曲线；ξ_i 为风电场的风速随机序列；f_{w} 为风电场出力函数。

3.2.4.4 可靠性均衡模型

为了研究电源、电网对可靠性的影响，将电力网络按接入点类型简化为三类端口，即常规电源端口、风电场端口以及负荷端口，并将端口合并，则电力系统的规划方案可以简化，简化后的电力系统规划方案示意图如图3-8所示。

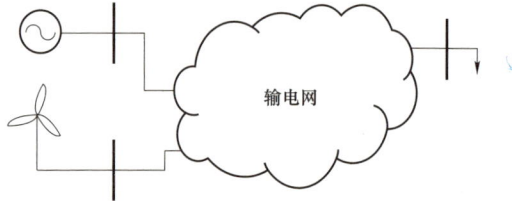

图3-8 简化后的电力系统规划方案示意图

对于某个时刻负荷点的最大可用容量，可以用电源可用率、风电场可用率及输电网的等效可用率表示，从而确定负荷的需求能否得到满足。

一般采用失负荷概率来衡量负荷需求能否得到满足，即

$$R_{\text{load}}^{\text{LOLP}} = Pr\{L_{\max} < L\} \tag{3-44}$$

$$L_{\max} = \boldsymbol{P}_{\text{g0}}\boldsymbol{R}_{\text{g}}\boldsymbol{R}_{\text{ng}} + \boldsymbol{P}_{\text{w0}}\boldsymbol{R}_{\text{w}}\boldsymbol{R}_{\text{nw}} \tag{3-45}$$

式中：L 为各个节点负荷需求功率；$L_{\max}$ 为系统可以提供的最大供电能力；$\boldsymbol{P}_{\text{g0}}$、$\boldsymbol{P}_{\text{w0}}$ 分别为常规电源、风电场的装机容量；$\boldsymbol{R}_{\text{g}}$、$\boldsymbol{R}_{\text{w}}$ 分别为常规电源、风电场电源可用率的对角阵；$\boldsymbol{R}_{\text{ng}}$、$\boldsymbol{R}_{\text{nw}}$ 分别为输电网对于常规电源、风电的可用率，受电网规划的影响。

在实际中，输电网对于常规电源的可用率与风电场的可用率具有一定的相关性，但不完全相同。

根据我国风电开发的特点，风电场通常远离负荷中心，风电场与其周边的常规电源和输电网共同构成送端系统进行外送，风电场接入线路及送端系统外送线路都距离较长，电网建设投资巨大，可靠性提升较为困难。电力系统规划中可靠性匹配的内涵是通过调节电源可用率及电网对电源的可用率参数，在总可靠性不变乃至提升的情况下，减少系统整体的投资。

3.2.4.5 基于虚拟机组的电网规划模型

电网规划，通过新建线路、变压器及改动已有线路，提升各个电源的等效可用率，最终可以满足负荷的供电需求。当采用所描述的电源、电网规划协调改善措施后，为了求解可靠性均衡优化的规划方案，电网规划可以在电网中添加一台或多台虚拟发电机组，并允许适当弃风。对电网的规划方案进行优化，含虚拟机

组的电网示意图如图 3-9 所示。图 3-9 中虚线绘制的机组为虚拟机组，加入具有大量风电的电网送端及含有大量负荷的电网受端。

虚拟机组即为一种调节性机组，与风电场等电源共同为电网供电，改善风电出力的低密度特性，使虚拟机组与原机组的综合可靠性达到电源可靠性均衡的基准要求，综合特性更加接近高密度特性的常规电源。在得到虚拟机组的结果后，可以反馈到电源规划中确定系统电源是否满足当前电力系统规划可靠性均衡的要求，对电源规划进行修正。

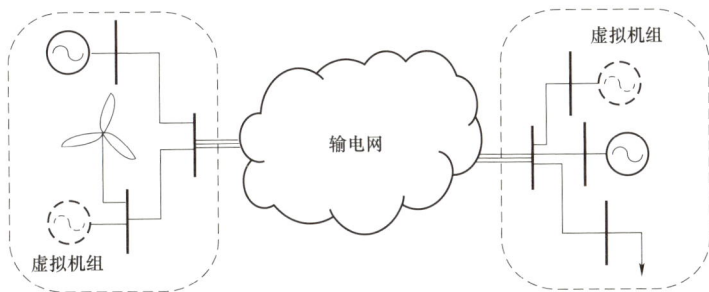

图 3-9　含虚拟机组的电网示意图

解得电源可靠性与电网可靠性之间的优化均衡关系后，再通过求解电源规划及电网规划独立的子问题，即得到优化问题的解。

在优化计算时，由于 $N-1$ 条件下的计算已在可靠性计算中通过蒙特卡罗法完成，忽略 $N-1$ 条件下的相关约束方程。将可靠性约束条件转化为罚函数，加入优化目标函数中，利用线路建设成本、虚拟机组等效成本及系统运行可靠性成本最小为优化目标，得到最终的优化问题为

$$\min\left(\sum_{(i,j)} c_{ij} n_{ij} + C_g P_g' + f_r(R_{\mathrm{LOLP}})\right) \qquad (3-46)$$

$$\text{s.t.} \begin{cases} S(t)^{\mathrm{T}} f(t) + g(t) + r(t) = d(t) \\ f_{ij}(t) - \gamma_{ij}\left[n_{ij}^0 + n_{ij} - n_{ij}^{\mathrm{error}}(t)\right][\theta_i(t) - \theta_j(t)] = 0 \\ \left|f_{ij}(t)\right| \leqslant \left[n_{ij}^0 + n_{ij} - n_{ij}^{\mathrm{error}}(t)\right] f_{ij,\max} \\ g_{i,\min} n_i^{\mathrm{error}}(t) \leqslant g_i(t) \leqslant g_{i,\max} n_i^{\mathrm{error}}(t) \\ 0 \leqslant n_{ij} \leqslant n_{ij,\max} \\ 0 \leqslant r(t) \leqslant d(t) \\ n_{ij} \text{ 为整数，} (i,j) \in \Omega \\ r(t) = 0 \Big|_{\sum n^{\mathrm{error}} = 1} \\ R_{\mathrm{LOLP}} \leqslant R_{\mathrm{LOLP}}^{\max} \\ g_{\mathrm{wi},\max}(t) = f_{\mathrm{w}}(\xi_i, t) \end{cases} \qquad (3-47)$$

对于目标函数中的成本项 C_g，考虑到系统负荷、风电出力期望变化不大的情况下，常规电源的总出力变化也不大，新建机组运行主要配合风电场运行，起到调节作用，则有

$$C_g = C_c^g \qquad (3-48)$$

式中：C_c^g 为新的调节电源虚拟机组的建设成本。

对于目标函数中的惩罚项 $f_r(x)$，利用二次函数进行计算，令系统可靠性指标中可以接受的值及最大值分别为 x_0 及 x_{max}，则惩罚函数为

$$f_r(x) = \begin{cases} 0 & x \leqslant x_0 \\ \dfrac{(x-x_0)^2}{(x_{max}-x_0)^2} \sum_{(i,j)} c_{ij} n_{ij}^{max} & x > x_0 \end{cases} \qquad (3-49)$$

在实际分析时，考虑到多个风电场出力的波动性、相关性较为复杂，对风电场群出力采用历史出力变换的方法得到。对风电场群各季节各日的出力曲线进行随机抽取，得到该季节所有时间的出力曲线。这样既保证了风电场群出力的季节特性，又保留了风电场群每日与负荷的相关性以及调峰特性。在得到风电场群的出力曲线后，即可利用元件故障率等参数，采用蒙特卡罗法对可靠性进行计算，并利用遗传算法对优化问题进行求解。

3.2.5 规划协调运行评估

3.2.5.1 源网协调规划后评估机理分析

电力系统规划中，一个方案的生成需要根据自然资源、电力负荷分布、历史已有电源、网架进行优化，最终得到的电力系统建设的方案。合格的规划方案应该满足以下四个方面的要求：

（1）满足电网中负荷的供电需求，在容量上提供一定的裕度以使负荷可靠性达到其需求的水平，在灵活性上能够跟踪负荷的波动及变化。

（2）满足电源的送出需求，能够对各个地点的电源都进行具有一定裕度的有效送出。

（3）在合理的范围内对风电等电源进行送出，由于风电的可控制性差，可以适当弃风，以优化经济性指标。

（4）在环保、碳减排的需求下，更多地接入风电电源。

此时的规划方案虽然满足了负荷供电、碳减排等需求，实现了电网、电源规划的经济性优化，但方案仅从全电力系统的角度对规划方案进行了分析。在大量风电电源加入后，系统整体运行成本、建设成本的变化如下：

（1）集中建设的风电基地通常处于较为偏远的地区，与负荷中心距离远，使规划中风电基地的送出线路较常规电源更长。

（2）风电场集群占地面积广，单场容量低，需要更多的传输线路将各地的风电场汇集送出。

（3）风电场可控性差，无法提供电网的灵活性，需要常规电源帮助进行调峰、调频等调节。风电场出力的波动性难以预测，需要常规电源留取额外的备用，以平衡风电的波动。

（4）风电的低能量密度导致了在系统供给同样负荷的条件下，风电需要比常规电源装机容量更大。

（5）风电场单位容量建设成本较常规电源更高。

当电网与电源都属于同一个企业时，传统规划方法可以得到有效的实行，但当"厂、网分开"，尤其是大量风电企业加入电力系统的运行中时，各个投资经营主体即源、网、风之间的建设规划、运行规划协调性，则需要在规划方案的基础上，进行经济补偿的后评估。

在运行中，由于电网的运行成本相对较低，所以主要对风电与常规电源的运行规划进行分析。风电由于其低碳排放的特性，获得了各国政府的支持，在电价中享有一定的补贴，获得了比常规电源更高的电价收益。而火电等常规电源，在运行中受到风电波动的影响，可利用小时数变低，开停机频繁，并且无法长时间运行在其优化的运行点上，导致整体利润变低。现阶段常规电源的高备用、低出力等现象无具体的补偿措施，这对常规电源明显不利。

在建设过程中，由于风电的可控性差及能量密度低的特性，电网企业的电网建设成本增加，使得很多线路长时间轻载、空载。由于风电场的地理位置，又使电网企业额外增加了输电网络线路的长度，同样使成本有较大的提升。现阶段，电网仅由于风电场的地理位置因素，获得一定的电网建设补偿费用。

为了得到更加合理的补偿方法，需要对各主体在运行建设规划中的相互影响进行量化，然后利用灵敏度分析的方法，对各主体在规划方案中的成本与效益进行分析。从而对规划中各个主体之间是否达到了协调均衡，规划方案整体是否满足了各个主体的协调要求给出结果。

3.2.5.2　协调规划运行补偿分析

为了对风电的实际效益进行准确的评估，提出针对风电场的等效成本（equivalent cost of energy，ECOE），定义为风电场单位装机建设、运行中，全社会的总成本，则有

$$C_{\text{ECOE}} = C_{\text{construct}} + C_{\text{maintenance}} + C_{\text{operation}} + C_{\text{effect}} \tag{3-50}$$

式中：$C_{\text{construct}}$ 为建设成本；$C_{\text{maintenance}}$ 为维护成本；$C_{\text{operation}}$ 为运行成本；C_{effect} 为风电的等效附加成本，以单位电量成本变化为单位，包括对于系统运行的不利影响以及环境效益等。

考虑到风电的运行成本较低，忽略式（3-50）中的运行成本，并将运行中的维护成本、等效附加成本用现值表示，得到风电场等效成本计算模型为

$$C_{\text{ECOE}} = C_{\text{construct}} + (C_{\text{maintenance}} + C_{\text{effect}}) \sum_{i=0}^{N-1} \frac{1}{(1+t)^i} \tag{3-51}$$

式中：N 为运行年限，通常取为 20 年；t 为利息成本，取为 10% 每年。

C_{effect} 为模型计算的难点，下面通过对风电–火电运行协调补偿评估、风电送出线路补偿评估对其进行计算及评估。

3.2.5.3 风电–火电运行协调补偿评估

风电与火电在协调运行的过程中，由于风电可控制性差，火电必须成为电网调峰、备用的调节机组，使火电运行在更不利的运行状态。大量风电场接入后，其运行将造成火电运行频繁开关机、长时间处于非最优运行点运行，并且由于风电预测准确率的问题，风电运行时，需要更多的备用容量来保证电网的有功平衡。由此带来的火电成本提升现阶段无法通过价格等手段进行补偿。

考虑到当有机组故障退出运行时，系统处于非正常运行状态，此时系统的首要任务是保证系统的安全运行并度过非正常运行状态，在此状态下的系统经济性已无法保证，所以在分析中，主要对系统正常运行进行模拟。

系统在运行中，为了保证系统的正常运行，定义调节性机组，使其可以快速启停保证系统的有功平衡，则在运行中有

$$\sum_{i=1}^{n} P_{\text{G}i,t} + P_{\text{r},t} + P_{\text{w},t} = P_{\text{l},t} \tag{3-52}$$

$$\begin{cases} \dfrac{P_{\text{G}i,t}}{u'_{i,t}} - \dfrac{P_{\text{G}i,t}}{u'_{i,t-1}} \leqslant r_{ui}\Delta T, \dfrac{P_{\text{G}i,t}}{u'_{i,t}} \geqslant \dfrac{P_{\text{G}i,t-1}}{u'_{i,t-1}} \\[3mm] \dfrac{P_{\text{G}i,t-1}}{u'_{i,t-1}} - \dfrac{P_{\text{G}i,t}}{u'_{i,t}} \leqslant r_{di}\Delta T, \dfrac{P_{\text{G}i,t}}{u'_{i,t}} \leqslant \dfrac{P_{\text{G}i,t-1}}{u'_{i,t-1}} \end{cases} \tag{3-53}$$

$$u'_{it} P_{\text{G}i,\min} \leqslant P_{\text{G}i,t} \leqslant u'_{it} P_{\text{G}i,\max} \tag{3-54}$$

式中：$P_{\text{r},t}$ 为调节性机组的出力。

将负荷预测曲线、风电预测曲线与预测误差叠加，得到实际运行模拟的负荷、

风电运行曲线，即

$$\begin{cases} P_{\mathrm{w},t} = P_{\mathrm{w},t}^{\mathrm{forcast}} + P_{\mathrm{w},t}^{\mathrm{error}} \\ P_{\mathrm{l},t} = P_{\mathrm{l},t}^{\mathrm{forcast}} + P_{\mathrm{l},t}^{\mathrm{error}} \end{cases} \quad (3-55)$$

考虑到实际运行中，运行人员的信息只有 $(0,t]$ 时刻的信息，无法准确预知 $t+1$ 时刻的预测误差，采用贪心算法对实际模拟进行求解。

优化问题为最小化调节性机组出力，即

$$\min P_{\mathrm{r},t} \quad (3-56)$$

求解时，在 $t-1$ 时刻系统运行状态已知的情况下，根据求得的启停机计划及模拟负荷、风电运行曲线，确定 t 时刻的系统运行状态。当系统机组可以满足 t 时刻的负荷需求时，按照耗量对机组进行分配。

同时，当系统内无风电接入时，同样可以对系统进行运行模拟。得到两次一年运行模拟的结果后，即可对风电运行的其他影响 C_{effect}^{1} 进行评估，即

$$C_{\mathrm{effect}}^{1} = \left(\frac{C_{\mathrm{wind}}^{\mathrm{all}}}{E_{\mathrm{wind}}^{\mathrm{G}}} - \frac{C_{\mathrm{nowind}}^{\mathrm{all}}}{E_{\mathrm{nowind}}^{\mathrm{G}}} \right) \frac{E_{\mathrm{wind}}^{\mathrm{G}}}{E_{\mathrm{wind}}^{\mathrm{w}}} \quad (3-57)$$

式中：$C_{\mathrm{wind}}^{\mathrm{all}}$、$C_{\mathrm{nowind}}^{\mathrm{all}}$ 分别为系统有、无风电接入情况下的总运行成本；$E_{\mathrm{wind}}^{\mathrm{G}}$、$E_{\mathrm{nowind}}^{\mathrm{G}}$ 分别为系统有、无风电接入情况下常规电源的总发电量；$E_{\mathrm{wind}}^{\mathrm{w}}$ 为风电场的发电量。

3.2.5.4　风电送出线路规划补偿评估

由于风电的能量密度低、地理分布偏远等特性，风电场的接入线路造价比常规电源高。为了对风电场集群接入线路造价造成的风电场等效成本进行准确的分析，将风电场集群接入与等效常规电源接入相比，对风电场集群接入线路额外的成本 $C_{\mathrm{wind}}^{\mathrm{line}}$ 进行分析可得

$$C_{\mathrm{wind}}^{\mathrm{line}} = C(d_{\mathrm{w,T}}, d_{\mathrm{w,w}}, P_{\mathrm{wind}}) \quad (3-58)$$

式中：$d_{\mathrm{w,T}}$ 为风电场集群与系统变电站的平均距离，表示风电场地理位置总体的偏远程度；$d_{\mathrm{w,w}}$ 为风电场集群内风电场之间的平均距离，表示风电场集群的地理分散程度；P_{wind} 为风电场集群出力，表示风电场整体风资源的状况。

分别以变电站附近接入的常规电源、远距离接入的常规电源、远距离分散接入的不同特性的常规电源作为对比系统，对接入系统进行规划后，得到不同影响因素对于风电场送出的线路额外成本 C_{effect}^{2} 的影响，即

$$C_{\mathrm{effect}}^{2} = C_{\mathrm{wind}}^{\mathrm{line}} - C_{\mathrm{compare},i}^{\mathrm{line}} \quad (3-59)$$

式中：$C_{compare,i}^{line}$ 为对比系统的成本。

在得到各影响因素对额外成本的影响后，考虑到各因素的层级影响关系，送出线路额外成本模型可化为乘法形式，有

$$C_{wind}^{line} = \prod_i (1 + k_i x_i) \, C_n^{line}, x_i = d_{w,T}, d_{w,w}, P_{wind} \tag{3-60}$$

式中：k_i 为因素影响系数；x_i 为各因素实际取值；C_n^{line} 为常规电源接入线路成本。

3.2.5.5 基于等效负荷成本的规划协调性评估模型

考虑到风电场出力的波动性与低可控性，风电场接入运行的过程中，无法与常规电源一样有效地跟踪负荷。在规划的过程中，风电场增长的容量与常规电源、电网的增加容量，对电力系统负荷供电能力的影响不同。为了准确定义各个主体对于负荷增长的贡献，以单位负荷增长所需的投资作为评价标准，提出在规划阶段的等效负荷成本（equivalent cost of load，ECOL）。

等效负荷成本为系统增加单位负荷所需的电网、电源成本，是在保证负荷供电效果不变的情况下，系统为负荷变动所增加的成本，即为规划方案成本对于负荷变动的灵敏度。

1. 等效负荷成本模型及评估方法

取可靠性指标作为负荷供电效果的评价指标，则在负荷增长后，保持系统可靠性不变，有

$$f(P_G, P_n, P_w, L) = f(P_G + \Delta P_G, P_n + \Delta P_n, P_w + \Delta P_w, L + \Delta L) \tag{3-61}$$

式中：L 为负荷向量；P_n 为电网线路容量向量；f 为可靠性评价函数；G、n、w 分别表示发电机、线路和风电场。

计算中负荷变化向量的方向有两种，分别为

$$\Delta L_m = \gamma L_m, m = 1, 2, \cdots, n \tag{3-62}$$

$$\begin{cases} \Delta L_m = \gamma L_m, m = h \\ \Delta L_m = 0 \quad\quad, m \neq h \end{cases} \tag{3-63}$$

根据考虑的负荷点不同，当负荷增长方式为全网共同变化时，等效负荷成本为全网负荷等效负荷成本；当只有一个点的负荷进行变化时，等效负荷成本为重点单点负荷的等效负荷成本。则各个电力系统部门的等效负荷成本为

$$C_{ECOL,i} = \frac{1}{\sum \Delta L} C[min(\Delta P_i)]\big|_{\Delta P_j=0, j \neq i}, i = G, n, w \tag{3-64}$$

考虑到电网规划的优化问题约束条件中具有较多的整数约束，在求解时较为困难，可以将实际中的建设投资成本进行分解，定义电力系统扩建项目插值成本函数为

$$C'\left(\frac{\Delta P}{k}\right)=\frac{C(\Delta P)}{k} \tag{3-65}$$

则规划中的线路条数、装机台数等整数约束可以利用插值成本函数变为非整数的约束，可以使等效负荷的求解更加方便。

由于可靠性函数是一个无解析表达式的函数，传统等可靠性计算的求解通常利用牛顿拉夫逊法等，通过不断缩小取值范围的方法，得到等可靠性指标变动的解。在含有风电电源的电网发输电可靠性计算中，为了考虑风电的出力随机性以及风电与负荷的相关性，模拟法求解的计算时间将过长。

等效负荷成本计算公式为

$$C_{\text{ECOL},i}=\frac{C'(\Delta P_i')}{\sum \Delta L}\left(\frac{f(P_{\text{G}},P_{\text{n}},P_{\text{w}},L)-f(P_{\text{G}},P_{\text{n}},P_{\text{w}},L+\Delta L)}{f(P_{\text{G}}+\Delta P_{\text{G}}',P_{\text{n}}+\Delta P_{\text{n}}',P_{\text{w}}+\Delta P_{\text{w}}',L+\Delta L)-f(P_{\text{G}},P_{\text{n}},P_{\text{w}},L+\Delta L)}\right)\Bigg|_{\Delta P_j=0,j\neq i},$$
$$i=\text{G,n,w} \tag{3-66}$$

式中：$\Delta P_i'$ 为插值成本函数中系统的规划方案的容量变化量。

2. 规划协调性评估模型

电网规划协调性评估即为对等效负荷成本的计算及分析，等效负荷成本的大小对比可以反映电网规划是否均衡协调。首先根据风电场的等效成本，在规划中对电网、常规电源、风电场的成本进行修正，然后对等效负荷成本进行分析。

由等效负荷成本的定义可知，等效负荷成本具有边际效益递减的特性，即有

$$C_{\text{ECOL},i}\Big|_{(P_{\text{G}},P_{\text{n}},P_{\text{w}},L)}\geq C_{\text{ECOL},i}\Big|_{(P_{\text{G}}+\Delta P_{\text{G}},P_{\text{n}}+\Delta P_{\text{n}},P_{\text{w}}+\Delta P_{\text{w}},L+\Delta L),\Delta P_j=0,j\neq i},i=\text{G,n,w} \tag{3-67}$$

则对于系统规划的优化方案，应有等效成本为一常数，即有

$$C_{\text{ECOL},i}\Big|_{(P_{\text{G}},P_{\text{n}},P_{\text{w}},L)}=c,i=\text{G,w,n} \tag{3-68}$$

但考虑到实际规划中，电力系统规划方案的边界条件较多，机组大小、线路回数限制、资源限制等各种原因，使得式（3-68）所表示的最佳状态无法达成，则系统经济协调性可以利用不同的等效负荷成本比例来表示，即

$$r_{\text{coordination}}=\frac{\min(C_{\text{ECOL},i})}{\max(C_{\text{ECOL},i})},i=\text{G,w,n} \tag{3-69}$$

等效负荷成本与当前规划方案、规划备选方案等都具有相关性，所以其计算结果只能在规划方案微调范围内有效。得到系统经济协调性的指标后，可以指出当前规划方案协调性不足及规划方案的薄弱环节。

3.3　大型海上风电基地分层汇集与交直流送出规划方法

目前我国海上风电规划还基本沿用陆上风电规划原则与思路。中远海风电接入成本占总投资的 15%～30%，远高于陆上风电。海况资源、走廊资源、登陆条件和海缆布线都与陆地风电的制约条件显著不同，因此有必要对海上风电进行专门规划。

本书提出了海上风电基地中远海分时序、分梯次开发规划框架，形成了场内‒集群‒交直流送出分层整体规划方法，填补了大规模中远海风电集群送出规划的空白。

3.3.1　基于最速下降法的海上变电站选址优化分析

3.3.1.1　海上变电站选址优化模型

海上变电站选址问题是建设海上风电场时要解决的首要问题。要求在给定风电机组布置图及简单分组后，能够实现海上变电站自动选址的功能，并应提供多种考虑方案以供选择，如总费用最小、高压/中压海缆总长度最小、中压海缆总长度最小、高压海缆总长度最小、线路总损耗最小等。

海缆的总费用可按如下方法优化计算：

1. 风机间海缆及汇流主回路海缆电流计算

设 i 代表组别，j 代表从变电站向末端风机方向（即电流反方向）的第 j 台风机，则 I_{ij} 代表第 i 组第 j 台风机流出的那一段海缆的电流。设第 i 组共有 n_i 台风机，则电流计算公式为

$$I_{ij} = \frac{1.05P(n_i - j)}{\sqrt{3}U\cos\varphi} \qquad (3-70)$$

式中：P 为风机的单机容量；U 为额定电压；$\cos\varphi$ 为功率因数。

2. 根据电流选择海缆，并用电压降校验

根据海缆参数表中的载流量去选择满足要求的海缆，获得海缆的型号、电阻、电容、电抗、单位造价等信息。选好之后进行电压损失校验，满足电压损失百分比大于 5%则改用大一级截面的海缆，再进行电压校验，直到校验小于 5%为止。

3. 计算海缆损耗

第 i 组第 j 段海缆损耗为

$$\Delta W_{ij} = k\frac{3I_{ij}^{\,2}R_{ij}L_{ij}\tau}{1000} \times p \qquad (3-71)$$

式中：τ 为损耗小时数，根据等效满负荷利用小时数，经过查表取值；k 为海缆的附加损耗系数，三芯海缆暂取 1.4，单芯海缆暂取 2.0 左右；p 代表上网电价。

4. 海域面积使用费用

海域面积使用费用为

$$Q = 0.45 \times 20 \times \sum_i^m \sum_j^{n_i} L_{ij} \qquad (3-72)$$

式中：L_{ij} 为第 i 组第 j 段海缆的长度；海缆两侧各 10m 的范围属于使用海域；0.45 为单位海域面积使用费，元/m^2。

5. 优化计算

以总费用最低建立目标函数为

$$\min z = r \sum_{i=1}^m \sum_{j=1}^{n_i} (C_{ij} L_{ij} + \Delta W_{ij}) + Q \qquad (3-73)$$

式中：r 为海缆校正系数；C_{ij}、L_{ij}、ΔW_{ij} 分别为第 i 组、第 j 段海缆造价、长度、损耗费用；Q 为海域使用面积费用。

3.3.1.2　选址优化算法—最速下降法

本节利用最速下降法对海上变电站进行选址优化。最速下降法可以实现从当前点沿最快的下降方向寻找最优点。最速下降法的基本思想是：从当前点 x^k 出发，取函数 $f(x)$ 在点 x^k 处下降最快的方向作为搜索方向 p^k。由 $f(x)$ 的泰勒展开式可知

$$f(x^k) - f(x^k + tp^k) = -t\nabla f(x^k)^T p^k + o(\|tp^k\|) \qquad (3-74)$$

略去 t 的高阶无穷小项不计，可见取 $p^k = -\nabla f(x^k)$ 时，即沿着负梯度的方向函数值下降得最多。于是，可以构造出最速下降法的迭代步骤如下：

（1）选取初始点 x^0，设定收敛精度 ε，计数迭代次数 $k = 0$。

（2）计算 $\nabla f(x^k)$，若 $\|\nabla f(x^k)\| < \varepsilon$，停止迭代，输出 x^k，否则进行第三步。

（3）取搜索方向 $p^k = -\nabla f(x^k)$。

（4）进行一维搜索，求 t_k，使得

$$f(x^k + t_k p^k) = \min_{t \geq 0} f(x^k + tp^k)$$

（5）令 $x^{k+1} = x^k + t_k p^k$，$k = k+1$，转步骤（2）。

本项目采用黄金分割搜索法对于迭代步骤（4）中最优步长 t 的进行一维搜索。黄金分割搜索法步骤如下：

（1）设定收敛精度 ε，以及 t 的初始迭代区间 $[a_0, b_0]$，注意初始区间要足够大，必须包含 t 的最优解。

（2）令 $a_1 = a_0 + 0.382(b_0 - a_0)$，$b_1 = a_0 + 0.618(b_0 - a_0)$，形成新的迭代区间 $[a_1, b_1]$。

（3）将区间端点分别代入函数 $f(x)$，令 $f_1 = f(a_k), f_2 = f(b_k)$，若 $f_1 < f_2$，则令 $a_{k+1} = a_k$，$b_{k+1} = a_k + 0.618(b_k - a_k)$；若 $f_1 \geqslant f_2$ 则令 $a_{k+1} = a_k + 0.382(b_k - a_k)$，$b_{k+1} = b_k$ 形成新的迭代区间 $[a_{k+1}, b_{k+1}]$。

（4）计算 $|a_k - b_k| < \varepsilon$ 是否满足，满足则输出近似最优解 $t = \dfrac{a_k + b_k}{2}$，不满足则转到步骤（3）。

3.3.1.3　选址优化具体实施方法

针对现有工程设计方法的不足，本书提出了一种海上风电场汇集变电站优化选址方法，用于海上风电场汇集变电站优化选址的辅助设计。利用本书的方法，在给定风力发电机组布置图及简单分组后，能够实现海上风电场汇集变电站自动选址的功能。

首先，风力发电机组布置图以 CAD 图纸的形式给出，由人工给出合理的风力发电机组分组方式，每组风力发电机组数受海缆载流量的限制。分好组后，若由计算机自动识别每组风力发电机组的接入点，则会遍历所有的风力发电机组，计算量大、耗时长。本计算方法选择每个分组中离汇集点最近的风力发电机组作为该组风力发电机组的接入点，符合实际工程应用。设风力发电机分组数为 N，将所有分组编号为 1，2，…，N，用海缆将各组之间的风力发电机组连在一起。对每组风力发电机组中的连接海缆标号，规则如下：设分组 i 中有 M 台风力发电机，从该风力发电机组的接入点直接相连的海缆开始，该组的海缆依次标记为 i_0，i_1，…，$i\_(M-1)$。海上风电场汇集变电站的位置生成后，风力发电机组由接入点与海上风电场汇集变电站相连，连接海缆标记为 i_M。

其次，选择海上风电场汇集变电站要优化的目标函数。本计算方法可提供多种优化目标以供自动生成优化方案。优化目标包括高压及中压海缆的总投资成本最小、中压/高压海缆总长度最小、中压海缆总长度最小、高压海缆总长度最小、线路总损耗最小、海缆总投资及线路运行期总损耗之和最小等。根据所选优化目标，建立目标函数，用最速下降法求目标函数的最优解，并用海缆连接海上风电场汇集变电站与各组风力发电机组的接入点。

最后，若自动生成的集电系统布线出现交叉，可以通过手动调整将出现交叉的直线用折线代替。重新计算总投资成本，但海上风电场汇集变电站的选址不再改变。

本书针对不同海上风电场的风力发电机组布置、海况、海缆单价等初始条件的不同，提供了多种海上风电场汇集变电站的选址方案，适用于多方案的设计与优化比选。半自动的优化模式，在选址前存在一个人工确定风力发电机组分组的环节，可增加设计者对集电系统布线的可控性，提高海上风电场选址优化的工程适用性。该综合方法具有普遍适用性，且便于应用于实际，能为海上风电场汇集变电站的设计提供很高的参考价值。

3.3.2　基于遗传算法的海上风电集电线路拓扑优化

3.3.2.1　树形集电系统优化模型

树形拓扑连接方式包括传统的链形以及中间带有分支的链形结构，后者因其拓扑结构符合图论中对树的定义，所以这种接线方式也称为树形结构。树形结构因为具有结构简单、接线方式灵活、成本造价低等优点，在海上风电场集电系统设计中得到了广泛的应用。本书主要对树形结构的集电系统优化进行分析，这个问题可以转化为图论中的优化问题。海上变电站和风机可以全部看作节点。可用已有的方法，如 Delaunay 三角剖分法生成变电区域内可行路径。本书讨论的是在生成变电区域可行路径后，如何选择风机之间及风机和海上变电站之间的拓扑连接方式。

最小生成树应用于集电系统优化的传统做法可以分为两步。首先，根据已有图的邻接矩阵，直接利用 Prim 算法或 Kruskal 算法生成最小树；在生成最小生成树后，为了节约成本，先将所有的海缆截面积型设为一个相同的型号，得到其海缆参数值，然后利用直流潮流计算出每条海缆上的电流值，根据电流值相应调整每段海缆的选型，海缆选型的一个限制条件是每段海缆上的电压降低于 5%。

由于最小生成树在算法上首先考虑的是海缆的长度值最优，在生成树后才考虑海缆的截面积，因而生成的最小树可能不是总成本最优。这是因为在优化海缆投资成本时，海缆的长度和截面积是综合要考虑的两个因素。未能在树形成的初期考虑截面积对海缆总成本的影响，是最小生成树算法在拓扑优化时存在的一个问题。

海上风电场的投资成本一般可以分为海上变电站投资成本、风机组投资成本、海缆成本三方面。对规模一定、风机数量和变电站的数量和位置都已确定的风电场来说，海上变电站投资成本和风机组投资成本都已确定，不会随集电系统拓扑连接方式的不同而变化。而对于不同的集电系统拓扑连接方式，海缆的投资成本是随集电系统的连接方式不同而变化的，所以本书将海缆的投资成本作为集电系统经济性评估的主要标准。

海缆投资总成本计算公式为

$$C_{\text{cable}} = \sum_{i \in N_{\text{T}}} (C_{\text{inv}}(i) + C_{\text{loss}}(i) + C_{\text{sea}}(i)) \tag{3-75}$$

式中：N_{T} 为海缆的总段数，对每段海缆来说，C_{inv} 为海缆的成本费，由于不同段海缆上流过的电流不同，导致海缆的截面积选择将会不同，由此也导致海缆的成本费的不同，C_{inv} 为海缆的成本费用，应该是一个与海缆截面积相关的函数，即

$$C_{\text{inv}}(i) = C(c_i)L_i \tag{3-76}$$

式中：c_i 是每段海缆的截面积；$C(c_i)$ 为每段海缆的单价，是海缆的截面积的函数；L_i 是每段海缆的长度值。

海缆损失成本计算公式为

$$C_{\text{loss}}(i) = kC_{\text{per}} \frac{3I^2 RL\tau}{1000} \left(1 - \frac{1}{(1+r)^N}\right) / r \tag{3-77}$$

式中：k 为海缆的附加损耗，三芯海缆暂取 $k=1.4$；C_{per} 为上网电价；I 为海缆上流过的电流值；R 为电缆参数；L 为电缆长度；τ 为年等效损耗时间，查《电力系统设计手册》，可得 $\tau=1038h$；r 为利率；N 为运行期年数。根据具体的上网电价，将年度电能损耗折算成费用，然后根据运行期年数进行折现。

海域面积使用费用计算公式为

$$C_{\text{sea}}(i) = k_c L_i d \left(1 - \frac{1}{(1+r)^N}\right) / r \tag{3-78}$$

式中：k_c 为每平米的海域使用费；L_i 为海缆的长度；d 为每根海缆的带状征地宽度；r 为利率；N 为运行期年数。同样，按运行期年数进行折现。

3.3.2.2　优化算法——改进最小生成树算法

最小生成树算法应用于集电系统拓扑优化时，其基本思想是以海上变电站为根节点，其余风电机组为叶节点，以每条路径的长度为权重值，寻找一个边的长度总和最小的树。在集电系统拓扑优化时，其物理意义是期望找到一种使海缆长度最优的集电系统拓扑连接方式，认为这时成本也能达到最优。

1. DMST 算法

DMST 算法以 Prim 算法为基础，算法步骤描述如下：

（1）输入海上风电场初始信息，包括机组位置信息和海缆相关信息，设 V 为

机组和升压站抽象而成的点集，E 为生成树的边集。S 为已选择的点集，U 为未选择的点集，满足 $V = S + U$。初始条件下 $S = \Phi$，$U = V$，$E = \Phi$。

（2）将海上升压站选入 S，设升压站为 v_1，则 $S = \{v_1\}$，$U = V - \{v_1\}$，$E = \Phi$。

（3）重复以下过程：

1）在 S 中循环，$v_i \in S$ $(i = 1, 2, \cdots, n_S)$，选择 U 中距离 s_i 最近的点 v_j，并记两点之间的距离为 l_{ij}。

2）计算将 v_j 连接到 v_i 上生成树成本的变化量 $\Delta C_i = l_{ij} \times si(v_i, v_j) + \Delta C_e$，式中 $si(v_i, v_j)$ 是 v_j 和 v_i 之间海缆的单位距离成本（考虑海缆选型），ΔC_e 是海缆升级导致的成本变化。

3）选择 S 中成本变化最小的点 $v_{\min}$，$\Delta C_{v_{\min}} = \min \Delta C_i$，并记 U 中距离 $v_{\min}$ 最小的点为 v_k。

4）将 v_k 加入已选择的点集 S 中，$S = S + v_k$，$U = U - v_k$，并将 v_k 和 $v_{\min}$ 相连，将 $(v_{\min}, v_k)$ 加入到生成树边集 E 中，$E = E + (v_{\min}, v_k)$。

5）判断 S 是否等于 V。若是，则跳出循环；否则，重复 2）。

（4）输出生成树结构 (V, E)。DMST 算法示意图如图 3-10 所示，通过算法描述可以看出 DMST 具有如下特点：

1）DMST 算法在顶点邻域优先级更新和选取最高优先级顶点的迭代过程中实现。首先给所有未选择的点一个优先级，然后从未选择的点中选择一个优先级最高的点加入生成树，直到所有点都被选择加入生成树为止。

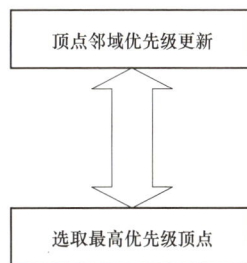

图 3-10　DMST 算法示意图

2）DMST 算法考虑了海缆选型的影响。算法步骤（3）的 2）步中，将某个点连入生成树所造成的成本变化量 $\Delta C_i = l_{ij} \times si(v_i, v_j) + \Delta C_e$ 作为该点的优先级，式中 ΔC_e 表示该点连入生成树后，可能会使原有生成树的某些海缆升级，从而导致成本变化，$\Delta C_e = \sum e_i \times [si'(e_i) - si(e_i)]$ $(e_i \ in \ E)$。优先级中的 ΔC_e 项是 DMST 算法和 Prim 算法的区别［Prim 算法中 $\Delta C_i = l_{ij} \times si(v_i, v_j)$］，$\Delta C_e$ 也体现了海缆选型的影响。

3）DMST 算法可以保证生成拓扑结构的可行性。可行性的保证算法采用惩罚边权的方式实现，假设载流量的限制使得一个海缆上最多只能挂载 6 个机组，那么如果有一条海缆上挂载 7 台及以上机组，则设置该海缆单位长度的成本为无穷大。因此，当一台机组 v_j 挂载到 v_i 上会导致生成树上某条海缆超过载流量时，$\Delta C_e = +\infty$，则 v_j 的优先级为 0，e_{ij} 一定不会被选择加入到生成树上，从而可以保证最终生成树拓扑结构的可行性。

4）DMST 算法是一个贪心算法，选择点加入生成树上时是一个贪心过程，而且海缆选型造成的动态边权问题破坏了贪心选择定律。因此 DMST 算法虽然可以得到考虑海缆选型和海缆载流量限制的可行拓扑结构，但是不能保证结果的最优性。因此需要在 DMST 算法的基础上进行相关改善。

2. PMST 算法

DMST 算法通过对 Prim 算法优先级的改进，考虑了海缆选型的问题，并且可以保证所得结果的可行性，但是所得结果的最优性难以得到保证，仿真计算发现，当海上风电场规模较小，机组数量在 10 个以内时，DMST 算法可以得到较优结果，随着规模的增大，DMST 算法所得结果与最优结果有较大差异。这是因为选择某一个点加入生成树时，不仅会对原始的生成树成本产生影响，而且会影响其他仍未选择的点。

考虑 DMST 算法的这一特点，对 DMST 算法进行改进，设计 PMST 算法如下：

（1）输入海上风电场初始信息，包括机组位置信息和海缆相关信息，设 V 为机组和升压站抽象而成的点集，E 为生成树的边集。S 为已选择的点集，U 为未选择的点集，满足 $V = S + U$。初始条件下 $S = \Phi$，$U = V$，$E = \Phi$。

（2）将海上升压站选入 S，设升压站为 v_1，则 $S = \{v_1\}$，$U = V - \{v_1\}$，$E = \Phi$。

（3）重复以下过程：

1）在 S 和 U 中循环，$v_i \in S$ $(i = 1, 2, \cdots, n_S)$，$v_j \in U$ $(j = 1, 2, \cdots, n_U)$。

2）计算将 v_j 连接到 v_i 上生成树成本的变化量 $\Delta C_i = l_{ij} \times si(v_i, v_j) + \Delta C_e$，式中 $si(v_i, v_j)$ 是 v_j 和 v_i 之间海缆的单位距离成本（考虑海缆选型），ΔC_e 是海缆升级导致的成本变化。

3）计算 v_j 连接到 v_i 上对其他未选择点（$U - v_j$）的影响，定义这一影响为 v_j 连接到 v_i 前后，未选择点（$U - v_j$）连接到生成树导致最小成本变化的差值，即 $\Delta C_{Uj} = \sum \Delta C_k' - \Delta C_k$ $(k\ in\ U - v_j)$。

4）计算 v_j 连接到 v_i 上的优先级 $P_{ij} = -(\Delta C_i + k \times \Delta C_{Uj})$，式中 k 表示未选择点的影响系数。

5）选择 U 中优先级最高的点 $v_{\max}$，$\Delta P_{v_{\max}} = max\ \Delta P_{ij}$，并记 $v_{\max}$ 连接到 v_p 时取最高优先级。

6）将 $v_{\max}$ 加入已选择的点集 S 中，$S = S + v_{\max}$，$U = U - v_{\max}$，并将 v_p 和 $v_{\max}$ 相连，将 $(v_{\max}, v_p)$ 加入到生成树边集 E 中，$E = E + (v_{\max}, v_p)$。

7）判断 S 是否等于 V。若是，则跳出循环；否则，重复 2）。

（4）输出生成树结构 (V, E)。PMST 算法流程图和 DMST 算法基本一致，如图 3-11 所示，只是对点优先级的定义不同。

3. 改进遗传算法

为了能够得到相比直接采用 DMST 算法和 PMST 算法所得到的结果更优的解，以这两种算法为基础重新设计了遗传算法。重新设计的遗传算法虽然相比较传统的遗传算法更适合求解拓扑优化的相关问题，但是在求解过程中仍然发现了一些问题：

（1）早熟问题。重新设计的遗传算法中的变异算子存在一个变异率参数 η，当 η 值较小时，变异不够充分，在遗传进化的过程中无法有效产生新的个体。因此在较小的几次进化过程之后结果便收敛于一个值，该结果与直接采用 DMST 算法进行求解结果相差不大，出现了早熟现象。

（2）不收敛的问题。如果调整变异率参数 η，增大变异算子的变异率，则会出现不收敛的现象，而且随着问题规模的增大，不收敛的问题越来越严重。

为了改善遗传算法的早熟现象和不收敛现象，改进遗传算法流程如下：

（1）输入初始生成树拓扑结构 $\{V,E\}$，V 为点集，E 为边集。

（2）重复以下过程：

1）从 V 中随机选择两点 v_i，v_j，并使得 $d(v_i,v_j)\leqslant\varepsilon$。

2）删除以 v_i，v_j 为根节点的子生成树。

3）采用 DMST 算法，重新生成树 $\{V^1,E^1\}$，采用 RDMST 算法随机生成 k 个生成树 $\{V_i^2,E_i^2\}$ $(i=1,\cdots,k)$。

4）将 3）中新生成的所有树进行两两交叉，得到新的 p 个生成树 $\{V_j^3,E_j^3\}(j=1,\cdots,p)$。

5）将 $\{V,E\}$、$\{V^1,E^1\}$、$\{V^2,E^2\}$、$\{V^3,E^3\}$ 添加到结果集 M 中。

6）取 M 中的最小成本树 $\{V^{\min},E^{\min}\}$，如果连续 n 步结果成本没有优化将 $\{V^{\min},E^{\min}\}$ 跳出循环，否则另 $\{V,E\}=\{V^{\min},E^{\min}\}$，重复（2）。

（3）输出最小成本树 $\{V^{\min},E^{\min}\}$。通过以上改进的算法流程可以看出，相比较传统遗传算法，改进的遗传算法把遗传过程从种群中更改为在子树之间进行，即将每一个子树看作一个个体，集电系统看作一个种群，在子树之间进行遗传进化的过程。

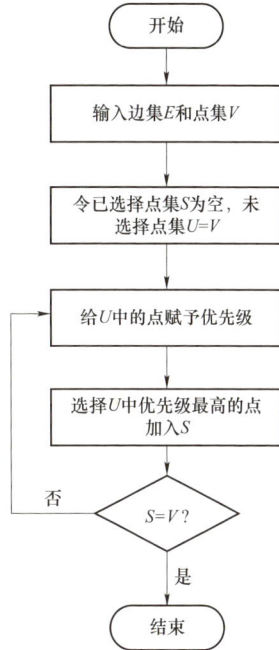

图 3-11　PMST 算法流程图

3.3.3 考虑高风速截尾风险的海上风电场输电系统设备选型优化

3.3.3.1 概述

关键设备选型是海上风电集群输电系统规划的重要组成部分，输电系统成本占到总成本的 16%以上，影响到整个输电系统的经济性。为了解决目前存在的海上风电场资产利用率较低的问题，可以从输电设备的选型入手。目前，在海上风电场输电系统的规划过程中，海上升压站的容量一般选为整个风电场所有机组额定出力的总和，而高压海缆的选型，是依据整个风电场的额定出力计算出对应需要的载流量，进而选择满足要求且成本最低的高压海缆。

但是，海上风电场的出力不仅与装机容量有关，也与风电场位置的风资源情况有关，风电场的出力往往无法达到其额定容量。而对于风电集群而言，多个风电场之间也会存在空间上的容量平滑效应。考虑到风资源特性和容量平滑效应，采用海上风电场的额定容量作为高压海缆选型和海上升压站变压器容量选择的依据是不合理的。这样虽然保证了在风电场全部满发的极端情况下输电系统的正常运行，但是却为了小概率事件，影响了整个输电系统的经济性。输电系统关键设备选型的过程应该考虑到海上风资源的特性及集群的容量平滑效应，从而减小输电高压海缆和变压器的容量要求。而变压器和海缆容量减小可能导致海上风速较大时的弃风风险，因而需要对选型的结果进行风险评估，进而形成兼顾风险和经济性的评价指标，最终实现选型的优化。

基于以上的分析，本节首先在海上风资源特性分析的基础上，给出输电设备选型的高风速截尾风险的定义和计算方法；然后设计了一个考虑高风速截尾风险的设备选型评价指标和优化模型，并给出了相应的求解方法；最后，进行算例仿真，验证了该优化方法对于单个风电场和风电集群的有效性。

3.3.3.2 输电系统设备选型综合评价指标

1. 高风速截尾风险

以风电场群的出力分位点作为选型依据时，存在很少的高风速情况下风电场群出力大于输电设备容量的情况，这会导致超过设备容量部分的电能无法送出，从而造成电量的损失，影响海上风电运行的经济性。但事实上，全场高风速出现的概率较小，类比于统计分析中的截尾，可以将这部分电量损失的风险定义为高风速截尾风险。计算出该风险值，即可评估上述优化选型方法节省的设备投资与增加的运行风险之间的定量大小关系。

为了计算高风速截尾风险，首先给出风电场群出力累计概率 η 分位点的计算方法：设风电出力的随机变量为 Y，其取值为 y，Δt 为风电场出力分布统计的时间间隔，累计概率 η 的分位点 y_R 为

$$y_R(\eta) = min[y : P(Y > y_R) < 1 - \eta] \tag{3-79}$$

进而，利用分位点作为积分下限可以计算得到高风速截尾风险 $R(\eta)$ 为

$$R(\eta) = \left[\int_{y \geqslant y_R} y f(y)\mathrm{d}y - y_R(1-\eta) \right] \Delta t \tag{3-80}$$

为了将高风速截尾风险和经济性指标结合起来，可以计算风险电量对应的成本，将风电场全生命周期的风险电量的成本折算为现值可以较好代表这部分风险的经济性指标。因此，高风速截尾风险成本的计算为

$$C_{R,\eta} = P_e \times R(\eta) \times \sum_{t=1}^{N} \left(\frac{1}{1+r} \right)^t \tag{3-81}$$

式中：N 为风电场生命周期；r 为贴现率；P_e 为海上风电电价；$C_{R,\eta}$ 为折算为现值的高风速截尾风险成本。该风险成本可以作为定量衡量选型的容量限制导致的运行风险的指标。

2. 含风险选型评价指标

基于高风速截尾风险的定义和其对应成本的计算方法，本部分给出综合考虑设备投资成本和高风速截尾风险的设备选型评价指标 C_T 为

$$C_T = C_{invest} + C_{R,\eta} \tag{3-82}$$

式中：C_{invest} 为设备的初始投资成本，计算方法为

$$C_{invest} = C_{line} + C_{tran} = \sum_{i=1}^{N_L} L_{line,i} \times U_{line,i,s} + \sum_{j=1}^{N_{TR}} (2U_{tran,j,f} + U_{build,j} \times S_{tran,j}) \tag{3-83}$$

式中：C_{line} 为海缆的总成本，包括海缆成本和安装成本；C_{tran} 为变电站成本，包括变压器成本和升压站平台成本；$L_{line,i}$ 为海缆 i 的长度；$U_{line,i,s}$ 为海缆 i 选型 s 的单位长度的价格；$U_{tran,j,f}$ 为变电站 j 选择型号 f 的变压器单价；$U_{build,j}$ 为升压站 j 的平台单位容量成本；$S_{tran,j}$ 为升压站 j 的容量；N_L 为海缆的数量；N_{TR} 为变压器的数量。

对于任何给定的海缆和变压器选型方案都可以计算对应的综合指标 C_T，C_T 较小的选型方案的经济性和风险综合评价更好，可以作为优选方案。

3.3.3.3　输电系统设备选型优化模型

参考目前工程实际应用中的要求，可以将高压输电海缆载流量约束、海缆电

压降约束和变压器容量约束转化为以出力分位点为依据的形式，为了保证选型的范围，还需要添加海缆和变压器的选型约束。优化的结果是得到使得综合指标 C_T 最小的变压器型号和海缆型号。优化模型表达为

$$\min \quad C_T(s,tr,\eta) \tag{3-84}$$

$$\text{s.t.} \begin{cases} \forall i \in N_L \quad I_{i,s} \geq \dfrac{y_{R,i}(\eta_i)}{\sqrt{3}U\cos\varphi}, \quad s \in S & \text{①} \\[3mm] \forall i \in N_L \quad \Delta U_i = \dfrac{\sqrt{3} \times I_{i,s} \times L_i}{U}(r_s\cos\varphi + x_s\sin\varphi) \times 100\% < 5\% & \text{②} \\[3mm] \forall j \in N_{TR} \quad S_{t,j} > [y_{R,j}(\eta_j)(1-K_P)/\cos\varphi_G]/2 \quad t \in T & \text{③} \end{cases} \tag{3-85}$$

式中：约束方程①为海缆载流量约束；$y_{R,i}(\eta)$ 为海缆 i 上承载的出力的累计概率 η 分位点的取值；S 为海缆型号的集合；s 为所选的海缆型号；$I_{i,s}$ 为海缆 i 采用型号 s 的海缆时载流量的上限；约束方程②为海缆电压降约束；ΔU_i 为海缆 i 上的电压降；r_s 和 x_s 分别为型号 s 的海缆单位长度的电阻和电抗。约束方程③为变压器容量约束；$S_{t,j}$ 为升压站 j 采用型号为 t 的变压器的容量上限；T 为变压器的型号集合。

3.3.3.2 中提出的优化模型的目标函数和约束条件都存在非线性的因素，因此该模型是非线性优化模型，无法直接采用现有的线性混合整数规划方法求解，需要转化为等价的线性混合整数规划问题或者利用智能算法进行求解。本部分将通过离散化和辅助变量将模型的目标函数和约束条件线性化，使其变为可以求解的形式。

1. 目标函数线性化

目标函数的非线性源于高风速截尾风险的积分项，而积分的非线性问题可以通过离散化得以解决。由于对于具体工程项目的风电场群而言，其出力累计分布曲线已知，因此可以将连续的概率分布转化为离散的概率取值，进而将原积分部分转化为代数求和，从而实现线性化。具体转化为

$$R(\eta) = \left(\sum_{y \geq y_R} yP(y) - y_R(1-\eta)\right)\Delta t \tag{3-86}$$

虽然式（3-86）的形式已经线性化，但是由于求和指标与分位点 y_R 有关，在求和时依然首先要进行 y 与 y_R 的大小判别，而这个逻辑判断的过程是非线性的，因此还需要将这个逻辑判断的过程线性化，目标函数才能真正实现线性化。为了解决这个问题，可以引入辅助变量 y_a，将目标函数中的积分部分表示为

$$R(\eta) = \left(\sum yP(y) - y_a\right)\Delta t \tag{3-87}$$

需要添加约束条件为

$$0 \leqslant y_a \leqslant y \qquad\qquad (3-88)$$

$$y_a \leqslant \overline{P_t} \qquad\qquad (3-89)$$

式（3-88）可以保证辅助变量 y_a 取值处于 0 和无限制下风电场出力 y 之间，则保证辅助变量 y_a 不大于输电设备选型方案下的最大的输电容量。由于优化目标在于最小化综合评价指标 C_T，而其他成本部分与辅助变量 y_a 的取值无关。所以在其他决策变量不变的条件下，辅助变量 y_a 的取值在满足约束的条件下越大时，综合评价指标 C_T 越小，从而可以满足最优性的要求。这样就实现了目标函数中积分部分的完全线性化。

2. 约束条件线性化

约束条件中的非线性主要来自高压输电海缆和变压器的型号集合的表达。而选型集合和相关的选型约束可以通过 0-1 变量表示。若海缆型号集合 S 和变压器型号集合 T 中分别有 N_S 和 N_T 个元素，则建立选型变量 $U_{S,ki}$ 和 $U_{T,lj}$，海缆 i 选择 k 型号的海缆时 $U_{S,ki}=1$，否则 $U_{S,ki}=0$；变压器 j 选择 l 型号的海缆时 $U_{T,lj}=1$，否则 $U_{T,lj}=0$。选型变量满足的约束为

$$\forall i \in N_L \quad \sum_{k=1}^{N_S} U_{S,ki} = 1 \qquad\qquad (3-90)$$

$$\forall j \in N_{TR} \quad \sum_{l=1}^{N_T} U_{T,lj} = 1 \qquad\qquad (3-91)$$

$$I_{i,s} = \sum_{k=1}^{N_S} U_{S,ki} I_{i,k} \qquad\qquad (3-92)$$

$$S_{t,j} = \sum_{l=1}^{N_T} U_{T,lj} S_{l,j} \qquad\qquad (3-93)$$

通过以上的目标函数和约束条件的变换，原非线性优化问题转化为等价的线性混合整数规划问题，因而可以利用 Cplex 求解工具直接进行优化求解。

3.3.4　基于改进蚁群算法的海上风电集群输电系统拓扑优化

3.3.4.1　概述

目前研究中的优化模型有两个主要问题：

（1）没有考虑海上风电场高压输电海缆布线的范围限制。由于海上风电场的块状区域内不能随意敷设高压输电海缆，所以输电海缆只能沿着海上风电场之间

的空隙进行布置，其可以选择的布线通道较为有限。

（2）拓扑优化的目标函数与海缆选型优化无关。这使得拓扑优化和设备选型优化的过程割裂开来，而两者本身是相互关联的问题，进行统一的协调优化才能得到最优的拓扑和选型方案。

为了解决以上两个主要问题，需要建立一个基于海缆通道的海上风电集群输电系统拓扑的描述系统，其能够完整描述海上风电集群中风电场与输电通道之间的关系，并能通过合理的数据结构表达和计算对应拓扑的成本。之后，就可以基于此系统，将海上风电集群输电系统拓扑优化这一工程问题的输入信息、优化目标和约束条件转化为相应的数学模型，从而实现优化问题的建模。

3.3.4.2　海上风电集群输电系统拓扑优化的建模方法

本部分将分别给出海上风电集群输电系统拓扑优化问题的输入信息、优化目标和约束条件的模型化表达方式。这种新的表达方式能够体现海上风电集群工程建设中高压输电海缆的敷设通道限制，从而使得模型更加贴近实际。工程问题向数学问题的转化总结，即工程问题因素与数学问题描述对照见表 3-1，下面将分别介绍这些转化的方法。

表 3-1　　　　　　　　　工程问题因素与数学问题描述对照表

因素	工程问题	数学问题
输入信息	升压站坐标，风电场范围	可行边、节点、区域编号 可行边与区域邻接关系
优化目标	海缆总成本最小	加权边长和最小
约束条件	每个风电场单海缆送出	形成的拓扑为链形，无环
	海缆载流量限制	每个链连接的区域数量限制
	所有风电场都连接	每个区域的都在一个链上

1. 输入信息的表达方法

对于海上风电集群输电系统拓扑优化这一工程问题而言，其主要的输入信息包括升压站坐标、风电场范围信息等。为了便于后续的优化求解，可以将这些信息简化为风电场区域编号、风电场间的海缆通道编号、通道连接的节点编号以及海缆通道、节点和风电场之间的位置关系等：

（1）节点信息。节点是海缆通道的交叉点，节点信息可以用来确定海缆通道的起始位置，同时便于海缆长度的计算。节点信息主要包括编号和坐标两部分。为了方便起见，令陆上接入点的节点编号为 1，作为坐标系的原点，建立直角坐标系，而其他海上节点则依次编号，得到相应的坐标值。节点信息和对应的变量见表 3-2。

表 3-2　　　　　　　　　　　节　点　信　息

信息	变量	说明
节点编号	i	陆上接入点的节点编号为 1
节点坐标	xc, i, yc, i	陆上接入点为坐标原点

（2）海上升压站信息。海上升压站信息主要包括海上升压站所在风电场的出力、海上升压站的坐标以及编号。风电场出力信息在模型中可以用来帮助判断海缆是否有足够容量将升压站对应的海上风电场的电能送出，而其坐标则可以用来计算海缆从风电场边界到升压站的距离，便于海缆总成本的计算。海上升压站信息和对应的变量见表 3-3。

表 3-3　　　　　　　　　海上升压站信息和对应的变量

信息	变量	说明
升压站编号	j	海上升压站的唯一标识
风电场出力	P_j	由风电场累计出力曲线确定
升压站坐标	$x_{t,j}, y_{t,j}$	海上升压站的相对陆上接入点的位置

（3）海缆通道信息。海缆通道由始终节点唯一确定，同时也与通道两侧可以接入的海上风电场相关联，因此海缆通道的信息包括其自身的编号、始终点编号、海缆通道长度、可接入的海上风电场的编号以及关联风电场在海缆通道上的连接点坐标。由于一段海缆通道最多有两个可接入的海上风电场，因此，关联的海上风电场编号信息只有两个，如果少于两个则取 0。这里规定，当海上风电场的一条边的中点位于某海缆通道范围内时，定义该海缆通道与风电场关联，即该风电场的电能可以通过该海缆通道内的海缆输送。为了简化计算，令海上升压站到场外的输电海缆的连接点都位于输电海缆所邻的风电场的边的中点。海缆通道信息和对应变量见表 3-4。

表 3-4　　　　　　　　　　　海缆通道信息和对应的变量

信息	变量	说明
海缆通道编号	k	海缆通道的唯一标识
起始节点编号	$N_{s,k}$	与节点编号对应
终止节点编号	$N_{e,k}$	与节点编号对应
海缆通道长度	$L_{p,k}$	可由始终节点坐标计算
关联海上风电场编号 1	$F_{k,1}$	与海上升压站编号对应，若不存在，取 0
关联风电场 1 在通道上的连接点坐标	$x_{k,1}$，$y_{k,1}$	连接点都位于风电场边的中点
关联海上风电场编号 2	$F_{k,2}$	与海上升压站编号对应，若不存在，取 0
关联风电场 2 在通道上的连接点坐标	$x_{k,2}$，$y_{k,2}$	连接点都位于风电场边的中点

2. 拓扑结构的表达方式

由于模型中的海上风电集群的输电系统拓扑由多个链形的结构组成，因此这里给出对于单个链形的输电结构的描述方法，对于多个链形结构的拓扑，可以通过同样的方式表述。拓扑结构表达需要给出的信息包括链形海缆历经的节点编号、海缆编号、海缆与风电场的连接关系等。本部分给出输电拓扑结构的矩阵表达方式，该表达方式可与拓扑结构一一对应。

链形拓扑结构示意图如图 3-12 所示。下面通过如图 3-12 所示的输电拓扑，说明拓扑信息的表达方式。矩阵的第 1 列表示海缆历经的节点编号；第 2 列表示同一行的节点编号对应的海缆编号，最后一行的值为 0；而第 3 列和第 4 列表示该行海缆连接的风电场编号，若不存在连接的风电场，则值为 0。具体的表达结果，即拓扑结构矩阵见表 3-5。

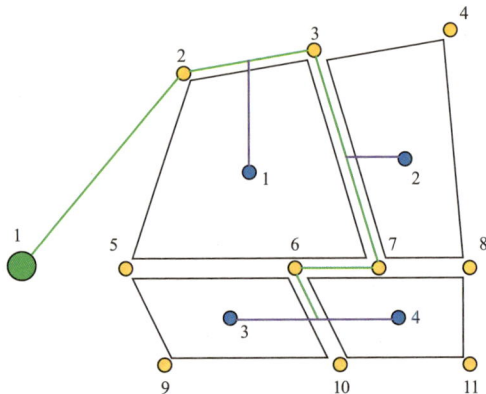

图 3-12　链形拓扑结构示意图

表 3-5　　　　　　　　　　拓 扑 结 构 矩 阵

序号 i	节点编号 n_i	海缆编号 k_i	连接风电场 1 S_{1i}	连接风电场 2 S_{2i}
1	1	1	0	0
2	2	6	1	0
3	3	8	2	0
4	7	10	0	0
5	6	12	3	4
6	10	0	0	0

3. 海上风电集群输电系统拓扑优化的目标函数

利用输入信息和拓扑表达方式，可以建立以经济性最优为目标的海上风电集群输电系统拓扑优化模型，具体目标是输电海缆的总成本最小。在不考虑风资源特性和风电集群容量平滑效应的情况下，可以将风电场的装机容量当作其出力处理，对于给定的拓扑结构就可以得到每段海缆的载流量大小，进而得到适用的海缆型号，将每段海缆单价与长度相乘就得到了海缆的总成本。

为了分别计算每段不同载流量海缆的成本，需要依据载流量将海缆进行分段。分段的流程可以按照拓扑结构矩阵由上到下的顺序进行。具体的计算分以下两种情况：

（1）海上升压站到风电场外海缆的连接海缆。如图 3-12 中紫色线所示，这部分海缆都只输送了单个风电场的电能，进而就可以得到对应海缆的选型和成本信息。而其长度的计算方法为

$$L_{c,j} = \sqrt{(x_{t,j} - x_{m,k})^2 + (y_{t,j} - y_{m,k})^2} \quad m \in \{1,2\}$$
$$k = \{k \mid S_{k,m} = j\} \tag{3-94}$$

进而可以得到这类海缆的成本为

$$C_{rl} = \sum_{j=1}^{N_w} L_{c,j} \times U_{\text{line},s_j}$$
$$s_j = \min\left\{s \mid I_s \geq \frac{P_j}{\sqrt{3}U\cos\varphi}\right\} \tag{3-95}$$

式中：$U_{\text{line},sj}$ 为连接 j 风电场的海缆选型 s 的单位长度成本；N_w 为风电场数量。

（2）风电场外海缆。如图 3-12 中绿色线所示，这部分海缆是输电的链形拓扑的主要部分，随着电能从海缆末端向陆上接入点汇集，其各段的载流量逐渐增

加，因而各段的海缆的横截面也逐渐增大，单位长度成本逐渐增加。为了计算其总成本，需要按照海缆上的风电场接入点对于海缆进行分段，输电海缆分段示意图如图 3-13 所示。其中同种颜色海缆的载流量是相同的。

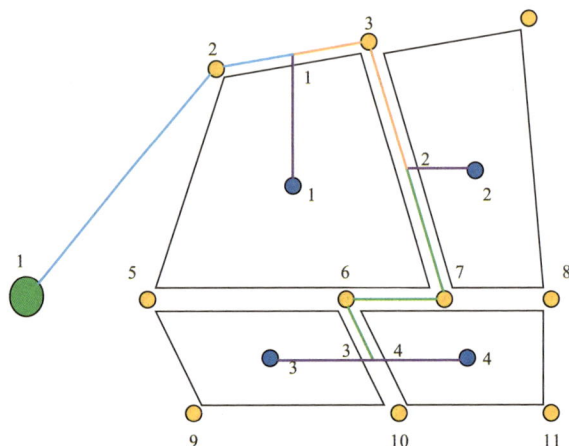

图 3-13　输电海缆分段示意图

为了便于计算，对于拓扑中的接入点进行编号，其次序按照拓扑矩阵序号下风电场的接入顺序排列。其序号示例如图 3-13 所示。则可以用连接点编号 n 代表得到风电场外海缆的分段，其中 $n \in \{1, 2, \cdots, N_w\}$，与风电场数量相对应。以图 3-13 为例，$n=1$ 代表蓝色部分的海缆，$n=2$ 代表橙色部分的海缆，以此类推。而编号 n 的接入点所在的海缆的编号为 f_n，连接的风电场编号为 W_n。则可以得到从陆上接入点到风电场接入点 n 的海缆总长度 $L_{t,n}$ 的计算方法为

$$L_{t,n} = \sum_{i=1}^{T_{n-1}} L_{p,k_i} + \sqrt{(x_{c,n_i} - x_{k_i,m})^2 + (y_{c,n_i} - y_{k_i,m})^2} \qquad (3-96)$$

$$T_n = \{i | k_i = f_n\} \quad m = \{m | W_n = F_{k,m}\}$$

进而可以通过作差得到每段海缆的长度为

$$L_{o,n} = L_{t,n} - L_{t,n-1} \qquad (3-97)$$

而每段海缆的载流量的计算方法为

$$I_n = \frac{\sum_{j=1}^{N_w - n + 1} P_{W_n}}{\sqrt{3} U \cos\varphi} \qquad (3-98)$$

这样，就可以得到这类海缆的成本为

$$C_{ol} = \sum_{n=1}^{N_w} L_{o,n} \times U_{\text{line},s_n} \tag{3-99}$$

$$s_n = \min\{s | I_s \geqslant I_n\}$$

式中：U_{line,s_n} 为第 n 段海缆选择 s 型号的海缆的单位长度价格。

因此，对于任意给定的多链形输电系统拓扑结构，其成本即优化问题的目标函数是两种海缆成本之和，即

$$C_1 = \sum_{i=1}^{N_c} C_{ol,i} + C_{rl,i} \tag{3-100}$$

式中：N_c 为链的数量；i 为链的编号。

4. 海上风电集群输电系统拓扑优化的约束条件

海上风电集群输电系统拓扑优化的约束条件主要包括：① 单风电场单海缆送出约束；② 海缆链形约束；③ 风电场连通约束；④ 海缆载流量约束；⑤ 海缆通道约束等。基于 3.3.2.1 节中的模型表达方式，约束⑤已经自动得到满足，而在 3.3.2.2 节的成本计算中也给出了约束④的表达方式。而对于其他的约束，可以将其转化为模型中的相关概念，进而得到这些约束条件的数学表达。

（1）单风电场单海缆送出约束。环网的运行控制相对于辐射状网络更为复杂，所以在工程中一般要求每个海上风电场的电能都只通过一条海缆送出，从而避免形成环网。对于一个由 N_c 条链形海缆构成的辐射状网络，链形海缆的编号为 j，则任意两个链形海缆拓扑矩阵中连接风电场编号的集合的交集都为空集，数学表达为

$$S_{c,j_1} \bigcap S_{c,j_2} = \varnothing \quad j_1 \neq j_2 \quad j_1,j_2 \in \{1,2,\cdots,N_c\} \tag{3-101}$$

$$S_{c,j} = \{S_{j,mi} | m \in \{1,2\}, i \in \{1,2,\cdots,N_j\}\}$$

式中：$S_{c,j}$ 为链形海缆 j 所连的风电场编号的集合；N_j 为链形海缆 j 的节点个数。

（2）海缆链形约束。海上风电集群输电系统拓扑的辐射状网络还要求单个链形海缆不会形成环形结构，这等价于单个链形海缆拓扑矩阵中的节点编号列元素完全不同，数学表达为

$$\forall j \in N_c \quad \forall i_1,i_2 \in \{1,2,\cdots,N_j\}, \ i_1 \neq i_2 \tag{3-102}$$

$$n_{j,i_1} \neq n_{j,i_2}$$

式中：$n_{j,i}$ 为链形海缆 j 的第 i 个节点编号。

（3）风电场连通约束。海上风电集群的所有风电场都应该连接到输电系统上，保证所有海上风电场电能的送出。对于一个由 N_c 条链形海缆构成的辐射状网络，链形海缆的编号为 j，则所有链形海缆拓扑矩阵中连接风电场的编号集合 $S_{c,j}$ 的并

集为风电场编号的全集，数学表达为

$$\bigcup_{j \in N_c} S_{c,j} = \{1, 2, \cdots, N_w\} \tag{3-103}$$

3.3.4.3 基于改进蚁群算法的优化算法

3.3.4.2 中实现了海上风电集群输电拓扑优化问题的建模，给出了模型目标函数和约束条件的数学表达。该模型与图论中多旅行商问题的形式较为接近，采用启发式算法是解决这类问题的主要途径，而蚁群算法尤其适用于存在大量禁忌区域的路径寻优问题，与海上风电集群输电拓扑的海缆敷设原则较为接近。所以，本部分采用基于蚁群算法的优化方法进行优化求解，为了保证优化效率，对于蚁群算法进行了改进。

1. 基于传统蚁群算法的输电拓扑优化模型

针对海上风电集群的输电系统拓扑优化问题，可以建立传统蚁群算法应用的模型如下：

（1）输入信息和初始化。输入信息的节点、升压站和海缆通道的相关信息。设定蚁群有 M 只蚂蚁，蚂蚁编号 k。以节点 i，j 为端点的海缆通道在第 s 次迭代中的信息素的浓度为 $H_{ij}(s)$，在第一次迭代中每个海缆通道的信息素的浓度都相同，即 $H_{ij}(1)=H_0$，H_0 为常数。初始时刻所有的蚂蚁都位于陆上接入点 $i=1$。蚂蚁 k 在 t 时刻后还未接入的节点编号集合 $S_k(t)$，$S_k(t)$ 的补集为 $R_k(t)$。初始时刻，$S_k(0)=\{i|i \in S_p, i \neq 1\}$，$R_k(0)=\{1\}$，$S_p$ 代表所有节点的编号集合。海上风电场编号的集合为 W_p，蚂蚁 k 在 t 时刻还未连接的海上风电场集合为 $W_k(t)$，其补集为 $Q_k(t)$，初始时刻 $W_k(0)=W_p$。蚂蚁 k 在 t 时刻已经接入的风电场出力为 $P_k(t)$，其中 $P_{w,i}$ 是风电场 i 的装机容量，可在输入信息中得到。初始时刻 $P_k(0)=0$，t 时刻时

$$P_k(t) = \sum_{i \in Q_k(t)} P_{w,i} \tag{3-104}$$

（2）择路策略。传统蚁群算法的择路策略有很多种形式为随机比率的方式，具体的方法如下。

在任意时刻 t，蚂蚁 k 从 i 节点转移到 j 节点的概率 $\rho_{k,ij}$ 的计算方法为

$$\rho_{k,ij}(t) = \begin{cases} \dfrac{H_{ij}^{\alpha}(s) \cdot \eta_{ij}^{\beta}}{\sum\limits_{d \in D_{k,i}(t)} H_{id}^{\alpha}(s) \cdot \eta_{id}^{\beta}} & j \in D_{k,i}(t) \\ 0 & j \notin D_{k,i}(t) \end{cases} \tag{3-105}$$

式中：$\eta_{ij}=1/L_{ij}$，表示节点 i 到节点 j 的海缆通道的可见性；L_{ij} 为节点 i 到节点

j 的海缆通道的长度，可以从输入信息获得；α 和 β 为决定海缆通道的可见性和信息素浓度的相对重要性的参数；$D_{k,i}(t)$ 为 t 时刻蚂蚁 k 从 i 节点可以转移到的节点集合，通过 $D_{k,i}(t)$ 可以防止海缆出现环形，可以通过搜索所有以 i 为端点的海缆通道的另一个端点的编号集合 E_i 去掉该蚂蚁已经经过的节点编号得到，即

$$D_{k,i}(t) = \{j \mid j \in E_i \bigcap S_k(t)\} \qquad (3-106)$$

该择路策略分为两种情况，对于在可选集合中海缆通道而言，选海缆通道中长度越小、信息素浓度越大的海缆通道被选择的概率越大，海缆通道的选择最终通过轮盘赌的方式得到；对于不可选集合中海缆通道而言，被选到的概率为 0。

（3）输电海缆布线搜索流程。基于以上的择路策略，可以得到应用蚁群算法进行优化时每次输电拓扑海缆布线的搜索流程如下：

1）输入海上风电集群的模型信息，初始化风电场的接入信息，令蚂蚁的编号 $k=1$。

2）初始化蚂蚁 k 的接入出力信息和历经节点的信息，起始节点的编号为 1。

3）若 $W_k(t)=\varPhi$，则本代的输电海缆布线完成，可以直接进行操作 8）；若 $k>M$，则代表本代输电海缆布线失败，可以直接进行操作 9）；若 $W_k(t) \neq \varPhi$，且 $P_k(t)$ 小于所有海缆选型的最大功率承载量，则进行操作 4）；否则，令 $k=k+1$，进行操作 2）。

4）得到蚂蚁 k 在 t 时刻处于节点 $i(t)$ 时的可选节点集合 $D_{k,i}(t)$。

5）若 $D_{k,i}(t)=\varPhi$，则不存在可选路径，令 $k=k+1$，进行操作 2）；否则，利用择路原则进行海缆通道选择，得到选择的海缆通道编号 $l(t)$，将信息加入输电拓扑矩阵中。

6）获得编号 $l(t)$ 海缆通道的未接入的关联风电场编号 $S_{l(t)}$，若 $P_k(t)$ 与关联风电场出力的和小于所有海缆选型的最大功率承载量，则将风电场接入，将风电场接入信息加入拓扑矩阵，$P_k(t+1)=P_k(t)+P_{w,sl\,(t)}$，同时 $W_k(t+1)$ 中去除接入风电场的编号。

7）令 $t=t+1$，进行操作 3）。

8）记录拓扑矩阵，进行下一次输电海缆的布线。

9）不记录拓扑矩阵，进行下一次输电海缆的布线。

（4）信息素更新策略。每代进行多次布线搜索，可以得到其中成功布线的输电海缆的拓扑矩阵，分别计算这些输电拓扑的海缆总成本，可以得到其中成本最

小的拓扑，最小成本为 $C_{1,\min}$。可以利用该最优拓扑进行信息素的全局更新，设具体方法为

$$H_{ij}(s+1)=(1-\rho)H_{ij}(s)+\Delta H_{ij}(s) \qquad (3-107)$$

式中：ρ 为挥发因子，代表在蚁群算法一次迭代前后海缆通道上原有的信息素的减少的比例，是一个常数，$\rho\in(0,1)$；$\Delta H_{ij}(s)$ 代表第 s 次迭代前后蚂蚁在海缆通道上新释放的信息素，其计算方法为

$$\Delta H_{ij}(s)=\begin{cases}\sum\limits_{k=1}^{M}\left(\sum\limits_{i\in S_{c,k}}P_{w,i}\Big/\sum\limits_{j\in S_{1,k}}L_{j}\right) & k_{ij}\in\Omega_{b}(s)\\ 0 & k_{ij}\notin\Omega_{b}(s)\end{cases} \qquad (3-108)$$

式中：$S_{c,k}$ 为蚂蚁 k 接入的海上风电场集合；$S_{1,k}$ 为蚂蚁 k 经过的海缆通道集合。

该更新策略以最优拓扑的单位长度海缆通道上平均输送的功率为增加量，对第 s 代最优拓扑海缆通道集合 $\Omega_{b}(s)$ 中的海缆通道的信息素进行更新。

传统蚁群算法的流程图如图 3-14 所示。设定最大迭代次数为 $I_{\max}$，每代需要搜索得到的可行拓扑数为 d。每完成一代搜索，就对于海缆通道的信息素进行全局更新，直至迭代次数 k 达到 $I_{\max}$，算法完成。

2. 蚁群算法的改进方法

（1）择路策略改进。传统蚁群算法的择路策略考虑到海缆通道长度和信息素浓度两种因素的影响，海缆通道的长度越小、信息素浓度越大，被选中的概率就越大。但是，由于海上风电集群输电拓扑优化的目标不仅与海缆的长度有关，还与海缆通道是否与风电场进行连接有关。不能与风电场进行连接的海缆通道虽然可能长度较短，但是在该通道敷设海缆却对于风电场电能的输送没有贡献。因此，传统蚁群算法中只考虑海缆通道长度，不考虑可在海缆通道接入的风电场数量的择路策略与优化目标存在差异，会导致蚁群算法的趋优性不足。为了改善这种情况，可以将海缆通道可接入的风电场数量的因素考虑到择路策略中，即

$$\rho_{k,ij}(t)=\begin{cases}\dfrac{H_{ij}^{\alpha}(s)\cdot\eta_{ij}^{\beta}\cdot e^{N_{ij}(t)}}{\sum\limits_{d\in D_{k,i}(t)}H_{id}^{\alpha}(s)\cdot\eta_{id}^{\beta}\cdot e^{N_{id}(t)}} & j\in D_{k,i}(t)\\ 0 & j\notin D_{k,i}(t)\end{cases} \qquad (3-109)$$

式中：$N_{ij}(t)$ 为 t 时刻，以 i、j 节点为端点的海缆通道可以连接的风电场数量。这样，可以连接风电场数量越多的海缆通道被选择的概率相对于传统择路策略就会明显增大，从而在择路过程中体现海缆通道连接风电场能力的作用。

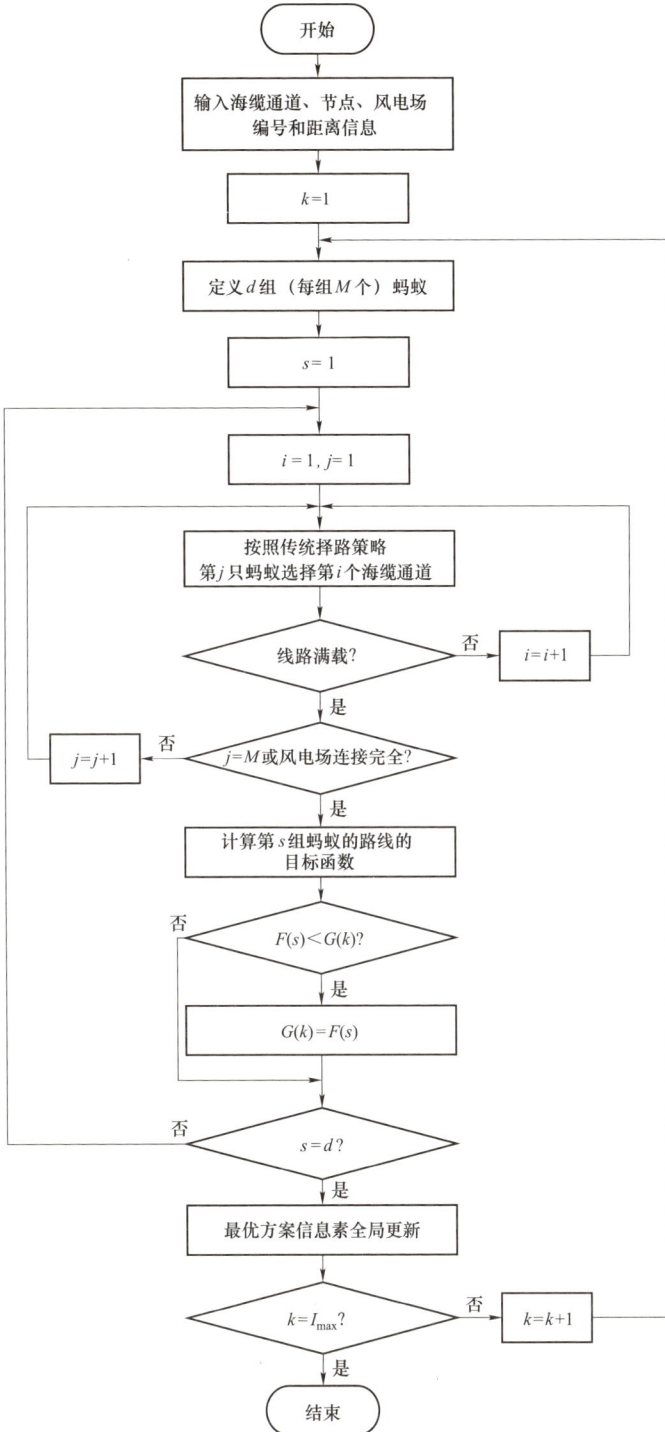

图 3-14　传统蚁群算法流程图

123

（2）信息素更新策略改进。传统蚁群算法只在每次迭代完成后，根据最优拓扑，进行信息素的全局更新，这样其实只利用了最优拓扑的信息，而忽略了每代产生的多个拓扑结构中的有用信息，使得信息素更新的速度较慢且迭代次数增加。为了利用每个拓扑的信息，可以在得到每个可行的拓扑后，根据该拓扑的信息对于信息素进行局部更新，提高拓扑信息利用效率。

此外，传统蚁群算法中的信息素更新计算方法将拓扑中海缆通道单位长度平均输送功率作为信息素的变化量，这样，总长度越小的拓扑信息素更新量越大，以海缆通道长度为基准的计算方法与成本最小优化目标之间存在差异。为了解决这个问题，可以将原来的长度信息替换为相应的成本信息作为信息素更新计算的依据，将单位成本平均输送功率作为信息素的变化量。

改进的局部信息素更新策略为

$$\Delta H_{ij}(b) = \begin{cases} \sum_{k=1}^{M} \left(\sum_{i \in S_{c,k}} P_{w,i} \Big/ C_{1,k} \right) & k_{ij} \in \Omega(b) \\ 0 & k_{ij} \notin \Omega(b) \end{cases} \qquad (3-110)$$

式中：$\Delta H_{ij}(b)$ 为一代中搜索得到第 b 个输电拓扑后蚂蚁在海缆通道上新释放的信息素；$C_{1,k}$ 为第 k 个蚂蚁形成的海缆链的总成本。本策略只对于第 b 个输电拓扑海缆通道集合 $\Omega(b)$ 中的海缆通道的信息素进行更新。

改进的全局信息素更新策略为

$$\Delta H_{ij}(s) = \begin{cases} \sum_{k=1}^{M} \left(\sum_{i \in S_{c,k}} P_{w,i} \Big/ C_{1,k} \right) & k_{ij} \in \Omega_b(s) \\ 0 & k_{ij} \notin \Omega_b(s) \end{cases} \qquad (3-111)$$

（3）目标函数计算方法改进。传统的蚁群算法目标函数的海缆选型部分是按照连接的风电场的容量进行计算的，而 3.3.3 中给出了考虑高风速截尾风险的海上风电场群输电设备选型优化的方法，蚁群算法的目标函数可以利用这一优化方法，从而实现输电拓扑和设备选型的联合优化。具体方法就是将海缆载流量计算和风电场装机容量换为风电场出力分位点，在目标函数中加入系统整体的风险成本，进行优化即可得到经过海缆选型优化的目标函数取值。经过这样的目标函数计算过程得到的最优输电拓扑可以实现输电拓扑和设备选型的联合优化。

改进蚁群算法的流程图如图 3-15 所示，其中蓝色部分是与传统蚁群算法不同的地方。

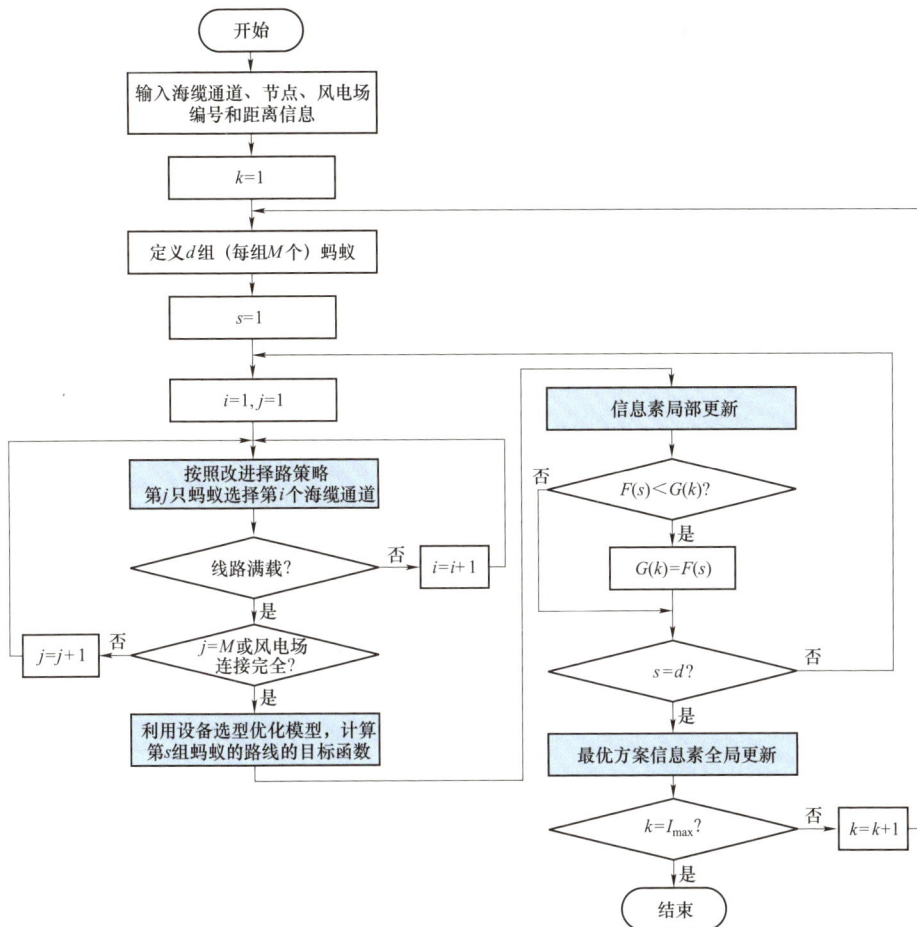

图 3-15　改进蚁群算法流程图

3.4　源侧多类型储能的多点布局和优化配置方法

储能系统作为一种灵活性电源，可在多种应用场景发挥重要作用，因此储能容量的配置与其应用场景密切相关。储能在新能源侧的应用模式主要包括平抑波动、计划跟踪和提高风电消纳能力，三种应用场景体现了储能在不同的发展阶段，从辅助风电并网到主动参与风电消纳和电网调控的角色转变。

本节着眼于大容量储能技术发展成熟并广泛应用的阶段，从储能提高风电消纳能力的角度，研究储能的优化配置模型和方法，讨论风电、储能与电网的资源匹配问题。

提高风电消纳能力的多点储能配置，一方面需要考虑风电多维度的随机特性，包括概率分布特性、季节特性、调峰特性和时空相关性，另一方面还应较好地模拟储能与常规机组和电网在协调运行中的相互作用关系。本书提出了满足风电消纳条件、储能配置成本最小的随机规划模型，针对规划模型中随机建模、风储系统运行模拟以及储能优化配置三个环节进行了详细介绍。

3.4.1 提高风电消纳能力的储能随机规划模型

3.4.1.1 风电消纳模式分析

风电消纳与常规机组调节能力、电网输送能力以及风电特性密切相关。当风电规模接入规模较大时，常规机组的下调备用无法满足风电出力需求，需要通过启停火电机组接纳风电；另一方面，风电富集地区的网架送出能力不足，需要架设新的输电线路解决网络阻塞问题。由于风电随机性较强、可信容量较低，牺牲电网规划和常规机组运行经济性，使其全额承担风电接纳责任在一定程度上缺乏公平性，社会资源也无法达到最优化。因此，让风电、常规机组和电网共同承担清洁能源消纳责任，将风电由强制性收购转换为经济合理的消纳，已成为国内外学者的共识，常规机组、电网和风储系统联合消纳风电示意图如图 3-16 所示。风电场为履行消纳责任，需建设储能系统，利用储能吸收调峰或网架限电导致的弃风，并在非限电时段释放储能能量，从而提高风电场上网电量，协助电网和常规机组实现风电消纳。

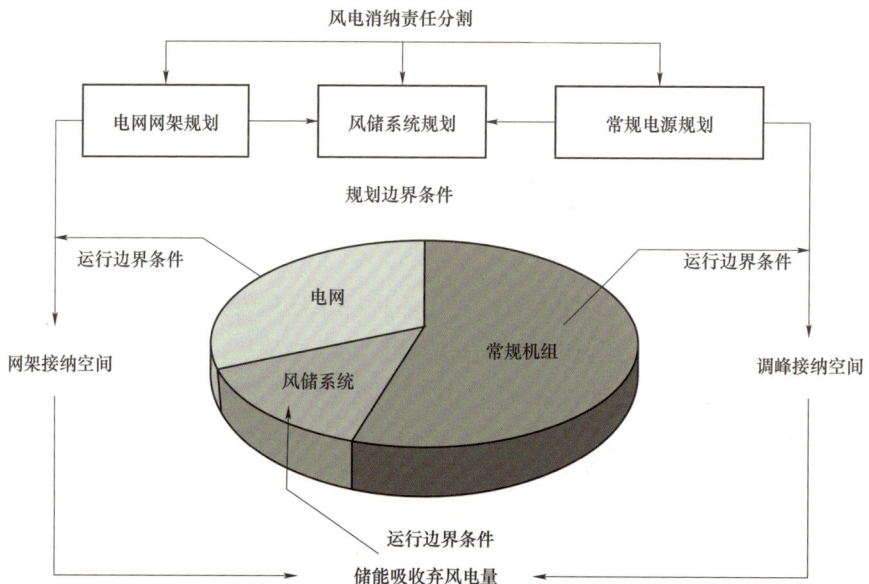

图 3-16　常规机组、电网和风储系统联合消纳风电示意图

在此框架下，风储系统、常规机组和电网作为一个有机整体，共同实现清洁能源的有效消纳；同时三者又存在风电消纳责任的划分，该划分决定了电网、常规电源和风储系统运行和规划的边界条件，也体现了消纳清洁能源的社会责任分摊以及社会资源的优化配置。电网和常规机组的运行状态构成风电接纳空间，形成风储系统运行的边界条件；风电消纳责任的分摊则形成储能规划配置的边界条件；运行和规划条件共同决定储能的配置方案。采用此方式作为各经济主体的规划约束条件，可简化规划问题，也使得利益主体和责任分配更为清晰。

3.4.1.2 储能随机规划模型

针对3.4.1.1提出的风电消纳模式，本书提出了综合考虑风电、常规机组和电网相互关系的储能随机规划模型，包括随机特性建模、随机运行模拟和储能配置优化与评价三个环节，储能随机规划模型如图3-17所示。

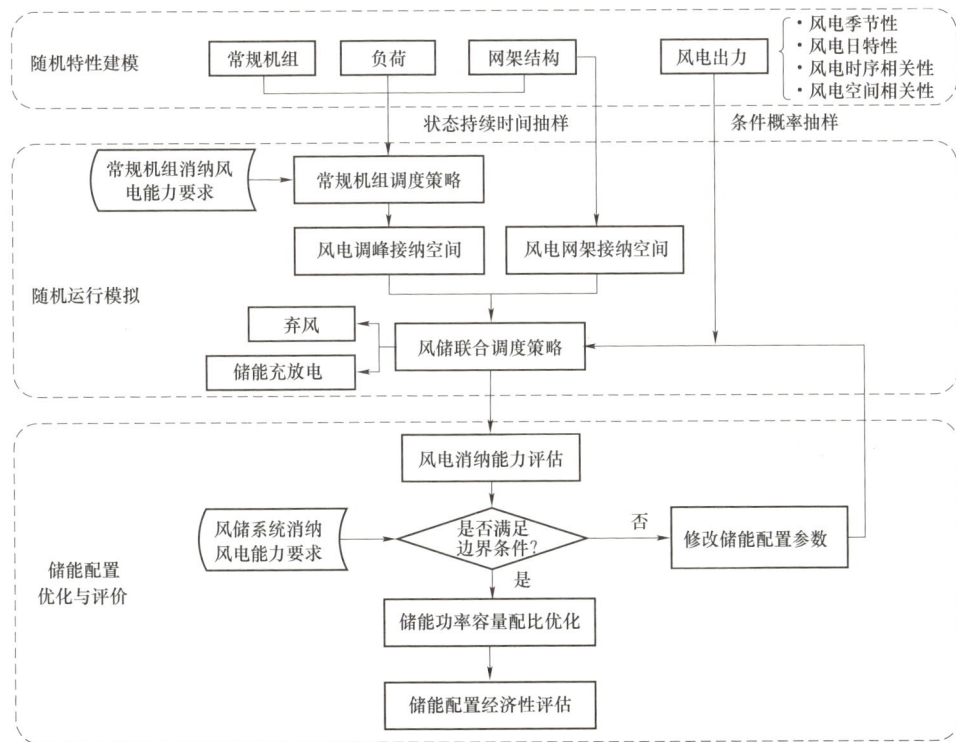

图3-17 储能随机规划模型

（1）随机特性建模。对常规机组、负荷、输电线路以及风电出力的随机特性进行建模，通过蒙特卡罗抽样得到各类元件运行模拟的基础数据。

127

（2）随机运行模拟。基于蒙特卡罗抽样数据以及常规机组消纳风电的责任分摊，常规机组进行开机方式安排，得到调峰约束下的风电接纳空间；根据网络结构可得到网架约束下的风电接纳空间。风储联合系统根据接纳空间和风电出力，模拟风储系统的运行，包括弃风和储能充放电控制。

（3）储能配置优化与评价。基于风储系统长期运行模拟的结果，可对风储联合系统的风电消纳指标进行评估，若不满足边界条件，则需要修改储能配置参数，通过多次计算得到符合风电消纳约束的储能配置边界，并以配置成本最小为目标进一步优化储能功率和容量配比，最后可对配置方案的经济性进行评估。

3.4.2 风储系统随机建模及运行模拟

根据储能随机规划模型，常规机组和负荷决定系统的调峰接纳空间，输电线路状态决定电网的网架接纳空间，而风电出力的随机特性则会影响储能的运行状态。因此需要对相应的随机对象进行建模，抽样生成基础数据，并进一步基于调度策略实现对风储系统运行特性的模拟。

3.4.2.1 随机特性建模

由于储能的多时段耦合特性，随机特性模型应能描述风速及电网元件的状态持续时间或状态转移概率，相应的随机模拟也应采用具有时序特性的序贯蒙特卡罗抽样法。常规机组、负荷和输电线路状态的随机模型均与常规电网规划问题相同，而风电作为风储联合运行不确定性的主要来源，需考虑其季节性、日特性以及时空相关特性。

1. 风电长期不确定性模型

以风速为对象，建立考虑风电多维度随机特性的联合概率分布模型。边缘分布为各个风电场在不同时间点的风速分布，采用威布尔分布表征其整体概率分布，并体现风资源的地域差别和风电的调峰特性；时空相依结构采用 Pair-Copula 理论进行建模，描述风速的时序波动性和空间平滑特性；联合分布模型的参数和结构随季节变化，体现了风电的季节性。

利用风电场功率转换曲线可将风速转换为风电出力，即

$$P_{\mathrm{W}} = \begin{cases} 0 & 0 \leqslant v \leqslant v_{ci} \\ P_{\mathrm{WR}}(A + Bv + Cv^2) & v_{ci} \leqslant v \leqslant v_r \\ P_{\mathrm{WR}} & v_r \leqslant v \leqslant v_o \\ 0 & v > v_o \end{cases} \tag{3-112}$$

式中：v 为风速；v_{ci} 为切入风速；v_r 为额定风速；v_o 为切出风速；P_{W} 为风电场输

出功率；P_{WR} 为风电额定装机容量；A、B、C 为模型参数。

2. 元件状态转移模型

电网中的主要元件包括常规机组、输电线路和变压器。本书采用运行 – 停运的两状态马尔科夫模型描述元件的时序运行状态，则元件正常运行时间 T_1 和故障持续时间 T_2 的抽样公式为

$$T_1 = -T_{MTTF} \ln \gamma_1$$
$$T_2 = -T_{MTTR} \ln \gamma_2 \tag{3-113}$$

式中：T_{MTTF} 为故障前平均运行时间；T_{MTTR} 为平均修复时间；γ_1 和 γ_2 为满足 [0，1] 均匀分布的随机变量。

3. 负荷时序模型

负荷时序曲线可采用年表次序生成，各个时刻的负荷 P_L 计算公式为

$$P_L(t) = \eta_{week}(t)\eta_{day}(t)\eta_{hour}(t)P_L^{anual} \tag{3-114}$$

式中：P_L^{anual} 为规划年的负荷峰值；η_{week}、η_{day}、η_{hour} 分别为年表中周峰荷、日峰荷和时峰荷占年峰荷的百分比。

3.4.2.2　常规机组调度策略

常规机组的启停计划和下调备用容量，决定了风电的调峰接纳空间，并进一步影响风储系统的运行状态。常规机组启停计划以日为调度周期，为满足调峰和备用约束的开机方式优化问题，即

$$\min \sum_{i=1}^{N} u_i f_i(P_{Gi})$$
$$\text{s.t.} \begin{cases} \sum_{i=1}^{N} u_i P_{i\max} \geqslant P_{L\max}(1+r_L) \\ \sum_{i=1}^{N} u_i P_{i\min} \leqslant P_{L\min} - P_{WR} r_W \end{cases} \tag{3-115}$$

式中：u_i 为机组 i 启停状态的 0 – 1 变量，认为日内启停状态不变，调度中心根据 0：00 时刻机组的正常/故障状态安排次日启停计划；f_i 为机组 i 的发电成本；N 为发电机组总数；$P_{i\max}$ 和 $P_{i\min}$ 分别为机组最大、最小出力；$P_{L\max}$ 和 $P_{L\min}$ 分别为最大、最小负荷，体现负荷调峰需求；r_L 和 r_W 为负荷和风电备用率，体现备用需求。负荷备用一般取日负荷峰值的 2%～5%，决定最大开机容量；风电备用则体现风电消纳原则和常规机组承担的风电消纳份额，决定最小开机容量。

式（3-115）所示模型为 0 – 1 优化问题，求解速度较慢。为加快求解效率，本书采用启发式搜索的算法。常规机组启停计划制定流程如图 3 – 18 所示，将候

选机组按照成本大小排序，通过检验候选机组调节容量是否满足机组最小出力要求 P_{min}，将其依次加入开机集合，此过程称为前向搜索过程。前向搜索方法无法计及先后入选机组的相关关系，因此可能出现已入选机组调节容量偏低的问题，最终无法满足机组最大出力要求 P_{max}，故需要回溯搜索对开机集合进行回溯修正，适当关闭低成本、灵活性差的机组，以满足系统调峰需求。得到机组启停计划后，则可根据负荷和风电出力，按照机组运行成本顺序安排机组的带负荷水平，进而得到风电调峰消纳空间。通过成本优先排序和前向回溯搜索方法，可有效提高求解速度，满足全年多次模拟计算的速度要求。

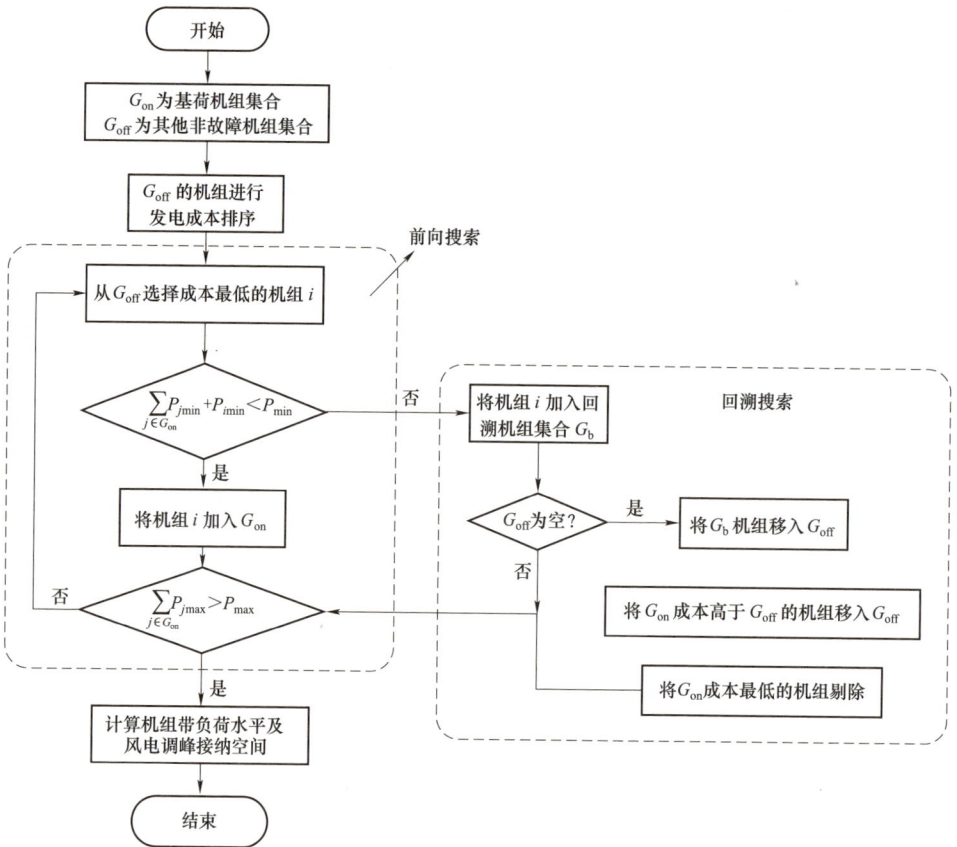

图 3-18　常规机组启停计划制定流程

3.4.2.3　风储联合系统调度策略

目前电网弃风的主要原因可分为调峰能力不足弃风和网架约束弃风两类。根据常规机组启停计划及风电、负荷出力可得到调峰约束导致的各时段弃风功率，根据风电送出线路的运行状态及潮流情况可得到网架约束导致的各时段弃风功率，调峰和网架约束下的弃风时序曲线示意图如图 3-19 所示。

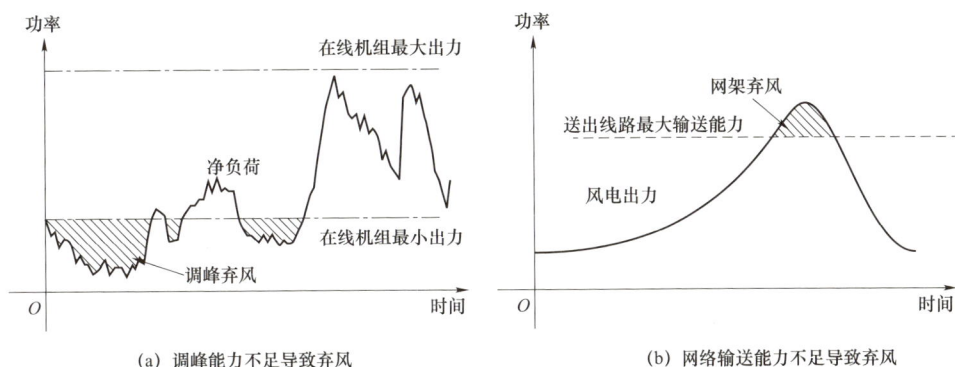

图 3-19　调峰和网架约束下的弃风时序曲线示意图

对于只有一个风电场的系统，取调峰和网架约束弃风功率的较大值即可得到弃风功率时序曲线。对有多个风电场的系统，调峰约束导致的弃风可根据各风电场的实际风电出力进行比例分配，而网架约束导致的弃风可根据风电场出力对线路潮流的灵敏度进行分配，即

$$P_{i1}^{\mathrm{cur}} = \frac{P_{\mathrm{W}i}}{\sum\limits_i P_{\mathrm{W}i}} P_1^{\mathrm{cur}}, \quad P_{i2}^{\mathrm{cur}} = \sum_j \frac{\lambda_{ij}}{\sum\limits_i \lambda_{ij}} P_{2j}^{\mathrm{cur}}$$

$$P_i^{\mathrm{cur}} = \max\{P_{i1}^{\mathrm{cur}}, P_{i2}^{\mathrm{cur}}\}$$

（3-116）

式中：P_{i1}^{cur} 和 P_{i2}^{cur} 分别为风电场 i 因调峰和网架约束导致的弃风功率；P_1^{cur} 为调峰导致的全网弃风总功率；P_{2j}^{cur} 为线路 j 过载导致的弃风功率总和；$P_{\mathrm{W}i}$ 为风电场 i 的风电出力；λ_{ij} 为风电场 i 对线路 j 的功率灵敏度。对多个风电场的弃风功率分配，可实现弃风的公平调度，并使得各风电场根据自身风资源和接入网络的情况优化配置相应的储能系统，实现各个风电场风电消纳责任的公平合理分配。

储能控制目标是尽可能吸收弃风电量，并在非限电时段释放存储能量，从而提高风电利用效率。因此，储能充放电功率由弃风功率的时序曲线决定，同时受额定参数和荷电状态的约束。

当弃风功率 $P_t^{\mathrm{cur}} > 0$ 时，储能充电。充电功率 P_{ct} 为

$$P_{ct} = \min\{P_t^{\mathrm{cur}}, P_{\mathrm{r}}, P_t^{\mathrm{cr}}\}$$

$$P_t^{\mathrm{cr}} = \frac{S_{\max} - S_{t-1}}{\Delta t} \eta_{\mathrm{c}}$$

（3-117）

式中：P_t^{cur} 为风电场 t 时刻的弃风功率；P_{r} 为储能的额定功率；P_t^{cr} 为 SOC 上限

约束下的最大充电功率；S_{t-1} 为 $t-1$ 时刻的 SOC 状态；$S_{\max}$ 为 SOC 上限；Δt 为控制时段间隔；η_c 为充电效率。

当弃风功率 $P_t^{\mathrm{cur}}=0$ 时，储能可有选择地进行放电。虽然储能进行及时放电可为后续吸收弃风电量预留尽可能大的容量空间，但由于风电的波动性，储能的放电空间和持续时间可能很小，造成储能不必要地频繁改变充放电状态。另一方面，由于弃风存在明显的季节性差异，风储协调的时间尺度也会有较大变化。例如风电大发季节储能循环周期一般为数小时或日级；而风电出力较小的季节，储能容量配置可能过剩，此时储能只需几日甚至一周循环一次即可。针对上述问题，本书通过设置阈值的方式，只有当风电出力小于接纳空间阈值且 SOC 大于放电状态阈值时，储能才由充电状态转换为放电，放电功率 P_{dt} 为

$$
\begin{aligned}
&if \quad P_{\mathrm{W}t} < \beta P_t^{\mathrm{acc}} \;\&\; S_t > S_d \\
&\qquad P_{dt} = \min\{P_t^{\mathrm{acc}} - P_{\mathrm{W}t}, P_r, P_t^{\mathrm{dr}}\}, \\
&\qquad P_t^{\mathrm{dr}} = \frac{S_{t-1} - S_{\min}}{\eta_d \Delta t} \\
&else \quad P_{dt} = 0
\end{aligned}
\qquad (3-118)
$$

式中：P_t^{acc} 为 t 时刻电网风电接纳功率，为调峰接纳空间和网架接纳空间的较小值；β 为放电阈值（$\beta<1$）；S_d 为放电 SOC 阈值；P_t^{dr} 为 SOC 下限约束下的最大放电功率；$S_{\min}$ 为 SOC 下限；η_d 为放电效率。当储能已经转换为放电状态后，P_{dt} 不受阈值判断条件约束。

根据式（3-118）即可得到风储联合系统的模拟出力。通过多年模拟可得到风储联合系统的长期运行特性。

3.4.3　储能配置优化及评价

3.4.3.1　风电消纳能力指标

本书基于弃风情况对风储系统的风电消纳能力进行评估，评价指标包括：

（1）弃风电量指标［loss of wind energy expectation，LOWEE（MWh/a）］。模拟年弃风电量的均值，从能量的角度进行衡量，体现了弃风导致的经济和电量损失。

（2）弃风时间指标［loss of wind expectation，LOWE（hour/a）］。模拟年发生弃风的小时数均值，反映了弃风现象的持续时间。

（3）弃风频率指标［loss of wind frequency，LOWF（time/a）］。模拟年发生弃风的次数均值，一方面体现了风电场受限电指令限制的调节频次；另一方面也体

现了若采用电网其他电源为风电场提供辅助调节服务（如深度调峰或启停调峰）需要动作的次数。

上述三个指标分别从不同方面刻画了弃风现象的统计特征。考虑不同的弃风原因，还可将弃风电量指标和弃风时间指标分为调峰弃风和网架弃风两类，为弃风电量的随机特性分析提供更多信息。

弃风电量指标与风储系统所承担的风电消纳份额直接相关，本书基于该指标进行储能配置。为降低风电长期波动性对弃风电量指标的影响，加速指标收敛，在此采用弃风比例（loss of wind energy percentage，LOWEP）对储能配置问题进行约束。弃风比例指标体现了弃风电量占风电可发电总量的比例，可为调度人员提供更为直观的概念，同时也可更好地衡量风电场的效益。

3.4.3.2 储能优化配置流程

根据风储联合系统随机运行模拟可形成弃风功率时序曲线，并计算 LOWEP 指标，通过多年模拟得到指标的收敛值。改变储能功率和容量参数，即可获得相应参数下的 LOWEP 指标。LOWEP 指标随储能功率和容量配置变化的三维曲面和二维等高线如图 3-20 所示。当储能功率或容量成为风储系统运行的制约因素时，继续增加另一参数将无法提高控制效果，此时弃风比例等高线呈现垂直或水平的趋势。

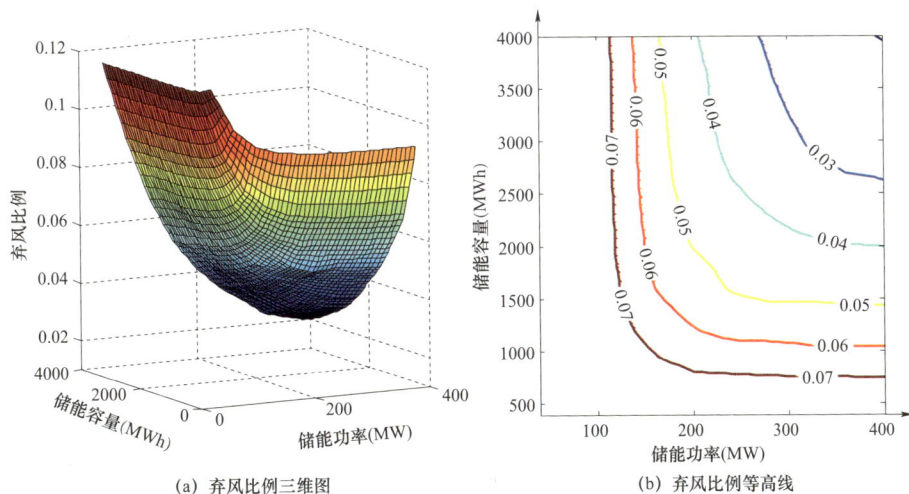

(a) 弃风比例三维图   (b) 弃风比例等高线

图 3-20 LOWEP 指标随储能功率和容量配置变化的三维曲面和二维等高线

LOWEP 指标是储能参数配置的边界条件，体现了风储联合系统的风电消纳能力要求。在给定 LOWEP 等高线上的储能参数均符合边界要求，储能的功率和容量的配置自由度为 1，需要结合其他条件确定储能配置参数。本书以储能配置成本最小为目标，一般储能投资成本与储能的功率和容量成线性关系，因此配置成本等高线为直线，成本等高线斜率反映了功率和容量的单位成本比，储能配置成本随功率和容量变化的三维曲线和二维等高线如图 3-21 所示。

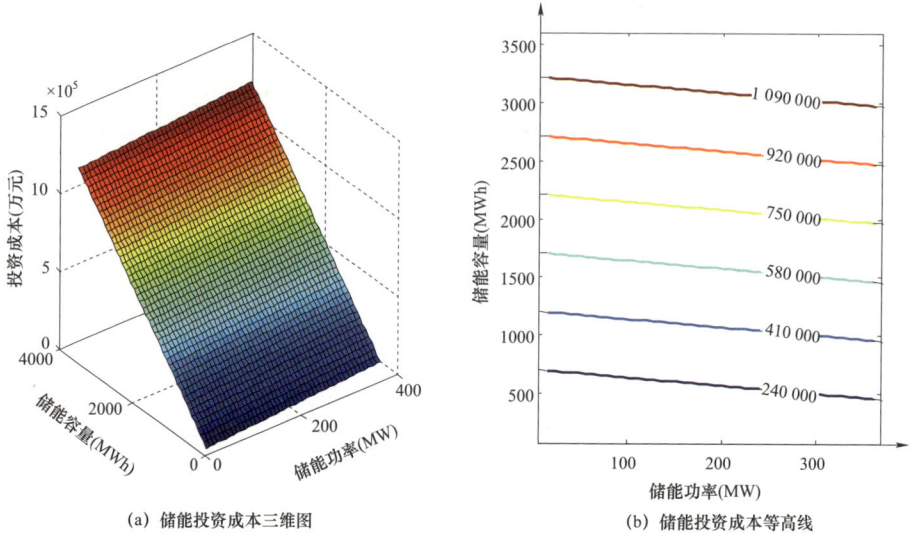

(a) 储能投资成本三维图   (b) 储能投资成本等高线

图 3-21　储能配置成本随功率和容量变化的三维曲线和二维等高线

成本等高线与弃风要求等高线的切点为满足弃风约束下的最小配置成本点，即为储能最优配置点。当储能功率和容量的投资成本或固定配比不同时，最优配置方案也会有所不同。弃风比例要求为 5% 时，不同功率/容量成本关系下的最优储能配置方案如图 3-22 所示，其中 1:1.5 为目前液流储能技术的功率容量成本比

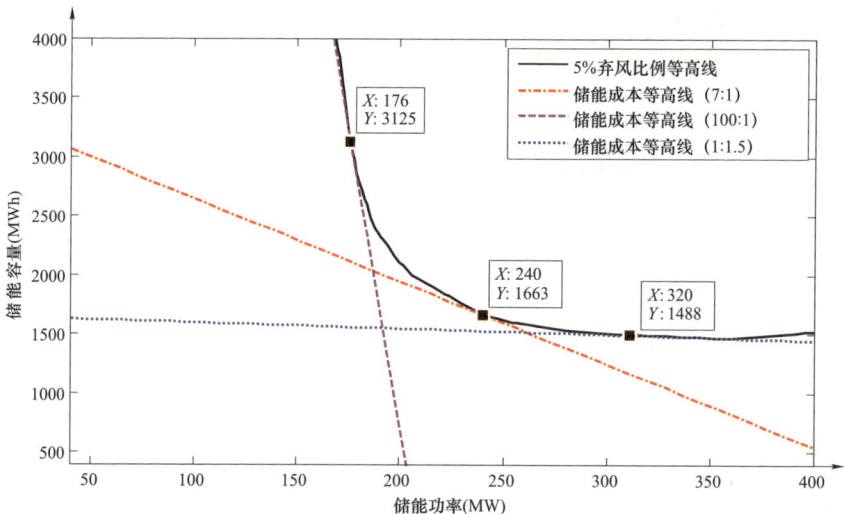

图 3-22　不同功率/容量成本关系下的最优储能配置方案

例，100:1 为抽水蓄能电站的功率容量成本比例，两者与等高线的切点分别处于功率饱和及容量饱和的参数范围。7:1 的成本比例介于上述两者之间，切点位于弃风比例等高线的圆弧段，此时储能的功率和容量均没有出现明显的饱和趋势。当成本参数无法获得时，也可以根据约束等高线的拐点来确定储能的功率和容量配比。

3.4.3.3　储能配置经济性评价

根据储能配置方案，可计算储能系统的成本和收益，从而对储能配置的经济性和可行性进行量化评估。

储能成本主要包括投资成本、运行成本以及更换成本三个方面。

储能的投资成本包括功率成本与容量成本，即

$$C_{CAP} = C_p P_r + C_s S_r \qquad (3-119)$$

式中：C_{CAP} 为投资成本；C_p 为单位功率投资成本，元/MW；C_s 为单位容量投资成本，元/MWh。

运行成本与储能额定功率成正比，体现储能运行过程中的维护费用，即

$$C_{OM} = C_{pom} P_r \qquad (3-120)$$

式中：C_{OM} 为年运行成本，元/年；C_{pom} 为单位功率年运行成本，元/MW/年。

更换成本主要针对电池储能技术，当电池储能系统的循环次数达到设计极限时，需要更换相关装置才可继续使用。更换成本与储能容量成正比，即

$$C_{RE} = C_{pre} S_r N_{RE}$$
$$N_{RE} = \left\lceil \frac{N_c}{N_r} \right\rceil \qquad (3-121)$$

式中：C_{RE} 为更换成本；C_{pre} 为单位容量更换成本，元/MWh/次；N_{RE} 为储能使用年限内需要更换的次数，为储能使用年限内实际循环次数 N_c 除以设计循环次数 N_r 的向上取整值。

储能收益主要包括运行收益和报废收益两个方面。

储能应用模式主要包括提高风电消纳能力、计划跟踪和平抑风电波动。虽然储能的配置以提高风电消纳能力为目标，但由于弃风具有明显的季节性，储能在不同季节的利用效率存在较大差别。因此，在实际运行中当储能具有富余调节能力时，可兼容其他应用场景，获得更多的收益。故运行收益主要包括：

（1）弃风电量收益。储能提高风电消纳能力模式下，利用储能吸收富余的弃风电量，并在非限电时段释放，可增加风电场上网电量，即

$$I_W = I_{SEL} E_{Cur} \eta \qquad (3-122)$$

式中：I_W 为储能增加的年上网收益；I_{SEL} 为风电上网电价；E_{Cur} 为储能吸收的年平均弃风电量；η 为储能循环效率。

（2）计划跟踪收益。计划跟踪模式下，储能通过补偿风功率预测误差，实现日前发电计划的跟踪，可减少风储联合系统因预测偏差而遭受的惩罚。储能计划跟踪的收益为

$$I_S = I_{up}E_{RD} + I_{down}E_{RC} - I_{SEL}\,|\,E_{RC} - E_{RD}\,| \tag{3-123}$$

式中：I_{up} 和 I_{down} 分别为风电场出力偏小和偏大的惩罚价格，对应电网常规机组提供上调备用成本和下调补偿成本；E_{RD} 和 E_{RC} 分别为风电出力偏小时储能的放电电量和风电出力偏大时储能的充电电量。故式前两项分别为储能放电和充电为风电场减少的惩罚费用，最后一项为储能损耗损失的风电场上网收益。

（3）其他收益。储能平抑风电波动模式一般采用功率型储能，主要改善当地电能质量。同时储能还可为电网提供事故备用、黑启动等服务，为电网带来容量效益。此外，储能通过提高清洁能源利用效率，减少燃料机组出力，具有显著的环境效益和社会效益。为简化计算，这些效益在此均忽略不计。

需要注意的是，当储能应用于多种控制模式时，其调节容量需要分配给不同模式，总调节容量满足额定参数的约束。为简化计算，在此储能优先采用提高风电消纳能力模式，调节能力富余时再兼容计划跟踪模式。

报废收益主要针对电池储能系统，目前大容量电池储能技术均可对废料或废液进行回收利用，从而在储能到达使用年限后获得一定的报废收入。本书假设报废收入与储能容量及剩余循环次数正比，即

$$I_D = C_s S_r r_D \times [(N_{RE}+1)N_r - N_c] \tag{3-124}$$

式中：r_D 为报废率；括号中表示考虑更换后总的剩余循环次数。

由于储能投资发生在建设初期，运行成本、更换成本以及运行收益发生在储能的运行期间内，而报废收益则发生在储能到达使用年限时，因此经济性评估需要考虑不同类型费用发生的时间以及资金的时间价值。本书在储能寿命终止时刻对各类费用进行清算，折算过程如下。

储能建设一次投资成本在寿命终止时的折算值 C_{CAPE} 为

$$C_{CAPE} = C_{CAP}(1+r)^{N_L} \tag{3-125}$$

式中：r 为贴现率；N_L 为储能系统使用年限。

在使用期间储能发生 N_{RE} 次更换，相当于 N_{RE} 次二次投资，设第 i 次更换后剩余使用年数为 N_i，则更换成本在寿命终止时的折算为 C_{REE} 为

$$C_{REE} = C_{pre}S_r[(1+r)^{N_1} + \cdots + (1+r)^{N_m}] \tag{3-126}$$

其中括号内包含 N_{RE} 项。

运行成本和收益的折算方式相同，即

$$C_{OME} = C_{OM} \frac{(1+r)^{N_L} - 1}{r}, I_{OME} = (I_W + I_S)\frac{(1+r)^{N_L} - 1}{r} \qquad （3-127）$$

报废收入在储能寿命终止时发生，故无需进行折算。

综上，考虑时间价值后储能系统的总收益为

$$I_{TOT} = I_{OME} + I_D - C_{CAPE} - C_{REE} - C_{OME} \qquad （3-128）$$

第4章

高比例可再生能源电力系统灵活性规划实例及工程应用

本章基于前一章的理论与方法进行实践应用，主要包括源荷储广义灵活电源优化配置实例（以吉林省 2030 年/2050 年远期电力规划和蒙西电网 2020 年电源为例进行分析），大型可再生能源基地汇集和送出系统一体化规划实例（以甘肃省酒泉新能源基地为例进行分析），大型海上风电基地分层汇集与交直流送出规划实例（以江苏沿海风电为例进行分析），源侧多类型储能的多点布局和优化配置（以辽宁省卧牛山地区风电输入 RTS 算例进行分析），以及多项规划技术在含多元灵活性资源电网规划的综合应用。

4.1 多元灵活性资源优化配置实例

4.1.1 中远期灵活性电源规划案例

4.1.1.1 整体规划要求

吉林电网 2030 年、2050 年远期电源规划。

边界条件：非化石能源发电量占比不低于 60%，2030 年、2050 年弃风/光率分别不超过 5%、10%。

其他约束条件为电力电量平衡、设备最大/最小利用小时数、碳排放系数、电源强制退役年限、可靠性（相对 2015 年不降低）。

灵活性资源考虑火电改造、储能、需求侧响应三种形式。

对比方案：仅考虑储能单一灵活性方案。

参照未来各电源技术经济发展的趋势，火电灵活性改造成本 1200 元/kW，最大改造潜力 2600MW；DR 功率成本 75 元/kW，容量成本 0.05 元/kWh，响应潜力假设为各水平年最大负荷的 10%。展望期内关键水平年的系统负荷预测值见表 4-1，现有电源数据（2015 年）和相关资源潜力见表 4-2。针对未来负荷与风电/光伏的时序特征，主要根据历史时序特性和各地区资源禀赋形成未来的出力场景。

表 4-1　　　　　　　　　展望期内关键水平年系统负荷预测

年度	2020	2030	2050
最大负荷（MW）	13 100	17 900	22 554
年电量（GWh）	80 730	106 589	139 375

表 4-2　　　　　　　　　现有电源数据（2015 年）及相关资源潜力

电源	风电	光伏	水电	火电	生物质	储能
规模（MW）	4444	67	3472	17 365	466	300
潜力（MW）	54 000	31 000	5747	—	1628	—

4.1.1.2　规划流程

在该规划约束下，具有波动性和不确定性的风/光等可再生能源作为主要能源供应者，给电力系统带来了巨大的灵活性需求，考虑单一类型灵活性资源提供调节能力的规划模型和以净负荷包络线为基础的电源规划方法将不再适用。引入灵活性指标量化评估源荷储多类型灵活性资源的调节潜力并作为优化决策变量纳入规划模型中，从而建立以全周期投资成本最小化为目标的高比例可再生能源电源规划模型。通过电源投资决策、生产模拟和灵活性评估三个流程模块，实现单位投资改善灵活性指标最优的电源规划方案求解。

该框架通过将生产模拟与灵活性定量评估模块相结合的方式解决当前电源规划模型中无法量化系统灵活性供需能力的问题，对典型场景后校验式评估系统灵活性调节能力的方法进行改进，然后，利用灵活性定量评估指标量化源荷储多类型灵活性资源调节潜力并作为优化决策变量纳入规划模型中，根据单位投资改善灵活性指标的大小为依据调整投资决策方案，将多类型灵活性资源与常规电源进行协调规划，改变当前仅考虑单一灵活性资源的规划模型。

多元灵活性优化配置下吉林省电源规划流程如图 4-1 所示。

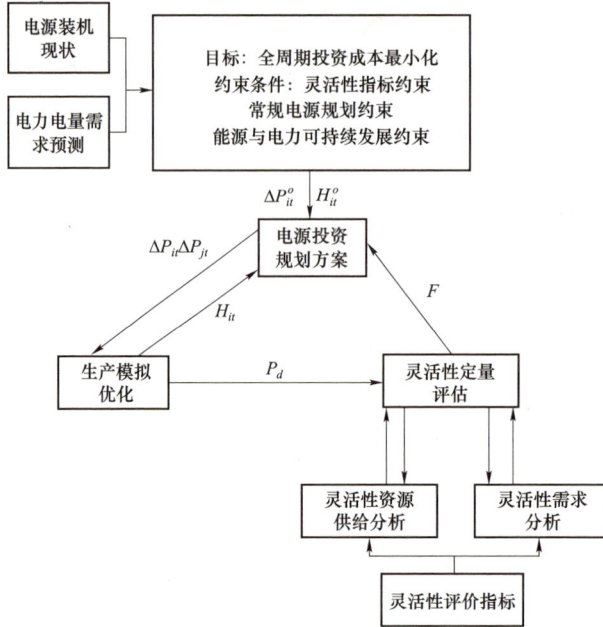

图 4-1　多元灵活性优化配置下吉林省电源规划流程

4.1.1.3　规划结果

多类型灵活性资源规划结果见表 4-3，其中灵活性不足期望（loss of flexibility expectation，LOFE）指标是指所有上调、下调灵活性不足期望值的加和。

表 4-3　　　　　　　　　　　　多类型灵活性资源规划结果

年度	2020	2030	2050
RE（风光）（MW）	7950	20 387	36 695
水电（MW）	4752	5747	5747
火电（MW）	19 165	17 687	18 781
生物质（MW）	1310	1310	1310
储能（MW）	1700	1700	4700
火电改造（MW）	0	1800	2600
DR（MW）	0	0	1000
成本（亿元）	249.01	441.21	1537.65
RE 电量占比（%）	18.15%	35.31%	48.87%
非化石能源电量占比（%）	37.49%	50.58%	60.84%
弃风/光率（%）	0.2%	4.8%	6.9%
弃风/光值（GWh）	27.63	1784.65	4920.37
切负荷率（%）	0	0.17%	0.01%
切负荷（GWh）	4.18	685.587	66.647
LOFE	3.587 4	204.8	3564.93

由于本书以单位投资改善 LOFE 指标最优为依据调整投资决策方案，因此表 4-3 仅仅呈现 LOFE 指标，其他灵活性指标在此不一一呈现。

2020 年采用统计数据场景，不做优化。投资决策优化结果如图 4-2 所示。通过对表 4-3 和图 4-2 分析可知：2020 年、2030 年和 2050 年的电源装机容量分别为 34 877、46 831MW 和 67 233MW。其中火电装机容量占比由 2015 的 66%降为 2050 年的 28%；RE 装机容量由 17%增长到 55%，成为装机增长最快的主体。由于以东北某省为算例，其光伏相对于风电不具有竞争力，因此 RE 新增装机又以风电为主体。同时 2050 年 RE 能源发电量占比由 2020 年的 18.15%增长到 48.87%，RE 由辅助供能变成主要的供能者；火电发电量占比从 2020 年的 62.51%降至 2050 年的 39.16%，实现了火电从主体供能变成辅助供能的功能角色转变。

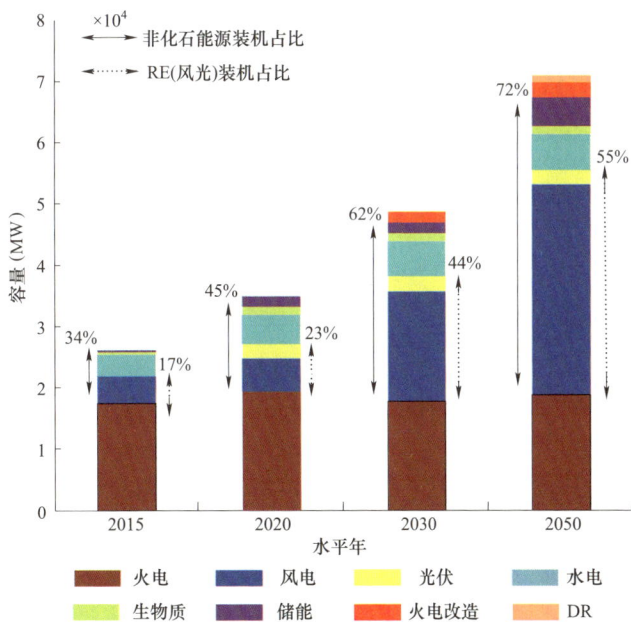

图 4-2　投资决策优化结果

4.1.1.4　对比规划结果

在满足相同的规划约束下，对考虑单一类型灵活性资源规划模型进行求解，得到单一类型灵活性资源规划结果见表 4-4。通过对表 4-3 与表 4-4 结果进行分析可得：相对于单一类型灵活性资源规划模型，多类型灵活性资源规划模型具有明显的经济效应，在 2030 年、2050 年时间节点中，分别减少投资 35.43 亿、165.54

亿元，相对减少 7.43%、9.72%的成本，同时减少火电、储能的新增装机容量。

表4-4 单一类型灵活性资源规划结果

年度	2020	2030	2050
RE（风光）（MW）	7950	20 387	36 695
水电（MW）	4752	5747	5747
火电（MW）	19 165	18 193	19 183
生物质（MW）	1310	1310	1518
储能（MW）	1700	5900	10 100
成本（亿元）	249.01	476.64	1703.19

对储能运行工况进行分析，得到储能充放电功率分布（见表4-5）和储能充放功率分布（见图4-3），相对单一类型灵活性资源规划模型，多类型灵活性资源规划模型在 2030 年、2050 年分别减少电能损耗 431.94、415.78GWh；同时在多类型灵活性资源规划模型中，储能在 4700MW 功率附近进行充放电频率较多，

表4-5 储 能 损 耗 电 量

年度	2020	2030	2050
单一类型（GWh）	134.14	743.88	1087.37
多类型（GWh）	134.14	311.94	671.59

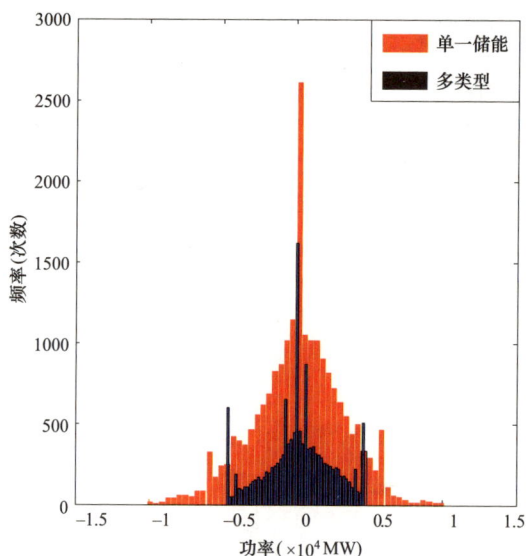

图4-3 储能充放功率分布

储能接近满充满放，而单一类型灵活性资源规划模型中，储能装机容量为
10 100MW，而充放电功率大于 6000MW 的频率较低，继续增加的储能规模主要
承担起消纳风/光极端出力和满足尖峰负荷的小概率事件，主要发挥容量价值的功
能。单一类型灵活性资源规划模型中的储能装机容量是多类型灵活性资源规划模
型的 2.19 倍，而转移能量仅为 1.62 倍，验证了系统中储能装机规模达到一定上限
后，再新增储能将导致资产搁置。

4.1.2　电热耦合广义电源灵活性专项规划案例

本案例来自蒙西电网 2020 年灵活性专项规划研究，主要对蒙西电网"十三五"
电源规划原始方案进行灵活性专项优化，提升蒙西电网新能源消纳能力。

4.1.2.1　分析对象及目标

以蒙西电网作为目标电网进行分析，基于其历史统计、实测、规划数据和电
源结构等，对以下 3 个问题进行研究：① 以 24h 时间尺度的调峰灵活性为研究对
象，采用非时序生产模拟结果，对蒙西电网目标年的灵活性供需平衡关系进行评
估，研究时间尺度对灵活性供需及评价指标的影响；② 研究灵活性指标的性质（多
时空特性、概率相依特性等）；③ 不同资源对灵活性指标的量化影响分析。

仿真系统计算采用的接线图如图 4-4 所示，目标电网包含 A～G 七个分区，
各分区分别独立进行供热，即各区 CHP 机组的热出力之和等于该区的热负荷需
求，电力负荷在全网进行平衡。

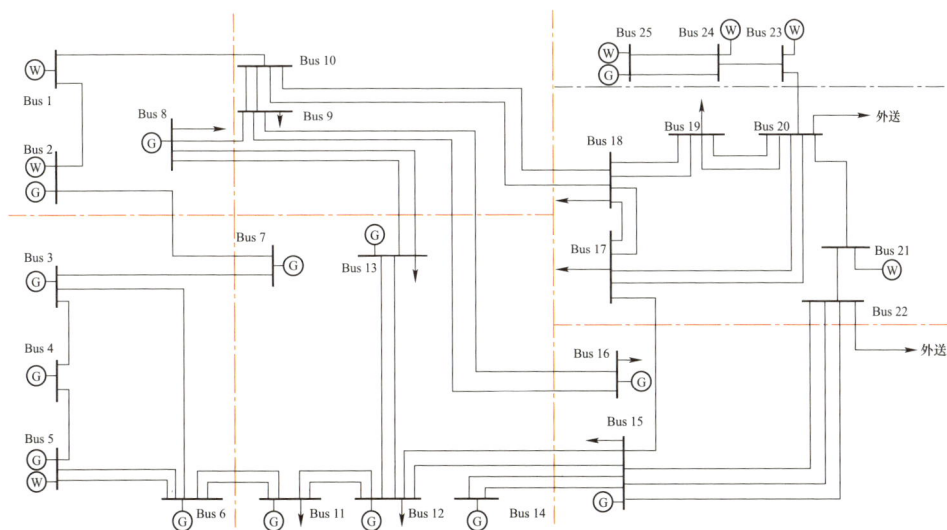

图 4-4　计算采用的仿真系统接线图

算例系统规划年预计最大负荷 48 400MW，最小负荷 34 130MW。算例系统规划年各类电源的装机容量数据见表 4-6，风电规划装机容量 27 000MW，光伏装机 6000MW，水电装机较少仅为 540MW，含水电在内的可再生能源装机占负荷峰值 73%，属于高比例可再生能源并网电力系统。根据风、光资源的评估，算例系统风能和太阳能年利用小时数分别约为 2400h 和 1800h，即风电和太阳能的潜在可发电量约为 68 000GWh/年。

表 4-6 算例系统电源装机容量表

项　目	装机容量（MW）
新能源	30 000
常规火电	48 860
其中：供热机组容量	22 860
非供热机组容量	26 000
自备电厂	17 470
其中：供热机组容量	8140
非供热机组容量	9330
水电	540

作为非时序概率生产模拟的输入数据，规划年系统的电、热负荷需求及可再生能源可发出力的累积概率分布如图 4-5 所示，其中热负荷仅为根据供暖期数据得到的累积概率分布曲线。

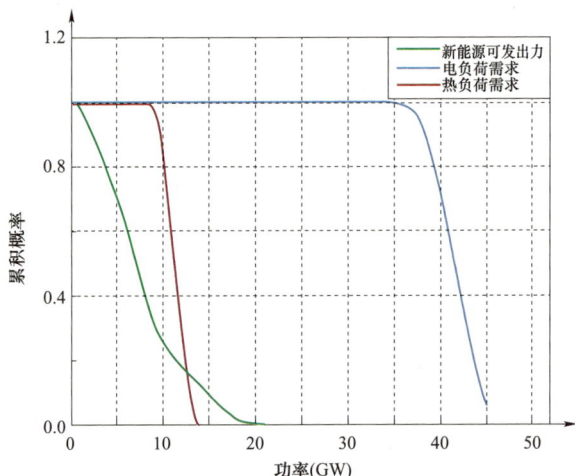

图 4-5　系统热、电负荷需求及新能源出力累积概率分布

以风电为例，算例系统各分区负荷与风电装机容量表见表 4-7，给出了各分

区最大、最小负荷、平均峰谷差和最大热负荷指标。

表 4-7   算例系统各分区负荷与风电装机容量表

区域	风电装机（MW）	最大负荷（MW）	最小负荷（MW）	平均峰谷差（MW）	最大热负荷（MW）
A	398	1779.72	663.90	298.95	444.93
B	4838	2832.81	115.63	458.83	708.20
C	3987	16 935.41	7646.59	1127.76	4233.85
D	581	18 300.70	10 915.76	1442.02	4575.18
E	1199	5180.74	2688.56	889.94	1295.18
F	8384	8331.35	949.92	1148.88	2082.84
G	7612	2567.05	729.27	417.83	641.76
合计	27 000	44 500	32 554	4125.39	11 200

4.1.2.2 系统生产模拟及目标年灵活性评价结果分析

1. 生产模拟结果

基于非时序生产模拟模型，可直接计算得到系统各类电源在评估时段供暖季出力的累积概率分布函数，各类电源出力的累积分布如图 4-6 所示。

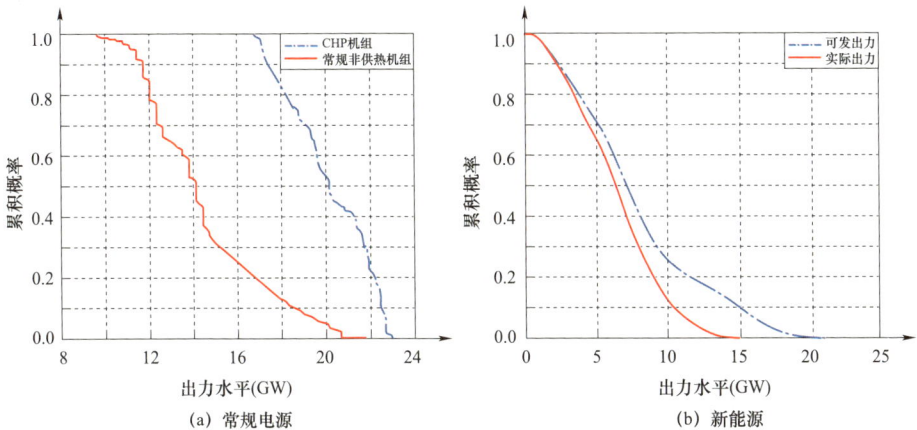

图 4-6 各类电源出力的累积分布

由图 4-6（a）可知，CHP 机组出力分布与热负荷分布较为接近，主要原因是"以热定电"导致其无法自由调节。对于非供热机组，其出力的分布特征有两个特征：① 在低出力状态的概率较高，主要原因是较多时段需要压低其出力来接纳可再生能源；② 其出力在高出力状态亦有分布，主要原因是在可再生能源出力较低时增加出力满足负荷需求。

图 4-6（b）所示为可再生能源的原始可发出力与实际最大消纳能力的累积概率分布对比，两者的面积差与评估周期相乘即为调峰因素导致的新能源限电量。

2. 灵活性供、需及裕量概率分布特性分析

系统灵活性供给与需求的概率分布可以基于运行模拟评估结果计算得到。以调峰时间尺度（24h）为例，供暖期和非供暖季的系统灵活性供、需概率分布对比如图 4-7 所示。通过比对供需概率分布，即可以大致判断系统灵活性的充裕性，图 4-7 中信息反映了系统在供暖期下调灵活性较差，与实际运行经验相符。

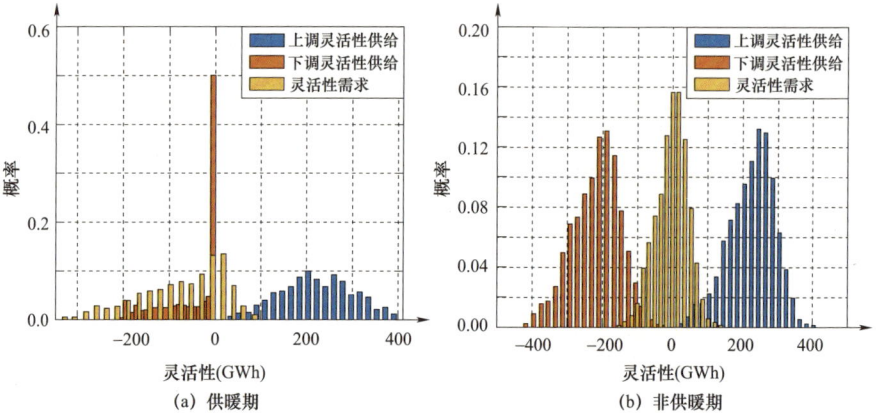

图 4-7　系统灵活性供、需概率分布对比

对灵活性供给、需求进行条件卷积运算，可得到系统灵活性裕量的概率分布函数。系统在不同时期各方向的灵活性裕量概率分布如图 4-8 所示，可以看出在供暖期，系统下调灵活性裕量分布在负半轴的部分较多，说明对应时期该方向的

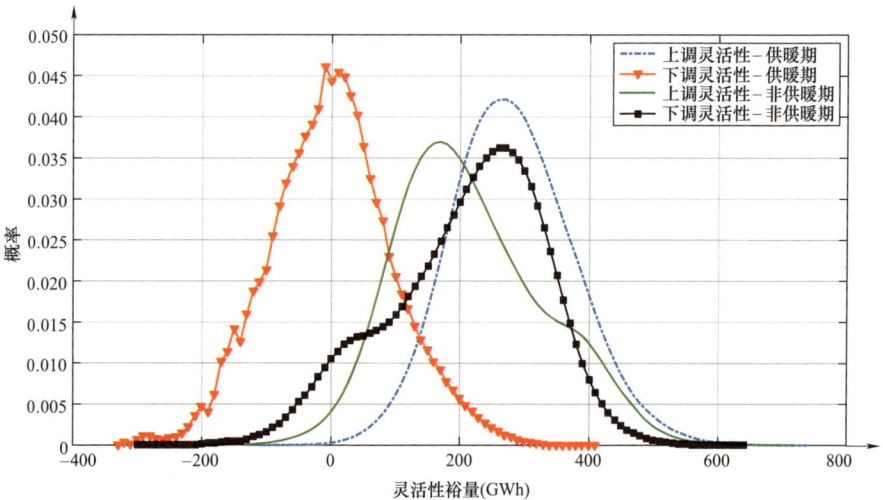

图 4-8　系统不同时期各方向的灵活性裕量概率分布对比

灵活性不足。而在非供暖期，各方向灵活性裕量均主要分布在正半轴，说明各方向灵活性均比较充裕。

3. 多时间尺度灵活性定量评价

以下调灵活性为例，选取 15min、1h、8h、24h 四个典型时间尺度，表 4-8 和表 4-9 分别给出了系统在各月份的下调灵活性不足概率和期望指标，相应地，给出了对应月份的可再生能源限电量。可以看出，系统在供暖期的下调灵活性较差，这与系统供热机组调峰能力较差有直接关系，并且下调灵活性指标与可再生能源限电量呈现明显的正相关关系，从而验证了指标的合理性和正确性。

表 4-8　　系统多时间尺度灵活性不足概率指标

月份	时间尺度				限电量（GWh）
	15min	1h	8h	24h	
1	0.603 3	0.609 1	0.609 5	0.595 1	1386
2	0.681 7	0.673 2	0.667 8	0.686 1	1532
3	0.723 2	0.731 4	0.698 0	0.715 7	1607
4	0.606 0	0.590 6	0.594 8	0.615 4	1264
5	0.156 9	0.149 0	0.149 5	0.137 0	181
6	0.024 3	0.022 3	0.023 3	0.022 0	18
7	0.000 0	0.000 0	0.000 0	0.000 0	0
8	0.000 0	0.000 0	0.000 0	0.000 0	0
9	0.024 0	0.024 7	0.027 1	0.033 7	53
10	0.169 9	0.167 9	0.165 2	0.163 1	247
11	0.450 5	0.463 2	0.468 3	0.412 1	730
12	0.596 1	0.596 1	0.601 3	0.589 3	1891
合计	0.331 5	0.340 6	0.330 3	0.327 4	8910

表 4-9　　系统多时间尺度灵活性不足期望指标

月份	时间尺度				限电量（GWh）
	15min	1h	8h	24h	
1	2774	2779	2577	2687	1386
2	3075	3097	3061	3305	1532
3	3222	3268	3323	3043	1607
4	2544	2564	2671	2603	1264
5	351	347	361	361	181
6	30	30	35	30	18
7	0	0	0	0	0

月份	时间尺度				限电量（GWh）
	15min	1h	8h	24h	
8	0	0	0	0	0
9	100	103	112	133	53
10	450	446	463	494	247
11	1460	1463	1361	1403	730
12	3789	3756	3407	3801	1891
合计	1484	1488	1447	1489	8910

系统在多时间尺度上下调灵活性供给和需求的累积分布函数 CDF 如图 4-9 所示。可以看出，由于可再生能源的接入，系统下调灵活性需求明显增加。系统常规机组在较多时段需要降低出力来接纳更多可再生能源，随着时间尺度的增加，系统灵活性需求和供给均增加，尤其是上调灵活性供给。

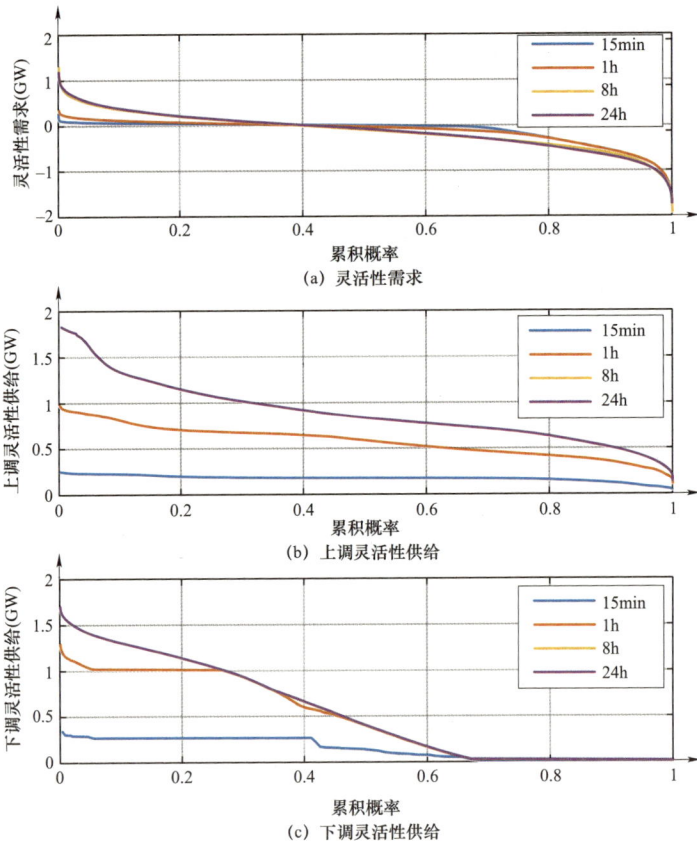

(a) 灵活性需求

(b) 上调灵活性供给

(c) 下调灵活性供给

图 4-9　系统多时间尺度上下调灵活性供给和需求累积分布函数 CDF

由图 4-9（a）可以看出，系统灵活性需求累积分布在负半轴的下降沿明显较陡，说明系统下调灵活性取较大值的概率较高；而在正半轴的变化幅度较为平缓。由图 4-9（b）可以看出，系统上调灵活性供给分布较为均匀，基本不存在部分取值概率较大的情况。由图 4-9（c）可以看出，系统下调灵活性供给分布较不均匀，有较大的概率为 0，即系统各类资源均处于下限运行，无法进一步提供下调灵活性。

以 15min 时间尺度为例，系统在各月份上、下调灵活性供给和需求的分布箱图如图 4-10 所示，箱图展示了随机变量分布的上下置信区间和均值。通过图 4-10（a）可以看出，系统在非供暖期的灵活性需求分布较窄，即不确定性较小，而在供暖期灵活性需求出现了明显的负偏现象，即在供暖期的下调灵活

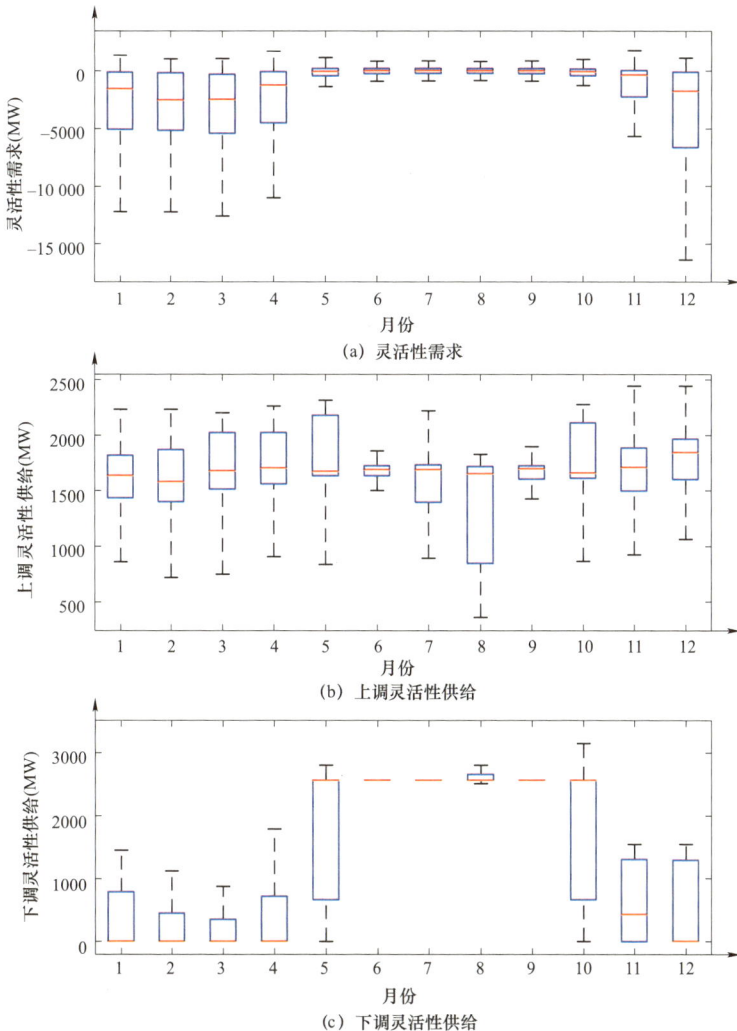

(a) 灵活性需求

(b) 上调灵活性供给

(c) 下调灵活性供给

图 4-10　系统各月份上调、下调灵活性供给及灵活性需求的分布箱图

性需求较大，原因为系统在各月份的原始灵活性需求差异并没有这么大，但是由于供暖期可再生能源接纳能力有限，考虑限电因素后对灵活性需求有一个修正，加上修正量之后系统下调灵活性需求明显增加。由图 4-10（c）可以看出，系统在供暖期的灵活性供给能力较差，从而更加导致系统在供暖期的灵活性不足，非供暖期下调灵活性供给能力能够满足需求。由图 4-10（b）可以看出，系统上调灵活性供给能力分布没有明显的月份差异，由于上调灵活性需求较小，系统在各月的上调灵活性均较为充裕。

蒙西电网 2020 年电源规划原始方案弃风分析及风电装机与消纳能力分析分别如图 4-11、图 4-12 所示。

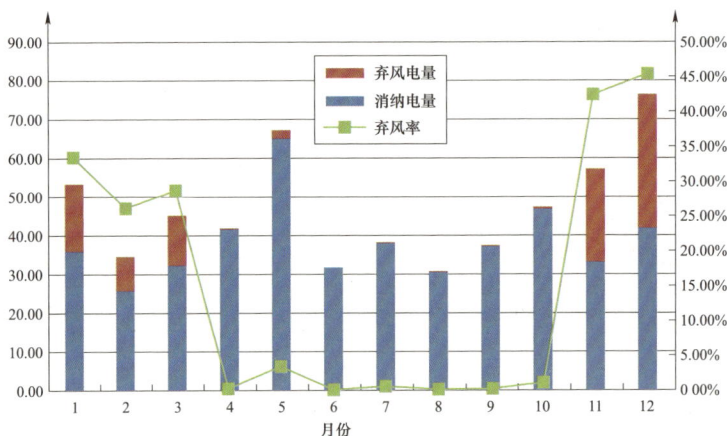

图 4-11 蒙西电网 2020 年电源规划原始方案弃风分析

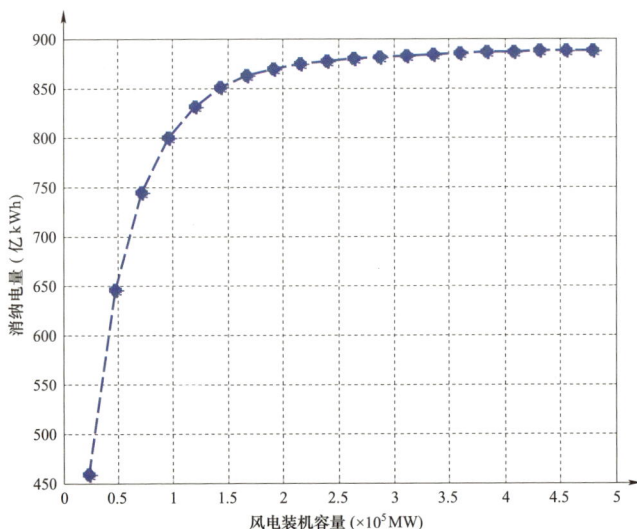

图 4-12 蒙西电网 2020 年电源规划-风电装机与消纳能力分析

主要结论：2020 年蒙西电网的风火比例高，七大区域独立供热。新增新能源容量大，原始电源规划方案下消纳问题突出，全年弃风率为 261%。冬季供热矛盾突出，供热季下调灵活性不足问题亟待解决。

4.1.2.3　不同灵活性资源对灵活性指标的影响分析

本部分讨论不同灵活性资源对灵活性指标的量化影响，主要考虑四类灵活性资源，即灵活发电厂、储能设备、储热设备、电热泵。根据上述分析可知，在高比例可再生能源系统中，下调灵活性的充裕性更差，因此本节主要聚焦在对下调灵活性影响的讨论。对于每类灵活性资源，设其建设容量从 0MW 增加至 10 000MW，计算步长设定为 1000MW，分别评估灵活性指标（15min 时间尺度的下调灵活性不足期望）和可再生能源限电量，计算结果即各类灵活性资源对系统下调灵活性的影响见表 4 - 10。

表 4 - 10　　　　　　　　各类灵活性资源对系统下调灵活性的影响

装机容量（MW）	储电设备		储热设备		电热锅炉		灵活机组	
	缺供电频率期望值（MW）	缺供电量（GWh）	缺供电频率期望值（MW）	缺供电量（GWh）	缺供电频率期望值（MW）	缺供电量（GWh）	缺供电频率期望值（MW）	缺供电量（GWh）
0	1487	13 015	1487	13 015	1487	13 015	1487	13 015
1000	1276	12 079	1336	12 193	924	8110	1395	12 201
2000	1181	11 326	1264	11 575	534	4699	1306	11 426
3000	1137	10 670	1217	11 041	290	2572	1222	10 691
4000	1098	10 076	1174	10 538	168	1512	1142	9995
5000	1061	9554	1128	10 045	113	1041	1068	9339
6000	1022	9099	1077	9567	89	843	999	8724
7000	979	8660	1022	9100	78	754	933	8146
8000	939	8287	969	8643	75	731	872	7602
9000	895	7894	917	8201	75	731	814	7088
10 000	853	7514	867	7772	75	731	758	6602

灵活性指标与新建的灵活性资源容量之间的关系如图 4 - 13 所示。可以看出，随着各类灵活性资源投建容量的增加，系统灵活性水平均呈现明显的增加趋势，但是不同资源对指标的影响程度不同。在上述四类资源中，电热泵的改善效果最强，其主要作用是提升了热电机组的调峰能力，从而能够为可再生能源提供更多的接纳空间；其他三类设备的调节效果相当，灵活机组的改善效果与其容量基本

呈现线性关系，而储能和储热设备初期的改善效果较好，但是边际改善效果随着规划容量的增加递减，呈现一定的饱和趋势。可以看出，在不同的容量段，不同资源的边际效应排序发生了变化，因此实际中需要多类资源的组合，才能实现最优的灵活性规划。

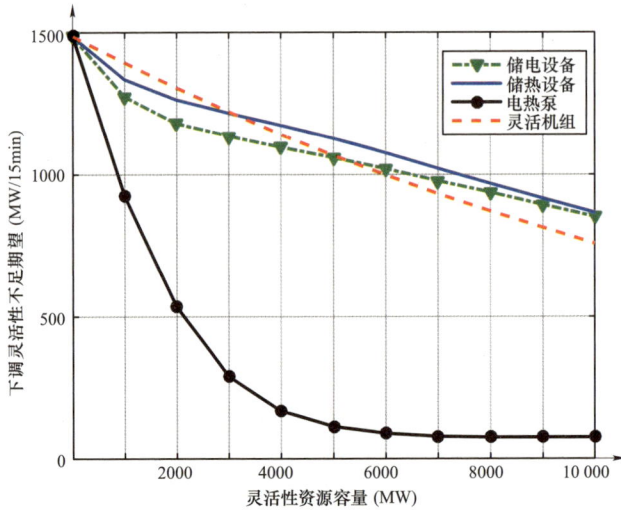

图 4-13　灵活性指标与新建灵活性资源容量之间的关系

根据上述计算结果，给出在不同灵活性资源作用下，灵活性指标与限电量的散点图关系，并给出拟合曲线，如图 4-14 所示。可以看出，考虑了灵活性资源后，系统灵活性指标与限电量仍然近似呈现线性关系，这不仅进一步说明了指标定义的合理性，也反映了本书对于灵活性资源建模的正确性。

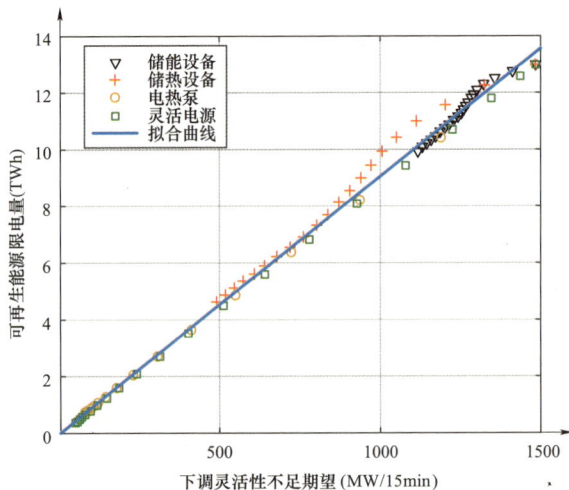

图 4-14　系统灵活性指标与限电量的相关关系散点图和拟合曲线

4.1.2.4　蒙西电网灵活性改造方案

考虑 2020 年技术水平，推荐蒙西电网的灵活性改造方案见表 4－11。综合方案可将弃风率从 26% 降低至 6.6%。

表 4－11　　　　　　蒙西电网 2020 年电源规划灵活性改造方案

方案	方案描述	弃风率（%）
改善负荷特性	负荷峰谷差降低 5%	11.62
提高供热机组调峰能力	供热机组最小技术出力降至 60%	12.86
综合方案	负荷峰谷差降低 5%+供热机组最小技术出力降至 60%	6.60

4.1.2.5　随机生产模拟计算性能对比结果

本部分主要分析随机生产模拟方法的性能对比。"十三五"规划测算数据与实际消纳数据对比见表 4－12。规划测算数据为 2015 年进行蒙西电网"十三五"消纳专项规划时，对蒙西电网总风电装机为 2700MW 时对应消纳水平的规划预估（其余电源参考 4.1.2.1 的算例简介，尽可能计入可用灵活性资源，包括自备调峰、火电机组深度调峰等，对应高消纳场景），该装机水平大致对应蒙西电网 2017 年年底水平。表 4－12 中可以看出，规划测算对消纳电量、弃风率的评估有很高的准确度。

表 4－12　　　"十三五"规划测算与实际数据对比（270kW 风电装机水平）

项目	装机（万 kW）	理论小时数（h）	消纳电量（亿 kWh）	弃风电量（亿 kWh）	弃风率（%）
2017 年实际数据	2670	2419	551	95	14.7
"十三五"规划预估	2700	2400	559	89	13.7
相对偏差	—	—	1.4%	6.3%	6.8

同时，对比了同装机水平下非时序随机生产模拟与基于机组组合的时序模拟法（采用蒙西电网 2014 年风电出力时序输入数据等比折算至对应装机容量下）的计算精度与计算效率对比，见表 4－13，可见二者电量消纳和弃风数据基本相近，误差在可以接受的范围内，但非时序生产模拟的计算耗时远低于时序模拟。

153

表 4 – 13　　　　非时序随机生产模拟与时序机组组合模拟法的性能对比

项目	消纳电量（亿 kWh）	限电电量（亿 kWh）	限电比率（%）	计算时间（min）
非时序方法	559	89	13.7	0.52
时序方法	565	83	12.8	73.1
相对误差	1.15%	7.2%	5.4	—

　　为了进一步验证非时序随机生产模拟方法在大规模系统中的应用，构造了100 台机组系统对规划目标年 1 月的风电消纳情况进行测算对比，见表 4 – 14。可以看出，与传统时序生产模拟计算结果相比，所提非时序生产模拟方法在关键运行评价指标（弃能率、单位发电成本等）上，精度达到 98%以上。100 台机组单月模拟时间 12.5s，总计算时间降低 99%以上。进一步对比表 4 – 13 可以看出，系统规模越大，计算效率提升越明显。

表 4 – 14　　　　　　　　　1 月计算结果对比

项目	非时序生产模拟	时序生产模拟标准计算	精度	速度
弃风率	34.437 9%	35.17%	98%	
弃风电量	1 460 193.933 5MWh	1 491 331.886 6MWh	98%	
系统总煤耗	2 186 840.917 3t	2 228 006.681 1t	98.15%	
计算时间	12.541s	24 411.471 8s		提升 99.95%

　　综上所述，基于本项目提出的随机生产模拟方法，可以在较少的规划数据基础上获得相当准确的消纳评估指标，且计算效率大幅提高，是灵活性规划强有力的支撑工具。

4.2　大型可再生能源基地汇集和送出系统一体化规划

4.2.1　甘肃省酒泉基地规划要求

　　利用甘肃省酒泉基地送出电网进行计算验证。该省内建设了大量风电场集群及风电基地，地区内规划目标年风电装机达 8538MW，光伏装机为 60MW，常规电源为 31 539MW。考虑到计算规模较大，采用简化算法，利用过载成本代替可靠性成本，并将必经线路新建线路设为 1 回必然建设，以规划年作为目标年对该电网主网架进行规划。规划中，负荷预测总负荷为 11 277MW，利用西北电网风电场群实测出力作为风电场群出力数据，各季节日负荷曲线与联络线出力计划作为负荷及联络线功率，以及备选线路集合进行计算。

4.2.2　规划结果

4.2.2.1　风电场群接入规划

以酒泉基地 10 个风电场组成的风电场集群为例进行计算及分析。将 10 个风电场的经纬度经过换算，得到风电场的地理位置信息，具体风电场位置信息见表 4-15。线路及变电站成本，即典型工程造价见表 4-16。

表 4-15　　　　　　　　　风 电 场 位 置 信 息

序号	东西（km）	南北（km）	装机容量（MW）
1	76.032	95.366	100
2	162.569	52.323	200
3	159.644	62.020	200
4	50.901	103.784	200
5	45.832	108.594	100
6	26.646	109.226	200
7	103.093	108.702	200
8	57.616	112.386	200
9	33.042	109.025	200
10	102.324	67.925	200

表 4-16　　　　　　　　　典 型 工 程 造 价 表

电压等级	变电站		线路	
	容量（MVA）	价格（万元）	容量（MVA）	价格（万元/km）
110kV	40	1800	53	38
	100	2700	95	49
	120	3600	100	54
	150	4000	110	57
	200	4500	200	85
220kV	120	5000	230	65
	180	6000	330	75
	240	7000	460	105
	360	8500	660	125
	540	11 000		
	720	13 500		
500kV	1400	33 000	1400	130

风电场的出力信息利用风电场历史出力数据进行截取，作为其场景年的年出力数据，同时也反映了风电场集群内部的相关性信息。对于未建成投产的风电场，可以利用测风数据模拟得到场景年出力信息。

给定输电价格及投资信息，对于各个风电场，价格费用参数相同：

（1）输电企业输送单位风电电量的收费为 0.08 元/kWh，考虑到规划模型中每单位电量收益需分摊到 110kV 及 220kV 线路上，取 p_o=0.04 元/kWh。

（2）由于电网输电能力不足造成的风电弃风损失的罚款（按风电发电单价计算）为 0.32 元/kWh，取 p_b=0.16 元/kWh。

（3）年利率 t=5%，输电投资静态回收周期 N=20a。

10 个风电场分为 2 组进行接入，总体收益最大。风电场分组为 1、2、3、7、10 一组，4、5、6、8、9 一组。

风电场组内汇集电站位置坐标分别为（100，90）及（49.38，106.89）。线路容量配置优化结果见表 4−17，其中，汇集变电站的容量与汇集变电站连接中心变电站的线路容量相同。具体接入系统线路连接示意图如图 4−15 所示，其中圆圈为风电场位置，红色方块为系统中心变电站，绿色方块为汇集变电站。

以目标年计算，总体收益为 12 396 万元，成本为 79 743 万元。

表 4−17　　　　　　　　　　线路容量配置优化结果

线路起点	线路终点	线路/变电站容量（MW）	线路长度（km）
风电场 1	汇集变电站 1	95	24.56
风电场 2	汇集变电站 1	95	73.04
风电场 3	汇集变电站 1	95	65.88
风电场 4	汇集变电站 2	100	3.46
风电场 5	汇集变电站 2	94	3.94
风电场 6	汇集变电站 2	150	22.85
风电场 7	汇集变电站 1	195	18.96
风电场 8	汇集变电站 2	150	9.90
风电场 9	汇集变电站 2	195	16.48
风电场 10	汇集变电站 1	194	22.20
汇集变电站 1	中心变电站	540	0
汇集变电站 2	中心变电站	540	53.36

由于风电场集群内部的中心变电站距离部分风电场较近，分组 1 中的风电场无需先进行汇集，可以直接接入中心变电站。对于输电距离较短、风电场出力较

高的线路，如风电场 9 的送出线路，其输电线路容量与装机容量相差不多；而对于输电距离较长、风电场出力较低的线路，如风电场 2、3 的送出线路，其输电线路容量则大大低于装机容量，以提高线路利用率。

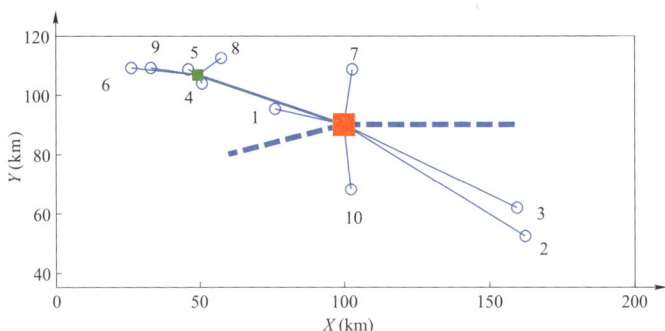

图 4-15　接入系统线路连接示意图

利用实际风速数据进行运行模拟，当风电场出力较高时，将出现部分少量弃风情况，对接入系统模拟运行，接入系统弃风示意图如图 4-16 所示，蓝色虚线为理论最大风电发电量，红色实线为实际送出风电发电量。由于经过优化，弃风电量仅为总发电量的 1.1%，经济上的损失远低于线路成本节约量。在高风速时段对风电场输出功率进行主动限制，在一定程度上也减少了系统受到风电功率波动的影响；线路输电容量的减少，也可以有效地减少系统备用容量的需求。

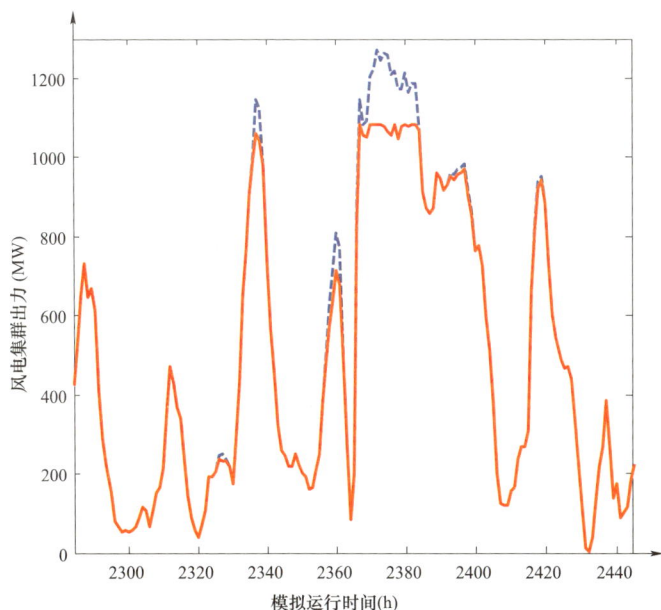

图 4-16　接入系统弃风示意图

若对风电场分别进行规划，即线路容量按装机容量确定，各个风电场直接接入中心变电站的规划方法，风电场集群的总体收益仅为8757.2万元，经过优化后，总体收益提高了40%。

4.2.2.2 送出系统规划

电网协调规划备选线路集及规划方案见表4-18。分析可以得出：

（1）通过协调规划，大大减少了GHX及GJQ附近的线路，仅使系统在少量故障状态下出现了过载。

（2）虚拟机组选择接入点为750kV的GGQ站，为送端电网处，接入在受端电网可以进一步改善系统的可靠性及经济性，提高总体效益。

（3）总体规划中新建线路总条数由53条减少为39条，减少了大量的线路建设成本，总造价减少了22.3%。

表4-18　　　　　　　　电网协调规划备选线路集及规划方案

序号	首端节点	末端节点	回路号	电压等级	造价（万元）	原规划	协调规划
1	GJH	GGQ	2	750	4834.7	建设	建设
2	GJH	GGQ	3	750	4834.7	建设	建设
3	GGQ	GCL	2	750	5422.92	建设	
4	GGQ	GLY	2	750	5422.92	建设	建设
5	GGQ	GZE	2	750	5422.92	建设	建设
6	GGQ	GZY	2	750	2609.32	建设	
7	GGZ	GZQ	2	330	2547.28	建设	建设
8	GHP	GFL	1	330	1829.68	建设	
9	GMJ	GPK	1	330	585.778	建设	
10	GMJ	GPK	2	330	585.778	建设	建设
11	GWS	GXF	1	330	3448.61	建设	建设
12	GXD	GLD	2	750	8150.26	建设	
13	GYS	GZC	2	330	2117.53	建设	
14	GZQ	GSD	2	330	5125.09	建设	建设
15	GZY	GZQ	1	330	2196.51	建设	
16	GBY	GDT	1	330	5807.88	建设	
17	GBY	GXQ	1	330	668.555	建设	建设
18	GBY	LYC	2	330	718.097	建设	建设
19	GBY	LYC	1	330	718.097	建设	建设

续表

序号	首端节点	末端节点	回路号	电压等级	造价（万元）	原规划	协调规划
20	GBL	GGH	1	330	574.795	建设	
21	GLK	GBL	1	330	200.967	建设	
22	GDX	GLD	1	330	2212.64	建设	建设
23	GJC	GDD	1	330	1687.68	建设	
24	LDH	GDZ	1	330	3367.91	建设	
25	GDZ	LSH	1	330	878.666	建设	建设
26	GDH	GGZ	1	330	244.499	建设	
27	GDH	GHL	1	330	4310.01	建设	建设
28	LBN	GDH	1	330	3221.47	建设	
29	GDH	LBL	2	330	4100.13	建设	
30	GLY	GGC	1	330	6620.33	建设	
31	GGC	GLX	1	330	509.443	建设	建设
32	GGL	GWS	1	330	6361.25	建设	
33	GGL	LTM	1	330	3660.8	建设	建设
34	GPJ	GGH	1	330	2082.56	建设	
35	GHS	GXF	1	330	1580.93	建设	建设
36	GHS	LHG	1	330	2489.4	建设	
37	GHX	GJC	1	330	839.277	建设	建设
38	GHX	GJE	1	330	1638.97	建设	
39	GHX	GSW	1	330	1616.41	建设	
40	LHW	GHX	1	330	1642.19	建设	建设
41	GHX	LLT	1	330	4246.58	建设	
42	GHL	LHN	1	330	6150.2	建设	
43	LLN	GHL	1	330	439.333	建设	建设
44	GYS	GHW	1	330	1407.09	建设	建设
45	GJG	GJY	1	330	596.027	建设	
46	GJQ	GJY	1	330	1952.99	建设	
47	GJQ	GJQ	1	330	350.483	建设	
48	GWH	GJZ	1	330	3003.12	建设	建设
49	GJQ	GJD	1	330	2155.72	建设	建设
50	GJR	GJG	1	330	509.508	建设	
51	GJL	LCY	1	330	420.695	建设	建设

续表

序号	首端节点	末端节点	回路号	电压等级	造价（万元）	原规划	协调规划
52	GJQ	LCY	1	330	4487.45	建设	
53	GJQ	LLT	1	330	9317.21	建设	
54	GJQ	LQN	1	330	658.282	建设	建设
55	GXZ	GLL	1	330	256.228	建设	建设
56	GLX	GXR	1	330	1377.2	建设	建设
57	LZC	GLX	1	330	3017.12	建设	建设
58	LLT	GLZ	1	330	2342.96	建设	
59	GLZ	LTM	1	330	3660.8	建设	
60	LWR	GLZ	1	330	1243.9	建设	建设
61	GWD	GLJ	1	330	4265.21	建设	
62	GLX	LTS	1	330	4568.65	建设	
63	GLY	GLD	1	330	3591.92	建设	建设
64	GPL	GMJ	2	330	1284.95	建设	
65	GPL	GMJ	1	330	1284.95	建设	建设
66	LSZ	GMZ	1	330	4882.69	建设	
67	GRD	GWL	1	330	1465.18	建设	
68	GSJ	GWD	1	330	6650.49	建设	建设
69	LHW	GSD	1	330	7441.1	建设	建设
70	LML	GSD	1	330	3075.02	建设	建设
71	LTR	GTS	1	330	1097.46	建设	
72	GWS	GYD	1	330	1913.93	建设	
73	GWS	LTZ	1	330	1642.19	建设	建设
74	GXZ	LZW	1	330	1464.29	建设	建设
75	LMZ	GYM	1	330	790.101	建设	
76	LSZ	GYY	1	330	418.623	建设	
77	GZY	GZD	1	330	1401.78	建设	建设
78	LYN	GZY	1	330	511.837	建设	建设
79	GZC	LZC	1	330	1882.35	建设	建设
虚拟机组					50 000		建设
总建设成本（万元）						210 113	142 885
系统运行成本（万元）						0	464
总造价（万元）						210 113	163 349

4.2.3　规划结果对比

利用甘肃省风电场群实测出力作为风电场群出力数据，根据日出力向量的经验分布，按季节采样合成得到规划中的预期风电场群出力曲线。根据电源可靠性不变的原则，将常规电源放大为原系统的 2.9 倍，得到风电场群的装机容量为2516MW，容量系数约为 12%。同时，作为参考系统，安装一台等效常规发电机组，作为系统规划方案的对比。电网协调规划结果见表4-19。

表4-19　　　　　　　　　　电 网 协 调 规 划 结 果

场景		无风电接入	含风电场群接入		
			不增加电源	14号节点增加电源	4号节点增加电源
新增线路（回数）	1-2	1	1		
	1-5		1		
	3-9				1
	3-24	1			
	6-10	1	2	2	2
	7-8	1	2	2	2
	8-9	1		1	
	10-11	1	1		
	11-13		1		
	14-16	1	1	1	1
	15-21	1			
	16-17		2	1	1
	16-19		1		
调节电源容量（MW）		0	0	40	40
可靠性（年停电时间，h）	电源	9	9	8.4	8.4
	负荷	11	12	11	10
总费用（万元）		71 560	99 080	71 240	67 400

由表4-19结果分析可以得出：

（1）在电网规划中加入虚拟机组作为优化变量，提高了含风电电源的可靠性，并允许部分弃风，则电网规划中，在保证负荷可靠性不变甚至提升的情况下，新建的线路总条数、总成本可以大大降低。可以看出，电源和负荷的年停电时间分别下降了 0.6h 和 1h，协调规划方案总成本较原规划方案降低 30.5%。

（2）加入虚拟机组，提高系统电源的容量密度，可以有效降低系统对于电网可靠性的需求。实际中调节电源的选择多样，既可以为燃煤、燃气机组，也可以为储能元件。

（3）根据仿真结果，虚拟机组接入位置对于结果有一定影响，但在负荷附近无法接入更多的调节机组的情况下，在远离负荷的送端电网接入调节机组同样可以有效降低系统的总体投资，优化电网电源规划的协调性。

4.3　大型海上风电基地汇集与送出规划实例

本规划主要针对江苏省如东地区沿海和海上 2700MW 级海上风电规划开展分析。

4.3.1　海上风电场输电系统设备选型优化

4.3.1.1　规划要求

分别以海上风电场单风场和风电集群为研究对象，进行输电系统设备选型优化。规划对象情况如下。

1. 单风电场

以江苏省如东某海上风电场为例，进行单风电场算例的分析。该风电场海上升压站离岸距离 80km，风电场装机容量为 300MW，利用历史数据，得到海上风电场的出力累积概率曲线如图 4-17 所示。

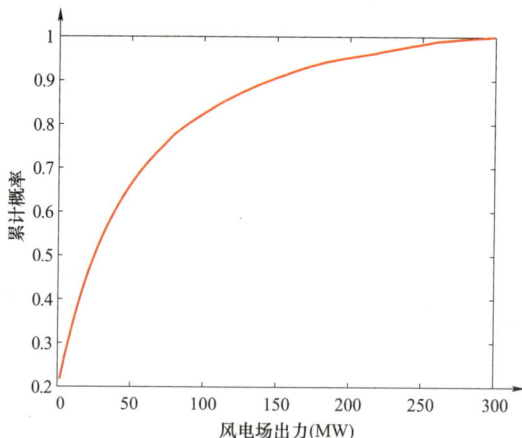

图 4-17　风电场出力累积概率曲线

输电系统采用交流送出方案，高压输电海缆电压等级为 220kV。某海缆厂家产品参数表见表 4-20 和表 4-21，表 4-20 展示了不同横截面高压输电海缆的载流量和价格信息，海缆的安装敷设费用估算为海缆成本的 30%。对于海上升压站成本部分，不同型号变压器的额定容量、空载损耗和负载损耗等信息参见表 4−21。变压器单位容量成本取为 5.5 万/MVA，安装费为 1504 元/MVA，海上升压站平台成本 13 万元/MVA。海上风电场设计寿命为 20 年，折现率 $r=6\%$，海上风电上网电价 0.85 元/kWh。风电场的厂用电率为 3%，发电机功率因数为 0.95。

2. 风电集群

以一个由三个风电场组成的海上风电集群为例，其输电系统结构示意图如图 4−18 所示，风电场 1 和风电场 3 发电通过海缆 1 和海缆 2 汇集到风电场 2，三个风电场的电通过海缆 3 送到岸上接入点，海缆的长度如图 4−18 所示。三个风电场的装机容量都是 300MW，采用交流送出方案，海缆电压等级为 220kV。

表 4−20　　　　　　　　　某海缆厂家产品参数表 1

海缆截面（mm²）	载流量（A）	价格（万元/km）	包含安装费的价格（万元/km）
240	430	103.6	134.7
300	486	112.1	145.7
400	558	120.0	156.0
500	639	140.0	182.0
630	731	160.0	208.0
800	831	185.0	240.5
1000	957	220.0	286.0
1200	1043	240.0	312.0
1400	1185	270.0	351.0
1600	1307	290.0	377.0
1800	1428	325.0	422.5
2500	1732	354.0	460.2

表 4−21　　　　　　　　　某海缆厂家产品参数表 2

变压器型号	额定容量（MVA）	损耗（kW）		空载电流（%）	短路阻抗（%）
		空载	负载		
SFZ11−31500/220	31.5	30	128	0.7	
SFZ11−40000/220	40	36	149	0.63	
SFZ11−50000/220	50	43	180	0.56	
SFZ11−63000/220	63	50	209	0.56	
SFZ11−90000/220	90	64	274	0.49	12～14
SFZ11−120000/220	120	79	329	0.49	
SFZ11−150000/220	150	93	385	0.42	
SFZ11−180000/220	180	108	445	0.42	

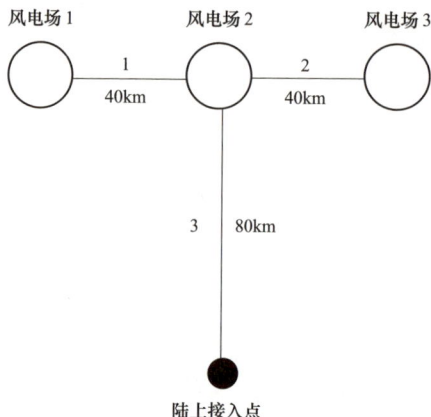

图4-18　风电集群输电系统结构示意图

　　由于集群的容量平滑效应，三者形成的集群的出力累计概率曲线如图 4-19 所示，其中三个风电场的出力累计概率曲线如图4-19中蓝色虚线所示。

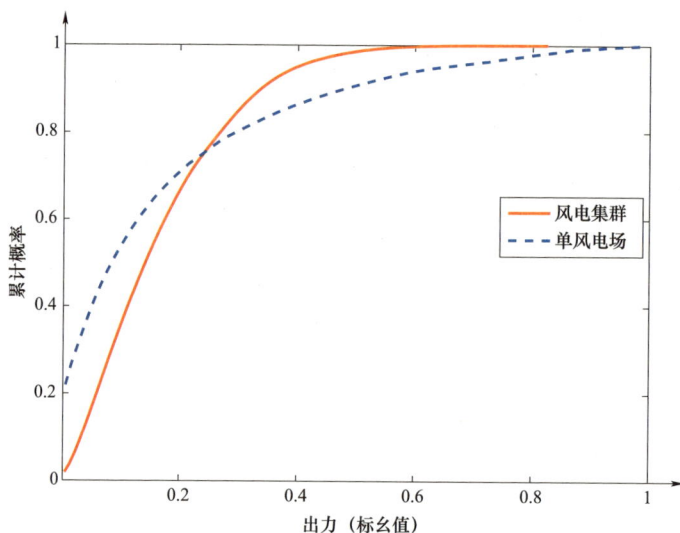

图4-19　风电集群与单风电场出力累计概率曲线

4.3.1.2　规划结果及对比

1. 单风电场

　　为了进行对照，首先按照传统选型方法，进行海缆和变压器的选型并计算海上输电系统成本。按照风电场装机容量计算海缆载流量和变压器容量要求为

$$I = \frac{P}{\sqrt{3}U\cos\varphi} = \frac{300}{\sqrt{3}\times220\times0.95}\times1000 = 828.73（A）$$

164

$$S_N > [P(1-K_P)/\cos\varphi_G]/n = [300(1-0.03)/0.95]/2 = 153.2（MVA）$$

可知，可采用 800mm² 海缆，2 台 180MVA 的变压器，经过计算，该方案满足海缆电压降约束的要求。得到传统选型方案的总成本和各部分成本见表 4－22。

原始选型方案下，输电系统的总成本为 64 434.14 万元，由于该选型方案能够满足风电场的额定出力的电能完全送出，所以不存在高风速截尾风险带来的损失电量成本。

表 4－22　　　　　　　　　　　　原始选型方案和成本

项目	数量		单价		成本（万元）
	数值	单位	数值	单位	
800mm² 海缆	240	km	240.5	万元/km	57 720
180MVA 变压器	2	台	1017.07	万元/台	2034.14
海上升压站平台	360	MVA	13	万元/MVA	4680
合计					64 434.14

而采用 3.3 节提出的优化模型进行求解可以得到优化后的选型方案和成本见表 4－23，所选海缆的横截面为 500mm²，而变压器容量为 120MVA。通过对比两表可以发现，通过优化方法得到的海缆截面和变压器容量都相对于原始选型方法有所减小，同时优化方案的综合评价指标 C_T 相对于传统选型方案减少了 11 498.03 万元，占比达到 17.84%，在经济性上有显著的改善。同时，经过计算，最优选型方案的年损失电量仅占年发电总量的 1.54%，因此优化选型方案带来的弃风风险是较小的，对于系统安全运行的影响不大。

表 4－23　　　　　　　　　　　　优化选型方案和成本

项目	数量		单价		成本（万元）
	数值	单位	数值	单位	
500mm² 海缆	240	km	182	万元/km	43 680
120MVA 变压器	2	台	678.05	万元/台	1356.1
海上升压站平台	240	MVA	13	万元/MVA	3120
损失电量成本	—	—	—	—	4780.01
合计					52 936.11

为了验证该优化结果的真实性，可以分别计算出力累计概率 η 取值为 90%～100% 时的选型结果和成本，η 取不同数值时，选型结果见表 4－24，成本的变化情况如图 4－20 所示。

表4-24　　　　　　　　　　　　η 取不同数值时的选型结果

η（%）	分位点出力（MW）	载流量（A）	海缆选型（mm²）	单台变压器容量需求（MVA）	变压器选择（MVA）
90	145.76	402.65	240	74.41	90
91	153.80	424.86	240	78.52	90
92	162.30	448.34	300	82.86	90
93	171.27	473.12	300	87.44	90
94	181.71	501.96	400	92.77	120
95	195.95	541.30	400	100.04	120
96	214.08	591.38	500	109.29	120
97	229.96	635.25	500	117.40	120
98	245.83	679.09	630	125.50	150
99	262.07	723.95	630	133.79	150
100	300	828.73	800	153.16	180

图 4-20 展示了不同分位点的投资成本、风险成本和总成本。可知，随着 η 的增大，风险成本阶梯状下降，而投资成本阶梯状上升，这是因为海缆和变压器的容量是离散的取值，在选型发生变化时，会导致成本跳变。而总成本随着 η 的增大先减小后增大，当 η 为96%～97%时，总成本最小，此时选型方案为500mm² 海缆和120MVA 的变压器，该方案为单风电场输电系统海缆和变压器选型的最优解，与优化的结果相符。

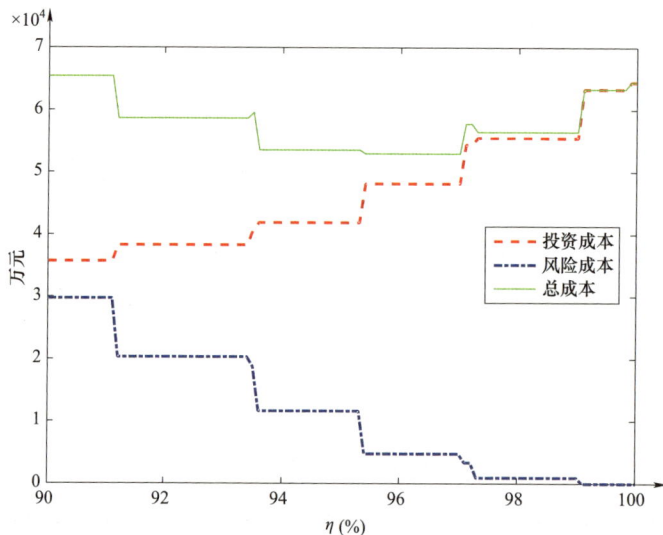

图 4-20　η 取不同数值时的成本的变化情况

2. 风电集群

对于该风电集群分别采用原始方法和本书提出的优化方法（参见 3.3.2）进行选型，对于海缆 3 的选型分别按照考虑和不考虑集群容量平滑效应两种优化方式进行计算，结果和分析如下。

应用原始方法（方法 1）、不考虑集群容量平滑效应的优化方法（方法 2）和考虑集群容量平滑效应的优化方法（方法 3）分别得到的选型方案和成本信息见表 4-25。由表 4-25 可知，海上风电集群利用本书提出的优化方法进行选型，在不考虑集群容量平滑效应的情况下，相对于原始方法总成本可以减少 3.16 亿元，有显著的改善。而在考虑到集群的容量平滑效益后，优化结果中海缆 3 的选型由原来的双回 1000mm² 降为单回 1600mm²，因而总成本减小到 14.09 亿元，优化效果进一步改善。该海上风电集群优化的结果验证了本书提出的优化方法在海上风电集群输电关键设备选型问题中的有效性。

表 4-25　　　　　　　　不同方法的选型方案和成本

方法	海缆 1 型号（mm²）	海缆 2 型号（mm²）	海缆 3 型号（mm²）	变压器（MVA）	设备成本（亿元）	风险成本（亿元）	总成本（亿元）
1	800	800	1600 双回	180	20.37	0	20.37
2	500	500	1000 双回	120	15.26	1.95	17.21
3	500	500	1600	120	11.66	2.43	14.09

4.3.2　海上风电场集电系统拓扑优化

4.3.2.1　优化要求

利用江苏省如东海上风电场作为案例，进行算例分析，其风电机组和海上升压站的布置如图 4-21 所示。

图 4-21 中，红色的点表示风电机组，绿色的框表示海上升压站，编号为 1，如东海上风电场的大小为 20km×10km，风电机组的单机容量为 5MW。集电线路的电压等级为 35kV，35kV 的中压集电海缆的成本和载流量参数见表 4-26。通过计算得到海缆承载风电机组数量与对应的海缆横截面的选择见表 4-27。

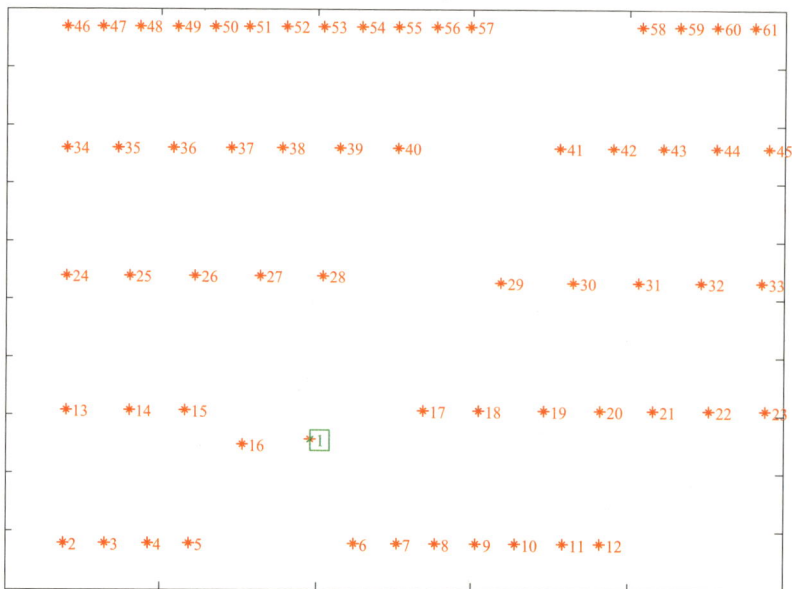

图4-21　江苏省如东海上风电场风电机组和海上升压站的布置

表4-26　　　　　　　　　35kV 中压集电海缆的成本和载流量参数

海缆截面面积（mm²）	单位长度价格（万元/km）	载流量上限（A）
70	77.8	215
120	91.16	300
185	106.76	375
240	117.23	430
400	155.29	550

表4-27　　　　　　海缆承载风电机组数量与海缆横截面的选择

海缆承载风电机组数量	1	2	3	4	5	6
所选海缆截面面积（mm²）	70	70	120	185	240	400

4.3.2.2　优化流程

将角度聚类算法与改进遗传算法结合起来进行海上风电集电系统拓扑优化，总体优化流程如图4-22所示。

168

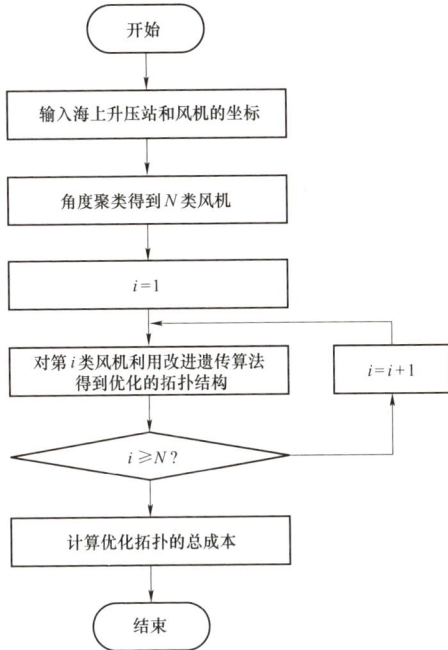

图 4-22　总体优化流程图

4.3.2.3　优化结果及对比

利用改进遗传算法对上述案例进行集电系统拓扑优化，聚类的组数选为 4，按照风电机组的角度进行聚类的结果如图 4-23 所示，黑色箭头方向为计算各风电机组角度的极轴，不同颜色的风电机组编号代表不同的类别。

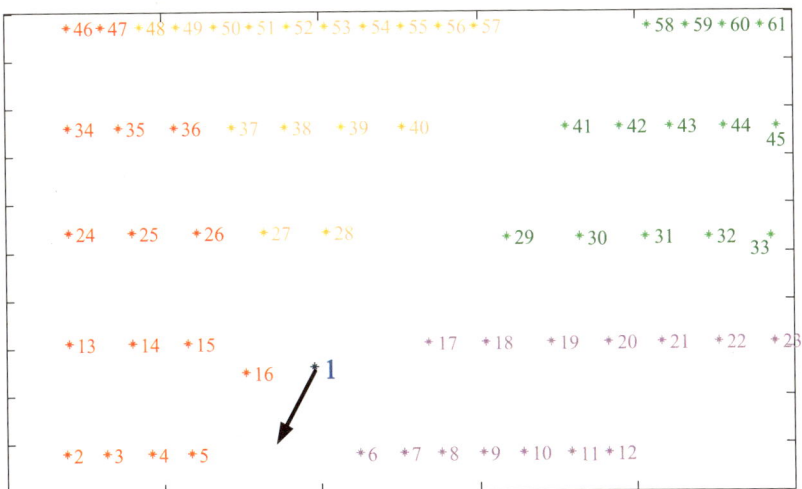

图 4-23　按照风电机组的角度进行聚类的结果

　　根据图 4-23 所示的聚类结果，对每组风电机组分别进行基于 DMST 的改进遗传算法的拓扑优化，初始种群的数量为 50，迭代过程中，每代利用选择算子选择 15 个进行交叉和变异生成子代，迭代次数的上限为 100 次。最终得到的最优集电拓扑如图 4-24 所示。

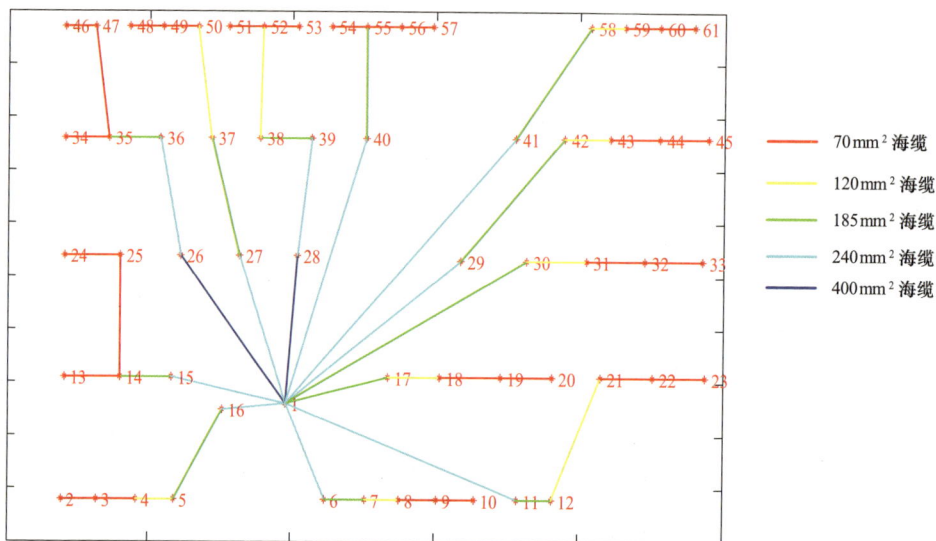

图 4-24　利用聚类改进遗传算法得到的最优集电拓扑

　　工程规划方案中推荐的集电拓扑如图 4-25 所示。

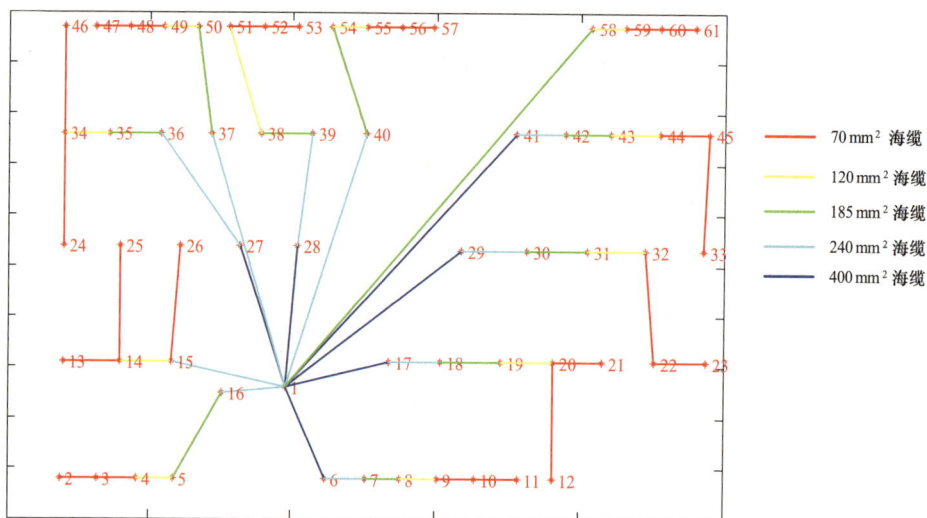

图 4-25　实际规划中的集电拓扑

　　利用算例系统中的集电海缆参数计算两个拓扑的成本可知，利用改进遗传算法得到的集电拓扑的总成本为 3.622 8 亿元,而工程规划方案中推荐的集电拓扑的总成本为 3.738 6 亿元,成本减少了 1158 万元,降幅为 3.10%。可见改进优化方法可有效降低集电系统的成本。

4.3.3　海上风电场输电系统结构优化

4.3.3.1　规划要求

以如东海上风电集群为例进行算例分析。如东海上风电集群由 9 个风电场组成,单个海上风电场的装机容量为 300MW,总容量为 2700MW。风电场的离岸距离为 40~80km,规划中每个风电场的电能都采用 220kV 高压交流送出。真实海上风电场的边界为不规则集合形状,为了便于优化计算,将风电场简化为矩形区域,海上升压站的位置选择海上风电场的矩形中心,得到的包含海缆通道编号、节点编号和风电场编号的风电集群系统编号结果如图 4-26 所示,其中节点 1 为陆上接入点。

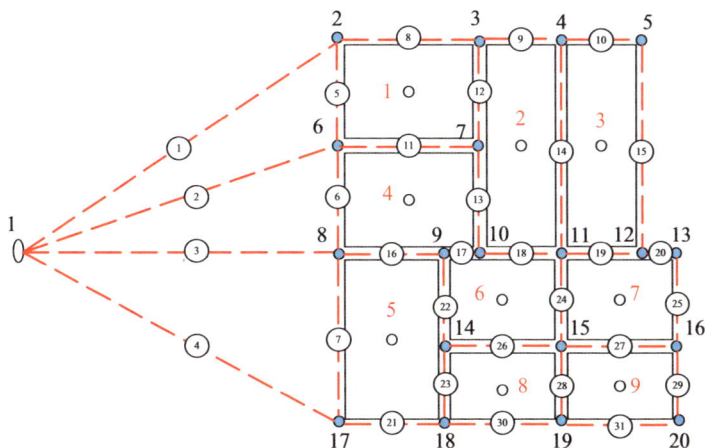

图 4-26　如东海上风电集群系统编号结果

20 个如东海上风电集群节点的坐标如表 4-28 所示,通过节点的坐标可以计算出各个海缆通道的长度以及升压站的坐标。

改进蚁群算法的参数选择 $\alpha = 1.5$,$\beta = 5$,$\rho = 0.7$。

表 4-28　　　　　　　　　如东海上风电集群节点坐标　　　　　　　　　单位:km

节点编号 i	横坐标 x_i	纵坐标 y_i	节点编号 i	横坐标 x_i	纵坐标 y_i
1	0	0	3	60	20
2	40	20	4	68	20

节点编号 i	横坐标 x_i	纵坐标 y_i	节点编号 i	横坐标 x_i	纵坐标 y_i
5	76	20	13	81	0
6	40	10	14	55	−9
7	60	10	15	68	−9
8	40	0	16	81	−9
9	55	0	17	40	−18
10	60	0	18	55	−18
11	68	0	19	68	−18
12	76	0	20	81	−18

4.3.3.2　单独拓扑优化结果及对比

利用改进蚁群算法对图 4−26 所示的海上风电集群进行单独输电系统拓扑优化，暂不与设备选型联合优化，优化得到的输电系统拓扑如图 4−27 所示。而工程规划中设计的输电方案按照离岸距离直接将风电场分为 3 组，即{1，4，5}、{2，6，8}和{3，7，9}，每组的 3 个风电场的电能汇集后送往陆上接入点，工程规划输电系统拓扑如图 4−28 所示。两个输电拓扑的成本和不同型号的海缆长度情况见表 4−29。可见，利用基于改进蚁群算法得到的海上风输电系统拓扑的总成本相对于工程规划方案减小了 6300 万元，降低了 3.99%，有较为显著的改善。

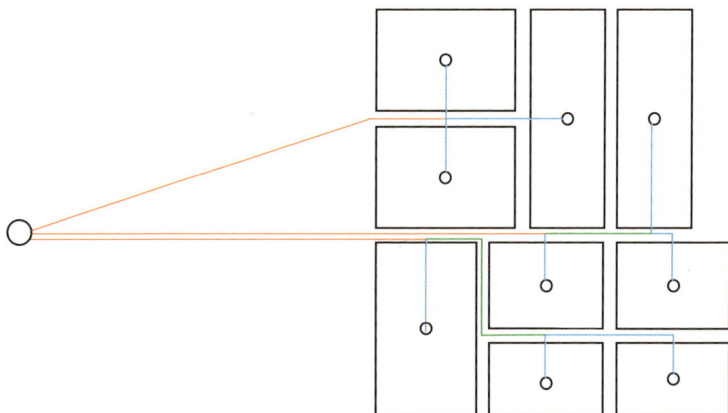

图 4−27　优化得到的输电系统拓扑

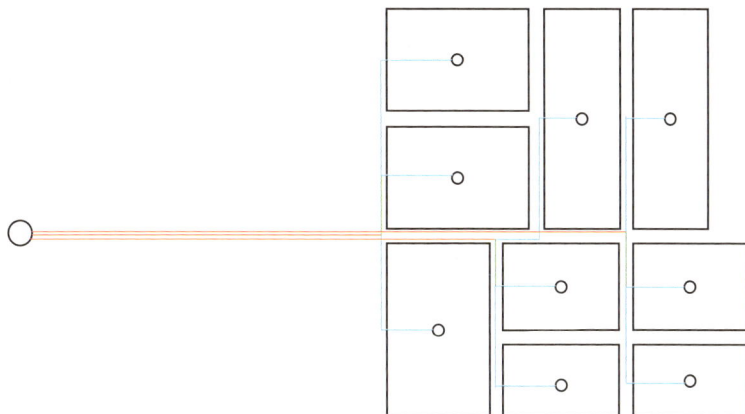

图 4-28　工程规划输电系统拓扑

表 4-29　　　　　　优化拓扑与工程拓扑的海缆长度和总成本对比

项目	工程中的输电拓扑	优化得到的输电拓扑
800mm² 海缆（km）	114.5	76.5
2500mm² 海缆（km）	14	33.5
双回 1600mm² 海缆（km）	163	160.3
总成本（亿元）	15.77	15.14

此外，优化后还显著减少了海缆走廊占用的海域使用面积，规划海域总面积为 2642km²，减小了 28%。同等海域使用条件下，折合规划总装机容量 1480 万 kW，增加了 18%。

4.4　源侧多类型储能的多点布局和优化配置实例

4.4.1　规划要求

基于辽宁省卧牛山地区风电场群的功率输入数据，对 IEEE RTS 标准系统进行仿真分析。在仿真系统 BUS4 集中接入装机容量为 800MW 的风电场，此时风电装机占全网装机容量的 19%。风电场出口有两条 138kV 线路，总送出能力为 416MW。该风电场的平均风速为 6.77m/s，具有冬季风速大、夏季风速小的特点，并具有一定的反调峰特性。风电场的风速—功率曲线采用 Vestas 0.85 典型风机参数，v_{ci}=4m/s，v_r=15m/s，v_o=25m/s。常规机组启停计划中负荷和风电备用分别设为 5% 和 10%。储能优化配置模型中，取液流电池的功率/容量成本比为 1:1.5。

4.4.2 模型算法验证

4.4.2.1 风电消纳能力分析

计算无储能时的风电消纳能力指标，见表4-30。

表4-30 无储能时的风电消纳能力指标

LOWEP（%）			LOWE（h/年）			LOWF（次/年）
调峰弃风	网架弃风	总和	调峰弃风	网架弃风	总和	
9.14	6.44	15.58	680	380	918	274

无储能时系统的风电消纳能力较差，弃风比例达到15.58%，弃风频次为274次/年，若利用常规机组全额接纳风电，将显著增加机组的启停台次和运行成本。从弃风指标的分类情况分析，调峰能力不足导致的弃风电量和弃风小时数均大于网架弃风，可见此算例中调峰能力不足为主要弃风原因。

统计各个时刻、各个月份的平均弃风电量分布情况，弃风电量的日分布特性和季节分布特性如图4-29所示。可以看出，弃风现象存在明显的日特性和季节

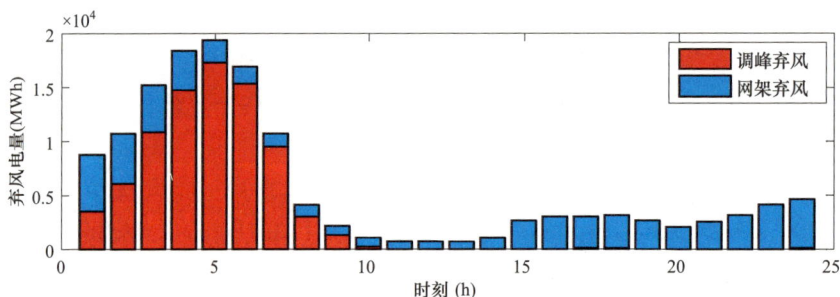

(a) 不同时刻的平均弃风电量

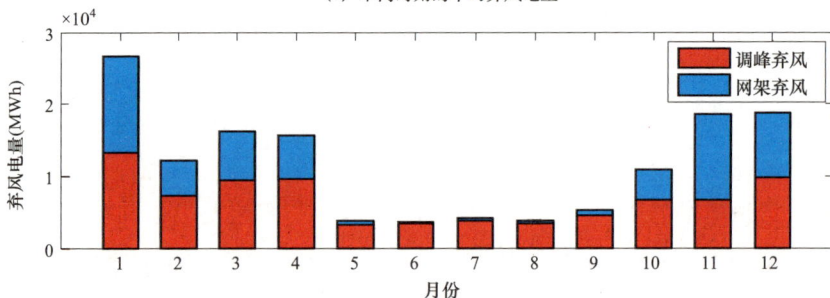

(b) 不同月份的平均弃风电量

图4-29 弃风电量的日分布特性和季节分布特性

特性，主要集中于 0:00～7:00 的负荷低谷时段和 11～4 月的冬季风大季节，反映了所采用的风速模拟方法可较为准确地体现风速多维度波动特性，为分析风电消纳能力、优化储能配置方案奠定了基础。同时，集中长时间的弃风现象将显著增加储能容量的需求，也使得储能的运行方式需根据季节变化进行相应的调整。

4.4.2.2　储能优化配置方案

采用储能随机优化配置模型，可得到不同弃风比例要求下所需的储能功率和容量。弃风比例等高线的分布情况以及不同弃风比例要求下的储能优化配置方案，如图 4-30 所示实线与等高线的焦点为储能配置方案。

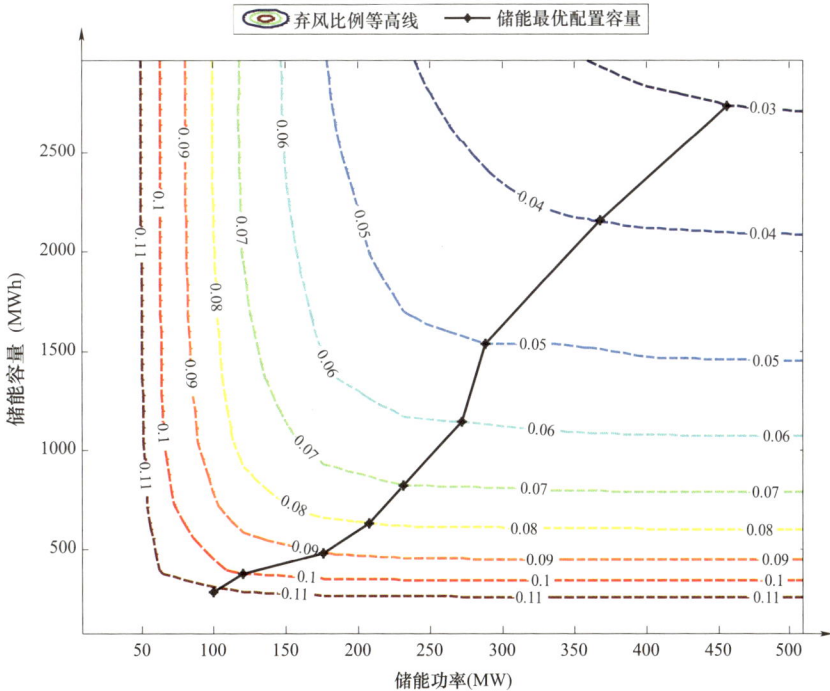

图 4-30　不同弃风比例要求下的最优储能容量配置变化

从图 4-30 中可以看到，弃风比例等高线呈现不均匀的分布，风电消纳要求越高，所需的储能功率和容量越大，尤其是容量需求的增加较为显著，说明弃风电量具有厚尾分布特性，这是风电时序相关性导致的。

弃风比例要求是储能优化配置模型的边界条件，体现了风储系统消纳风电的责任分摊比例。若弃风要求偏高，则需要配置较大的储能功率/容量，增加储能投资成本，同时弃风的厚尾特性和季节差异也会导致储能充放电深度减小、利用效率降低。若弃风要求偏低，则风电消纳责任转移到常规机组和电网侧，需要增加常规机组调节费用和电网建设成本。根据图 4-30 的弃风比例等高线分布情况，5%为储能功率和容量快速增长的拐点，故在后续的仿真分析中，均采用 5%的弃风比例作为储能配置的边界条件。

4.4.2.3 储能控制策略对储能运行效率的影响

比较以下两种储能控制策略：① 风电出力大于接纳空间时储能充电，风电出力小于接纳空间时储能及时放电；② 风电出力大于接纳空间时储能充电，风电出力小于接纳空间时采用结合弃风工况的储能控制策略有选择性地进行放电，其中接纳空间阈值 β 设为 0.9，SOC 放电阈值 S_d 设为 0.3。

两种储能控制策略下的储能优化配置结果、风电消纳能力指标以及储能系统的年循环次数见表 4-31。

表 4-31　　　　不同储能控制策略的配置方案、弃风指标和年循环次数

仿真场景	储能配置结果	LOWEP（%）	LOWE（h/年）	LOWF（次/年）	储能年循环次数
控制策略 I	264MW/1498MWh	5.0	209	47	546
控制策略 II	288MW/1538MWh	5.0	204	45	265

控制策略 II 所需要的储能参数略大于控制策略 I，这是因为策略 II 中储能没有及时放电，故吸收弃风电量的容量空间有所减小。两种策略的弃风指标相差不大，但策略 I 的储能循环次数却远大于策略 II。两种储能控制策略下某段时间的储能运行状态比较如图 4-31 所示。当日弃风电量较小时，控制策略 I 会出现浅充浅放的情况，如图 4-31 中时段 2 和 15。此时，储能应该在数日或一周的时间

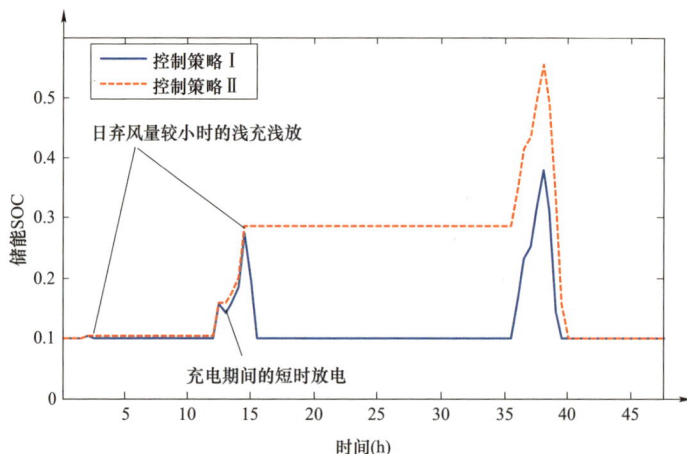

图 4-31　两种控制策略下储能运行状态比较

尺度与电网进行配合，以充分利用储能的容量。另外，由于风电的波动性，在储能充电过程中可能会出现短时的放电空间，如图 4-31 中时段 13。控制策略Ⅰ采取及时放电的方式，会造成储能不必要的循环，而控制策略Ⅱ可在一定程度上减少上述两类问题。

统计两种控制策略的充放电深度概率分布直方图，储能充放深度概率比较如图 4-32 所示。可见，虽然控制策略Ⅱ会导致配置容量的小幅增加，却可显著减小储能的循环次数、降低储能浅充浅放的概率，从而大幅度提高储能的利用效率。从而验证了本书提出的储能控制策略的有效性。

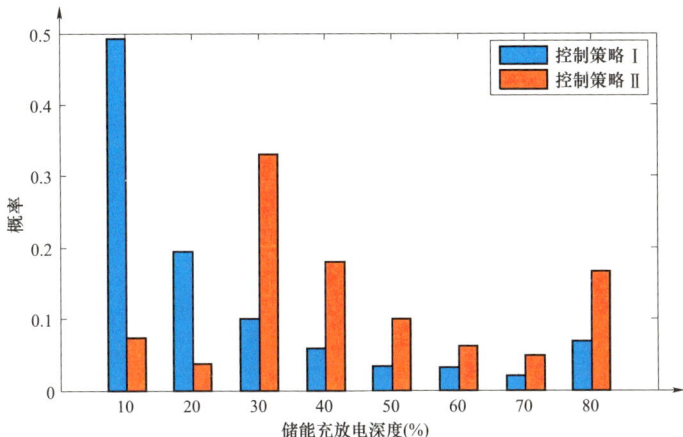

图 4-32　两种控制策略下储能充放深度概率比较

4.4.3　风电时序特性对储能配置方案的影响

风速的调峰特性和波动特性是风电的两个主要时序特性，调峰特性影响风电出力与调峰接纳空间之间的相互关系，而时序波动特性则与储能充放电循环过程有关，两者从不同角度影响风储联合系统的运行状态，进而改变储能的配置方案。

4.4.3.1　风速调峰特性对储能配置方案的影响

采用风电与负荷出力的日相关系数作为风电调峰特性的衡量指标，计算得到不同相关系数下储能的配置方案，储能功率和容量配置方案随风电调峰特性的变化如图 4-33 所示。

由图 4-33 可知，随着相关系数从负变为正，风电的出力趋势由逆调峰变为顺调峰，所需的储能功率和容量均相应减小。风电的调峰特性主要影响低谷时段因调峰能力不足导致的弃风，通常持续时间较长、对储能容量需求较大。故风电调峰特性由负变为正时，容量配置方案的灵敏度较高、下降速度较快。

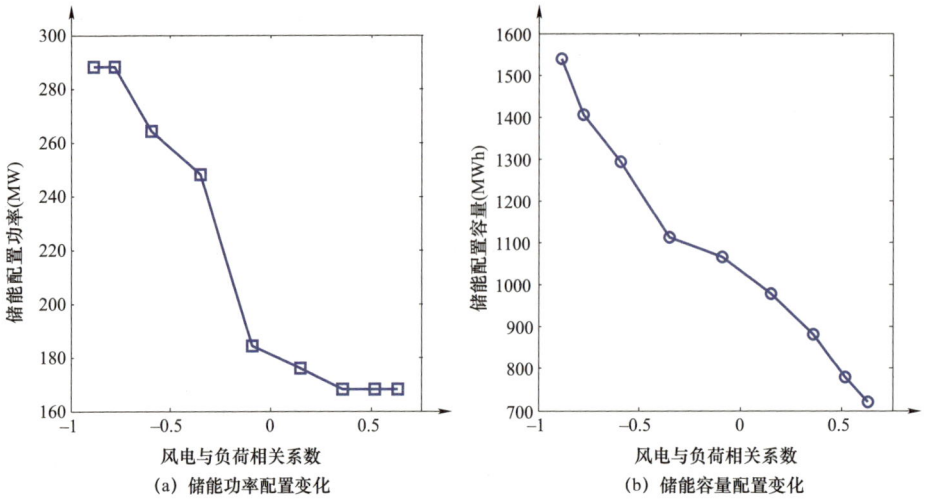

(a) 储能功率配置变化

(b) 储能容量配置变化

图 4-33　储能功率和容量配置方案随风电调峰特性的变化

4.4.3.2　风速波动特性对储能配置方案的影响

风速的波动性体现在时序相依模型上，修改时序相依模型的参数可得到不同波动特性的风速模型，且保持整体概率分布不变。两种仿真场景的风电功率波动分布和整体分布如图 4-34 所示，展示了两组不同的时序相关参数模型得到的风电出力模拟场景，场景 1 的时序相关性较大，即波动性较小，风速波动分布范围比场景 2 更为集中，而两个场景的风速总体分布保持一致。

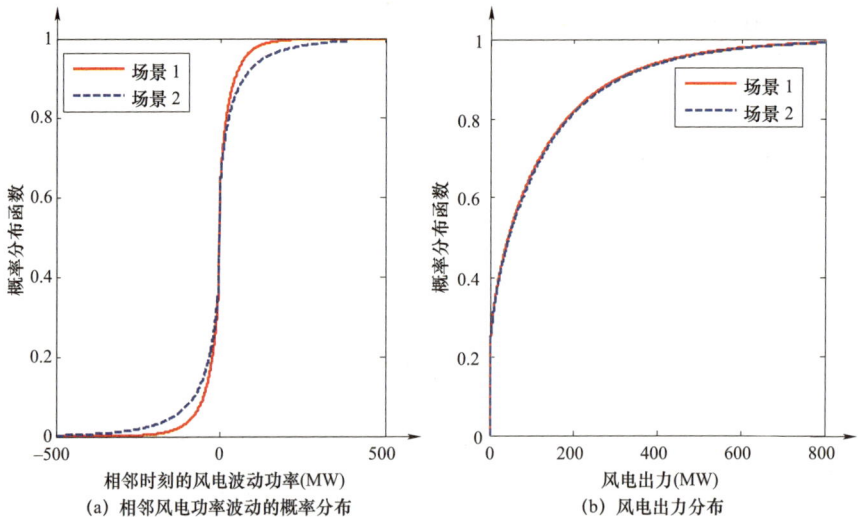

(a) 相邻风电功率波动的概率分布

(b) 风电出力分布

图 4-34　两种仿真场景的风电功率波动分布和整体分布

计算图 4–34 中两个仿真场景下无储能配置时的风电消纳能力指标，见表 4–32。

表 4–32　　　　　无储能时不同风电波动场景下的风电消纳能力指标

仿真场景	LOWEP（%）			LOWE（h/年）			LOWF（次/年）
	调峰弃风	网架弃风	总和	调峰弃风	网架弃风	总和	
场景 1	9.29	6.60	15.89	687	381	923	215
场景 2	9.19	6.81	16	678	389	918	349

由于风速总体分布相同，故弃风电量和弃风小时数指标差别不大，但场景 1 的弃风频率指标远小于场景 2，这是由于场景 1 的风速波动性较小导致的。弃风频率指标体现了风速波动对电网调节频繁程度的影响，是当采用储能进行调节时对应储能的循环次数。计算两种场景下的储能配置方案及风电消纳能力指标，见表 4–33。

表 4–33　　　　　不同风电波动场景下的储能配置方案

仿真场景	储能优化配置方案	LOWEP（%）	LOWE（h/年）	LOWF（次/年）	储能循环次数（次/年）
场景 1	344MW/2216MWh	5.0	203	40	190
场景 2	331MW/913MWh	5.0	245	92	420

由于场景 1 的风速波动性较小，储能需要长时间持续充电，所需的储能容量远大于场景 2。场景 2 利用风速波动的放电空间进行多次循环充放电，以减少所需的储能容量，但同时也使其循环次数明显增加，而储能功率配置结果相差不大。由此可见，由于风电的时序相关性，风储联合运行和规划均具有明显的时序特征。当采用状态抽样法进行储能规划或忽略风速时间相关性时，将无法考虑其对储能容量配置的影响，与实际情况存在较大的偏差。

4.4.4　风电空间特性对储能配置方案的影响

风电的空间分布特性将造成储能配置需求的地域差别，故当系统中有多个风电场分散接入电网时，各个风电场需根据自身风资源特性和接入电网结构配置相应的储能，并充分利用多个风电场的空间互补特性，实现整体资源配置的协调。若每个风电场储能配置均满足弃风比例要求，则全网的风电利用率也可满足要求。

4.4.4.1　弃风电量分配方式对储能空间分布的影响

首先讨论弃风分配方式的影响。在仿真系统的 BUS4 和 BUS5 分别接入两个装机容量为 400MW 的风电场，其平均风速分别为 6.77m/s 和 5.55m/s。线路送出容量均为 416MW，即两者仅风资源特性不同，且仅受调峰弃风因素的影响。

比较不同弃风分配方式下风资源差异对储能配置的影响，不同弃风分配方式下的储能配置方案和弃风指标见表 4–34。

表 4–34　　　　　　　不同弃风分配方式下的储能配置方案和弃风指标

弃风分配方式	储能配置	弃风比例（%）		
		风电场 1	风电场 2	全网
根据装机容量分配	风电场 1：44MW/113MWh 风电场 2：104MW/309MWh 总和：148MW/422MWh	5.0	5.0	5.0
根据风电实际出力分配	风电场 1：84MW/220MWh 风电场 2：76MW/195MWh 总和：160MW/415MWh	5.0	5.0	5.0

由表 4–34 可知，两种分配方式配置的储能总和相差不大，分配方式主要影响储能调节容量在不同风电场的分布情况。若按照装机容量对弃风电量进行分配，则两个风电场的弃风量相同，而风电场 2 的平均风速小于风电场 1，因此其弃风比例将大于风电场 1，导致风电场 2 需要配置较大的储能功率和容量，以满足 5%弃风比例的约束条件。若按照实际风电出力进行弃风量分配，风资源丰富的风电场 1 的弃风量较大，故其需要配置较大容量的储能。由此可见，根据风电实际出力进行弃风调度，可促使风电场配置根据自身的风资源特性配置相应的储能容量，使得占据较好资源的风电场同时也承担更多的风电消纳责任，更为公平合理。

4.4.4.2　网架结构及风电空间特性对储能配置方案的影响

风电出力的空间相关性不同时，系统对储能的总体需求也会随之改变；而网架输送能力的不同，则会造成接入地点的储能需求差异。在仿真系统 BUS4 和 BUS7 中分别接入两个装机容量为 400MW 的风电场，两个风电场的风资源特性相同，网架送出能力分别为 416MW 和 208MW。修改风速联合分布模型中的空间相关性参数，可得到不同相关特性下的风速模型。两个风电场的储能配置方案随空间秩相关系数的变化趋势如图 4–35 所示。

由于风电场 2 的线路送出容量较小，故其所需储能功率和容量都大于风电场 1。而随着空间秩相关系数的降低，两个风电场所需的储能功率和容量显著下降。由此可见，系统中风电场分布地域越广、空间相关性越弱，各个风电场所需的储

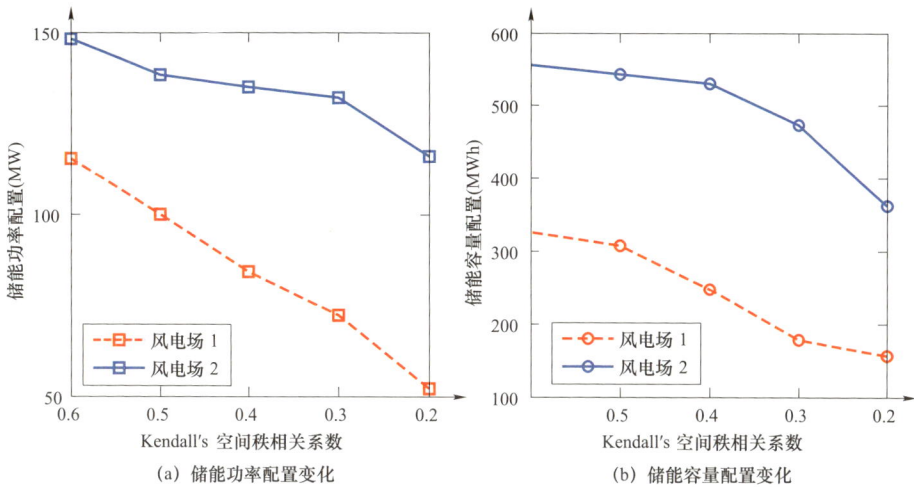

图 4-35 两个风电场的功率和容量配置随空间秩相关系数的变化

能调节容量也越小。当有多个风电场接入电网时，应综合考虑整个电网的风资源互补特性，统筹调配储能资源的分布。

综上可知，满足风电消纳约束的储能配置方案与系统的运行边界条件及风电场的调峰特性、时序波动性、多个风电场的空间相关性及接入网架结构有关，随着储能功率和容量成本的变化，其功率和容量配比关系也会有所不同。在本章的仿真算例中，综合单个风电场和多个风电场接入的计算结果，满足风电消纳条件的液流电池储能功率需求范围为风电场装机容量的 13%～36%，储能完全充/放电时间范围为 2.5～5.3h。故在第 5、6 章的储能运行策略仿真分析中，选取了折中的方案，均配置了额定功率为风电场装机容量 20%、完全充/放电时间为 4h 的液流储能系统，侧重研究给定储能配置参数条件下如何最大化储能运行效率。在实际应用中，应根据系统和风电场的具体情况进行分析计算，保证各个风电场配置储能的公平性和合理性。

4.4.5 储能配置的经济性分析

取风电空间相关系数为 0.2 时的风电数据及相应的储能配置方案，即两个400MW 风电场共配置 168MW/516MWh 的液流电池储能。假设两个风电场归属同一发电企业，对储能配置的成本-收益进行统一计算分析。

由于液流电池技术仍在发展中，成本以及性能参数的变化范围较大，取液流储能成本计算参数见表 4-35。取风电上网电价为 0.61 元/kWh，电网上调备用成本取系统平均边际成本 0.35 元/kWh，下调补偿成本取 0.1 元/kWh，报废率为 0.4，储能使用年限为 15 年，贴现率为 7%。

表 4-35　　　　　　　　　　液流储能成本计算参数

参数类别	参数大小	参数类别	参数大小
容量成本（万元/MWh）	338.3	功率成本（万元/MW）	230.35
运行成本［万元/（MW·年）］	36.55	更换成本（万元/MWh）	85
循环效率（%）	0.75	循环次数（80%DOD）	13 000

不同储能类型的配置方案和成本收益情况如图 4-36 所示。从成本构成上看，由于储能容量需求和容量单位成本较高，故容量成本占主体部分，而由于液流电池循环次数较多，可满足实际运行的需求，故无更换成本。从收益构成上看，弃风电量收益和计划跟踪收益基本相当。虽然利用储能吸收弃风的单位循环收益较高，但由于弃风电量的季节性和厚尾分布特性导致储能利用效率偏低。计划跟踪模式的时间尺度为小时级，虽单位循环收益较低，但循环次数多，因此储能多模式的综合应用可提高利用效率，增加运行效益。

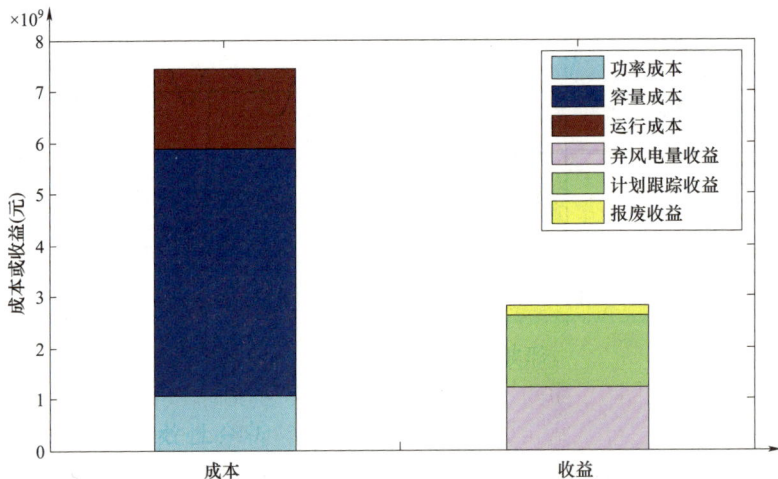

图 4-36　不同储能类型的配置方案和成本收益情况

综合成本和收益可知，液流储能在系统要求的配置边界条件下无法满足投资-收益平衡。可见，要利用储能提高风电消纳能力，实现储能从辅助风电并网到主动参与风电消纳的角色转变，依赖于储能成本的大幅度下降。

4.5　含多元灵活性资源的区域电网一体化综合规划案例

4.5.1　算例基础数据

4.5.1.1　系统特点

此算例系统基于中国西北地区电网构建，由 5 个区域构成，共 213 个节点，简称 FTS-213 系统。该系统具有如下特点：

（1）提供全年 8760h 风电、光伏出力的实际数据，数据分辨率为 1h。不同区域具有不同的可再生能源出力数据，这些数据来源于基本没有弃风、弃光的风、光场站或区域。

（2）提供包含源、网、荷、储及电力市场等全环节灵活性因素及资源，可以支撑面向可再生能源消纳的综合性分析和研究。算例系统中包含的灵活性供需基本关系如图 4-37 所示，给出了灵活性供需的基本平衡关系，其中带标号的条目为在所提标准算例系统中考虑的灵活性因素及灵活性资源。

（3）包含可再生能源消纳的全环节网络，即可再生能源汇集网络、区域内输送网络和跨区联络线，电压等级覆盖交流 110～750kV 及直流±400kV 和±800kV，涵盖了可再生能源接入、传输和消纳的全部环节。

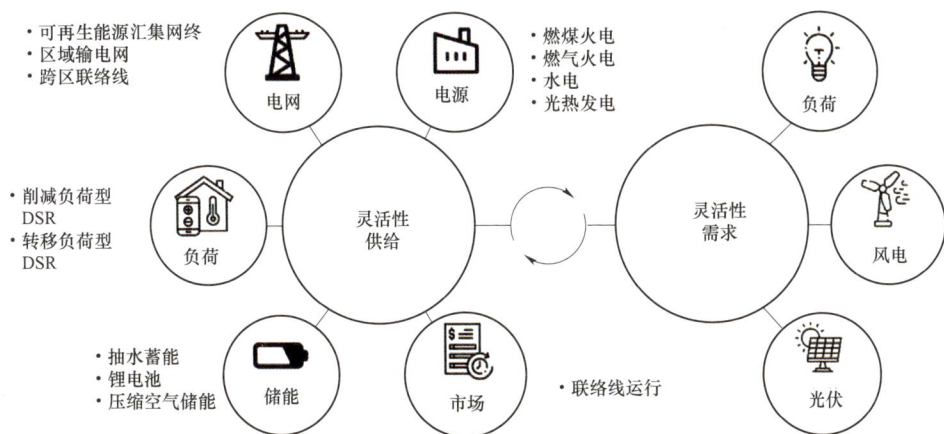

图 4-37　算例系统中包含的灵活性供需基本关系

本系统与目前普遍使用及最新提出的算例系统的比较见表 4-36，可以看出本系统考虑的因素更全面、更细致，可以支撑面向可再生能源消纳的综合研究。

表 4-36　　　　　　　　本算例系统与现有其他标准测试系统的比较

算例系统	可再生能源时序数据	灵活性因素						
		传统机组	新能源接入网络	区域输电网	跨区联络线	需求侧响应	储能	市场
RTS-79[61]		√		√				
RTS-96[62]		√		√	√			
NREL-118[63]	√ 仿真数据	√		√	√			
XJTU-ROTS2017[64]	√ 典型周	√		√	√			
HRP-38[65]	√ 仿真数据	√		√	√			
本系统 FTS-213	√ 实际数据	√	√	√	√	√	√	√

4.5.1.2　系统概况

　　系统共包含 5 个区域，由 213 个节点组成。FTS-213 算例系统拓扑结构图如图 4-38 所示，其中母线旁的数字代表母线编号，字母 A～E 分别表示 5 个分区。带箭头的线路表示直流外送线路，在旁边标有编号。本系统的基本参数见表 4-37。其中可再生能源包含风电、光伏和光热发电。系统含有充足的可再生能源装机。总电源装机 303.96GW，其中可再生能源装机占比 38.20%。系统总负荷 167.77GW，其中包含 45.30GW 的外送负荷。系统中共有 422 条支路（包括线路和变压器）。系统内可再生能源接入网络、区域输电网络和跨区联络线包含了交流 110～750kV 及直流±400kV 和±800kV。

表 4-37　　　　　　　　　算 例 系 统 基 本 参 数

参数	值
水、火电机组数	367
支路数	422
电压等级（kV）	AC:110，220，330，500，750；DC:±400，±800
本地峰值负荷（GW）	122.47
外送峰值负荷（GW）	45.30
水、火电机组装机（GW）	187.84
可再生能源装机（GW）	116.12

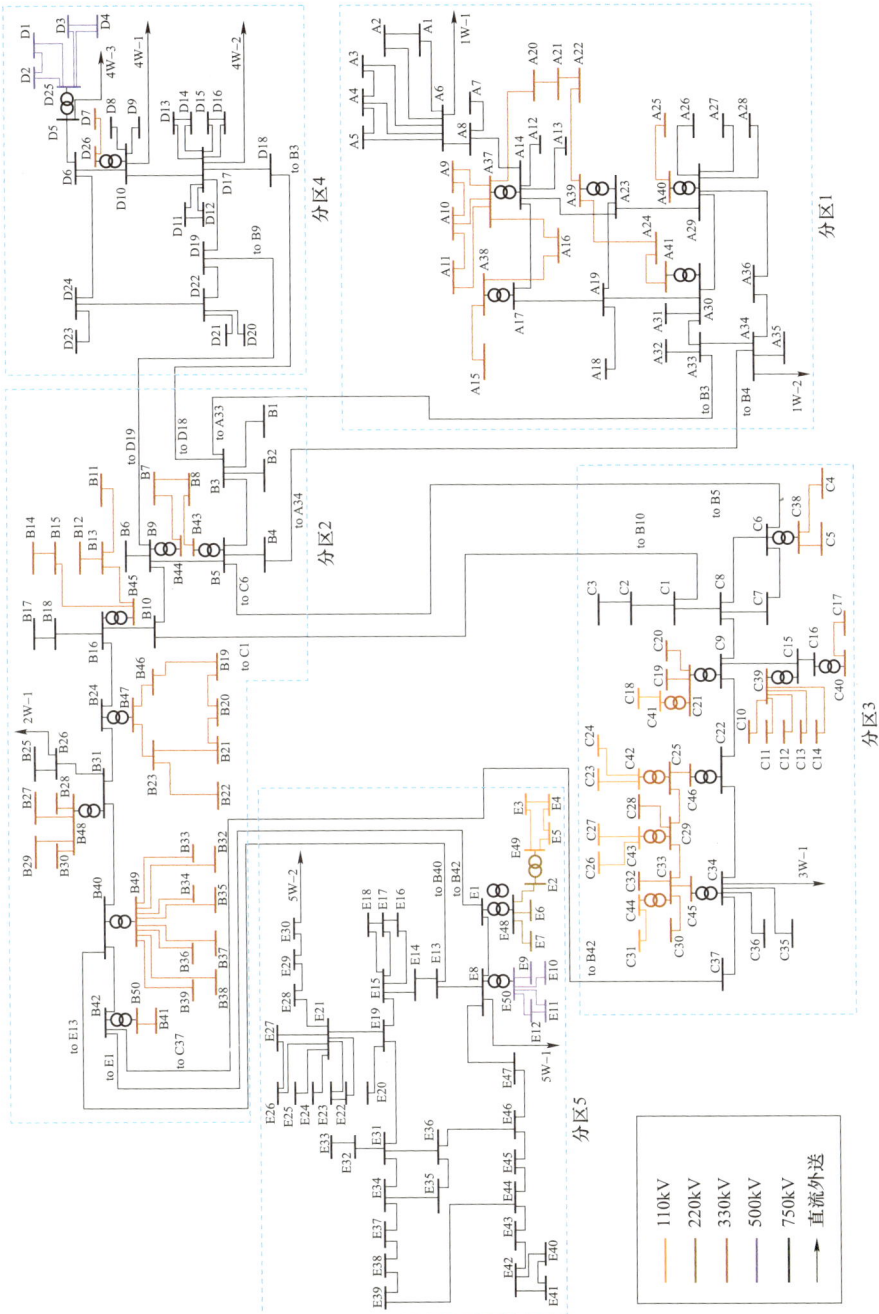

图 4-38　FTS-213 算例系统拓扑结构图

4.5.1.3　网络特点分析

系统的网络拓扑有如下特点：

（1）系统包含了可再生能源汇集网络、区域输电网和跨区联络线，电压等级覆盖交流 110～750kV 及直流±400kV 和±800kV。由于可再生能源分布广，能量密度低，需要接入网络进行汇集并上送至高电压等级网络，之后再通过区域输电网和跨区联络线实现可再生能源多区域的消纳。负荷侧的配电网络则聚合等效为节点。

（2）典型的可再生能源汇集网络在图 4－38 的分区 2 和分区 3 中体现。在分区 2 中，辐射状的汇集网络接入节点 B31 和 B40，环状的汇集网络接入节点 B24，在分区 3 中，汇集网络接入节点 C22 和 C34。

（3）区域输电网由部分 330kV 和 750kV 支路构成，在不同分区有不同拓扑特点。

分区 1 中 750kV 线路形成环网；分区 2 中 750kV 网络为链状；分区 3 与分区 2 的节点电压等级情况相同，网络结构相似；分区 4 中 750kV 线路形成环网，其上连接 500kV 和 330kV 的环网或辐射状网络；分区 5 中 750kV 线路形成多个环网。

（4）在所有分区中，分区 2 与其余分区均有互联，所有跨区联络线均为 750kV。

（5）所有分区均有外送线路，这些线路在网络拓扑图中以线头表示，箭头上的标号为"aW$-b$"，其中"a"表示分区编号，"b"表示分区内外送线路编号。所有外送线路为±400kV 和±800kV，其在系统计算中以外送负荷考虑。

支路的始末节点、长度（km）、电抗（p.u.）、电阻（p.u.）、充电电容（p.u.）、支路容量（MW）、故障率（outages/year）和故障时间（h）等参数也在系统中提供。基准容量是 100MW，110、220、330、500kV 和 750kV 的基准电压分别为 115、230、345、525kV 和 788kV。

此外，系统还提供了交流候选线路与变压器以及直流候选线路。交流和直流待选支路都包含可再生能源汇集网络、区域输电网络和跨区联络线。假设所有直流候选线路均采用 VSC-HVDC，可以灵活地控制有功功率，从而为系统提供灵活性。待选支路数据见表 4－38。

表 4－38　　　　　　　　　　待 选 支 路 数 据

待选支路		投资成本（M$）
交流	线路	19～571
	变压器	5～31.5
直流	线路	862～1018（含变流器）

4.5.1.4　负荷情况

系统包含 122.47GW 的本地负荷和 45.30GW 的外送负荷。各分区的负荷情况见表 4-39。其中负荷系数指分区内各节点负荷占本地负荷的比例。

各分区的负荷特性曲线如图 4-39 所示，均呈现双峰特性，在 9～11 点和 18～22 点之前出现负荷高峰，但出现负荷高峰的时间略有差别，负荷形状也略有区别。

根据实际运行情况，各节点所连的外送负荷特性曲线如图 4-40 所示。可以看出，在 7～12 月，外送负荷有显著下降，这是因为系统中占主导的风电在这段时期内出力较低。

表 4-39　　　　　　　　各分区负荷情况

分区	1	2	3	4	5
本地负荷（GW）	33.95	20.96	10.39	15.10	42.07
负荷系数	0.2%～13.6%	0.1%～17.9%	0.6%～20.9%	0.6%～26.4%	0.2%～11.6%
外送负荷（GW）	11.00	4.00	0.45	20.00	20.00

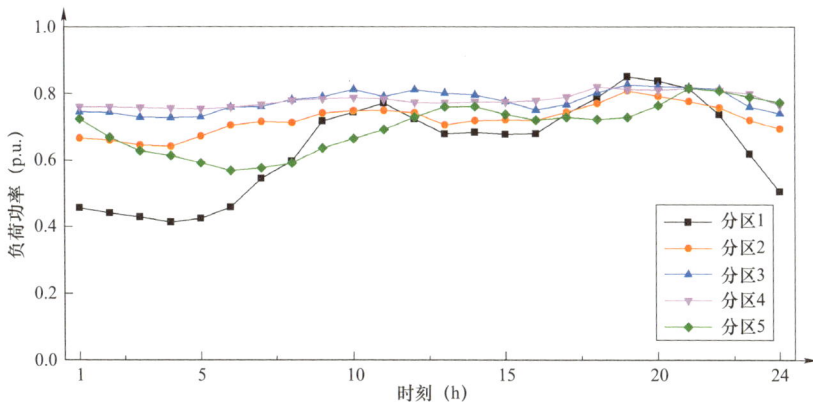

图 4-39　各分区负荷特性曲线

4.5.1.5　电源情况

系统中主要的电源类型共有燃煤火电、燃气火电、水电、风电、光伏、光热 6 种。算例系统电源装机情况见表 4-40，各分区电源装机、结构与负荷的比较情况如图 4-41 所示，可以看出各分区电源装机相对于负荷均较为充裕，且各分区装机容量和结构均有明显差异。

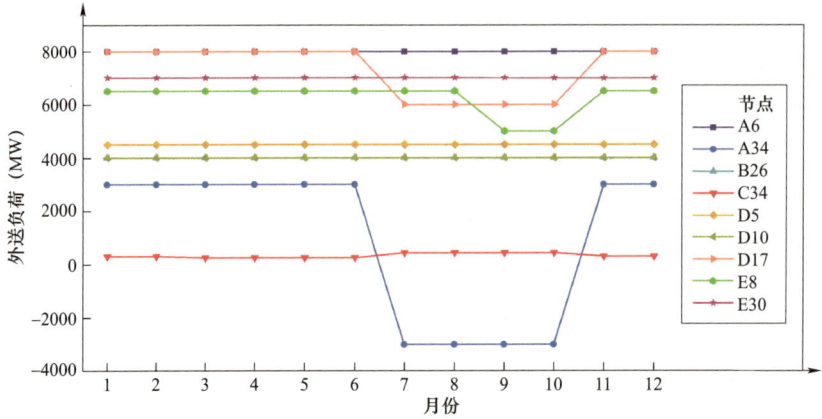

图 4-40　外送负荷特性曲线

表 4-40　算例系统电源装机情况表

装机容量（MW）	分区 1	分区 2	分区 3	分区 4	分区 5	合计
水电	4000	9500	16 500	400	10 500	40 900
燃煤火电	34 040	19 000	1350	22 300	46 250	122 940
燃气火电	6000	1200	2400	4200	10 200	24 000
光伏	8950	10 500	11 920	9600	11 450	52 420
风电	7950	16 100	2700	12 150	24 000	62 900
光热	0	0	800	0	0	800
合计	60 940	56 300	35 670	48 650	102 400	303 960

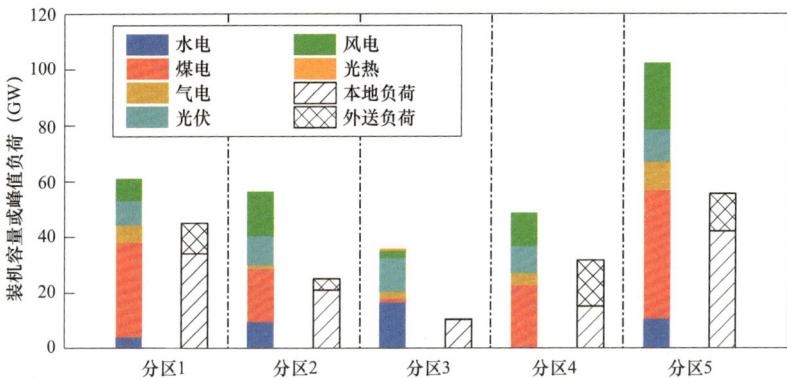

图 4-41　各分区源荷特性比较

系统提供各种电源的以下技术经济参数：单机容量（MW）、最小技术出力比例（%）、最大上爬坡速率（MW/min）、最大下爬坡速率（MW/min）、最小开机时间（h）、最小关机时间（h）、强迫停运率（%）、平均正常运行时间（MTTF，h）、平均故障检修时间（MTTR，h）、计划检修时间（weeks/year）、开机成本（M$）、固定成本［M$/（MW·year）］、边际发电成本（$/MWh）。

对于水电机组，由于其出力与水文条件相关，以"三段式"出力，即强迫出力、月平均出力和期望出力指标描述其出力特性。其中，强迫出力为最小出力，期望出力为最大出力，月平均出力约束了其月发电量。

光热发电机组由聚光集热环节、储热环节和发电环节 3 部分组成。集热环节集热场面积的大小通常采用"太阳倍数（solar multiple，SM）"指标进行描述。SM 是指在设计的最大太阳直射辐射强度下，集热环节输出的集热功率与发电环节额定运行时所需热功率之比。储热环节的容量大小通常采用"储热时长"进行描述，是指储热环节的额定储热容量能够支撑发电环节以额定功率运行的时间长度。设置 SM 为 2.4，储热时长为 10h[66]。

火电、水电和光热发电机组的调节能力见表 4-41。最大上/下爬坡率等于机组最大爬坡速率与机组容量之间的比例。由于水电以"三段式"出力指标进行描述，故假设其全年均处于开机状态。

表 4-41　　　　　　　　　　　机 组 调 节 能 力

调节能力指标	燃煤火电	燃气火电	水电	光热
最小技术出力比例（%）	50～55	40	—	40
最大上/下爬坡速率（%）	1.5～2	4	12.5	1
最小启动/停机时间（h）	8～12	3	—	2

为了反映可再生能源多时间尺度的波动性，系统按分区提供了全年 8760h 的可再生能源出力数据。这些数据来源于甘肃、宁夏省内的相关区域和场站，这些区域和场站几乎没有可再生能源弃能，故可以反映可再生能源出力的实际波动情况。

典型日负荷、风电、光伏功率如图 4-42 所示，展示了典型日风电和光伏的小时级波动情况，这些典型日由 k-medoids 聚类算法对全年风电、光伏、负荷数据聚类得到。可以看出可再生能源出力的小时级波动量可以达到装机容量的 50%，如图 4-42 中黑线所示。日内峰谷差也十分显著，尤其是光伏出力，其日内峰谷差可以达到装机容量的 80%。风电、光伏日平均出力如图 4-43 所示，展示了可再生能源的日级出力波动情况。可以看出其在相邻两日之间出力可以从接近年最大出力跌落至接近于零，如图 4-43 中虚线框所示。风电、光伏月平均出力如图 4-44 所示，展示了可再生能源月平均出力的波动情况，可以看出，风电和光伏均有明显的季节特性，风电在春季和冬季出力更大，而光伏在冬季出力较小。

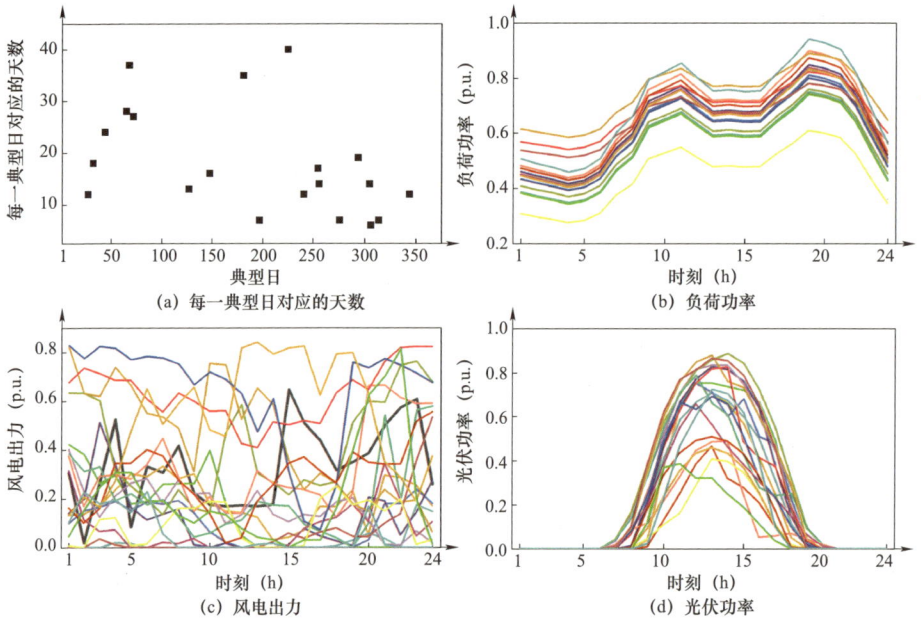

(a) 每一典型日对应的天数

(b) 负荷功率

(c) 风电出力

(d) 光伏功率

图 4-42　典型日负荷、风电、光伏功率

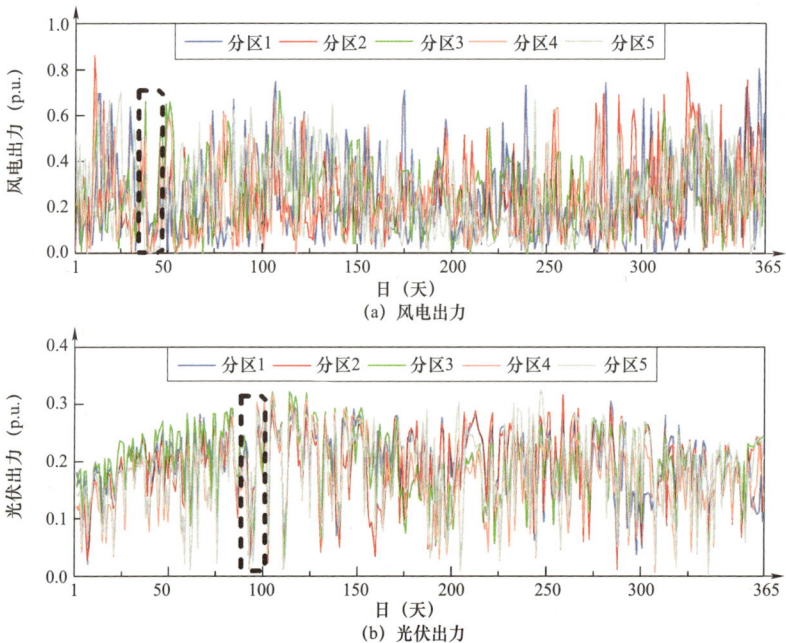

(a) 风电出力

(b) 光伏出力

图 4-43　风电、光伏日平均出力

(a) 风电出力

(b) 光伏出力

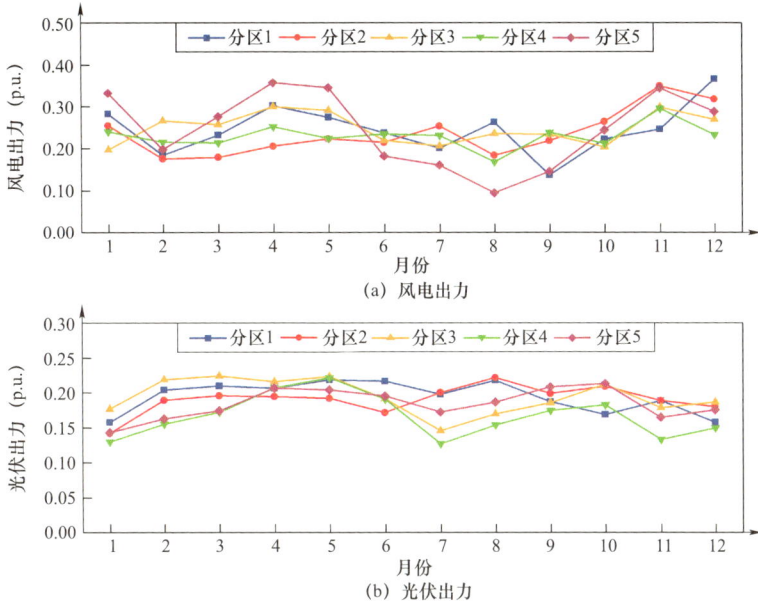

图 4-44　风电、光伏月平均出力

4.5.1.6　灵活性因素和资源

根据文献 [67]，电力系统灵活性来源于发电厂、电网、需求侧响应（DSR）、储能和电力市场。相关的灵活性资源投资和补偿成本见表 4-42，表中的数据参考自文献 [68-70]。

表 4-42　　　　　　　　灵活性资源投资和补偿成本

灵活性资源	投资成本（k$/MW）	投资成本（k$/MWh）	补偿成本（$/MWh）
燃煤火电机组灵活性改造*	30.0	—	—
燃气火电机组灵活性改造*	200.0	—	—
负荷削减型 DSR	14.3	—	64.3
负荷转移型 DSR	11.4	—	50.0
抽水蓄能**	2638.0	—	—
锂电池储能**	828.0	—	—
压缩空气储能**	2544.0	—	—
储氢***	6900.0	0.16	—

* 灵活性改造方案仅考虑降低最小技术出力水平，在机组灵活性改造手段中降低火电机组最小技术出力水平对系统产生的影响最大。

** 抽水蓄能、电池存储和压缩空气储能的能量与容量的比例分别为 16h、4h 和 16h，即它们能够分别以额定功率放电 16、4 和 16h。

*** 储氧作为季节性储能，其容储比取值范围设定为 100~1000h，容量与能量各自独立配置。

促进区域之间的交易是提高灵活性的重要手段。目前由于利益主体之间的壁垒，区域之间的电力交换相对薄弱，联络线功率在调度时被设置为固定值或预设曲线。在进行区域电力调度时，联络线功率被视为边界条件，称为"联络线运行约束"。区域间传输电力如图 4−45 所示，根据区域实际运行方式报告展示了测试系统中各区域之间每月的电力交换。如果可以促进区域之间的交易，在区域之间进行经济调度，则可以放宽这种约束。

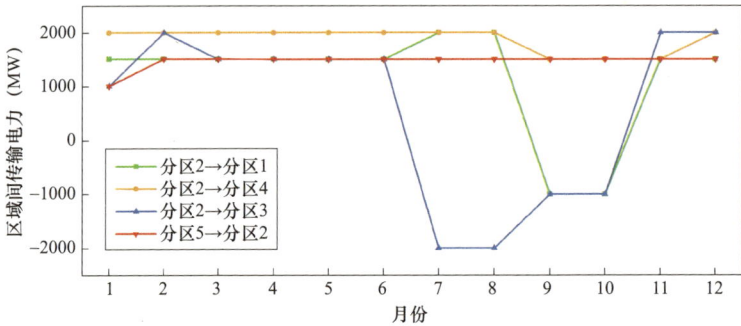

图 4−45　区域间传输电力

4.5.2　多元灵活性资源贡献分析

分析各种灵活性因素对系统的影响。所考虑的灵活性因素包括传统机组的爬坡率、最小技术出力、最小启停机时间、可再生能源汇集网络容量、区域输电网容量、跨区联络线容量、跨区交换功率。基本思路是松弛以上一个或多个约束并分析其影响。由于联络线交换功率（联络线运行约束）只和市场有关，将算例按是否考虑联络线运行约束进行划分。

在灵活性分析中共设置 12 个算例并分为两组。第一组中的 6 个算例按可再生能源装机占比和是否考虑联络线运行约束进行划分，第一组灵活性分析算例设置见表 4−43。每个算例依次对逐个灵活性因素对应的因素进行松弛并考察对应结果。为了表示松弛某一约束对可再生能源消纳的效果，提出"可再生能源消纳提升率"（VRE accommodation improvement Ratio，VAI）指标为

$$VAI = (E_{\text{consume}}^{\text{VRE}} / E_{0\,\text{consume}}^{\text{VRE}} - 1) \times 100\% \qquad (4-1)$$

式中：$E_{0\,\text{consume}}^{\text{VRE}}$ 和 $E_{\text{consume}}^{\text{VRE}}$ 分别为灵活性约束松弛前后的可再生能源消纳量。

第二组 6 个算例对应的可再生能源装机占比均为 64.97%，每个算例下同时松弛两个灵活性约束，其中一个约束被指定为传统机组最小出力、可再生能源汇集网络容量或区域输电网容量，第二组灵活性分析算例设置见表 4−44。为了评价多个灵活性约束同时松弛带来的额外效益，这里提出"合作效益"（Collaboration

Benefit，CB）指标来进行评价，该指标定义为

$$CB = [(E_{\text{consume},i,j}^{\text{VRE}} - E_{\text{consume},i}^{\text{VRE}} - E_{\text{consume},j}^{\text{VRE}}) / E_{0\,\text{consume}}^{\text{VRE}} - 1] \times 100\% \qquad (4-2)$$

式中：$E_{\text{consume},i}^{\text{VRE}}$、$E_{\text{consume},j}^{\text{VRE}}$ 分别为灵活性约束 i 和 j 被松弛后的可再生能源消纳量；$E_{\text{consume},i,j}^{\text{VRE}}$ 为灵活性约束 i 和 j 同时被松弛后的可再生资源消纳量。

表 4-43　　　　　　　　第一组灵活性分析算例设置

可再生能源装机占比（%）	38.20	55.28	64.97
是否考虑联络线运行约束	是	是	是
	否	否	否

表 4-44　　　　　　　　第二组灵活性分析算例设置

可再生能源装机占比为 64.97%	其中一个灵活性约束为		
	最小技术出力约束	可再生能源汇集网络约束	区域输电网约束
是否考虑联络线运行约束	是	是	是
	否	否	否

第一组灵活性分析算例结果如图 4-46 所示。其中 $E_{0\,\text{consume}}^{\text{VRE}}$ 设置为考虑联络线运行约束下的可再生能源消纳量，带 "*" 的表示不考虑联络线运行约束。可以看出，随着可再生能源渗透率上升，松弛灵活性约束带来的影响逐渐增加。对可再生能源消纳提升影响最大的因素为联络线传输功率、可再生能源汇集网络、传统机组最小技术出力约束和区域输电网。

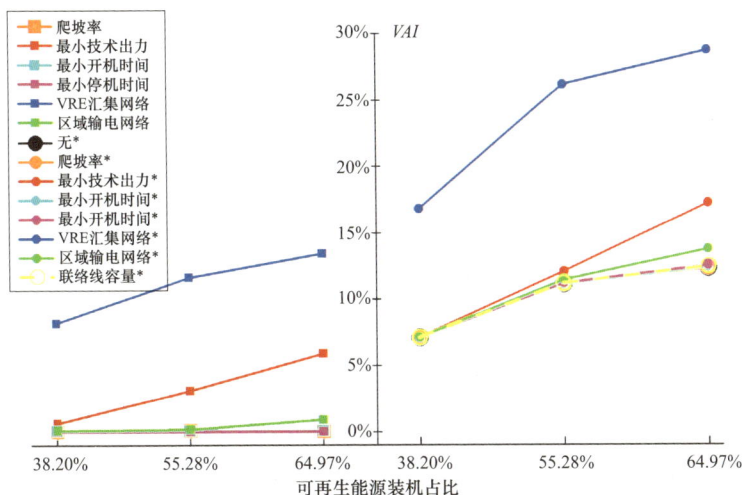

图 4-46　第一组灵活性分析算例结果

第二组灵活性分析算例结果如图4-47所示，展示了灵活性约束组合被松弛后的结果。从图4-47（a）中看出，提升可再生能源消纳最有效的方法对应于可再生能源汇集网络和传统机组最小技术出力的组合，以及可再生能源汇集网络和区域输电网的组合。只有这两种组合具有明显的正面合作效益。从图4-47（b）中看出，当不考虑联络线运行约束时，分析结果基本相同。值得注意的是，当不考虑联络线运行约束时，灵活性约束组合的负面合作效益将显著下降，这反映了促进联络线功率交换的潜在效益。

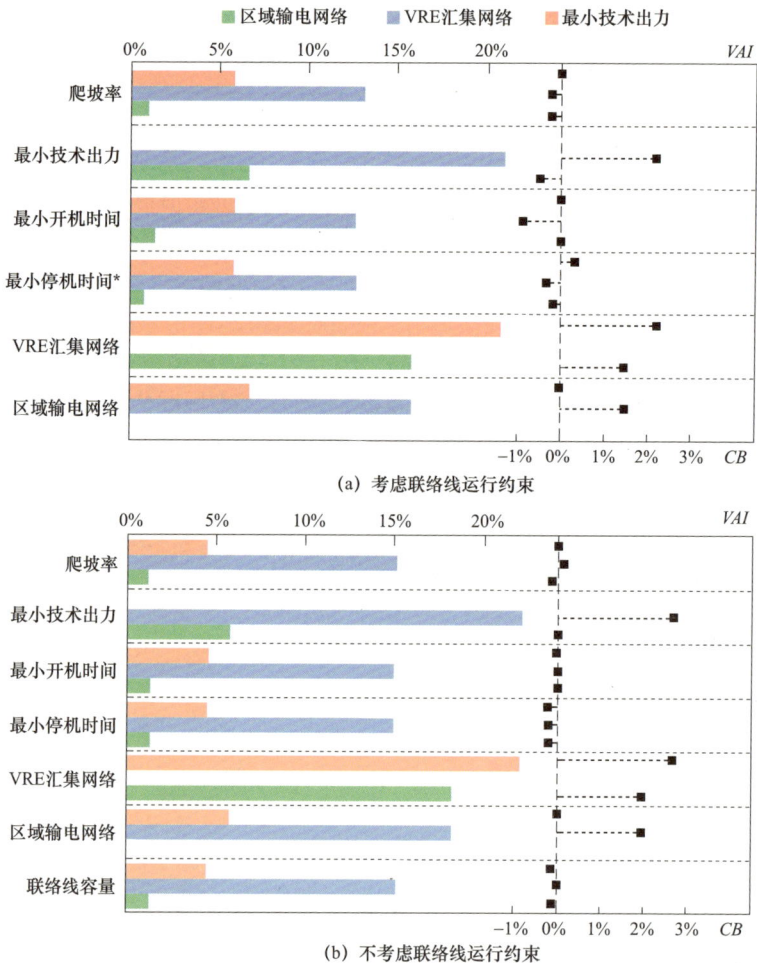

(a) 考虑联络线运行约束

(b) 不考虑联络线运行约束

图4-47 第二组灵活性分析算例结果

4.5.3 多元灵活性资源配置结果

本部分通过三个算例探究最优的灵活性配置。第一个算例中，可再生能源装机占比分别设置为38.20%和64.97%。第二个算例中，电池和压缩空气储能的单位投资成本分别设置为基准值的80%和120%，第三个算例中需求侧响应的补偿成本分别设置为基准值的80%和120%。后两个算例中的可再生能源占比固定为64.97%。

多元灵活性资源规划算例结果如图4-48所示。从图4-48（a）中看出，在高比例可再生能源系统中，灵活性资源最优配置下，源、网、荷、储和市场各环节均有参与。当可再生能源容量相对较低时，火电机组灵活性改造容量占比最大，紧随其后的是交、直流可再生能源汇集网络，规划后新能源的电量渗透率为35.4%。当可再生能源装机占比上升，直流跨区联络线、电池储能和需求侧响应参与到系统的最优配置中，此时规划后的新能源电量渗透率为43.0%。在成本方面，当可再生能源渗透率相对较低时，灵活性改造成本和线路建设成本占主导，而渗透率上升后，这部分成本被储能的成本远远超越，由此反映为消纳高比例可再生能源，系统的成本将会显著上升。

图4-48（b）展示了储能的配置容量和其单位投资成本之间的关系。如果单位投资成本下降20%，则储能容量将翻一番至9.5GW［图4-48（a）］，而单位成本上升20%，储能容量将降为零。由于压缩空气储能成本较高、抽水蓄能机组的建设与水文条件密切相关，它们并未出现在最优配置结果中。

图4-48（c）显示了需求侧响应的配置容量对其补偿成本较低的敏感性。当补偿成本由80%基准值上升至120%基准值时，需求侧响应的配置容量并未发生变化，而储能的容量则有所增加，这可能是由于储能和需求侧响应都有调整负荷形状的能力，当需求侧响应补偿成本上升时，储能则更受青睐。

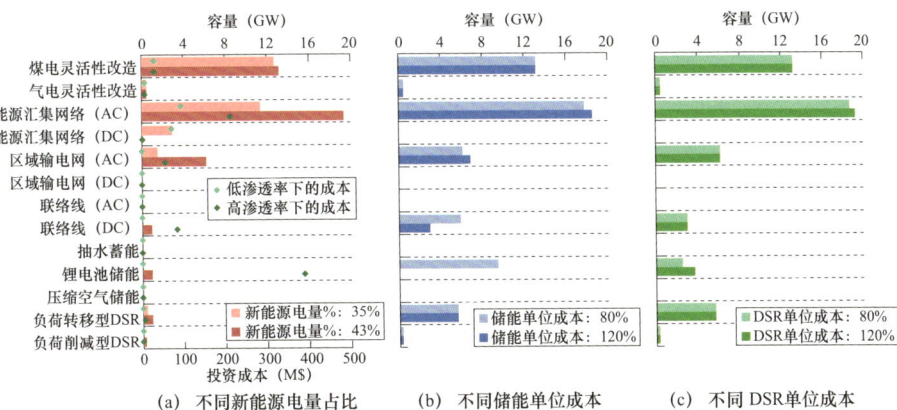

(a) 不同新能源电量占比 (b) 不同储能单位成本 (c) 不同DSR单位成本

图4-48 多元灵活性资源规划算例结果

4.5.4 中、长期灵活性资源协调配置

考虑远期发展阶段，新能源容量更高且具有高碳排的火电机组逐步退出，本

部分通过进一步提高新能源装机容量并减少火电机组容量以构建远期具有更高新能源渗透率的情景。将新能源装机容量设置为算例系统原有容量的 4 倍，并设置火电机组容量为系统原有容量的 40%、20%、10%，对每个场景进行灵活性资源规划，含季节性储能的多元灵活性资源规划结果如图 4-49 所示，火电机组容量越低，对应图中柱状图的新能源电量渗透率越高。可以看到，当新能源渗透率在 65.4%时，季节性储能未参与配置，而当渗透率达到 68.0%时，季节性储能参与到系统配置当中，且当渗透率达到 70.2%时，其配置容量大幅上升。

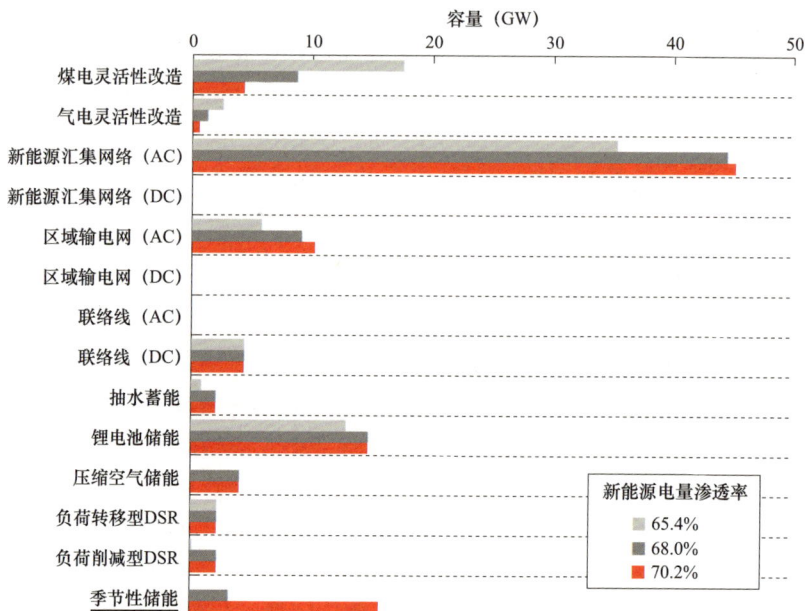

图 4-49　含季节性储能的多元灵活性资源规划结果

进一步比较不同渗透率下各种灵活性资源的配置容量配比，见表 4-45。按源、网、荷、储类别来看，各类型灵活性资源均有配置，其中交流网络（容量配比 50%左右）和储能（容量配比 30%左右）占灵活性资源的主导，且储能的配比随新能源渗透率的上升而显著增加。分项来看，为送出新能源，新能源汇集网络的容量必须与新能源电源容量匹配因而占比最高；直流输电主要用于网络互联；除输电网络之外，电池储能容量配比较大，在 15%左右，但在新能源高渗透率下，季节性储能配比显著上升，达 15%。可见，在新能源发展的更高阶段，中、长期多元灵活性资源均将参与到系统的最优配置当中。

进一步考察季节性储能的配置情况。在上述新能源渗透率最高的场景下，共有 9 个节点配置了季节性储能，总容量达到 15.7GW。季节性储能容量及容储比配置结果如图 4-50 所示，各节点的季节性储能配置容量在 1000～3000MW 之间，且各储能的容储比不同，最低为392h，最高为1000h，该容储比较电池储能等短期储能（容储比通常为1～20h）而言高出两个数量级，适于季节性电量搬运。

表4-45　　　　　含季节性储能的多元灵活性资源配置容量配比

新能源电量渗透率	65.4%		68.0%		70.2%	
煤电灵活性改造	21%	25%	9%	10%	4%	5%
气电灵活性改造	3%		1%		1%	
交流新能源汇集网络	43%	50%	46%	55%	42%	52%
交流区域网络	7%		9%		10%	
交流联络线	0%		0%		0%	
直流新能源汇集网络	0%	5%	0%	5%	0%	4%
直流区域网络	0%		0%		0%	
直流联络线	5%		5%		4%	
抽水蓄能	1%	17%	2%	25%	2%	35%
电池储能	16%		15%		14%	
压缩空气储能	0%		4%		4%	
季节性储能	0%		3%		15%	
负荷转移型需求侧响应	3%	3%	2%	5%	2%	4%
负荷削减型需求侧响应	0%		2%		2%	

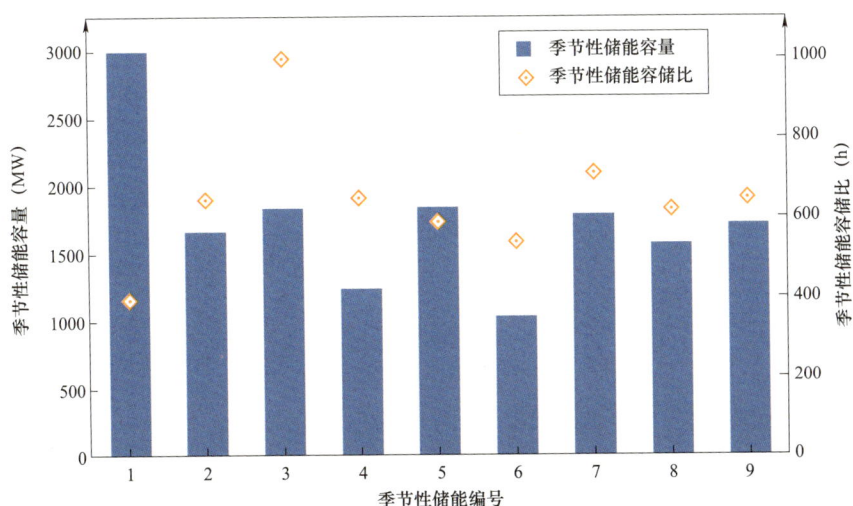

图4-50　季节性储能容量及容储比配置结果

　　季节性储能能量状态如图 4-51 所示，展示了各节点上季节性储能的运行情况。可以看出，各节点上季节性储能均呈现以年为周期的运行特性，且在冬春和秋冬季节各有一次明显的充电过程，这是因为系统中风电占比更大，而风电在上述季节出力较高，故此时季节性储能进行充电，实现季节性的能量平衡。

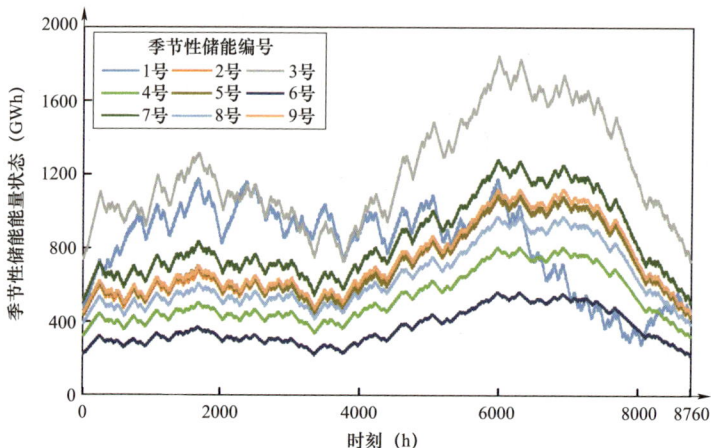

图 4-51　季节性储能能量状态

第5章

基于电力系统灵活性的源网协调综合优化运行方法

　　电力系统的灵活性不足问题逐渐成为限制可再生能源消纳的主要因素，充分利用系统中的灵活性资源是保证系统安全、经济、可靠运行的必要措施。电力系统灵活性资源分布于系统源、网、荷各个环节，本章主要研究基于电力系统灵活性的源网协调优化运行。

　　可再生能源发电出力的不确定性往往使系统中预留更多的备用资源，导致灵活性资源不能得到充分利用。提高可再生能源发电出力的预测精度是改善优化运行效果的重要前提。动力学方法和统计学方法是风电预测方法的两大分支，动力学方法旨在建立内部机理模型，而统计学方法旨在模拟外部表现规律，二者各有优缺点，互为弥补，因而提出动力学和统计学方法协调的风电预测方法，以提高相对单一方法的风电预测精度。

　　目前在调度中，往往将风电等可再生电源直接作为"负负荷"考虑，无法充分发挥风电作为电源的功率调节潜力。考虑集群风电虚拟机组技术，可以将风电机组以"准常规电源"形式纳入调度运行，使可再生电源在系统优化运行中也能够发挥一定的积极作用。建立 WVPG 的模型是将其纳入调度运行的重要基础。由于风电具有非平稳的特点，采用固定概率分布模型和固定相关系数对其建模会产生精度降低的影响，因而考虑建立 WVPG 的时变概率模型。在此基础上，研究日前发电计划和实时调度两个不同时间尺度层面下，基于 WVPG 的源端系统分层协调策略。采用分层方法以简化问题求解，上层为 WVPG 和火电机组的优化协调，下层为风电集群中各风电机组的优化协调。为考虑不确定因素，模型中需要引入大量随机变量，增加概率约束。在考虑经济性的同时，还需要考虑系统的安全性问题。

　　进一步，考虑电网约束下风光水火储多能互补优化运行策略可以充分利用不同类型资源的时空互补特性，缓解灵活性供需资源的矛盾。本章分析风电和抽水蓄能的广域协调策略以及集群风储联合系统的广域协调策略，以减少弃风量，提高风电利用率。

本章围绕电力系统多时空尺度灵活性的源网协调优化运行方法开展，主要包括：① 基于集群虚拟机组的风电分层优化调度技术；② 考虑电网约束的风光水火储多能互补优化运行方法；③ 基于多时空尺度灵活性的可再生能源综合消纳技术。

5.1 基于集群虚拟机组的风电分层优化调度方法

现行的风电调度运行方案具有两大特点，即"单场直调"和风电以"负负荷"形式纳入调度。调度中心直接调度控制每一个风电场，风电场向调度中心上报风功率点预测值，调度中心将控制指令下发给各风电场。同时，在调度风电时往往将风电作为"负负荷"。但单个风电场出力波动幅度大、不确定性高、可调度性差。同时，将风电以"负负荷"形式纳入调度，无法充分发挥风电作为电源的功率调节潜力。

WVPG 是指将地理上相邻、出力特性上相关，并且从同一升压汇集变电站接入的多个风电场进行整合，对外以虚拟机组的形式响应调度指令，对内协调局部分散的多个风电场来提高整体跟踪调度指令的能力，基于虚拟机组的源端系统分层协调优化运行思路如图 5-1 所示。

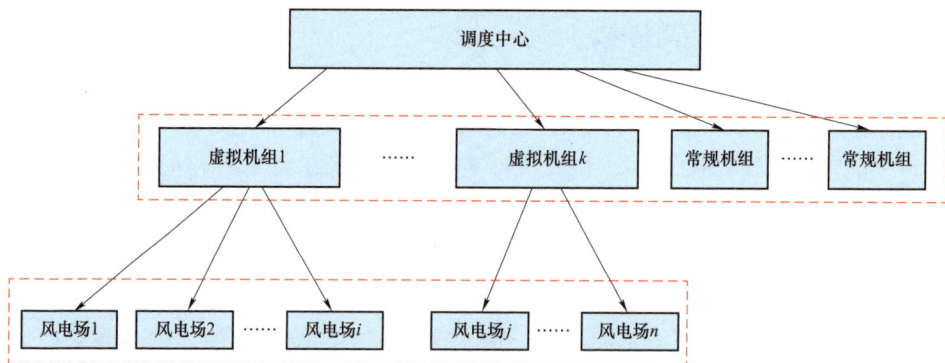

图 5-1 基于虚拟机组的源端系统分层协调优化运行思路

5.1.1 基于集群虚拟机组的风电分层协调优化运行特点

基于虚拟机组的集群风电分层协调的优化运行方案主要具备以下特点：

第一，基于 WVPG 的分层协调优化运行方案将"单场直调"模式转变为"集群调度"模式。与"单场直调"相比，WVPG 在调度中心和单个风电场之间增加一个中间协调层，利用空间平滑效应提高风电对调度指令的跟踪能力。实际应用中，可在汇集变电站处设置集群风电调度机构来协调 WVPG 内部多风电场，也可集中在调度中心来考虑分层协调的优化运行策略。

优化运行模型给出的风电调度指令是模型的最优解，但并非风电实际输出功率值。事实上，由于不确定性的存在，风电往往无法完全跟踪调度指令，实际输出功率与调度指令存在一定偏差。WVPG 与单个风电场相比优势在于实际运行时对优化模型给出的风电调度指令跟踪能力更强，面临的调度偏差风险更低。

第二，该方案将风电作为"负负荷"被动参与调度的模式，转变为作为"准常规电源"主动参与调度的模式，发挥 WVPG 作为电源的功率双向调节潜力，有助于解决刚性源端系统中灵活性电源不足，乃至导致常规机组频繁启停或弃风等问题。将风电以"负负荷"形式纳入调度模型时，即认为风电出力上限为其功率点预测值，在此基础上通过弃风变量实现功率下调。但由于风电正向预测误差的存在，某些场景下风电出力在点预测值以上仍有一定上调空间。在高风电渗透率系统中，有必要充分发挥风电作为电源的双向功率调节潜力，而由于空间平滑效应的存在，WVPG 作为电源的功率调节可信度高于单个风电场。因此，将 WVPG 以"准常规电源"形式纳入优化运行模型后，可结合风电功率点预测值和不确定性概率分布，量化 WVPG 在点预测值基础上进行功率向上、向下调节的潜力，同时控制风电功率双向调节时可能出现的高风险，充分发挥其电源特性参与到系统的电力平衡中。

第三，将风电纳入优化运行模型后，相当于在原确定型优化模型中引入大量的随机型决策变量，模型中需添加相应的概率约束条件，同时为控制随机型决策变量的风险还应添加相应的风险目标函数，原确定型优化模型转变为更为复杂的概率优化模型。基于 WVPG 的分层协调优化运行可大幅度减少调度中心的随机型决策变量的数量，降低风火协调时概率优化模型的复杂度。

基于 WVPG 的分层协调优化运行框架分为两层：上层为 WVPG 与常规机组的协调运行层，在权衡安全性和经济性的前提下，如何利用 WVPG 更好的可调度性提高风电利用率是该层的主要目标；下层为 WVPG 内部多风电场协调运行层，如何协调各风电场来最小化 WVPG 可能出现的调度偏差，使 WVPG 更好地跟踪调度运行指令是该层的主要目标。

WVPG 的划分需要结合资源相关性和电网接入情况综合考虑。同一个 WVPG 内部各风电场需从相同汇集站接入且拥有共同外送通道，对调度中心而言等效为一个电源而隐藏其内部信息，便于调度管理。

5.1.2　集群风电虚拟机组时变概率模型

对 WVPG 建模包含两个层次，建立 WVPG 出力特性的概率模型以及基于出力特性概率模型的可调度性评估。

现有研究在建立风电特性概率分布模型时，多假设其为平稳随机过程，采用固定函数和参数的概率分布建模，同时假设风电场间的空间相关性也是平稳的，可用固定函数或相关系数建模。但是，风电具有非平稳的特点，例如在不同资源条件、预测尺度下，其不确定性和波动性概率分布具有明显差异。因此，采用固定概率分布模型和固定相关系数对其建模会降低建模精度。

本书将建立 WVPG 的时变概率模型，实现对风电特性描述从平稳时不变方法向非平稳时变方法的转变，在此基础上，量化其可调度性及安全性、经济性风险指标，为 WVPG 以"准常规电源"形式主动参与调度运行奠定基础。

5.1.2.1　风电特性概率分布及相关系数的时变特性统计分析

本书关注的风电特性包括波动性和不确定性两个方面，风电波动性解耦示意图如图 5-2 所示。

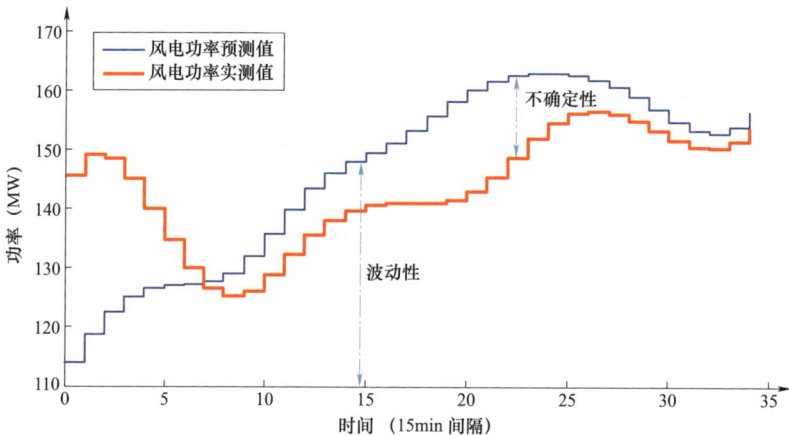

图 5-2　风电波动性解耦示意图

首先明确以下定义。

第 i 个风电场时刻 t 的可发功率 $P_{a,i}^{W}(t)$ 指由风资源决定的风电场可发功率输出值，不考虑弃风等控制措施的影响。在运行决策时，风电场实际可发功率未知，因此 $P_{a,i}^{W}(t)$ 为随机变量，$P_{a,i}^{W}(t)$ 中的上标 W 表示这是与风电场相关的变量。

第 i 个风电场时刻 t 的出力不确定性 $\varepsilon_{i}^{W}(t)$ 指风电场可发功率 $P_{a,i}^{W}(t)$ 与点预测值 $p_{f,i}^{W}(t)$ 之差，$\varepsilon_{i}^{W}(t)$ 为随机变量，定义为

$$\varepsilon_i^{\mathrm{W}}(t) = P_{\mathrm{a},i}^{\mathrm{W}}(t) - p_{\mathrm{f},i}^{\mathrm{W}}(t) \tag{5-1}$$

第 i 个风电场时刻 t 的出力波动性 $\Delta P_i^{\mathrm{W}}(t)$ 指风电功率输出的不平稳性，常用相邻时刻可发功率之差来刻画，$\Delta P_i^{\mathrm{W}}(t)$ 为随机变量，定义为

$$\Delta P_i^{\mathrm{W}}(t) = P_{\mathrm{a},i}^{\mathrm{W}}(t) - P_{\mathrm{a},i}^{\mathrm{W}}(t-1) \tag{5-2}$$

则 WVPG 的波动性和不确定性可表示为

$$\Delta P^{\mathrm{VPG}}(t) = \sum_{i=1}^{n_k} \Delta P_i^{\mathrm{W}}(t) \tag{5-3}$$

$$\varepsilon^{\mathrm{VPG}}(t) = \sum_{i=1}^{n_k} \varepsilon_i^{\mathrm{W}}(t) \tag{5-4}$$

式中：n_k 为 WVPG 内风电场个数。

单个风电场的出力不确定性和波动性随机变量序列，即 $\boldsymbol{\varepsilon}_{i,T}^{\mathrm{W}} = \left\{ \varepsilon_i^{\mathrm{W}}(t), t \in \boldsymbol{T} \right\}$ 和 $\Delta \boldsymbol{P}_{i,T}^{\mathrm{W}} = \left\{ \Delta P_i^{\mathrm{W}}(t), t \in \boldsymbol{T} \right\}$ 为非平稳随机过程；多个风电场的出力不确定性和波动性随机变量序列，即 $\Delta \boldsymbol{P}_{i,T}^{\mathrm{W}}$，$\Delta \boldsymbol{P}_{j,T}^{\mathrm{W}}(i \neq j)$ 和 $\boldsymbol{\varepsilon}_{i,T}^{\mathrm{W}}$，$\boldsymbol{\varepsilon}_{j,T}^{\mathrm{W}}(i \neq j)$ 均为联合非平稳随机过程。因此，$\Delta \boldsymbol{P}_T^{\mathrm{VPG}} = \left\{ \Delta P^{\mathrm{VPG}}(t), t \in \boldsymbol{T} \right\}$ 和 $\boldsymbol{\varepsilon}_T^{\mathrm{VPG}} = \left\{ \varepsilon^{\mathrm{VPG}}(t), t \in \boldsymbol{T} \right\}$ 为非平稳随机过程，建模时可通过时变边缘概率分布和时变秩相关系数来间接刻画其非平稳特性。

风电概率分布的时变特性是由风资源条件和预测尺度决定的。为论证风电时变特性的客观存在，下面基于实测数据统计结果，分析单个风电场出力特性概率分布和多个风电场秩相关系数在不同典型资源条件和预测尺度状态下的差异性。

1. 单个风电场概率分布的时变特性

当风功率波动的时间间隔（本书为 15min）一定时，风电波动性主要影响因子为风速。例如，若时刻 t 风速位于功率曲线斜率较小段，则小的风速波动不会引起大的功率波动；反之，小的风速波动将引起明显功率波动。

风电不确定性的主要影响因子为预测时间尺度和预测出力。随着预测时间尺度增加，风电不确定性平均值显著增加，此外，风电不确定性的概率分布也随着预测出力值大小而变化。

不确定性概率密度分布随预测出力的时变特性如图 5-3 所示，为当预测尺度范围为［8，12）h，某风电场不同预测出力区间对应的不确定性的概率密度函数曲线。其中预测出力区间指预测出力相对于装机容量百分比的取值区间。不确定性概率密度分布随预测尺度的时变特性如图 5-4 所示，为当预测出力区间为［50%，65%）时，该风电场不同预测尺度对应的不确定性概率密度函数曲线。

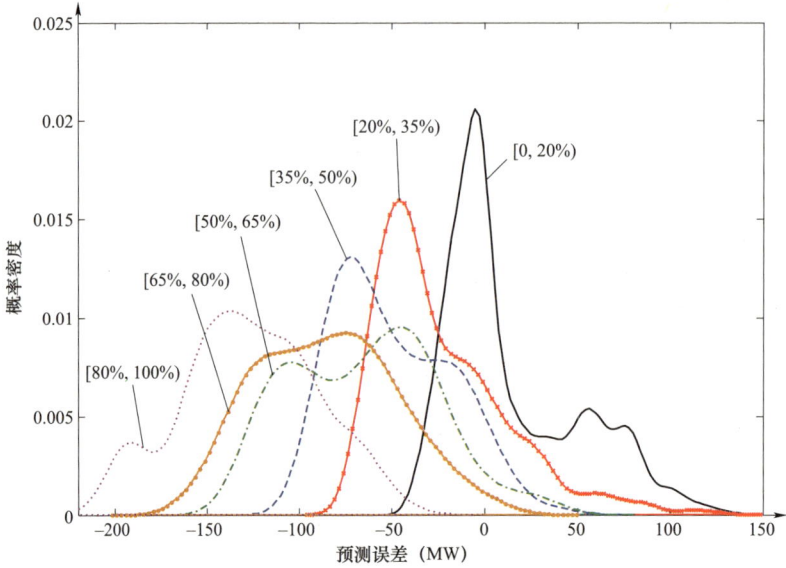

图 5-3 不确定性概率密度分布随预测出力的时变特性

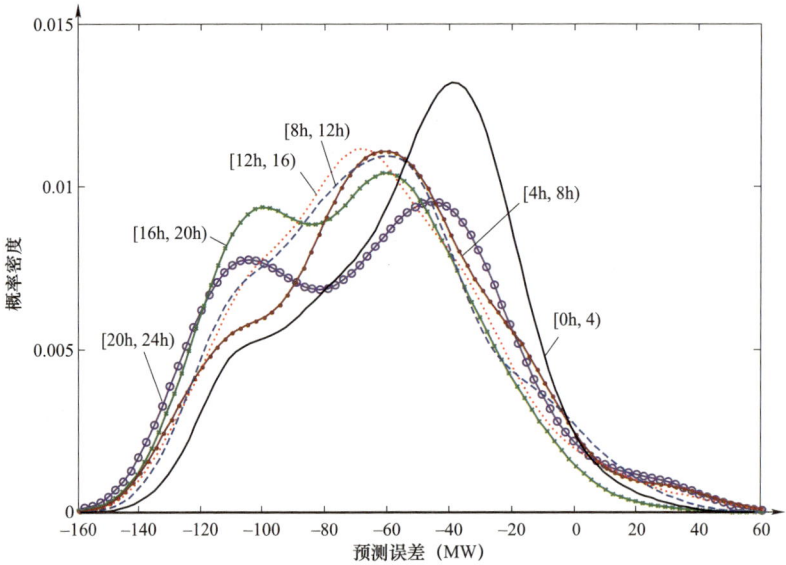

图 5-4 不确定性概率密度分布随预测尺度的时变特性

由图 5-3 结果可知，当预测尺度相同时，预测出力区间越大，不确定性概率分布向左偏移，出现负值概率越大。由图 5-4 结果可知，当预测出力相同时，预测尺度越大，不确定性概率分布向左偏移，出现负值概率越大。此外，不同预测尺度、预测出力区间条件下，不确定性概率分布形态也具有明显差异。

波动性累积概率分布随预测出力的时变特性如图 5-5 所示，为不同预测出力区间对应的波动性累积概率分布函数曲线。由图 5-5 可知，不同预测出力区间对应的实际可发功率波动性累积概率分布曲线不同。例如对同一累积概率 0.2，预测出力区间越小，对应的波动性分位点取值绝对值越小。

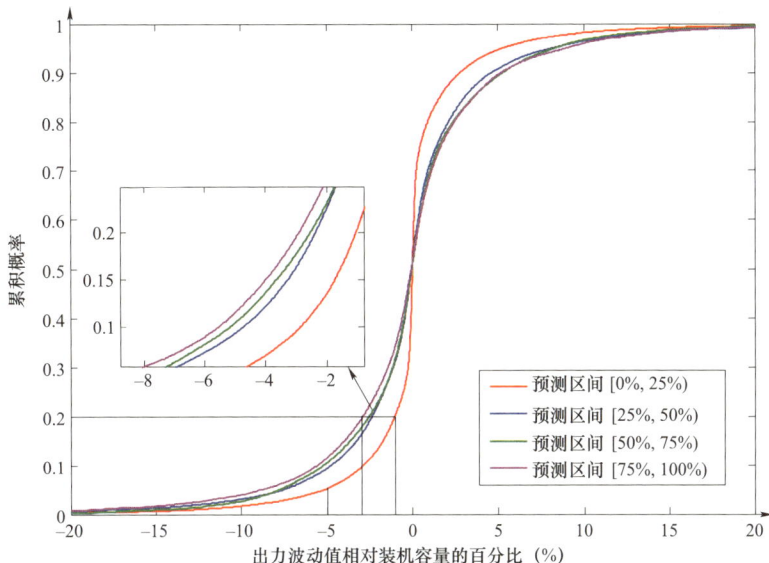

图 5-5　波动性累积概率分布随预测出力的时变特性

因此，风电波动性和不确定性概率分布具有明显时变特性，采用固定概率分布描述不同典型条件下的波动性和不确定性，将带来较大误差。

2. 多风电场秩相关系数的时变特性

采用 Spearman 秩相关系数描述多风电场的空间相关性。秩相关系数时变特性的第一类影响因子为风向，当两风电场时刻 t 风向趋于一致时，其波动性和不确定性的空间相关系数往往较大。为刻画风电场 i 和 j 风向差异性，定义时刻 t 风电场 i 和 j 的风向差异性系数 $\chi_{i,j}(t)$ 为

$$\chi_{i,j}(t) = \frac{\left|v_{\mathrm{d},i}(t) - v_{\mathrm{d},j}(t)\right|}{\max\left(\left|v_{\mathrm{d},i}(t) - v_{\mathrm{d},j}(t)\right|, t \in [1, n_{\mathrm{T}}]\right)} \qquad (5-5)$$

式中：$v_{\mathrm{d},i}(t), v_{\mathrm{d},j}(t)$ 分别为风电场 i 和 j 时刻 t 的风向；n_{T} 为历史数据集总长度。

由定义可知，$\chi_{i,j}(t)$ 取值范围为[0,1]，并且 $\chi_{i,j}(t)$ 取值越大，风向差异性越高。

秩相关系数时变特性第二类影响因子为各风电场波动性 $F_{\Delta P,i}$ 或不确定性累积概率分布函数 $F_{\varepsilon,i}$ 取值。

对于两个典型风电场 i 和 j，根据不同 $\chi_{i,j}(t)$ 和 $\left(F_{\Delta P,i}, F_{\Delta P,j}\right), \left(F_{\varepsilon,i}, F_{\varepsilon,j}\right)$ 取值，将其波动性和不确定性取值历史数据组的集合划分为若干子集，分析波动性和不确

定性秩相关系数的时变特性。

秩相关系数随风向差异性系数的时变特性如图 5-6 所示，为当两个典型风电场的 $(F_{\Delta P,i}, F_{\Delta P,j})$，$(F_{\varepsilon,i}, F_{\varepsilon,j})$ 取值均位于 [0.5，0.75) 区间时，波动性和不确定性的秩相关系数随 $\chi_{i,j}(t)$ 的变化特性。

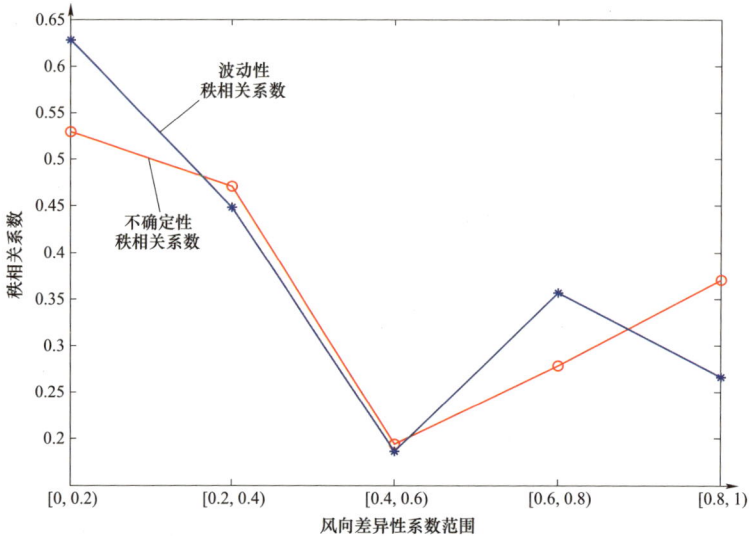

图 5-6　秩相关系数随风向差异性系数的时变特性

由图 5-6 可知，在不同 $\chi_{i,j}(t)$ 取值条件下，秩相关系数 $\mathcal{R}$ 会随之变化，不等于常数。当 $\chi_{i,j}(t)$ 较小时秩相关性较强，例如当 $\chi_{i,j}(t)$ 取值属于 [0，0.2) 时，不确定性 $\mathcal{R}$ 取值约为 0.63；当 $\chi_{i,j}(t)$ 较大时秩相关性较弱，例如当 $\chi_{i,j}(t)$ 取值属于 [0.8，1) 时，不确定性 $\mathcal{R}$ 取值约为 0.27。

这是因为两个风电场天气过程变化趋势相近，波动性和不确定性的相关性较强。但风电场间的相关性受多种因素影响，风向只是其中一个重要因素，因此，$\mathcal{R}$ 随风向差异性系数的变化关系并不是单调线性关系。

5.1.2.2　边缘概率分布及秩相关系数矩阵的离线条件相依模型集

建立考虑 WVPG 出力波动性和不确定性非平稳特征的时变概率分布模型，主要有以下三个步骤：

（1）建立 WVPG 内部各风电场的波动性 $\Delta P_i^W(t)$ 和不确定性 $\varepsilon_i^W(t)$ 的条件相依概率分布离线模型集。

（2）建立 WVPG 内部多个风电场之间波动性 $\Delta P_i^W(t)$ 和不确定性 $\varepsilon_i^W(t)$ 的累积概率分布函数条件相依秩相关系数矩阵 $\mathcal{R}_\varepsilon^{VPG}$、$\mathcal{R}_{\Delta P}^{VPG}$ 离线模型集。

（3）采用基于遗传算法的蒙特卡罗模拟方法，滚动建立每时刻在各风电场边缘条件相依概率分布，和多风电场条件相依秩相关系数矩阵共同约束下，WVPG 的条件概率分布以及内部各风电场的条件概率分布。

1. 单风场条件相依概率分布离线模型集

第 i 个风电场不确定性的影响因子为预测出力值和预测尺度，波动性的影响因子为预测出力值，上述影响因子可实现对不确定性和波动性样本空间的完全划分。其条件相依概率分布的条件集合可分别表示为

$$\Psi_{\varepsilon,i}(t) = \left\{\mu_{\varepsilon,i,1}(t), \mu_{\varepsilon,i,2}(t)\right\} \quad \mu_{\varepsilon,i,1}(t) \in [0, c_{i,1}], \mu_{\varepsilon,i,2}(t) \in [0, c_{i,2}] \quad （5-6）$$

$$\Psi_{\Delta P,i}(t) = \{\mu_{\Delta P,i,1}(t)\}, \mu_{\Delta P,i,1}(t) \in [0, d_{i,1}] \quad （5-7）$$

式中：$\Psi_{\varepsilon,i}(t), \Psi_{\Delta P,i}(t)$ 分别为时刻 t 第 i 个风电场不确定性和波动性条件集合；$\mu_{\varepsilon,i,1}(t), \mu_{\varepsilon,i,2}(t)$ 分别为不确定性影响因子预测出力、预测尺度；$\mu_{\Delta P,i,1}(t)$ 为波动性影响因子预测出力值；$c_{i,1}, c_{i,2}, d_{i,1}$ 分别为影响因子 $\mu_{\varepsilon,i,1}(t), \mu_{\varepsilon,i,2}(t), \mu_{\Delta P,i,1}(t)$ 的最大取值。

以不确定性为例，将条件集合 $\Psi_{\varepsilon,i}(t)$ 取值范围 $[0, c_{i,1}] \times [0, c_{i,2}]$ 离散为 $n_{ci,1} \times n_{ci,2}$ 个区间，条件集合划分如图 5-7 所示，相应地，可将不确定性历史数据集合 $\Omega_{\varepsilon,i}$ 划分为 $n_{ci,1} \times n_{ci,2}$ 个子集。

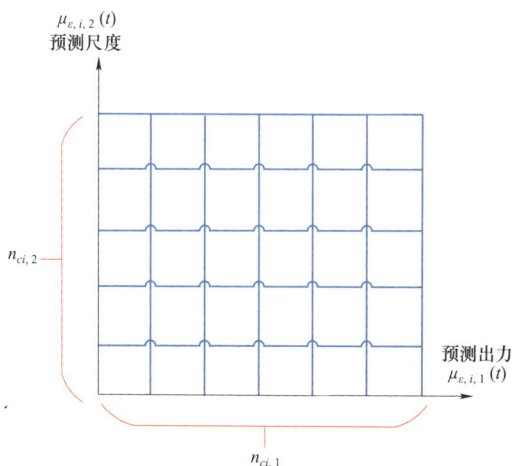

图 5-7　条件集合划分示意图

由于现有可解析的概率分布函数难以准确描述风电特性，在具有一定历史数据积累的基础上，可采用经验分布对其建模。首先分别将风电场 i 不确定性和波动性历史数据集合划分为 $n_{ci,1} \times n_{ci,2}$ 和 $n_{di,1}$ 个子集，每个子集对应一组条件，其中第 h 个子集分别满足

$$\varOmega_{\varepsilon,i,h} = \left\{\hat{e}_i^{\mathrm{W}} \mid q_{\varepsilon,i,1}^{j}, q_{\varepsilon,i,2}^{k}\right\} \tag{5-8}$$

$$\varOmega_{\Delta P,i,h} = \left\{\Delta \hat{p}_i^{\mathrm{W}} \mid q_{\Delta P,i,1}^{g}\right\} \tag{5-9}$$

式中：$\hat{e}_i^{\mathrm{W}}$ 和 $\Delta \hat{p}_i^{\mathrm{W}}$ 分别为第 i 个风电场不确定性、波动性的实测历史数据样本；$\varOmega_{\varepsilon,i,h}, \varOmega_{\Delta P,i,h}$ 分别为第 i 个风电场不确定性、波动性的第 h 个历史数据子集；$q_{\varepsilon,i,1}^{j}, q_{\varepsilon,i,2}^{k}$ 分别为第 i 个风电场不确定性的第 1 和第 2 个影响因子取值分别位于区间 j 和 k；$q_{\Delta P,i,1}^{g}$ 为第 i 个风电场波动性第 1 个影响因子取值位于区间 g。

采用经验分布分别建模子集 h 对应的累积概率分布函数 $F_{\varepsilon,i,h}(x)$ 和 $F_{\Delta P,i,h}(x)$，以不确定性为例，其表达式为

$$F_{\varepsilon,i,h}(x) = \frac{\sum\limits_{i=1}^{n_{\varepsilon,i,h}} I\left\{\hat{e}_i^{\mathrm{W}} \leqslant x\right\}}{n_{\varepsilon,i,h}} \tag{5-10}$$

式中：$n_{\varepsilon,i,h}$ 为子集 $\varOmega_{\varepsilon,i,h}$ 中历史数据样本长度；I 为指示函数；若 $\hat{e}_i^{\mathrm{W}} \leqslant x$，则 $I\left\{\hat{e}_i^{\mathrm{W}} \leqslant x\right\} = 1$，反之，$I\left\{\hat{e}_i^{\mathrm{W}} \leqslant x\right\} = 0$。

按照上述方法，对所有子集进行计算，可以得到各个风电场不确定性和波动性的条件相依累积概率分布离线模型集合。

2. 多风电场条件相依秩相关系数矩阵离线模型集

以不确定性为例，设 $R_{\varepsilon,ij}(t)$ 为时刻 t 风电场 i 和 j 的不确定性累积概率分布函数的秩相关系数，则时刻 t WVPG 内各风电场秩相关系数矩阵为

$$\begin{bmatrix} 1 & R_{\varepsilon,12}(t) & \cdots & R_{\varepsilon,1n_k}(t) \\ R_{\varepsilon,21}(t) & 1 & \cdots & R_{\varepsilon,2n_k}(t) \\ \vdots & \vdots & \ddots & \vdots \\ R_{\varepsilon,n_k1}(t) & R_{\varepsilon,n_k2}(t) & \cdots & 1 \end{bmatrix} \tag{5-11}$$

风电场 i 和 j 的秩相关系数 $R_{\varepsilon,ij}$ 主要影响因子为两风电场的风向差异性系数 $\chi_{i,j}$，以及风电场 i 和 j 不确定性累积概率分布函数 $F_{\varepsilon,i}, F_{\varepsilon,j}$ 的取值，则 $R_{\varepsilon,ij}$ 的条件集合为

$$\varPsi_{R,ij}(t) = \left\{F_{\varepsilon|t,i}, F_{\varepsilon|t,j}, \chi_{i,j}(t)\right\}, F_{\varepsilon|t,i} \in [0,1], F_{\varepsilon|t,j} \in [0,1], \chi_{i,j}(t) \in [0,1] \tag{5-12}$$

式中：$\varPsi_{R,ij}(t)$ 为时刻 t 第 i 个风电场不确定性秩相关系数条件集合。

将条件集合 $\varPsi_{R,ij}(t)$ 取值范围 $[0,1] \times [0,1] \times [0,1]$ 离散为 $n_{Fi} \times n_{Fj} \times n_{\chi}$ 个区间。相应地，可将风电场 i 和 j 的不确定性累积概率分布历史数据对 $\left(F_{\varepsilon,i}(\hat{e}_i^{\mathrm{W}}), F_{\varepsilon,j}(\hat{e}_j^{\mathrm{W}})\right)$ 的集合 $\varOmega_{F_{\varepsilon},ij}$ 划分为 $n_{Fi} \times n_{Fj} \times n_{\chi}$ 个子集。若落入某子集的历史数据对小于 20 个，则

将子集与相邻子集合并，其中第 h 个子集满足

$$\Omega_{F_\varepsilon,ij,h} = \left\{ \left(F_{\varepsilon,i}\left(\hat{e}_i^{\mathrm{W}}\right), F_{\varepsilon,j}\left(\hat{e}_j^{\mathrm{W}}\right) \right) \middle| \left\{ q_\chi^n, q_{Fi}^m, q_{Fj}^k \right\} \right\} \qquad (5-13)$$

式中：$\hat{e}_i^{\mathrm{W}}$ 为第 i 个风电场不确定性的实测历史数据样本；$F_{\varepsilon,i}\left(\hat{e}_i^{\mathrm{W}}\right)$ 为与 $\hat{e}_i^{\mathrm{W}}$ 对应的不确定性累积概率分布历史数据样本；q_χ^n、q_{Fi}^m、q_{Fj}^k 分别为 $\chi_{i,j}$、$F_{\varepsilon,i}$、$F_{\varepsilon,j}$ 取值位于第 n、m、k 个区间。

对子集 $\Omega_{F_\varepsilon,ij,h}$ 中的历史数据按式（5−14）计算，可得与条件集合取值 $\left\{ q_\chi^n, q_{Fi}^m, q_{Fj}^k \right\}$ 相对应的风电场 i 和 j 秩相关系数 $\mathcal{R}_{\varepsilon,ij,h}$

$$\mathcal{R}_{X1X2} = \frac{\sum_{i=1}^{n_T} \left(R_{1,i} - \overline{R}_1 \right)\left(R_{2,i} - \overline{R}_2 \right)}{\sqrt{\sum_{i=1}^{n_T} \left(R_{1,i} - \overline{R}_1 \right)^2} \sqrt{\sum_{i=1}^{n_T} \left(R_{2,i} - \overline{R}_2 \right)^2}} \qquad (5-14)$$

按照上述方法，对所有子集和不同风电场进行计算，可得 WVPG 内风电场间的条件相依秩相关系数矩阵离线模型集合。

5.1.2.3　WVPG 时变概率分布在线采样算法

在线采样算法的实现有两项关键技术。

1. 产生满足秩相关系数矩阵约束的不确定性样本

由于随机变量经过严格非线性单增变换后，秩相关系数不会改变，即 $\mathcal{R}(X_1, X_2) = \mathcal{R}(F_{X1}(x), F_{X2}(x))$，因此产生满足秩相关系数矩阵约束的不确定性样本 $\tilde{x}_{1,g}$，可转化为产生满足秩相关系数矩阵约束的累积概率分布函数样本 $F_{X1}\left(\tilde{x}_{1,g}\right)$，如图 5−8 所示。

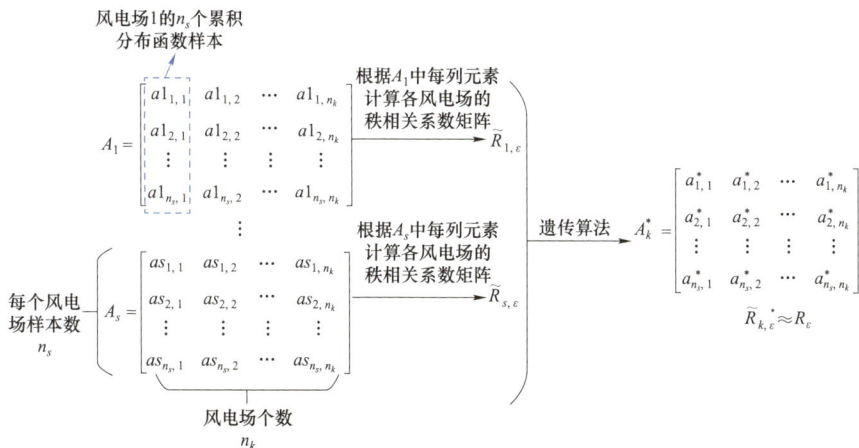

图 5−8　产生满足秩相关系数矩阵约束的累积分布取值样本示意图

首先，随机产生 S 个 $n_s \times n_k$ 阶矩阵作为遗传算法的初始种群，如图 5-8 中的 $A_1 \sim A_s$，n_s 表示每个风电场的采样样本为 n_s 个，n_k 为 WVPG 内风电场个数，矩阵中的每个元素均为 $[0, 1]$ 之间均匀分布的随机数。然后，根据矩阵中的每列元素计算每个随机矩阵 A_i 对应的秩相关系数矩阵 $\tilde{R}_{i,\varepsilon}$，例如由 A_i 中第 g 和 h 列元素可得与风电场 g 和 h 样本对应的秩相关系数。然后，根据当前秩相关系数条件集合取值，从离线模型集中选取与当前条件对应的秩相关系数矩阵 R_ε。最后，通过遗传算法的交叉和变异，改变随机矩阵 $A_1 \sim A_s$ 中的元素，使得其秩相关系数矩阵尽量逼近 R_ε。设 A_k^* 为遗传算法进行到第 k 代时，秩相关系数矩阵与 R_ε 取值最为接近的矩阵，则称 A_k^* 为**最优矩阵**，A_k^* 中的元素即为满足当前时刻相关性约束的各风电场累积概率分布函数样本。

2. 产生符合累积概率分布函数的不确定性样本

将最优矩阵 A_k^* 中的各元素做逆变换，可得同时满足秩相关系数矩阵和边缘累积概率分布函数约束的不确定性样本。

以不确定性为例，时刻 t WVPG 及内部各风电场时变概率分布模型在线采样算法流程图如图 5-9 所示。

产生符合累积概率分布函数的不确定性样本步骤如下：

（1）初始化，随机生成 S 个 $n_s \times n_k$ 阶矩阵作为遗传算法的初始种群，其中 n_s 为采样规模，n_k 为 WVPG 内风电场个数，矩阵元素均为 $[0,1]$ 之间均匀分布的随机数。

（2）从离线模型集中选取秩相关系数矩阵。首先根据时刻 t 风电场 i、j 预测风向，计算风向差异性系数；设 $\left(\tilde{F}_{\varepsilon,i,m}, \tilde{F}_{\varepsilon,j,m}\right)$ 分别为第 m 个 $m \in (1, 2, \cdots, S)$ 随机矩阵中，第 i 列和第 j 列元素组成的数据对，将 $\left(\tilde{F}_{\varepsilon,i,m}, \tilde{F}_{\varepsilon,j,m}\right)$ 中数据对划分为若干子集。设 $\tilde{R}_{\varepsilon,ij,c}$ 为根据第 m 个随机矩阵中风电场 i 和 j 的第 c 个子集元素计算的秩相关系数，设 $\tilde{R}_{\varepsilon,ij,c}$ 为离线模型集中与 $\tilde{R}_{\varepsilon,ij,c}$ 条件集合取值相同的秩相关系数，可设置第 m 个矩阵 A_m 目标函数式，式中 n_c 为子集个数。

$$G(A_m) = \sum_{i=1}^{n_k} \sum_{j=1 \& i \neq j}^{n_k} \sum_{c=1}^{n_c} \left(\tilde{R}_{\varepsilon,ij,c} - R_{\varepsilon,ij,c}\right)^2 \qquad (5-15)$$

（3）采用遗传算法，经过遗传和变异改变 S 个随机矩阵中的元素，使得最优矩阵［每次迭代中使 $G(A_m)$ 最小的矩阵］的秩相关系数矩阵逼近目标值 $\tilde{R}_{\varepsilon,ij,c}$。

（4）收敛性判断。设 A_k^* 为遗传算法第 k 代的最优矩阵，A_0^* 为初始最优矩阵，则第 k 代最优矩阵相对于初始情况的改进为 $G(A_k^*) - G(A_0^*)$。在第 k 代，若 $\left|G(A_k^*) - G(A_{k-1}^*)\right| \leqslant \sigma \left|G(A_k^*) - G(A_0^*)\right|$ 则遗传算法迭代停止，σ 为算法收敛性系数，否则转步骤（2）。

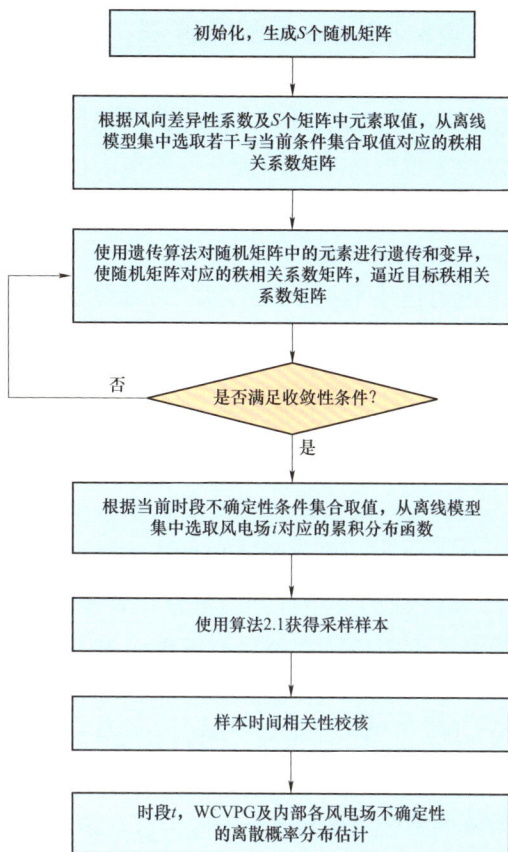

图 5-9　算法流程图

（5）根据时刻 t 风电场 i 不确定性条件集合取值，从离线模型集中选取风电场 i 对应的累积分布函数 $\mathcal{F}_{\varepsilon,i}(t)$。设 $a_{i,g}^{*}$　$g=1,2,\cdots,n_s$ 为步骤（4）中最优矩阵中第 i 列第 g 个元素，则由 2.2.2.1 节中 "产生服从任意累积概率分布的随机变量样本" 的相关内容，风电场 i 的第 g 个采样样本为 $\tilde{e}_{i,g}^{W}(t)=\mathcal{F}_{\varepsilon,i}^{-1}\left(a_{i,g}^{*}\right)$，WVPG 的第 g 个采样样本为 $\tilde{e}_{g}^{\mathrm{VPG}}(t)=\sum\limits_{i=1}^{n_k}\tilde{e}_{i,g}^{W}(t)$。

（6）进行样本时间相关性校核。

（7）根据样本统计时刻 t 各风电场及 WVPG 不确定性的频率分布，当采样规模 n_s 足够大时，即为离散概率分布的估计。由此，可得到风电场 i 和 WVPG 时刻 t 不确定性时变概率分布离散估计 $\tilde{f}_{\varepsilon|t,i}^{W}$ 和 $\tilde{f}_{\varepsilon|t}^{\mathrm{VPG}}$。

5.1.3　基于集群虚拟机组的源端系统分层协调日前发电计划

含风电系统的日前发电计划模型，核心在于对风电不确定性特征的描述和优

211

化处理，现有相关研究提出了以等备用法、风险法、场景法和区间法等为代表的一系列模型。但从本质而言，现有研究多仅在优化模型中添加弃风变量，以在点预测值基础上最小化弃风作为优化目标，未充分关注风电电源特性来考虑其在点预测值基础上进行一定范围内功率双向调节的潜力；而在这类高风电渗透率的刚性源端系统中，由于灵活性电源不足，在日前计划中考虑风电电源特性、充分挖掘系统可用的灵活性资源显得十分重要。而与单个风电场相比，WVPG作为电源的功率调节的可信度增加，使其以"准常规电源"形式纳入日前计划成为可能。

5.1.3.1　基于 WVPG 的分层协调日前发电计划框架

基于 WVPG 的日前分层协调发电计划框架如图 5－10 所示。

上层策略实现 WVPG 与火电机组之间的日前协调优化，在保障安全性和经济性综合风险最小的前提下，尽可能利用风电。该层策略目标是火电机组发电和启停成本，以及 WVPG 的安全性和经济性综合风险最小。通过 WVPG 风险指标的引入，为资源约束型电源在调度时的安全性和经济性平衡问题提供了途径。

下层策略实现 WVPG 内部多风电场之间的协调优化，将上层给出的 WVPG 日前计划指令分配给各风电场，使 WVPG 整体实际可发功率与计划值可能出现的偏差最小，并保障各风电场电量利用率的公平性。该层策略目标是 WVPG 内部各风电场的安全性风险之和最小。

在获得模型最优解的基础上，进行概率后评估，分析 WVPG 和各风电场日运行中每调度时段可能出现的调度缺额和弃风功率数值及对应概率，以及每调度时段高风险调度缺额和弃风功率出现时，对应的风电可发功率阈值。

5.1.3.2　WVPG 与火电机组协调的日前发电计划模型

WVPG 以"准常规电源"形式参与同火电机组协调的日前发电计划，在点预测值基础上，具备一定范围内的功率双向调节潜力，其调节范围由基于出力特性时变概率分布的量化指标获得。但作为资源约束型电源，WVPG 难以达到与火电机组相比拟的可调度性，因此，日前计划模型中需控制 WVPG 出力不确定性带来安全性和经济性风险。

1. 目标函数

WVPG 的安全性风险采用调度缺额的 CVaR 指标量化，经济性风险采用弃风功率的 CVaR 指标量化。日前 WVPG 与火电机组协调的目标函数通过不考虑 WVPG 发电成本来给予风电优先调度权，该目标函数为

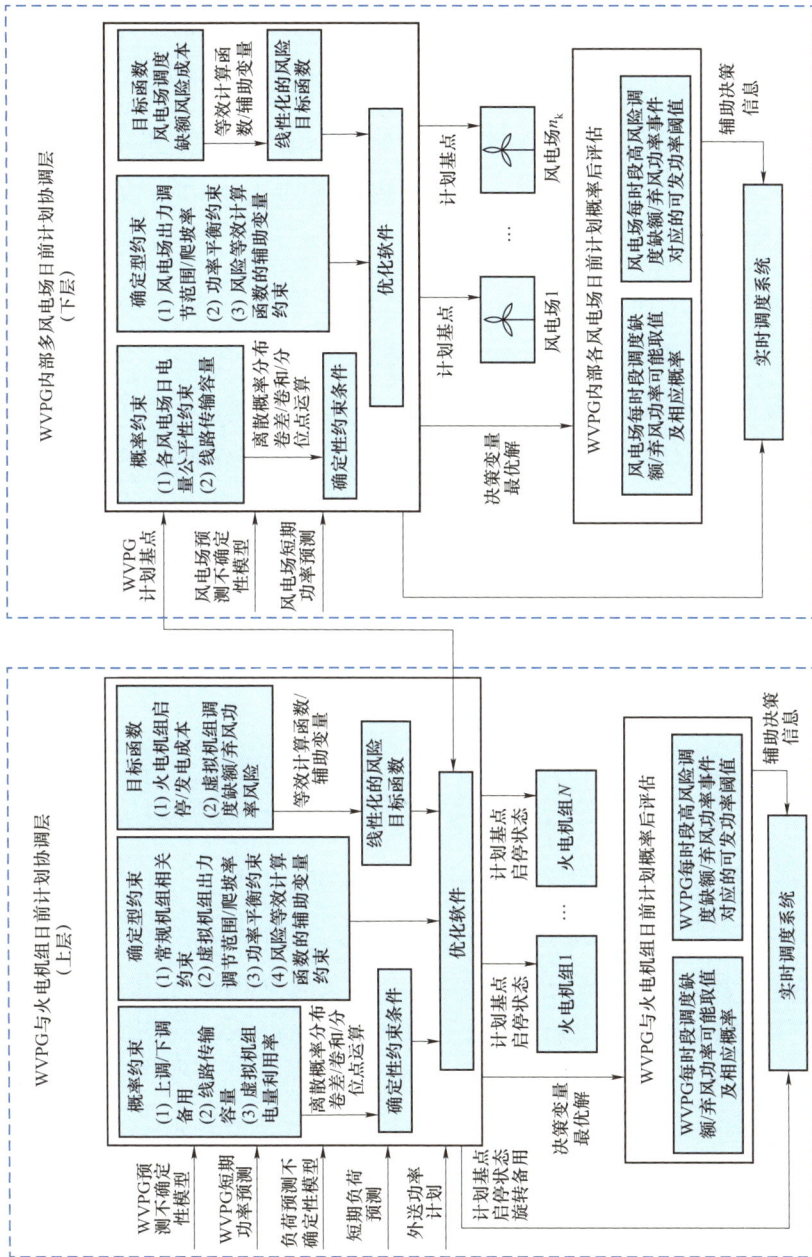

图 5-10　基于 WVPG 的分层协调日前电力计划框架

$$\min \sum_{t=1}^{N_T}\sum_{j=1}^{n_g} c_j^{\mathrm{G}}(t) + \sum_{t=1}^{N_T}\sum_{j=1}^{n_g} c_j^{\mathrm{UD}}(t) + \sum_{t=1}^{N_T}\sum_{k=1}^{n_{\mathrm{vpg}}} c_k^{\mathrm{VPG}}(t) + \sum_{t=1}^{N_T}\sum_{k=1}^{n_{\mathrm{vpg}}} c_k^{\mathrm{h}}(t) \qquad (5-16)$$

式中：N_T 为日运行总调度时段数，本文取 96；n_{vpg} 为 WVPG 的个数；n_g 为火电机组个数。$c_j^{\mathrm{G}}(t)=f\left(p_{\mathrm{d},j}^{\mathrm{G}}(t)\right)$ 为火电机组煤耗成本，\$；$p_{\mathrm{d},j}^{\mathrm{G}}(t)$ 为第 j 个火电机组时段 t 日前计划指令，MW；$c_j^{\mathrm{UD}}(t)=u_j^{\mathrm{G}}(t)c_{\mathrm{u},j}+d_j^{\mathrm{G}}(t)c_{\mathrm{d},j}$ 为火电机组启停成本，\$；$u_j^{\mathrm{G}}(t)$ 为火电机组开机变量，时段 t 火电机组 j 由停机变为开机时 $u_j^{\mathrm{G}}(t)=1$，反之 $u_j^{\mathrm{G}}(t)=0$；$d_j^{\mathrm{G}}(t)$ 为火电机组停机变量，时段 t 火电机组 j 由开机变为停机时 $d_j^{\mathrm{G}}(t)=1$，反之 $d_j^{\mathrm{G}}(t)=0$；$c_{\mathrm{u},j}$ 和 $c_{\mathrm{d},j}$ 分别为开机成本和停机成本；$c_k^{\mathrm{h}}(t)=\upsilon_{\mathrm{d}}^{\mathrm{VPG}}h_k^{\mathrm{VPG}}(t)$ 为 WVPG 电量利用率约束的松弛变量惩罚成本，\$；$h_k^{\mathrm{VPG}}(t)$ 为第 k 个 WVPG 时段 t 的功率松弛变量，MW；$\upsilon_{\mathrm{d}}^{\mathrm{VPG}}$ 为松弛变量的惩罚成本加权系数，\$/MW，本书选取 $\upsilon_{\mathrm{d}}^{\mathrm{VPG}}$ 为风电上网电价的 10 倍；$c_k^{\mathrm{VPG}}(t)$ 为第 k 个 WVPG 的 CVaR 风险指标相对应的惩罚成本，\$。

需根据决策者偏好采取不同策略，目标函数中 WVPG 风险指标 $c_k^{\mathrm{VPG}}(t)$ 具体可考虑以下三种方案：

（1）折中方案。该方案同时在目标函数中最小化调度缺额和弃风功率风险指标，并通过系数 $a_{\mathrm{d}}^{\mathrm{VPG}}$ 体现对两者偏好的差异性。折中方案是本书策略采用的方案，为

$$c_k^{\mathrm{VPG}}(t) = \kappa_{\mathrm{d}}^{\mathrm{VPG}}\left(\varphi_{\mathrm{C},k}^{\mathrm{VPG}}\left(p_{\mathrm{d},k}^{\mathrm{VPG}},t\right) + a_{\mathrm{d}}^{\mathrm{VPG}}\varphi_{\mathrm{S},k}^{\mathrm{VPG}}\left(p_{\mathrm{d},k}^{\mathrm{VPG}},t\right)\right) \qquad (5-17)$$

式中：$p_{\mathrm{d},k}^{\mathrm{VPG}}(t)$ 为第 k 个 WVPG 时段 t 日前计划功率值，MW；$\varphi_{\mathrm{S},k}^{\mathrm{VPG}}\left(p_{\mathrm{d},k}^{\mathrm{VPG}},t\right), \varphi_{\mathrm{C},k}^{\mathrm{VPG}}\left(p_{\mathrm{d},k}^{\mathrm{VPG}},t\right)$ 分别为第 k 个 WVPG 的安全性和经济性风险指标，采用调度缺额和弃风功率的 CVaR 指标量化，MW；$\kappa_{\mathrm{d}}^{\mathrm{VPG}}$ 为 WVPG 风险指标单位惩罚成本，\$/MW，通过 $\kappa_{\mathrm{d}}^{\mathrm{VPG}}$ 的引入，将量纲为 MW 的风险指标，转化为量纲为\$的风险惩罚成本，从而使得 $c_k^{\mathrm{VPG}}(t)$ 可与火电机组煤耗和启停成本相加作为目标函数，可根据对 WVPG 安全性和经济性高风险的容忍程度确定 $\kappa_{\mathrm{d}}^{\mathrm{VPG}}$，本书选取 $\kappa_{\mathrm{d}}^{\mathrm{VPG}}$ 为风电上网电价的 15 倍；$a_{\mathrm{d}}^{\mathrm{VPG}}$ 为风险指标偏好系数，当决策侧重于降低安全性风险时 $a_{\mathrm{d}}^{\mathrm{VPG}}>1$，但 $a_{\mathrm{d}}^{\mathrm{VPG}}$ 取值不宜过大否则将造成过度弃风，经验值 $a_{\mathrm{d}}^{\mathrm{VPG}}$ 为 $1.001\sim1.100$，当侧重于降低经济性风险时 $1>a_{\mathrm{d}}^{\mathrm{VPG}}>0$，但 $a_{\mathrm{d}}^{\mathrm{VPG}}$ 取值不宜过小否则易造成大的调度缺额，经验值 $a_{\mathrm{d}}^{\mathrm{VPG}}$ 为 $0.901\sim0.999$。

（2）弃风功率最小方案。该方案在目标函数中最小化弃风功率风险指标，并在约束条件中将调度缺额风险指标限定在一定范围内，即

$$c_k^{\mathrm{VPG}}(t) = \kappa_{\mathrm{d}}^{\mathrm{VPG}} \varphi_{\mathrm{C},k}^{\mathrm{VPG}}\left(p_{\mathrm{d},k}^{\mathrm{VPG}}, t\right) \tag{5-18}$$

$$\lambda_{\mathrm{S}} E\left(P_{\mathrm{a},k}^{\mathrm{VPG}}(t)\right) \geqslant \varphi_{\mathrm{S},k}^{\mathrm{VPG}}\left(p_{\mathrm{d},k}^{\mathrm{VPG}}, t\right) \geqslant 0 \tag{5-19}$$

式中：$E\left(P_{\mathrm{a},k}^{\mathrm{VPG}}(t)\right)$ 为第 k 个 WVPG 时段 t 可发功率期望值，MW；λ_{S}（%）为调度缺额 $CVaR$ 指标 $\varphi_{\mathrm{S},k}^{\mathrm{VPG}}\left(p_{\mathrm{d},k}^{\mathrm{VPG}}, t\right)$（MW）取值上限占可发功率期望值的比例，通过 λ_{S} 引入将 $\varphi_{\mathrm{S},k}^{\mathrm{VPG}}\left(p_{\mathrm{d},k}^{\mathrm{VPG}}, t\right)$ 取值限制在一定范围内。

（3）调度缺额最小方案。该方案在目标函数中最小化调度缺额风险指标，并在约束条件中将弃风功率风险指标限定在一定范围内，即

$$c_k^{\mathrm{VPG}}(t) = \kappa_{\mathrm{d}}^{\mathrm{VPG}} \varphi_{\mathrm{S},k}^{\mathrm{VPG}}\left(p_{\mathrm{d},k}^{\mathrm{VPG}}, t\right) \tag{5-20}$$

$$\lambda_{\mathrm{C}} E\left(P_{\mathrm{a},k}^{\mathrm{VPG}}(t)\right) \geqslant \varphi_{\mathrm{C},k}^{\mathrm{VPG}}\left(p_{\mathrm{d},k}^{\mathrm{VPG}}, t\right) \geqslant 0 \tag{5-21}$$

式中：$E\left(P_{\mathrm{a},k}^{\mathrm{VPG}}(t)\right)$ 为第 k 个 WVPG 时段 t 可发功率期望值，MW；λ_{C}（%）为弃风功率 $CVaR$ 指标 $\varphi_{\mathrm{C},k}^{\mathrm{VPG}}\left(p_{\mathrm{d},k}^{\mathrm{VPG}}, t\right)$（MW）取值上限占可发功率期望值的比例，通过 λ_{C} 引入将 $\varphi_{\mathrm{C},k}^{\mathrm{VPG}}\left(p_{\mathrm{d},k}^{\mathrm{VPG}}, t\right)$ 取值限制在一定范围内。

2. 约束条件

WVPG 相关约束包括出力约束、爬坡率约束和电量利用率约束，出力约束满足

$$p_{\mathrm{r,min},k}^{\mathrm{VPG}}(t) \leqslant p_{\mathrm{d},k}^{\mathrm{VPG}}(t) \leqslant p_{\mathrm{r,max},k}^{\mathrm{VPG}}(t) \quad k=1,2,\cdots,n_{\mathrm{vpg}}, t=1,2,\cdots,N_T \tag{5-22}$$

式中：$p_{\mathrm{r,max},k}^{\mathrm{VPG}}(t)$ 和 $p_{\mathrm{r,min},k}^{\mathrm{VPG}}(t)$ 分别为第 k 个 WVPG 时段 t 出力调节范围上下限，MW；$p_{\mathrm{d},k}^{\mathrm{VPG}}(t)$ 为第 k 个 WVPG 时段 t 日前计划功率值，MW。

爬坡率约束满足

$$r_{\mathrm{d},k}^{\mathrm{VPG}}(t)\Delta T \leqslant p_{\mathrm{d},k}^{\mathrm{VPG}}(t) - p_{\mathrm{d},k}^{\mathrm{VPG}}(t-1) \leqslant r_{\mathrm{u},k}^{\mathrm{VPG}}(t)\Delta T \quad k=1,2,\cdots,n_{\mathrm{vpg}}, t=2,3,\cdots,N_T \tag{5-23}$$

式中：$r_{\mathrm{u},k}^{\mathrm{VPG}}(t)$ 和 $r_{\mathrm{d},k}^{\mathrm{VPG}}(t)$ 分别为第 k 个 WVPG 时段 t 向上、下的爬坡率极限，MW/min。

为保障 WVPG 的日电量利用率，定义其电量利用率约束为

$$P\left(\sum_{t=1}^{N_T}\left(p_{\mathrm{d},k}^{\mathrm{VPG}}(t) + h_k^{\mathrm{VPG}}(t)\right) \geqslant \mu_{\mathrm{Q},k}^{\mathrm{VPG}}\left(P_{\mathrm{a},k}^{\mathrm{VPG}}(t=1) \oplus \cdots \oplus P_{\mathrm{a},k}^{\mathrm{VPG}}(t=N_T)\right)\right) \geqslant \beta \quad k=1,2,\cdots,n_{\mathrm{vpg}} \tag{5-24}$$

式中：$h_k^{\mathrm{VPG}}(t)$ 为第 k 个 WVPG 时段 t 的功率松弛变量，MW；$\mu_{\mathrm{Q},k}^{\mathrm{VPG}}$ 为第 k 个 WVPG 日电量利用率下限占可发功率电量百分比的系数，%；$P_{\mathrm{a},k}^{\mathrm{VPG}}(t)$ 为第 k 个 WVPG 时段 t 可发功率随机变量，MW；β 为约束成立的置信概率。

火电机组相关约束考虑机组出力范围限制、机组爬坡率约束、机组启停变量约束、机组最小开机/停机约束，均采用经典约束。

其他约束包括功率平衡约束、备用约束和线路约束，且满足

$$\sum_{h=1}^{n_{vpg}} p_{d,k}^{VPG}(t) + \sum_{j=1}^{n_g} p_{d,j}^{G}(t) = E\left(P_1^{load}(t) \oplus \cdots \oplus P_{n_d}^{load}(t)\right) + p^{trans}(t) \quad t=1,2,\cdots,N_T$$

$$（5-25）$$

式中：$P_1^{load}(t)$ 为负荷 1 时段 t 可能取值随机变量，MW；$p^{trans}(t)$ 为时段 t 源端系统外送功率计划值，MW；n_d 为负荷节点总数。

令 $\sum P_i^{load}(t) = P_1^{load}(t) \oplus \cdots \oplus P_{n^d}^{load}(t)$，$\sum P_{a,k}^{VPG}(t) = P_{a,1}^{VPG}(t) \oplus \cdots \oplus P_{a,n^{VPG}}^{VPG}(t)$，则上调和下调备用约束分别为

$$P\left((1+\zeta^{up})\left(\sum P_i^{load}(t) \ominus \sum P_{a,k}^{VPG}(t)\right) \leqslant \sum_{j=1}^{n_g} p_{up,j}^{G}(t) - p^{trans}(t)\right) \geqslant \beta \quad t=1,2,\cdots,N_T$$

$$（5-26）$$

$$P\left((1-\zeta^{down})\sum P_i^{load}(t) \geqslant \sum_{j=1}^{n_g} p_{down,j}^{G}(t) + p_{d,k}^{VPG}(t) - p^{trans}(t)\right) \geqslant \beta \quad t=1,2,\cdots,N_T$$

$$（5-27）$$

式中：ζ^{up} 和 ζ^{down} 分别为上、下调备用系数；$p_{up,j}^{G}(t)$、$p_{down,j}^{G}(t)$ 分别为第 j 个火电机组时段 t 日前计划提供上、下调备用时的出力，MW。

$p_{up,j}^{G}(t)$、$p_{down,j}^{G}(t)$ 满足

$$\max\left[p_{d,j}^{G}(t) - r_{d,j}^{G}\Delta T, p_{min,j}^{G}\right] \leqslant p_{down,j}^{G}(t) \quad j=1,2,\cdots,n_g, t=1,2,\cdots,N_T \quad （5-28）$$

$$p_{up,j}^{G}(t) \leqslant \min\left[p_{max,j}^{G}, p_{d,j}^{G}(t) + r_{u,j}^{G}\Delta T\right] \quad j=1,2,\cdots,n_g, t=1,2,\cdots,N_T \quad （5-29）$$

式中：$r_{d,j}^{G}$、$r_{u,j}^{G}$ 分别为火电机组 j 上下爬坡率，MW/min；$p_{min,j}^{G}$、$p_{max,j}^{G}$ 分别为火电机组 j 的最小和最大出力值，MW。

令 $\sum \alpha_{i,b}^{load} P_i^{load}(t)$ 和 $\sum \alpha_{k,b}^{VPG} P_{a,k}^{VPG}(t)$ 分别为

$$\sum \alpha_{i,b}^{load} P_i^{load}(t) = \alpha_{1,b}^{load} P_1^{load}(t) \oplus \cdots \oplus \alpha_{n^d,b}^{load} P_{n^d}^{load}(t) \quad （5-30）$$

$$\sum \alpha_{k,b}^{VPG} P_{a,k}^{VPG}(t) = \alpha_{1,b}^{VPG} P_{a,1}^{VPG}(t) \oplus \cdots \oplus \alpha_{n^{VPG},b}^{VPG} P_{a,n^{VPG}}^{VPG}(t) \quad （5-31）$$

则线路约束为

$$P\left\{f_l^{lim} \geqslant \sum_{b\in\Phi}\left[g_{l,b}\left(\sum \alpha_{k,b}^{VPG} P_{a,k}^{VPG}(t) \ominus \sum \alpha_{i,b}^{load} P_i^{load}(t) + \sum_{j=1}^{n_g} \alpha_{j,b}^{G} p_{d,j}^{G}(t)\right)\right] \geqslant -f_l^{lim}\right\} \geqslant \beta$$

$$t=1,2,\cdots,N_T, l=1,2,\cdots,n_L$$

$$（5-32）$$

216

式中：f_l^{lim} 为线路 l 的功率传输容量，MW；$\varPhi$ 源端系统电网节点集合，不考虑虚拟机组内部电网节点；$g_{l,b}$ 为节点 b 到线路 l 的功率转移分布因子；$\alpha_{k,b}^{\mathrm{VPG}}$，$\alpha_{j,b}^{\mathrm{G}}$，$\alpha_{g,b}^{\mathrm{load}}$ 分别为第 k 个 WVPG，火电机组 j 和负荷 g 与节点 b 连接关系系数，例如，当第 k 个 WVPG 与节点 b 连接时，$\alpha_{k,b}^{\mathrm{VPG}}=1$，反之 $\alpha_{k,b}^{\mathrm{VPG}}=0$；$n_{\mathrm{L}}$ 为线路总数。

5.1.3.3　WVPG 内部多风电场协调的日前发电计划模型

1. 目标函数

下层 WVPG 内部协调的日前概率优化策略目标函数为最小化总仿真时段内各风电场调度缺额风险指标之和，即

$$\min \sum_{t=1}^{N_T}\sum_{i=1}^{n_k}\left[\kappa_{\mathrm{d}}^{\mathrm{W}}\varphi_{\mathrm{S},i}^{\mathrm{W}}\left(p_{\mathrm{d},i}^{\mathrm{W}},t\right)+\upsilon_{\mathrm{d}}^{\mathrm{W}}h_i^{\mathrm{W}}(t)\right] \qquad (5-33)$$

式中：N_T 为日前运行仿真总时段数；n_k 为第 k 个 WVPG 内风电场个数；$\varphi_{\mathrm{S},i}^{\mathrm{W}}\left(p_{\mathrm{d},i}^{\mathrm{W}},t\right)$ 为第 i 个风电场的 CVaR 风险指标，MW；$h_i^{\mathrm{W}}(t)$ 为第 i 个风电场时段 t 公平性约束松弛变量，MW；$\kappa_{\mathrm{d}}^{\mathrm{W}}$ 为风险指标的惩罚成本加权系数，\$/MW，可根据对风电场安全性高风险的容忍程度确定 $\kappa_{\mathrm{d}}^{\mathrm{VPG}}$；$\upsilon_{\mathrm{d}}^{\mathrm{W}}$ 为松弛变量的惩罚成本加权系数，\$/MW，若取值满足 $\kappa_{\mathrm{d}}^{\mathrm{W}}>\upsilon_{\mathrm{d}}^{\mathrm{W}}$，表明决策对安全性的偏好高于公平性。

2. 约束条件

公平性约束的目的是尽量保证各风电场日电量利用率的公平性，并给予利用小时数较低、不确定性和波动性均值较低的风电场电量优先权。在介绍电量公平性约束前，先引入两个重要系数。

（1）WVPG 平均电量利用率系数 τ_k^{VPG}（%）。τ_k^{VPG} 指该日第 k 个 WVPG 被上层调度的电量与实际可发电量期望值的比值，即

$$\tau_k^{\mathrm{VPG}}=\frac{\displaystyle\sum_{t=1}^{N_T}p_{\mathrm{d},k}^{\mathrm{VPG}}(t)}{\displaystyle\sum_{t=1}^{N_T}E\left[P_{\mathrm{a},k}^{\mathrm{VPG}}(t)\right]} \qquad (5-34)$$

式中：$p_{\mathrm{d},k}^{\mathrm{VPG}}(t)$ 为第 k 个 WVPG 时段 t 日前计划功率，MW；$P_{\mathrm{a},k}^{\mathrm{VPG}}(t)$ 为第 k 个 WVPG 时段 t 的可发功率期望值。

（2）风电场电量优先权加权系数 λ_i^{W}（%）。令第 i 个风电场在仿真日 N_T 各时段的不确定性、波动性概率分布期望值之和为

$$E_{\varepsilon,i}^{\mathrm{W}}=\sum_{t=1}^{N_T}\left|E\left(\varepsilon_i^{\mathrm{W}}(t)\right)\right| \qquad (5-35)$$

$$E_{\Delta P,i}^{\mathrm{W}} = \sum_{t=1}^{N_T} \left| E\left(\Delta P_i^{\mathrm{W}}(t)\right) \right| \quad (5-36)$$

则可定义 λ_i^{W} 为

$$\lambda_i^{\mathrm{W}} = 1 + \frac{\gamma_{\mathrm{ave}}^{\mathrm{W}} - \gamma_i^{\mathrm{W}}}{\gamma_{\mathrm{ave}}^{\mathrm{W}}} + \frac{\sum_{i=1}^{n_k} E_{\varepsilon,i}^{\mathrm{W}} \big/ n_k - E_{\varepsilon,i}^{\mathrm{W}}}{\sum_{i=1}^{n_k} E_{\varepsilon,i}^{\mathrm{W}} \big/ n_k} + \frac{\sum_{i=1}^{n_k} E_{\Delta P,i}^{\mathrm{W}} \big/ n_k - E_{\Delta P,i}^{\mathrm{W}}}{\sum_{i=1}^{n_k} E_{\Delta P,i}^{\mathrm{W}} \big/ n_k} \quad (5-37)$$

式中：γ_i^{W} 为截止到当前运行日开始时段，风电场 i 的利用小时数，h；$\gamma_{\mathrm{ave}}^{\mathrm{W}}$ 为截止到当前运行日开始时段，WVPG 内所有风电场平均利用小时数，h；$\varepsilon_i^{\mathrm{W}}(t)$ 为第 i 个风电场时段 t 不确定性随机变量，MW；$\Delta P_i^{\mathrm{W}}(t)$ 为第 i 个风电场时段 t 波动性随机变量，MW。

得概率形式的电量公平性约束为

$$P\left\{ \sum_{t=1}^{N_T} \left(p_{\mathrm{d},i}^{\mathrm{W}}(t) + h_i^{\mathrm{W}}(t) \right) \geqslant \tau_k^{\mathrm{VPG}} \lambda_i^{\mathrm{W}} \left[P_{\mathrm{a},i}^{\mathrm{W}}(t=1) \oplus \cdots \oplus P_{\mathrm{a},i}^{\mathrm{W}}(t=N_T) \right] \right\} \geqslant \beta \quad i = 1, 2, \cdots, n_k$$

$$(5-38)$$

式中：$h_i^{\mathrm{W}}(t)$ 为引入公平性约束的松弛变量，以保证存在可行解，MW。

风电场相关约束包括出力约束和爬坡率约束，且满足

$$p_{\mathrm{r,min},i}^{\mathrm{W}}(t) \leqslant p_{\mathrm{d},i}^{\mathrm{W}}(t) \leqslant p_{\mathrm{r,max},i}^{\mathrm{W}}(t) \quad i = 1, 2, \cdots, n_k, t = 1, 2, \cdots, N_T \quad (5-39)$$

式中：$p_{\mathrm{r,min},i}^{\mathrm{W}}(t)$ 和 $p_{\mathrm{r,max},i}^{\mathrm{W}}(t)$ 分别为第 i 个风电场时段 t 可发功率上下界，MW。

$$r_{\mathrm{d},i}^{\mathrm{W}}(t)\Delta T \leqslant p_{\mathrm{d},i}^{\mathrm{W}}(t) - p_{\mathrm{d},i}^{\mathrm{W}}(t-1) \leqslant r_{\mathrm{u},i}^{\mathrm{W}}(t)\Delta T \quad i = 1, 2, \cdots, n_k, t = 2, \cdots, N_T$$

$$(5-40)$$

式中：$r_{\mathrm{d},i}^{\mathrm{W}}(t)$ 和 $r_{\mathrm{u},i}^{\mathrm{W}}(t)$ 分别为第 i 个风电场时段 t 下调、上调爬坡率限值，MW/min。

其他约束包括功率平衡约束和 WVPG 内部网络线路约束，且满足

$$\sum_{i=1}^{n_k} p_{\mathrm{d},i}^{\mathrm{W}}(t) = p_{\mathrm{d},k}^{\mathrm{VPG}}(t) \quad t = 1, 2, \cdots, N_T \quad (5-41)$$

式中：$p_{\mathrm{d},k}^{\mathrm{VPG}}(t)$ 为第 k 个 WVPG 时段 t 日前计划指令，MW；$p_{\mathrm{d},i}^{\mathrm{W}}(t)$ 为第 i 个风电场时段 t 日前计划指令，MW。

令 $\sum \alpha_{i,b}^{\mathrm{W}} P_{\mathrm{a},i}^{\mathrm{W}}(t)$ 为

$$\sum \alpha_{i,b}^{\mathrm{W}} P_{\mathrm{a},i}^{\mathrm{W}}(t) = \alpha_{1,b}^{\mathrm{W}} P_{\mathrm{a},1}^{\mathrm{W}}(t) \oplus \cdots \oplus \alpha_{n_k,b}^{\mathrm{W}} P_{\mathrm{a},n_k}^{\mathrm{W}}(t) \quad (5-42)$$

则线路约束可表示为

$$-f_l^{\lim} \leqslant \sum_{b \in \Phi_k} \left[g_{l,b} \sum \alpha_{i,b}^{\mathrm{W}} P_{\mathrm{a},i}^{\mathrm{W}}(t) \right] \leqslant f_l^{\lim} \quad t = 1, 2, \cdots, N_T, l = 1, 2, \cdots, n_{\mathrm{L},k} \quad (5-43)$$

式中：f_l^{lim} 为线路 l 的传输容量，MW；$\varPhi_k$ 为第 k 个 WVPG 内部往来节点集合；$g_{l,b}$ 为节点 b 到线路 l 的功率转移分布因子；$\alpha_{i,b}^{\text{W}}$ 为第 i 个风电场与节点 b 连接关系系数，当第 i 个风电场与节点 b 连接时，$\alpha_{i,b}^{\text{W}}=1$，反之 $\alpha_{i,b}^{\text{W}}=0$；$n_{\text{L},k}$ 为线路总数。

5.1.4　基于集群虚拟机组的源端系统分层协调实时调度策略

实时调度指基于超短期功率预测信息，对日前计划指令进行滚动修正。风火联运源端系统中，在既定的风火日前计划指令和火电机组启停方式基础上，实时滚动调整风电和火电出力，保障实时调度的安全性，并提高风电利用率十分重要。

5.1.4.1　基于 WVPG 的分层协调实时调度策略框架

基于 WVPG 的分层协调实时调度策略在实际运行开始前 15min 制定，每 15min 根据最新的超短期风电功率信息滚动刷新一次实时调度结果，与当前系统实时调度时间尺度以及超短期风电功率预测分辨率一致，基于 WVPG 的分层协调实时调度策略如图 5-11 所示。

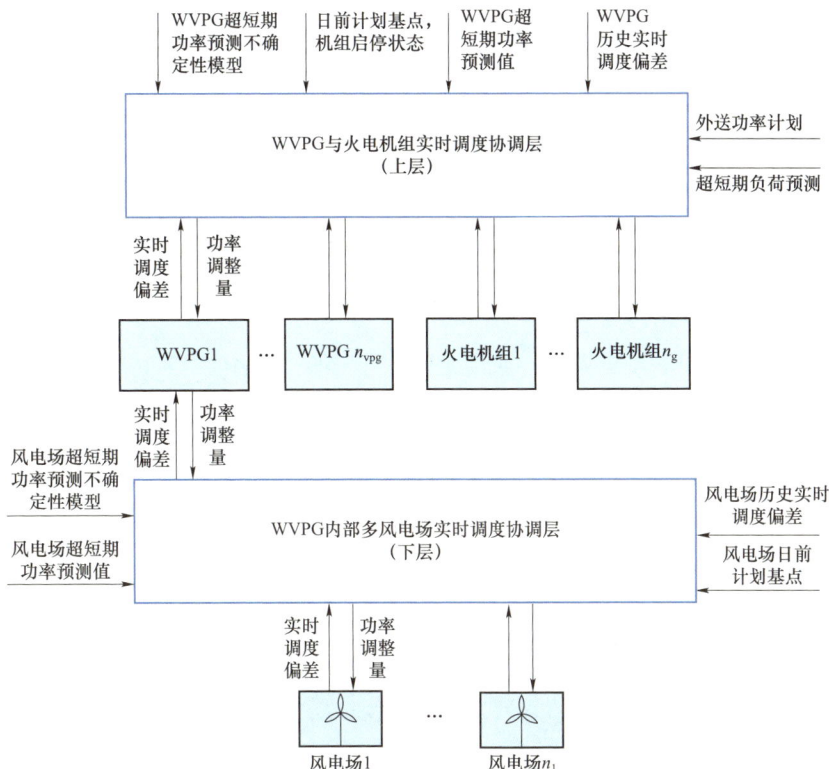

图 5-11　基于 WVPG 的分层协调实时调度策略

下层实时调度策略实现 WVPG 内部多风电场的协调，使 WVPG 整体可更好地追踪上层给出的实时指令，应充分考虑各风电场实时可用资源和超短期预测不确定性差异，以最大化利用风资源。因此，采用基于动态刷新的分群策略，使资源特性好、超短期功率预测负向不确定性小的风电场参与上调，而具有相反特征的风电场参与下调。同时，在功率上调和下调时，应最小化可能出现的调度缺额和弃风功率。

上层实时调度策略根据超短期预测信息，在尽可能遵循风电和火电日前计划指令的前提下调整 WVPG 和火电机组出力，最小化弃风量。在实时调度时间尺度时，由于风电场超短期功率预测不确定性的空间平滑效应，WVPG 整体的不确定性较低，可基于预测看作可信度较高的"准常规电源"纳入实时调度。因此，在调度模型中可考虑 WVPG 的部分可靠出力，认为这部分出力具有类似于常规电源的特性。将 WVPG 的实时可调度性指标引入模型，并使其功率调节方向与资源变化方向一致。WVPG 的实时可调度性指标是基于超短期功率预测不确定性模型和风功率波动性模型量化的。

5.1.4.2 多风电场实时调度策略

为考虑各风电场实时可用风资源和预测不确定性差异，每时段将 WVPG 内的风电场动态地划分为上调优先场群和下调优先场群。

首先介绍和上、下调优先场群有关的几个基本概念。

定义第 k 个 WVPG 在时段 t 的上调优先场群调节裕量 $d_{+,k}^{\text{VPG}}(t)$ 为

$$d_{+,k}^{\text{VPG}}(t) = \sum_{i \in Z_{+,k}(t)} \max\left\{\left[p_{\text{uf},i}^{\text{W}}(t) - p_{\text{d},i}^{*\text{W}}(t)\right], 0\right\} \tag{5-44}$$

式中：$d_{+,k}^{\text{VPG}}(t)$ 为时段 t 上调优先场群中，所有风电场实时出力可在日前计划基础上进行功率上调的调整量之和，$d_{+,k}^{\text{VPG}}(t)$ 为非负值；$Z_{+,k}(t)$ 为第 k 个 WVPG 在时段 t 上调优先场群内的风电场集合；$p_{\text{uf},i}^{\text{W}}(t)$ 为风电场 i 在时段 t 的超短期功率预测值；$p_{\text{d},i}^{*\text{W}}(t)$ 为第 i 个风电场在时段 t 日前计划指令。

定义第 k 个 WVPG 在时段 t 的下调优先场群调节裕量 $d_{-,k}^{\text{VPG}}(t)$ 为

$$d_{-,k}^{\text{VPG}}(t) = \sum_{i \in Z_{-,k}(t)} \min\left\{\left[p_{\text{r,min},i}'^{\text{W}}(t) - p_{\text{d},i}^{*\text{W}}(t)\right], 0\right\} \tag{5-45}$$

式中：$d_{-,k}^{\text{VPG}}(t)$ 为时段 t 下调优先场群中，风电场实时出力可在日前计划基础上进行功率下调的调整量之和，$d_{-,k}^{\text{VPG}}(t)$ 为非正值；$Z_{-,k}(t)$ 为第 k 个 WVPG 在时段 t 下调优先场群内的风电场集合；$p_{\text{r,min},i}'^{\text{W}}(t)$ 为第 i 个风电场时段 t 实时调度出力调节下限。

定义第 k 个 WVPG 在时段 t 的下调优先场群计划过剩量 $k_{-,k}^{\text{VPG}}(t)$ 为

$$k_{-,k}^{\mathrm{VPG}}(t) = \sum_{i \in Z_{-k}(t)} \min\left\{\left[p_{\mathrm{uf},i}^{\mathrm{W}}(t) - p_{\mathrm{d},i}^{*\mathrm{W}}(t)\right], 0\right\} \qquad (5-46)$$

式中：$k_{-,k}^{\mathrm{VPG}}(t)$ 为时段 t 下调优先场群中，当各风电场超短期功率预测值低于日前计划值时，超短期功率预测值与日前计划值之差的和，$k_{-,k}^{\mathrm{VPG}}(t)$ 为非正值。

基于动态分群策略的多风电场实时调度方法流程图，如图 5-12 所示。

（1）基于动态分群策略将该时段 WVPG 内部风电场划分为上调优先场群和下调优先场群。

（2）根据当前 WVPG 整体功率上、下调需求，判断相应场群功率最大调节量是否满足要求。若 WVPG 功率调整量满足 $\Delta p_{\mathrm{d},k}^{\mathrm{VPG}}(t) > 0$，多风电场协调目标应优先满足功率上调要求。判断上调优先场群调节裕量是否大于 WVPG 的功率调整量，即 $d_{+k}^{\mathrm{VPG}}(t) \geqslant \Delta p_{\mathrm{d},k}^{\mathrm{VPG}}(t)$，若满足，则进入步骤（3）；反之从下调优先场群移动一个风电场到上调优先场群，再重新判断。

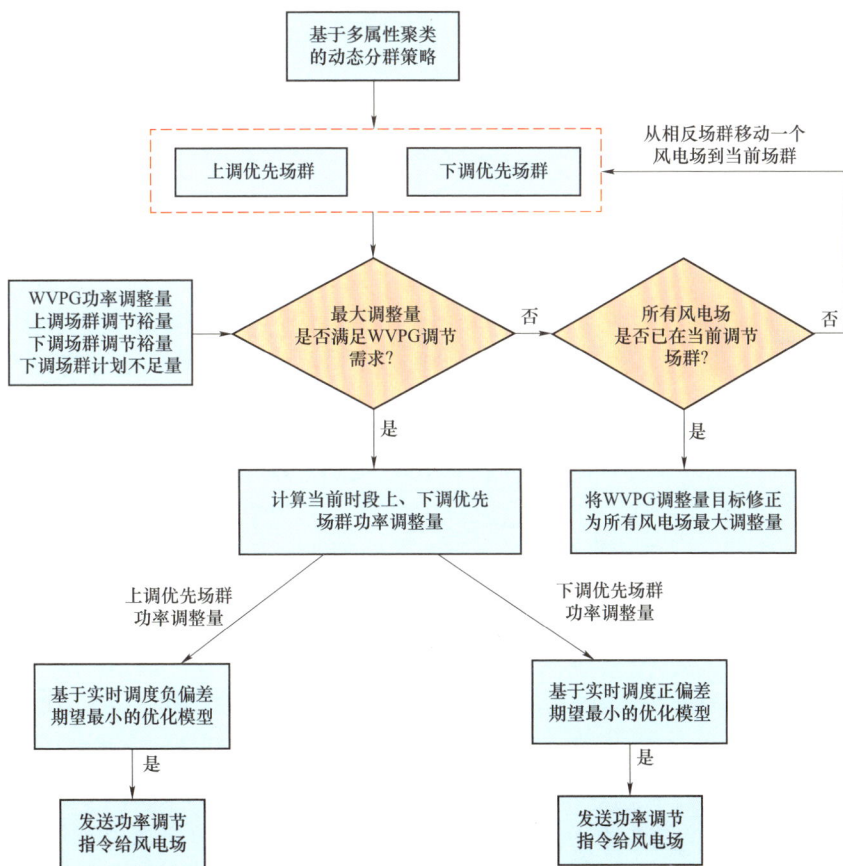

图 5-12　基于动态分群策略的多风电场实时调度方法流程图

221

若 WVPG 功率调整量满足 $\Delta p_{d,k}^{VPG}(t)<0$，多风电场协调目标应优先满足功率下调要求。判断下调优先场群调节裕量是否小于 WVPG 的功率调整量，即 $d_{-k}^{VPG}(t)<\Delta p_{d,k}^{VPG}(t)$，若满足，则进入步骤（3）；反之从上调优先场群移动一个风电场到下调优先场群，再重新判断。

（3）根据当前 WVPG 功率调整量 $\Delta p_{d,k}^{VPG}(t)$、上调优先场群调节裕量 $d_{+k}^{VPG}(t)$、下调优先场群调节裕量 $d_{-k}^{VPG}(t)$ 和下调优先场群计划过剩量 $k_{-k}^{VPG}(t)$，计算当前时段上、下调优先场群的功率调整量。

（4）根据相应的上、下调策略，确定场群内各风电场实时功率调整量。

5.1.4.3　WVPG 与火电机组实时调度策略

在实时调度中，上层 WVPG 与火电机组协调的原则是根据最新的超短期风电功率预测信息，调整火电机组和风电出力，保障功率平衡的前提下优先调度风电，同时尽可能追踪日前计划基点。

上层实时调度模型目标函数为

$$\min \sum_{j=1}^{n_g} \Delta c_j^G(t) + \sum_{k=1}^{n_{vpg}} \left[\Delta c_k^{VPG}(t) + c_{cre,k}^{VPG}(t) \right] + c_d^{load}(t) \qquad (5-47)$$

式中：$\Delta c_j^G(t)$ 为第 j 个火电机组时段 t 在日前计划基础上的出力调节成本，\$，计算式为 $\Delta c_j^G(t) = \left[2a_j p_{d,j}^{*G}(t) + b_j \right] \Delta p_{d,j}^G(t) + a_j \left[\Delta p_{d,j}^G(t) \right]^2$，其中 a_j、b_j 为煤耗曲线系数，$p_{d,j}^{*G}(t)$ 为第 j 个火电机组日前计划出力指令，MW，$\Delta p_{d,j}^G(t)$ 为第 j 个火电机组实时调度功率调节指令，MW；n_g 为火电机组个数；n_{vpg} 为 WVPG 个数。

$\Delta c_k^{VPG}(t) = m_1 \Delta p_{d,k}^{VPG}(t)^2$ 为 WVPG 在日前计划基础上功率调节成本，\$，物理意义是为使得 WVPG 尽可能追踪日前计划值，其功率调节指令绝对值 $\left| \Delta p_{d,k}^{VPG}(t) \right|$ 应最小，为保证模型可解性，将绝对值转化为平方项。m_1 为功率调节指令单位惩罚成本系数，\$/MW^2，本书取 $m_1=1$。

$c_{cre,k}^{VPG}(t)$ 为第 k 个 WVPG 在时段 t 可靠调度出力部分弃风惩罚成本，\$，$c_{cre,k}^{VPG}(t) = m_2 \left[p_{cre,k}^{\prime VPG}(t) - p_{c,k}^{\prime VPG}(t) \right]^2$，物理意义是使得可靠调度出力的弃风功率 $p_{cre,k}^{\prime VPG}(t) - p_{c,k}^{\prime VPG}(t)$ 最小，为使得 $p_{cre,k}^{\prime VPG}(t) - p_{c,k}^{\prime VPG}(t)$ 与 $\Delta c_k^{VPG}(t)$ 中的 $\Delta p_{d,k}^{VPG}(t)^2$ 有相同量纲，因此添加平方项；m_2 为可靠调度出力部分单位弃风惩罚成本系数，\$/MW^2，为使得目标函数中对 $c_{cre,k}^{VPG}(t)$ 的偏好权重大于 $\Delta c_k^{VPG}(t)$，取其值等于风电上网电价的 2 倍；$p_{c,k}^{\prime VPG}(t)$ 为可靠出力部分被调度的功率，MW；$p_{cre,k}^{\prime VPG}(t)$ 为可靠出力取值，MW。

$c_d^{load}(t) = m_3 p_c^{load}(t)$ 为功率不平衡惩罚成本，\$；$p_c^{load}(t)$ 为时段 t 功率不平衡量，

MW（当总发电功率小于本地负荷+外送功率时，本地负荷+外送功率与总发电功率之差）；m_3 为功率不平衡量单位惩罚成本系数，\$/MW，为尽可能保障功率平衡，取一较大值 $m_3 = 5000$。

目标函数中没有考虑不完全可靠出力 $p'^{\mathrm{VPG}}_{\mathrm{uc},k}(t)$ 的发电成本，因此与火电机组相比，$p'^{\mathrm{VPG}}_{\mathrm{c},k}(t)$ 具有调度优先权；同时，目标函数中考虑了可靠出力的弃风惩罚成本，因此与不完全可靠出力相比，可靠出力具有调度优先权。

上层实时调度模型约束条件如下。

（1）功率平衡约束为

$$\sum_{j=1}^{n_{\mathrm{g}}}\left(p^{*\mathrm{G}}_{\mathrm{d},j}(t)+\Delta p^{\mathrm{G}}_{\mathrm{d},j}(t)\right)+\sum_{k=1}^{n_{\mathrm{vpg}}}\left(p^{*\mathrm{VPG}}_{\mathrm{d},k}(t)+\Delta p^{\mathrm{VPG}}_{\mathrm{d},k}(t)\right)=\sum_{d=1}^{n_{\mathrm{d}}}p^{\mathrm{load}}_{\mathrm{d}}(t)+p^{\mathrm{trans}}(t)-p^{\mathrm{load}}_{\mathrm{c}}(t)$$

$$(5-48)$$

式中：$p^{\mathrm{load}}_{\mathrm{d}}(t)$ 为节点 d 处负荷预测值；$p^{\mathrm{trans}}(t)$ 为源端系统外送功率；n_{d} 为负荷点个数。

（2）WVPG 实时调度总功率调节范围约束为

$$p^{\mathrm{VPG}}_{\mathrm{r,min},k}(t)\leqslant p^{*\mathrm{VPG}}_{\mathrm{d},k}(t)+\Delta p^{\mathrm{VPG}}_{\mathrm{d},k}(t)\leqslant p^{\mathrm{VPG}}_{\mathrm{r,max},k}(t)\quad k=1,2,\cdots,n_{\mathrm{vpg}}\qquad(5-49)$$

（3）WVPG 爬坡率约束为

$$r^{\mathrm{VPG}}_{\mathrm{d},k}(t)\left(\Delta T-T^{\mathrm{VPG}}_k\right)\leqslant\begin{bmatrix}\left(p^{*\mathrm{VPG}}_{\mathrm{d},k}(t)+\Delta p^{\mathrm{VPG}}_{\mathrm{d},k}(t)\right)-\\\left(p^{*\mathrm{VPG}}_{\mathrm{d},k}(t-1)+\Delta p^{\mathrm{VPG}}_{\mathrm{d},k}(t-1)\right)\end{bmatrix}\leqslant r^{\mathrm{VPG}}_{\mathrm{u},k}(t)\left(\Delta T-T^{\mathrm{VPG}}_k\right)\quad k=1,2,\cdots,n_{\mathrm{vpg}}$$

$$(5-50)$$

（4）WVPG 功率上调一致性约束。当上一时段相对负偏差绝对值大于阈值时，作为惩罚当前时段避免功率上调，o^{VPG}_k（%）为相对负偏差阈值，即

$$if\left|\hat{\zeta}^{\mathrm{VPG}}_{r-,k}(t-1)\right|>o^{\mathrm{VPG}}_k, then\left(p^{*\mathrm{VPG}}_{\mathrm{d},k}(t)+\Delta p^{\mathrm{VPG}}_{\mathrm{d},k}(t)\right)\leqslant\hat{p}^{\mathrm{VPG}}_{\mathrm{out},k}(t)\quad k=1,2,\cdots,n_{\mathrm{vpg}}$$

$$(5-51)$$

（5）保障实时调度安全性的上调备用约束。当 WVPG 不完全可靠出力部分功率输出为 0 时，火电机组提供上调备用时的出力 $p^{\mathrm{G}}_{up,j}(t)$ 和 WVPG 可靠出力部分能满足功率平衡，其中 $p^{\mathrm{G}}_{up,j}(t)=\min\left(p^{*\mathrm{G}}_{\mathrm{d},j}(t)+\Delta p^{\mathrm{G}}_{\mathrm{d},j}(t)+r^G_{\mathrm{u},j}\Delta T,p^G_{\max,j}\right)$，$r^G_{\mathrm{u},j}$ 为上爬坡速率，即

$$\sum_{j=1}^{n_{\mathrm{g}}}p^{\mathrm{G}}_{up,j}(t)+\sum_{k=1}^{n_{\mathrm{vpg}}}p'^{\mathrm{VPG}}_{c,k}(t)\geqslant\sum_{d=1}^{n_{\mathrm{d}}}p^{\mathrm{load}}_{\mathrm{d}}(t)+p^{\mathrm{trans}}(t)\qquad(5-52)$$

（6）火电机组出力范围约束。$p^{\mathrm{G}}_{\min,j},p^{\mathrm{G}}_{\max,j}$ 为火电机组 j 最小、最大出力，且满足

$$p^{\mathrm{G}}_{\min,j}\leqslant p^{*\mathrm{G}}_{\mathrm{d},j}(t)+\Delta p^{\mathrm{G}}_{\mathrm{d},j}(t)\leqslant p^{\mathrm{G}}_{\max,j}\quad j=1,2,\cdots,n_{\mathrm{g}}\qquad(5-53)$$

5.2　考虑电网约束的风光水火储多能互补运行方法

5.2.1　风电和抽蓄的广域协调策略

5.2.1.1　风电－抽蓄联合发电出力模型分析

风电－抽蓄联合发电出力模型简称风蓄联合出力模型。抽水蓄能机组由于启停机快、工况转换迅速、强迫停运率低、运行灵活可靠、跟踪系统负荷能力较强等优势，常作为电力系统调峰调频备用电源。抽蓄电站的双向运行能力除了能够带来削峰填谷的静态效益，也适合配合风电场运行形成风蓄联合发电系统，从而平滑风电场入网频率波动。因此，建立了风蓄联合出力模型，并为风蓄联合运行系统提出了一种实时有功控制策略。

风蓄联合出力模型结构框图如图5－13所示，风电场通过升压变压器与抽水蓄能电站的交流侧相连，并且与电网相连。一般来说，一个风电场由几十台甚至上百台的风机组成，当地区分布比较广泛时，对局部风机而言，风速的多样性导致输出功率的波动的多样性。而局部功率波动的不同步，使得风电场整体的功率输出比单机更为缓慢。因此，这样连接方式可以使风电场与抽水蓄能电站两个系统完全独立。

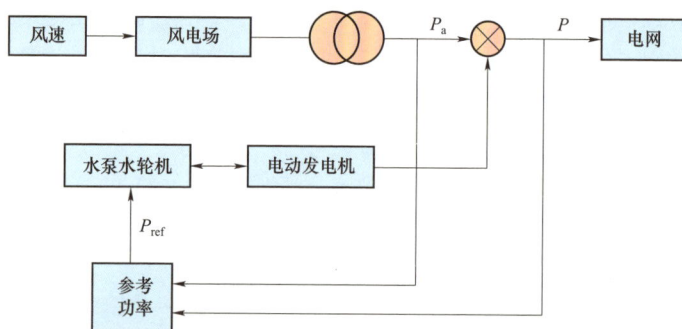

图5－13　风蓄联合系统结构框图

风蓄联合出力模型中，风力发电机模型由双馈电机在两相旋转坐标系下的数学模型及相应的控制策略组成；抽水蓄能机组模型由水泵水轮机及调速器模型、电动发电机模型、引水系统模型等组成。风蓄联合出力模型主要研究风蓄联合系统的实时有功出力控制策略。

1. 风力发电机有功控制策略

笼型异步发电机的控制方法较为简单，控制对象为定子侧电压的幅值，可通过调整定子侧电压的大小，控制定、转子回路的电流，进而控制发电机输出的电磁功率。永磁同步发电机输出的电磁功率经过整流、平波后变成直流功率，直流功率经过逆变后注入交流电网。逆变器控制采用传统的空间矢量控制方法，通过控制逆变侧输出电压的幅值和相位，控制输出的电磁功率。笼型异步发电机和永磁直驱发电机的控制方法主要是电压和逆变器的控制，这两类控制方法相对成熟，不再赘述。

双馈异步发电机输出功率的控制方法以连续控制为主，通过控制转子励磁电流的大小、相位和频率，实现输出有功功率和无功功率的调整。根据参考坐标的不同，双馈异步发电机的控制方法分为定子磁场定向控制和定子电压定向控制两种，忽略定子侧电阻后，这两种控制方法本质上是相同的。双馈异步发电机结构示意图如图 5-14 所示，电机的定子侧直接与电网相连，转子侧通过背靠背的双 PWM 变流器提供交流励磁，交流励磁的幅值、相位及频率均可调。双 PWM 变流器既能控制转子的转速和电流，又能调节输出功率因数，保持直流环节电压的恒定。当风速发生变化时，能及时地调整控制变量来应对电机转速的变化，以实现变速恒频运行。

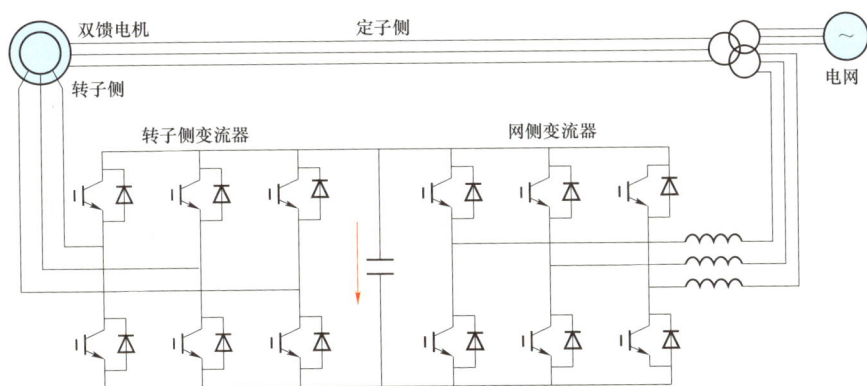

图 5-14　双馈式风力发电系统结构示意图

双馈风电机组系统内部结构极其复杂并且定转子绕组间电磁量的耦合非常强，如采用常规的多标量控制方法非常复杂，而且效果不好。故采用基于定子磁链定向矢量控制（磁场定向控制）和基于电网电压定向控制方法，选用定子磁场定向或者转子磁场定向，使有功无功解耦控制。解耦后转子侧变流器采用基于定子磁场定向的矢量控制策略；网侧变流器采用双闭环结构，电流内环用来控制网侧输入的电流为正弦，电流电压外环用来控制直流环节的电压恒定，保证了能量在电机与电网之间的正常流动。

2. 抽水蓄能机组有功控制策略

根据抽水蓄能机组运行原理，建立了包括水泵水轮机模型、调试器模型、引水系统模型、电动发电机模型的抽水蓄能机组整体模型。其中，调速器采用直接式功率调节实现抽水蓄能机组频率/有功功率双调节，控制框图，即直接式功率调节结构如图 5-15 所示。

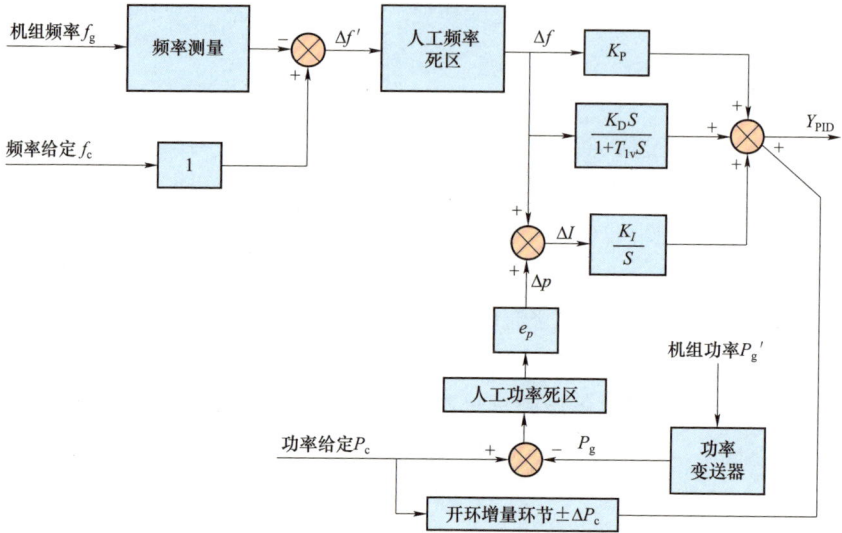

图 5-15　直接式功率调节结构

3. 风蓄联合系统有功协调控制策略

针对风蓄联合系统制定以下控制策略：当风电场的有功功率的实际输出值小于期望值时（即输出功率低于"入网限制"功率），抽水蓄能机组发出缺额能量来补偿风电场的输出；当实际的输出值大于期望值时（即输出功率高于"入网限制"功率），抽水蓄能机组则通过抽水来吸收"过剩"的风能来维持电网的功率平衡。

则抽水蓄能机组协调参考功率计算结构图如图 5-16 所示，采用滤波器环节，通过滤波器和减法器得到风电场需要平滑的有功功率快速波动部分，即联合系统有功出力协调值，该值由抽水蓄能机组承担，从而得到风蓄联合系统中抽蓄机组有功功率参考值，抽水蓄能机组调速系统按照参考值安排出力就可以达到平滑风功率波动的效果。

以上所建的风蓄联合出力模型及联合系统实时有功控制策略，能够在风电入网前有效地降低风电出力波动，风蓄联合系统并网频率波动范围很好地控制在 $\pm 0.2\text{Hz}$ 之内。此外，抽蓄机组在平抑风电波动时仍然能够参与电网调频，根据调差系数 K 进行一次调频，从而使电网频率 f 向电网额定频率 f_n 逼近。

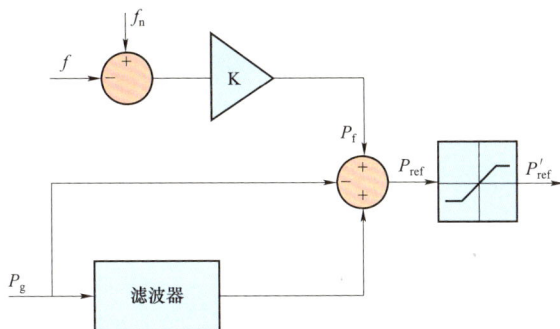

图 5-16　参考功率计算结构图

最后，利用 Matlab/Simulink 仿真软件搭建风蓄联合发电出力仿真模型，通过对比可知，加入抽水蓄能前后电网的频率如图 5-17 所示，与单风电场（图 5-17中虚线）相比，加入抽水蓄能机组后（图 5-17 中实线所示），风蓄联合系统并网频率波动范围很好地控制在 ±0.2Hz 之内，则该风蓄联合出力模型很好地降低了风电场并网频率波动。

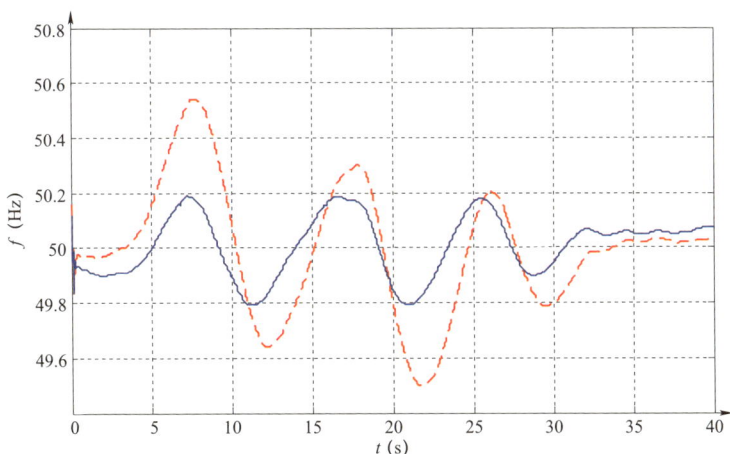

图 5-17　加入抽水蓄能前后电网的频率

5.2.1.2　抽蓄机组出力特性分析及风蓄联合优化运行研究

1. 爬坡特性

某区域风蓄联合运行系统有功出力预测曲线如图 5-18 所示，风电场出力存在波动性和反调峰性，若用抽水蓄能机组配合风电场运行弥补有功缺额，抽蓄机组爬坡负荷非常复杂，爬坡环境恶劣。对于不同的爬坡参考负荷，抽蓄机组的有功响应有所不同，从而导致风蓄联合系统入网对电网频率质量的影响有所不同。

针对这一情况，建立抽蓄机组爬坡模型，研究不同爬坡参考负荷作用下抽蓄机组的有功响应情况（爬坡特性）。

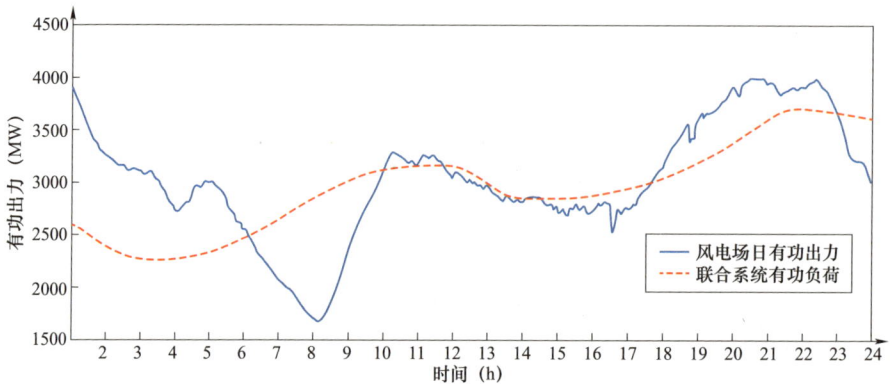

图 5-18　某区域风蓄联合运行系统有功出力预测曲线

抽蓄机组爬坡模型如图 5-19 所示，抽水蓄能机组在爬坡参考负荷的指导下进行有功功率调整，使其有功出力满足负荷要求，并通过监测系统观察抽蓄机组有功出力实际情况，计算机组爬坡率，以机组实际爬坡率的大小描述电网频率质量的好坏。

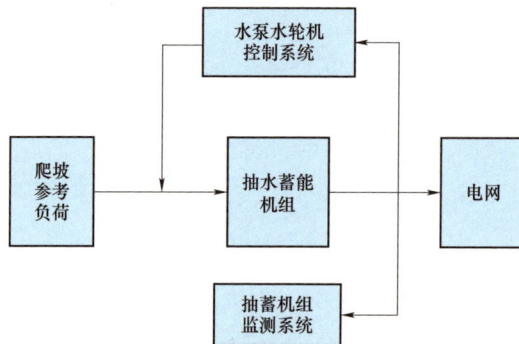

图 5-19　抽水蓄能机组爬坡模型

针对以上爬坡模型，借助 Matlab/Simulink 平台进行抽蓄机组爬坡特性分析。采用不同负荷增荷率的爬坡参考负荷进行仿真模拟，得到不同爬坡参考负荷条件下抽水蓄能机组爬坡率响应曲线如图 5-20 所示。

由图 5-20 可知，抽蓄机组爬坡参考负荷类型对机组爬坡率（即入网频率质量）有影响：爬坡率随着爬坡参考负荷增荷率的增大而增大，且爬坡参考负荷增荷率越小时，效果越明显。

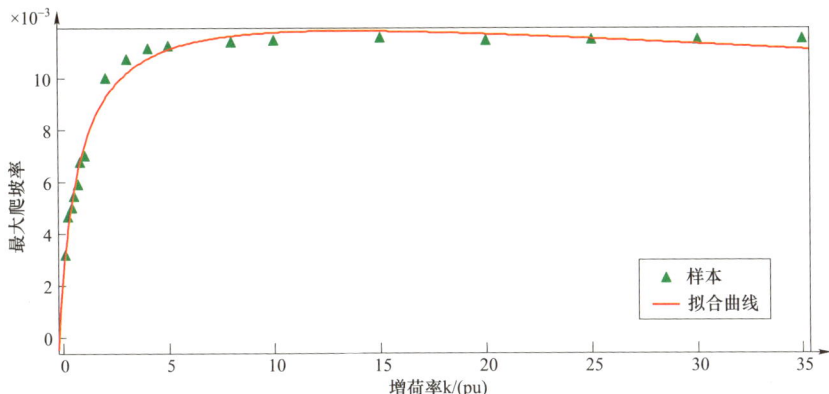

图 5-20　不同负荷类型下抽蓄机组爬坡率拟合效果图

2. 疲劳特性分析

抽水蓄能机组作为特殊的水电机组可以运行在抽水和发电两种工况,而且工况转换灵活,被认为是与风电场配合运行的最佳电力储能器件。但是抽蓄机组与风电场联合运行时,有功出力不断变化,且工况转换次数与调频相比明显增多,这会导致抽蓄机组容易产生疲劳损伤,加速机组折旧老化。但是由于目前抽水蓄能机组投运年限,特别是配合风电场运行年限还不长,还没有相关的机组疲劳损伤数据,故首先建立抽水蓄能机组疲劳损伤计算体系。

以典型工作日为例,采用模糊聚类法将抽水蓄能机组日有功出力曲线聚类到若干种出力水平下,形成有功出力层,分层求取疲劳损伤,抽蓄机组日疲劳损伤计算流程如图 5-21 所示,只需将抽蓄机组的日运行有功曲线载入就能够计算出该工作日抽水蓄能机组的疲劳损伤,从而估算出其疲劳寿命。

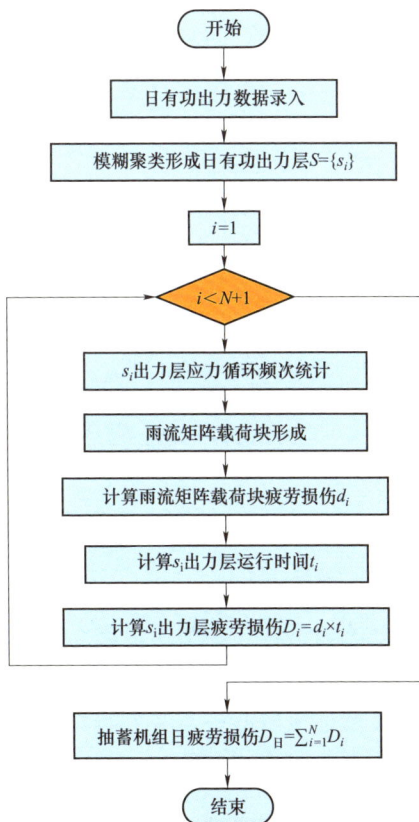

图 5-21　抽蓄机组日疲劳损伤计算流程图

此外,针对配合某区域风电场运行的抽水蓄能电站,应用该疲劳损伤计算体系进行抽蓄机组日疲劳损伤计算以及疲劳寿命估算。从计算结果可知,抽蓄机组有功出力水平和相应的运行时间对抽蓄机组疲劳损伤有影响。另外，抽蓄机组工况转换对机组疲劳损伤较大，比相同时间其他有功出力层大 3 个数量级。

3. 基于抽蓄机组运行特性的风蓄联合优化运行研究

由抽水蓄能机组运行特性分析结果可知，抽蓄机组爬坡参考负荷类型对联合系统入网频率质量有影响，工况频繁转换对抽水蓄能机组疲劳损伤有影响，因此，为降低联合系统入网频率波动以及降低抽蓄机组疲劳损伤，提出基于抽蓄机组运行特性的风蓄联合优化运行模型。该模型考虑风蓄联合运行时抽水蓄能机组爬坡对电网质量的影响、抽蓄机组疲劳损伤、抽蓄电站流量损耗，以三种损耗总和最小为目标建立优化模型。此外，考虑系统负荷平衡约束、风电场和抽蓄电站出力约束、抽蓄电站水量平衡约束和库容约束，以优化机组组合的方式降低风蓄联合系统入网频率波动、抽蓄机组疲劳损伤以及抽蓄电站流量损耗。

目标函数为

$$\min H = \min \left\{ \sum_{i=1}^{n} \sum_{t=1}^{T} q_{i,t} + \sum_{i=1}^{N} \sum_{t=1}^{T} \lambda_{i,t} + \sum_{i=1}^{N} \sum_{t=1}^{T} S_{i,t} \right\} \qquad (5-54)$$

其中

$$\lambda_{i,t} = f(\Delta P_{i,t}^{c})$$

$$S_{i,t} = g(\Delta P_{i,t}^{c})$$

该模型为多目标函数，可以采用加权法，通过设定权值的方法将该多目标函数化为三个单目标函数，即

$$\min H = \min \left\{ \xi_1 \sum_{i=1}^{n} \sum_{t=1}^{T} M_t q_{i,t} + \xi_2 \sum_{i=1}^{N} \sum_{t=1}^{T} \lambda_{i,t} + \xi_3 \sum_{i=1}^{N} \sum_{t=1}^{T} S_{i,t} \right\} \qquad (5-55)$$

式中：$\sum_{i=1}^{3} \xi_i = 1$；M 为抽水蓄能机组工况因子，$M=1$ 时运行在水轮机工况，$M=-1$ 时运行在水泵工况。

该多阶段决策模型可以采用动态规划法编程求解。该模型可以通过机组组合的方式达到以下效果：降低抽水蓄能机组疲劳损伤命，避免抽蓄机组的迅速折旧老化；降低风蓄联合系统入网频率波动，提高频率质量；在优化调节周期时提高抽蓄电站的经济性，降低流量损耗。

5.2.2　集群风储联合系统广域协调策略

随着储能技术的发展及成本的下降，在未来十到十五年间，风储联合系统的模式有望进入大规模商业推广阶段，形成多个风储联合系统共同运行的格局。已有研究多以风储系统的本地控制为对象，不考虑多个风储系统的广域协调。然而

由于储能的成本相对较高，要实现风电与储能的完全互补并不现实，因此在实际运行中将不可避免地出现储能调节能力不足的情况，此时其他风电场的储能可能存在富余的调节能力，可提供必要的协助。另一方面，考虑多个风储系统的协调控制，可利用风电的空间互补特性，降低风电的波动性和不确定性，改善控制效果和储能的运行条件。因此，当风储系统数目较多、总体规模较大时，建立风储系统广域协调控制机制，避免分散无序的储能充放电，对保证风电出力的整体可控性、提高电网运行的经济性和安全性具有重要意义。

5.2.2.1　集群风储系统广域协调模式

1. 风电时空相关特性分析

集群风储系统的控制模式可分为分散控制和集中控制两种。分布于临近地域范围内的集群风电具有一定的时空相关性，空间相关性与储能充放电功率有关，时序相关性则与充放电能量有关，从而影响集群风储系统的运行状态及适用的控制模式。

某 2000MW 集群风电场和单个 100MW 风电场一年的日前风功率预测误差幅值的概率分布直方图如图 5-22 所示，对应储能的充放电功率。可以看出，由于风电的空间互补特性，集群风电预测误差的分布更为集中，说明集群统一控制可显著降低对储能功率的需求。

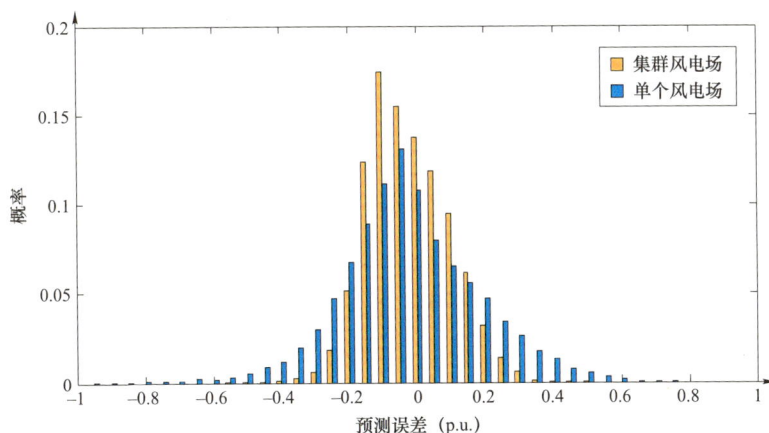

图 5-22　集群风电场与单个风电场的预测误差幅值概率分布图

集群风电场和单个风电场的预测误差持续同向电量的概率分布比较直方图如图 5-23 所示（分别以单个风电场和集群风电场装机容量为基准值），对应储能的充放电能量。可以看出，单个风电场的同向误差电量的极值范围概率比集群风电场大，即其尖峰厚尾的特性更为显著，这是由集群风电的时序特性导致的。

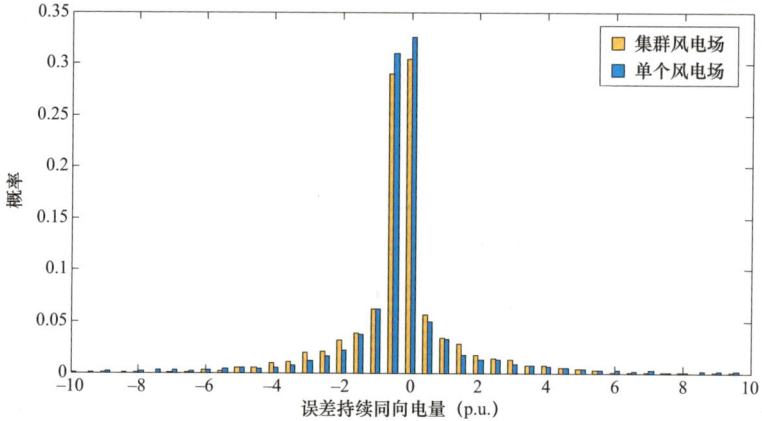

图5-23 集群风电场与单个风电场的同向误差持续电量频数及概率分布比较

综上可知，对集群风电场的多个储能采取统一控制的模式，可利用空间平滑效应减小对储能功率的要求，同时可减少储能循环次数，改善控制效果。因此，后续研究中采用集群统一控制的模式，对集群协调控制的框架、模型以及利益分配策略进行深入探讨。

2. 集群风储系统广域协调控制整体框架

集群风储系统作为一个有机整体，对外接受电网的调度指令，对内进行多个风储系统的协调控制，集群风储联合系统协调优化整体框架如图5-24所示。

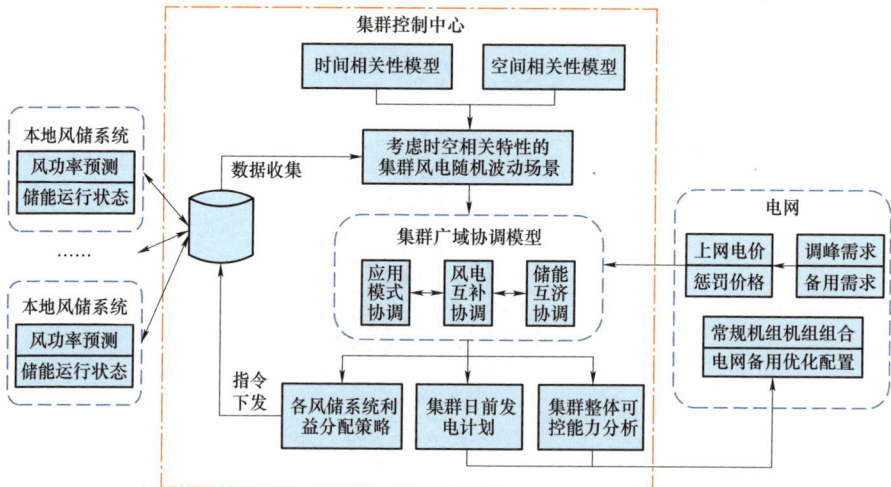

图5-24 集群风储联合系统协调优化整体框架

本地风储系统与集群中心之间建立通信通道，实现信息上传和指令下发，当通信通道出现故障，则风储系统转为本地控制模式，保证自身可控性。集群控制中心基于上传信息及风电不确定性模型，生成考虑时空相关性的集群风电随机波动场景，并基于此进行广域协调控制，包括对储能应用模式协调、风电空间互补协调以及多个储能互济协调。基于优化结果，对外向电网提交集群日前发电计划及整体概率波动范围，对内实现各个风储系统利益的合理分配，体现协调控制的公平性和激励性。电网侧只需与集群中心建立联系，根据自身的调峰及备用需求，制定合理的驱动价格，下发至集群中心；然后根据集群提交的发电计划和可控范围，优化常规机组的发电计划及系统的备用容量，从而大大降低了电网运行的难度。

集群广域协调控制中心在分散式电源和电网之间架设了一个沟通桥梁，对集群内部实现有功的分层分级控制，避免储能无序充放电，提高集群整体控制能力；对电网而言可等效为具有较强可控性和可靠性的虚拟电源，减少能量密度低、分散式小规模电源对电网调度的冲击和影响，从而提高电网对间歇式电源的掌控能力，降低电网运行难度，具有较强的工程实用价值。

5.2.2.2　集群风储系统广域协调优化方法

1. 集群风储系统广域协调优化模型

与单个风储系统类似，集群风储系统可采取削峰填谷、计划跟踪和多模式协调优化三种运行方式。本部分基于单风储系统的通用运行模型进行拓展，集群风储运行的控制目标为最大化集群整体收益，并兼顾多个储能的调度公平性。故目标函数包括两部分：

（1）整体收益指标。包括各风储系统的上网总收益、集群整体惩罚费用和各个储能的循环费用的期望，即

$$f_1 = \sum_{\omega=1}^{N} \sum_{t=1}^{T} \rho_\omega \left[-\pi_t \sum_{i=1}^{m} (P_{i,\mathrm{W}t}^\omega + P_{i,dt}^\omega - P_{i,ct}^\omega) + C_t^\omega + \sum_{i=1}^{m} (\lambda_{i,cd,t}^\omega + \lambda_{i,dc,t}^\omega) \right] \quad (5-56)$$

式中：$P_{i,\mathrm{W}t}^\omega$、$P_{i,dt}^\omega$ 和 $P_{i,ct}^\omega$ 分别为风储系统 i 在场景 ω 时段 t 的风电出力、储能放电功率和充电功率；$\lambda_{i,cd,t}^\omega$ 和 $\lambda_{i,dc,t}^\omega$ 分别为储能循环费用；C_t^ω 为集群整体惩罚费用；m 为集群内风储系统的数量。当集群处于单一应用模式时，可将对应项置零。

（2）储能调度公平性指标。集群内多个储能的协调调度应满足以下条件：不同储能的充放电功率方向尽可能一致，避免不必要的相互充放电、造成能源浪费；总调节量均匀分配到各个储能系统，兼顾控制公平性，同时也可在一定程度上避免储能充放电功率过大造成设备过热和过度损耗。考虑上述两个条件的数学描述为

$$f_2 = \sum_{\omega=1}^{N} \sum_{t=1}^{T} \rho_\omega \left[\alpha \sum_{i=1}^{m} \sum_{j=i+1}^{m} P_{i,dt}^{\omega} \times P_{j,ct}^{\omega} + \beta \sum_{i=1}^{m} (P_{i,dt}^{\omega 2} + P_{i,ct}^{\omega 2}) \right] \qquad （5-57）$$

第一项 $P_{i,dt}^{\omega} \times P_{j,ct}^{\omega}$ 为不同储能的充电和放电功率的乘积，当满足充放电互斥条件时此项为 0；第二项 $P_{i,dt}^{\omega 2} + P_{i,ct}^{\omega 2}$ 为储能的充放电功率平方和，可引导调节功率均匀分配到各个储能，兼顾调度公平性，同时也与第一项共同构成二次凸规划的标准形式，简化求解算法。α 和 β 为权重系数，为保证二次型矩阵的正定性，应保证 $\beta > \alpha$。

集群风储系统广域协调优化模型的约束条件包括惩罚费用和储能循环费用的可行域约束、各个风储系统的运行约束以及集群线路潮流约束。前三类约束的形式与单个风储系统的多模式协调模型约束类似，线路潮流约束为

$$P_l = \sum_{i=1}^{m} \lambda_i (P_{i,Wt}^{\omega} + P_{i,dt}^{\omega} - P_{i,ct}^{\omega}) \leqslant P_{l\max} \qquad （5-58）$$

式中：P_l 为线路有功功率；λ_i 为风储系统 i 对线路 l 的功率灵敏度；$P_{l\max}$ 为线路可传输功率的最大值。线路潮流约束包括集群集中外送线路以及集群内部各个风电场的连接线路，以保证集群整体运行的安全性。

与单风储联合系统多模式协调优化模型类似，广域协调优化模型为高维二次混合整数规划问题。同样可采取内外层迭代的方式，由外层确定日前发电计划，进而对解耦的低维二次混合整数规划问题进行分别求解，通过内外层的迭代得到集群风储联合系统的日前发电计划。

2. 集群风储系统与电网的协调交互模型

集群风储系统根据价格引导和自身调节能力，向电网提交集群发电计划和总概率波动区间，电网则可对常规机组的发电计划及备用容量进行优化。此时风电的不确定性和储能的调节作用均体现在所提交的发电计划和概率区间中，因此可采用传统的机组组合模型对常规机组的开机方式进行优化。

机组组合一般以常规机组发电成本最小为优化目标，包括燃料成本和启停成本两部分，即

$$\min \sum_{t=1}^{T} \sum_{i=1}^{N} \left[u_{i,t} f_i(P_{i,Gt}) + u_{i,t}(1-u_{i,t-1})C_i^{u} + u_{i,t-1}(1-u_{i,t})C_i^{d} \right] \qquad （5-59）$$

式中：$u_{i,t}$ 为常规机组 i 在 t 时段的启停状态，为 0-1 变量；f_i 为机组运行燃料费用，通常为机组出力 $P_{i,Gt}$ 的二次函数，$f_i(P_{i,Gt}) = a_i P_{i,Gt}^2 + b_i P_{i,Gt} + c_i$，其中 a_i、b_i、c_i 为机组成本特性参数，为简化计算一般将 f_i 进行分段线性化；C_i^{u} 和 C_i^{d} 分别为机组启动费用和停机费用；N 为燃料机组数量；T 为优化时段长度。

机组组合的约束条件包括：

（1）功率平衡约束为

$$\sum_{i=1}^{N} u_{i,t} P_{i,\mathrm{G}t} + P_{\mathrm{WS},t} = P_{\mathrm{L},t} \tag{5-60}$$

式中：$P_{\mathrm{WS},t}$ 为集群风储系统在 t 时段的计划出力；$P_{\mathrm{L},t}$ 为日前负荷预测。

（2）备用容量约束为

$$\sum_{i=1}^{N} u_{i,t} P_{i,\mathrm{Gmax}} + P_{\mathrm{WS},t}^{\mathrm{L}} \geqslant (1 + r_{\mathrm{L}}) P_{\mathrm{L},t}$$

$$\sum_{i=1}^{N} u_{i,t} P_{i,\mathrm{Gmin}} + P_{\mathrm{WS},t}^{\mathrm{U}} \leqslant (1 - r_{\mathrm{L}}) P_{\mathrm{L},t} \tag{5-61}$$

式中：$P_{i,\mathrm{Gmin}}$ 和 $P_{i,\mathrm{Gmax}}$ 分别为机组 i 的出力上下限；$P_{\mathrm{WS},t}^{\mathrm{U}}$ 和 $P_{\mathrm{WS},t}^{\mathrm{L}}$ 分别为在给定概率下集群风储系统 t 时段功率波动的上下限；r_{L} 为负荷备用率。这里采用风储系统极端出力来确定系统的备用容量需求（即风储系统的最小出力确定常规机组上调备用边界、风储最大出力确定常规机组下调备用边界），从而保证了风电以给定概率条件下实现消纳。

（3）常规机组运行条件约束为

$$P_{i,\mathrm{Gmin}} \leqslant P_{i,\mathrm{G}t} \leqslant P_{i,\mathrm{Gmax}} \tag{5-62}$$

$$P_{i,\mathrm{G}t} - P_{i,\mathrm{G}t-1} \leqslant r_i^{\mathrm{u}} \Delta t, \quad P_{i,\mathrm{G}t-1} - P_{i,\mathrm{G}t} \leqslant r_i^{\mathrm{d}} \Delta t \tag{5-63}$$

式中：r_i^{u} 和 r_i^{d} 为单位时间内机组最大向上、向下爬坡速率；Δt 为优化时段间隔。

式（5-59）～式（5-63）构成经典的确定性机组组合模型，为混合整数规划问题，其决策变量维数较低，可采用已有的商业软件进行求解。在此基础上，可进一步增加网络安全约束、机组最小运行时间及最小停机时间约束等；根据风电的调度原则，还可增加弃风变量，在目标函数和约束条件中分别体现弃风成本和风电的下调备用潜力，以体现实际运行中的调度需求。

综上可知，集群风储系统广域协调控制以集群的方式与电网交互，其本质是将一个多电源、高维优化决策问题分解为集群风储侧和电网侧两部分进行求解。对于电网而言，集群风电的空间互补特性、储能的削峰填谷及计划跟踪应用均由集群提交的发电计划和概率区间表示，并在电网运行模型中转换为经典的功率平衡约束和备用容量约束。故电网无需对大量分散式的随机电源及其相关性进行建模和考核，只需与集群中心交互，对电网原有的运行模式和调度方法影响较小。在市场机制下，电网还可与集群风储系统建立迭代竞价机制，如图 5-25 所示。电网根据负荷预测及常规机组开机方式，对峰谷电价及惩罚价格进行调整并发送至集群，引导集群中的储能为电网提供所需的调峰或备用服务，而集群风储系统根据价格更新其发电计划和波动范围，通过多次竞价的方式实现双方利益的平衡。

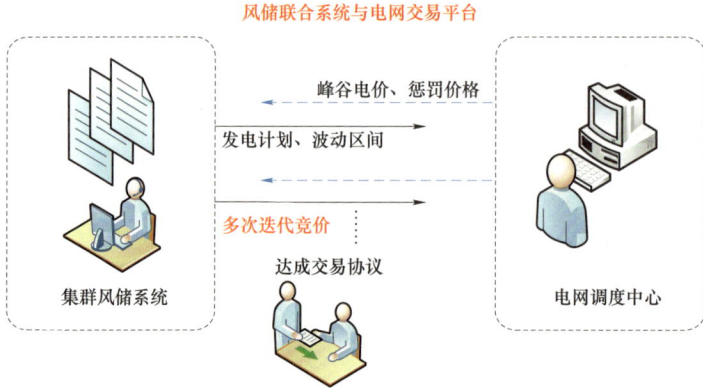

图 5-25　市场机制下集群风储系统与电网的迭代竞价模式

5.2.3　考虑电网安全性的多能系统日前运行优化调度

新能源的大规模并网、储能技术的高速发展使得电力系统能源多样化成为其发展的重要趋势，多电源之间的协调优化调度对电力系统安全经济运行至关重要。然而目前国内外关于风电、光电、梯级水电、火电和抽水蓄能联合优化调度的研究相对较少，缺乏能够充分利用多种能源间的互补性并且有效兼顾系统安全性和经济性的调度方法，相关的建模和求解技术也亟需进一步的研究。本节在现有文献研究的基础上，综合考虑风电功率预测和负荷预测的不确定性、电网的安全性要求及不同电源的运行特点，建立了含有风电、光电、梯级水电、火电与抽水蓄能的多能系统安全经济调度模型，同时利用基于 Benders 分解思想的三阶段求解方法，将问题分解为整数变量的预处理、UC-ED 问题的求解、系统的可行性及安全性校核三个阶段，并通过广义 Benders 割形成迭代求解。通过 IEEE39 节点系统和电网真实运行数据进行算例分析，验证了模型及算法的有效性。

5.2.3.1　多能系统日前优化调度模型

综合考虑系统的安全性、经济性和可再生能源限电量，并将系统的安全性指标作为约束条件，得到日前调度模型如下。

1. 优化目标

$$\min f_1(x) + M_1 \cdot f_3(x)$$
$$\text{s.t.} \begin{cases} f_2(x) \geqslant f_{2,\text{set}} \\ x \in X \end{cases} \quad (5-64)$$

式中：f_1、f_2、f_3 分别为系统的经济性指标、安全性指标及可再生能源损失量；$f_{2,\text{set}}$ 为安全性指标的设定值；x 为所有的决策变量；X 为由其他约束条件确定的 x

的可行域。

而系统的经济性指标 f_1 包括火电机组的运行费用 f_1^{run} 和启停成本 f_1^{SD}，二者均采用线性化的方式处理为

$$f_1 = f_1^{\mathrm{run}} + f_1^{\mathrm{SD}} \tag{5-65}$$

火力发电的运行成本常用煤耗曲线表示为

$$f_i^t = u_i^t \left(a_i \left(P_i^t \right)^2 + b_i P_i^t + c_i \right) \tag{5-66}$$

式中：a_i、b_i 和 c_i 为对应煤耗曲线的系数；u_i^t 为代表火电机组启停状态的 $0-1$ 变量。由于 f_i^t 的非线性特性会增大求解的难度，对其进行分段线性化为

$$
\begin{cases}
F_i^t \left(P_i^t \right) = u_i^t A_i + \displaystyle\sum_{l=1}^{NL} F_{il} \delta_{i,l}^t \\
A_i = a_i \left(P_i^{\min} \right)^2 + b_i P_i^{\min} + c_i \\
P_i^t = u_i^t P_i^{\min} + \displaystyle\sum_{l=1}^{NL} \delta_{i,l}^t
\end{cases}
\tag{5-67}
$$

其中 F_{il} 和 $\delta_{i,l}^t$ 分别对应第 l 段线性化区间的斜率和常数项。因此线性化后的 f_1^{run} 为

$$f_1^{\mathrm{run}} = \sum_{t=1}^{N_T} \sum_{i=1}^{N_G} F_i^t \left(P_i^t \right) \tag{5-68}$$

而系统运行的安全性指标 f_2 定义为由有效备用容量确定的系统不发生弃风、弃水、失负荷现象的置信水平，即

$$f_2 = \sum_{t=1}^{N_T} \rho_t \tag{5-69}$$

$$\rho_t = P\left(R_{\mathrm{up}}^t \right) - P\left(R_{\mathrm{down}}^t \right)$$

式中：ρ_t 为系统在时段 t 内不发生弃风、弃水、失负荷的置信水平；$P\left(R_{\mathrm{up}}^t \right)$ 为系统在时段 t 内总有效正旋转备用为 R_{up}^t 时系统不发生失负荷的概率；$P\left(R_{\mathrm{down}}^t \right)$ 为系统在时段 t 内总有效负旋转备用为 R_{down}^t 时系统发生弃风或弃水的概率。

可再生能源的损失量 f_3 定义为调度周期内的弃风、弃水电量总和，即

$$f_3 = \sum_{t=1}^{N_T} \sum_{w=1}^{N_W} \left(P_{\mathrm{Wcurt},w}^t \cdot \Delta t \right) + \sum_{t=1}^{N_T} \sum_{h=1}^{N_H} \left(P_{\mathrm{Hcurt},h}^t \cdot \Delta t \right) \tag{5-70}$$

式中：$\Delta t = 1h$。

2. 约束条件

日前调度的约束条件包括机组运行约束、电力系统运行约束、电力网络安全约束等，总结如下。

（1）机组运行约束。

1）火电机组约束为

$$P_i^t = u_i^t P_i^{min} + \sum_{l=1}^{NL} \delta_{i,l}^t, \delta_{i,l}^t \geqslant 0 \tag{5-71}$$

$$\left(T_{i,on}^0 - T_{i,on}\right)\left(U_i^{t-1} - U_i^t\right) \geqslant 0 \tag{5-72}$$

$$\left(T_{i,off}^0 - T_{i,off}\right)\left(U_i^t - U_i^{t-1}\right) \geqslant 0 \tag{5-73}$$

2）风电和光电机组约束为

$$P_{Wcurt,k}^t = P_{Wpre,k}^t - P_{W,k}^t, P_{W,k}^t \geqslant 0, P_{Wpre,k}^t \geqslant 0 \tag{5-74}$$

$$P_{Scurt,k}^t = P_{Spre,k}^t - P_{S,k}^t, P_{S,k}^t \geqslant 0, P_{Spre,k}^t \geqslant 0 \tag{5-75}$$

式中：弃风功率 $P_{Wcurt,k}^t$ 等于预测值 $P_{Wpre,k}^t$ 减去风电出力 $P_{W,k}^t$；弃光功率 $P_{Scurt,k}^t$ 等于预测值 $P_{Spre,k}^t$ 减去光电出力 $P_{S,k}^t$。

3）梯级水电站约束为具有月调节能力及以上的梯级水电站需要考虑机组出力约束、日发电量约束、水库库容约束和弃水电量约束。

机组出力约束为

$$P_{H,k}^t = \lambda_k q_{H,k}^t \tag{5-76}$$

式中：$q_{H,k}^t$ 为水电站 k 在其时段 t 的发电用水量，λ_k 为水电站 k 在调度周期内的能量转换系数，与水头有关。

日发电量约束为

$$R_{load}^{LoLP} = Pr\{L_{max} < L\} \tag{5-77}$$

水库库容约束为

$$\begin{cases} \sum_{t=1}^{T}\left(P_{H,k}^t + R_{up,H,k}^t\right) \bullet \Delta t \leqslant W_{H,k}^{max} \\ \sum_{t=1}^{T}\left(P_{H,k}^t + P_{Hcurt1,k}^t - R_{down,H,k}^t\right) \bullet \Delta t \geqslant W_{H,k}^{min} \end{cases} \tag{5-78}$$

式中：$P_{Hcurt1,k}^t$ 为机组出力不足时距离出力下限的缺额。

式（5-78）中，时段内水库蓄水增加量 $\left(V_k^t - V_k^0\right)$ 等于自由来水量 $I_{in,k}^j$ 及上游来水量 $Q_{in,k}^j$ 之和减去放水量 $Q_{out,k}^j$，放水量由发电用水量 q_k^t 和弃水量 $P_{Hcurt,k}^t$ 构成。

弃水电量约束为

$$\begin{cases} P_{Hcurt,k}^t = P_{Hcurt1,k}^t + P_{Hcurt2,k}^t \\ P_{Hcurt2,k}^t = \lambda_k \bullet q_{Hcurt,k}^t \end{cases} \tag{5-79}$$

其中，弃水电量 $P_{Hcurt,k}^t$ 由缺额电量 $P_{Hcurt1,k}^t$ 和弃水量折合电量 $P_{Hcurt2,k}^t$ 构成。具有周调节能力及以下的非径流式水电站无需遵循日发电量约束，而径流式水电站无需遵从日发电量约束及水库库容约束，其余约束类似。

4）抽水蓄能电站约束。

机组出力约束为

$$P_{PS}^t = \left(u_{PS}^t P_P + P_G^t \right) - P_P \qquad (5-80)$$

式中：当 $u_{PS}^t = 1$ 时，机组出力 P_{PS}^t 等于发电功率 P_G^t；当 $u_{PS}^t = 0$ 时，机组出力 P_{PS}^t 等于恒定抽水功率 P_P。

能量转换约束为

$$\begin{cases} p_{g,l}^t \leqslant \lambda_{g,l} q^t, 0 \leqslant p_{g,l}^t \leqslant I_{g,l}^t \cdot M \\ p_{p,l}^t \geqslant \lambda_{p,l} q^t, -I_{p,l}^t \cdot M \leqslant p_{p,l}^t \leqslant 0 \\ P_{PS}^t = \sum_{l=1}^{L} \left(p_{g,l}^t + p_{p,l}^t \right) \end{cases} \qquad (5-81)$$

式（5-81）分别给出了抽水蓄能电站处于发电工况及抽水工况时的能量转换关系，并由此得到出力表达式。

水库库容约束为

$$\begin{cases} V_U^{min} \leqslant V_U^t \leqslant V_U^{max} \\ V_D^{min} \leqslant V_D^t \leqslant V_D^{max} \\ V_U^t = V_U^{t-1} + Q_{Uin}^t - q^t \\ V_D^t = V_D^{t-1} + Q_{Din}^t + q^t - q_D^t \end{cases} \qquad (5-82)$$

式（5-82）分别给出了上、下水库蓄水量的表达式，其中上库发电用水量 q^t 会使下库蓄水量 V_D^t 增加。

周期始末状态约束为

$$\begin{cases} V_U^0 = V_U^T \\ V_D^0 = V_D^T \end{cases} \qquad (5-83)$$

工况转换次数约束为

$$\begin{cases} 0 \leqslant x_g^t \leqslant 1, 0 \leqslant x_p^t \leqslant 1 \\ x_g^t \geqslant u_{PS}^t - u_{PS}^{t-1}, x_p^t \geqslant u_{PS}^{t-1} - u_{PS}^t \\ \sum_{t=1}^{N_T} x_g^t \leqslant \kappa_g, \sum_{t=1}^{N_T} x_p^t \leqslant \kappa_p \end{cases} \qquad (5-84)$$

式中：κ_g、κ_p 分别为调度周期内抽水蓄能电站"抽水转发电""发电转抽水"的转换次数的上限。

（2）电力系统运行约束。

1）功率平衡约束为

$$\sum_{m=1}^{N_H} P_{H,m}^t + \sum_{j=1}^{N_G} P_j^t + \sum_{l=1}^{N_F} P_{W,l}^t + \sum_{q=1}^{N_S} P_{S,q}^t + P_{PS}^t = \sum_{i=1}^{N_L} P_{Load,i}^t \qquad (5-85)$$

式中：$P_{\text{Load},i}^t$ 为负荷节点 i 在时段 t 的负荷需求。

2）有效备用容量约束。由于风功率预测和负荷预测的不确定性，系统需要留有一定的备用容量，即

$$
\begin{cases}
\sum_{i=1}^{N_{\text{G}}} R_{\text{up},i}^t + \sum_{k=1}^{N_{\text{H}}} R_{\text{up,H},k}^t + R_{\text{up,P}}^t \geqslant ASR_{\text{up}} \\
\sum_{i=1}^{N_{\text{G}}} R_{\text{down},i}^t + \sum_{k=1}^{N_{\text{G}}} R_{\text{down,H},k}^t + R_{\text{down,P}}^t \geqslant ASR_{\text{down}}
\end{cases}
\tag{5-86}
$$

式中：ASR_{up} 和 ASR_{down} 分别为考虑风功率预测和负荷预测不确定性之后为达到一定的置信水平系统所要求的正、负旋转备用容量。

（3）电力网络安全约束。

1）网络静态安全约束。基于直流潮流功率转移分布因子的断面潮流计算方法，将发电机组的旋转备用容量纳入电网的静态安全约束，以保证备用容量的有效性，得到

$$
\begin{cases}
\sum_{i=1}^{N_{\text{G}}} R_{\text{up},i}^t + \sum_{k=1}^{N_{\text{H}}} R_{\text{up,H},k}^t + R_{\text{up,P}}^t \geqslant ASR_{\text{up}} \\
\sum_{i=1}^{N_{\text{G}}} R_{\text{down},i}^t + \sum_{k=1}^{N_{\text{G}}} R_{\text{down,H},k}^t + R_{\text{down,P}}^t \geqslant ASR_{\text{down}}
\end{cases}
\tag{5-87}
$$

2）网络 $N-1$ 安全约束。类似地，将电网在 $N-1$ 状态下的有效备用容量纳入 $N-1$ 状态的考虑范围，使系统在 $N-1$ 状态下仍有一定的有效旋转备用容量，为电网中不确定性因素（如风功率预测、负荷预测的不确定性）带来的净负荷非预期波动留出一定裕度，即

$$
\begin{cases}
-P_{\text{L,max}} \leqslant P_{\text{L,up}} = Gg^c \cdot \left(P_{\text{Gen}} + R_{\text{up}}^c \right) \\
-Gl^c \cdot \left(P_{\text{Load},i}^t + R_{\text{up,all}}^c \cdot w_{\text{load}} \right) \leqslant P_{\text{L,max}} \\
-P_{\text{L,max}} \leqslant P_{\text{L,down}} = Gg^c \cdot \left(P_{\text{Gen}} - R_{\text{down}}^c \right) \\
-Gl^c \cdot \left(P_{\text{Load},i}^t - R_{\text{down,all}} \cdot w_{\text{load}} \right) \leqslant P_{\text{L,max}}
\end{cases}
\tag{5-88}
$$

$$
\begin{cases}
Gg^c = Gg + D_c \cdot Gg_c \\
Gl^c = Gl - D_c \cdot Gl_c
\end{cases}
\tag{5-89}
$$

式（5-89）给出了线路 c 发生 $N-1$ 故障后转移分布因子的计算方法。

5.2.3.2　基于 Benders 分解法的三阶段求解

本部分提出的调度模型中含大量 0-1 变量，且考虑 $N-1$ 安全校核后模型中约束复杂，计算速度大幅降低。基于 Benders 分解思想提出三阶段求解方法，将

考虑电网 $N-1$ 安全约束的日前调度问题分解为机组组合（Unit Commitment，UC）问题和考虑安全约束的经济调度（Security Constrained Economic Dispatch，SCED）问题，三阶段法具体求解流程如图 5-26 所示。

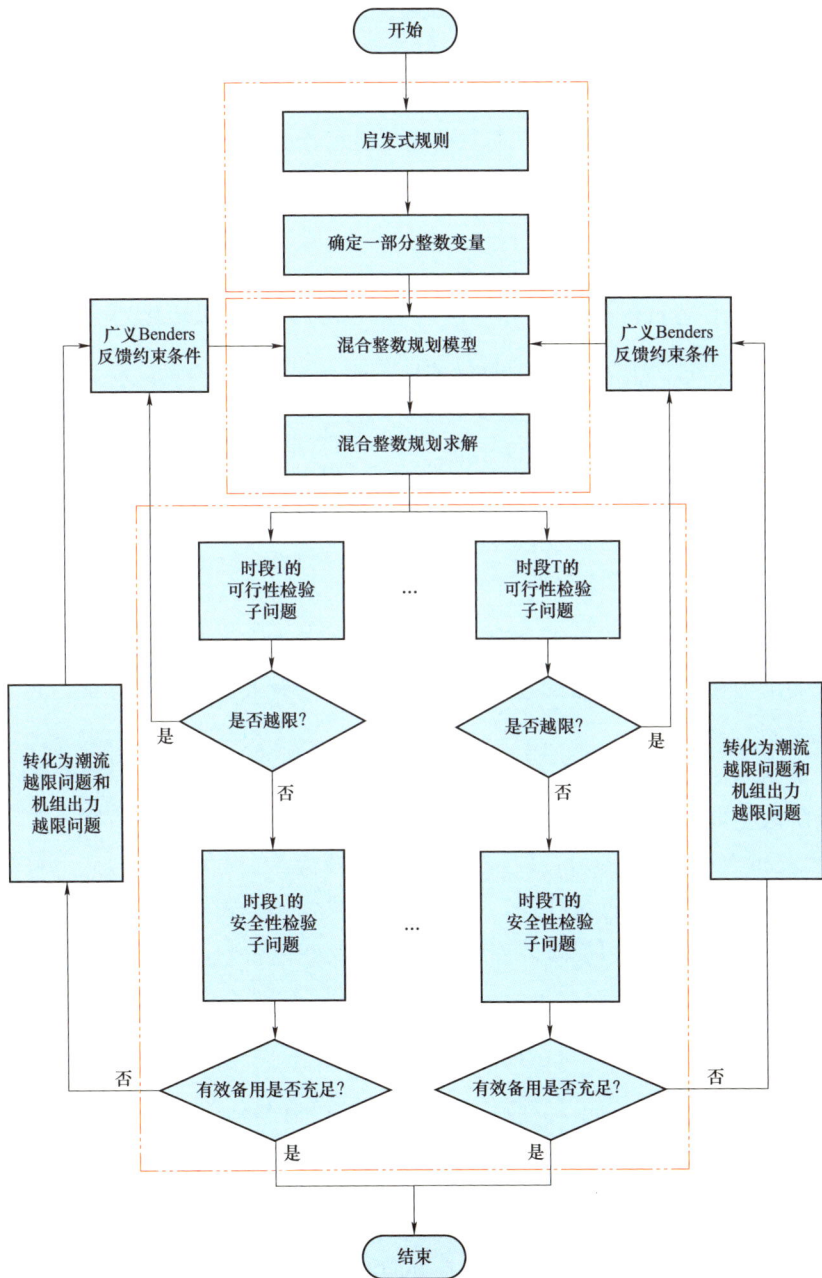

图 5-26　三阶段法流程图

1. 阶段一：基于启发式规则的整数变量预处理

将典型的日前负荷曲线分为稳定爬升期（A–D）、短暂回调期（D–F）、短暂回升期（F–G）和持续下降期（G–H–A）。对不同负荷时期设定不同的启发式规则如下：① 机组只可能在负荷斜率为正时进行开机操作，只可能在负荷斜率为负时进行停运操作；② 若机组在某时段进行了开机操作，则机组在负荷再次下降到开机操作时的负荷水平之前不允许停运，若机组在某时段进行了停运操作，则机组在负荷再次上升到停运操作时的负荷水平之前不允许开机；③ 抽水蓄能电站在负荷处于峰荷期且斜率为正时处于发电状态，在负荷处于低谷期且斜率为负时处于抽水状态。

2. 阶段二：UC–ED 问题的求解

通过引入广义 benders 割，本阶段的 UC–ED 问题可以转化为

$$\min f = c(I, P)$$

$$\text{s.t.} \begin{cases} Ax \geqslant b \\ v_1 + \left.\dfrac{\partial v_1}{\partial P}\right|_{P=P^*} (P - P^*) \leqslant 0 \\ v_2 + \left.\dfrac{\partial v_2}{\partial P}\right|_{P=P^*} (P - P^*) \leqslant 0 \end{cases} \tag{5-90}$$

式（5–90）包括可行性检验子问题和安全性检验子问题，分别反映了机组需要调整的出力量以使得线路的越限量消失且系统的有效旋转备用容量达到安全性要求。

3. 阶段三：系统的可行性及安全性校核

本阶段主要分为可行性检验和安全性检验两个子问题，先后对同一时段内系统 N 状态和 $N-1$ 状态的可行性和安全性展开校验，二者均可在时间上解耦。对于各个时段，先进行可行性检验，如果检验结果为 0，表示此时的出力计划满足网络的静态安全约束，可以进入安全性校验子问题；否则，向第二阶段返回广义 Benders 割，即

$$v_1 - \left[\lambda_{\text{Line}} Gg \cdot (P_{\text{Gen}} - P_{\text{Gen}}^*) + \sum_{c \in C} \gamma_{\text{Line}}^c \cdot Gg^c \cdot (P_{\text{Gen}} - P_{\text{Gen}}^*) \right] \leqslant 0 \tag{5-91}$$

通过可行性检验后，进入安全性检验阶段。如果该时段安全性检验优化结果为 0，表示此时的出力计划满足由系统安全性要求确定的有效备用容量约束，迭代结束；否则，向第二阶段返回广义 Benders 割，即

$$v_2 - \begin{bmatrix} (\lambda_{\mathrm{up}} + \lambda_{\mathrm{dn}})Gg \cdot (P_{\mathrm{Gen}} - P_{\mathrm{Gen}}^*) + \\ \sum_{c \in C}\left(\gamma_{\mathrm{up}}^c + \gamma_{\mathrm{dn}}^c\right) \cdot Gg^c \cdot (P_{\mathrm{Gen}} - P_{\mathrm{Gen}}^*) + \\ (\mu_{\mathrm{up}} + \mu_{\mathrm{dn}})(P_{\mathrm{Gen}} - P_{\mathrm{Gen}}^*) + \\ \sum_{c \in C}\left(\sigma_{\mathrm{up}}^c + \sigma_{\mathrm{dn}}^c\right) \cdot (P_{\mathrm{Gen}} - P_{\mathrm{Gen}}^*) \end{bmatrix} \leqslant 0 \qquad (5-92)$$

由于每个不能通过可行性校验或安全性校验的时段都会向第二阶段的 UC-ED 问题返回 1 条 Benders 割，则在下一次迭代中，UC-ED 问题需要额外处理的 Benders 割约束个数明显减少，大大节省了计算时间。

5.3　基于多时空尺度灵活性的可再生能源综合消纳技术

5.3.1　消纳因素量化分析方法

5.3.1.1　影响因素

消纳风电是指整个电力系统在消纳风电。电力系统由电源、用户和电网构成。电源包括火电、水电等常规电源，也包括风电等可再生能源；电网负责将电源发出的电力传输给电能的消费者用户。因此，风电的最终消费者是用户。在风电的消纳过程中，需要常规电源的配合、电网的传输和用户的使用，因此是整个电力系统在消纳风电。电网作为电能的运输通道，本身是不能消纳风电的，但电网的传输能力会影响风电的消纳。整个电力系统的风电消纳能力是电源（源）特性、电网（网）特性和负荷（荷）特性共同作用的结果。因此，研究风电消纳能力，应该综合考虑"源—网—荷"三个环节特性的影响。

5.3.1.2　时间尺度

风电消纳的研究要考虑不同的时间尺度。按照所考虑的时间尺度由短至长排列，包括时刻尺度（不考虑时段）、分钟尺度、日度、月度、年度等。时刻尺度针对的是一个时间断面，不考虑时序特性，在任一时刻，风电的功率也是受到限制的，这个限制主要来自两个方面：① 源、荷大小的约束，负荷减去系统中必须保证的一部分发电出力（主要是供热机组），剩余的电力空间如果都小于风电功率，则风电功率必然受限，将这一部分限制称为供需弃风；② 电网特性的约束，由于风电和负荷在空间上的分布不平衡，需要通过电网将风电传输到负荷处，风电功率受到电网传输能力的限制，主要是系统的安全稳定性约束，称为网络安全约束弃风。除了时刻尺度外，电力系统的运行是一个连续而且变化的过程，需要不断调节使得系统中功率保持瞬时平衡，而风电功率具有随机波动的特性，当电力系统调节能力不足时，也会导致风电的消纳出现问题。在分钟尺度上，风电具有短期波动特性，影响系统的有功功率平衡和频率控制，电力系统的调频能力如果不能应对风电的这种波动，也会限制风电的消纳，称为调频约束，但一般风电出力在短时间尺度下具有互补性，大规模风电接入后系统面临的调频问题并不突出。在日度的时间尺度上，风电的波动和日负荷曲线不匹配，需要常规电源的跟踪调节，当常规电源调节能力不足时，也会限制风电消纳，称为调峰约束，一般风电出力在长时间尺度下具有的相关性，使系统调峰面临巨大压力。月度和年度的风电消纳能力一般就是不同日度消纳能力的累积。

时刻尺度的研究针对的是一个时间断面，而分钟尺度、日度、月度、年度的研究则考虑的是一个时间周期，需要考虑风电的随机波动特性，本部分采用的是随机生产模拟的方法。

5.3.1.3 电力和电量

风电消纳能力可以从电力和电量两个角度分析。不同时间尺度下，时刻尺度只有电力的概念，研究的是风电的最大功率，日度、月度、年度消纳研究的是电力消纳的过程，而最终获得的结果是这段时间内消纳的风电电量。

5.3.1.4 制约因素定量分析

如前所述，风电消纳能力是源、网、荷综合作用的结果。电源特性中，既包括风电自身的特性（装机容量、短期和长期出力特性），也包括常规电源特性［电源结构、机组调节范围、调节速度、是否有保证出力（主要指热电机组）等］。网络特性主要指电网的安全稳定性。负荷特性包括负荷水平（最小负荷影响供需弃风）和峰谷差。对于一个特定的电力系统，不同制约因素的影响大小不同，因此希望对不同制约因素的影响进行定量分析，量化不同因素风电消纳能力的影响，从而为消纳能力的改进提供参考。

综上所述，本书综合考虑风电运行特性、常规机组运行特性、负荷特性、电网网架特性，在综合"源−网−荷"整体特性下，从电力和电量两个角度研究蒙西电网风电消纳能力，包括考虑调峰、调频下的实时运行可接纳的风电容量、现有条件下蒙西电网对风电资源的利用水平、制约风电消纳的各种因素的影响大小以及改善这些因素的措施及其敏感性分析。

首先，在时刻尺度上，风电消纳能力受到供需约束和网络安全约束的限制。供需约束的计算较为简单，用电负荷减去电源的保证出力即为供需约束对风电功率的限制。网络安全约束的计算则比较复杂，由于风电机组的动态特性完全不同于传统的同步发电机，对电力系统的影响也不同，需要对其模型和安全稳定机理进行研究，然后针对电网计算安全稳定约束下的风电接纳能力。

然后，在不同的时段尺度上，考虑风电的随机波动特性，研究由于电力系统灵活性不足导致的风电消纳受限，主要包括调频限电和调峰限电，可统称为欠灵活限电。针对电网中长期风电消纳评估及优化问题，重点研究并解决以下问题：

（1）一个时间周期内该地现有运行方式下可以消纳多少风电（电量）、弃风电量是多少。

（2）制约风电消纳主要因素的定量分析。

（3）通过调动充裕性资源对系统运行方式进行优化，通过优化进而得一个周期内可以消纳多少风电（电量），弃风电量减少量。

定量评估电量消纳结果需要研究电力消纳的过程，也就是说电力、电量消纳是密不可分的一对耦合量，因此需要实现解耦分析，整体评估。过程体现为电力消纳过程；结果体现为电量消纳结果。

风电消纳能力评估旨在考虑风电随机波动的出力特性、电源结构与出力特性、负荷水平和需求曲线、送电能力的基础上，针对电力系统不同运行模式、风电外送模式情形下，对电力系统对风电电力、电量的接纳能力的定量评估。

风电消纳能力评估整体流程图如图 5-27 所示。

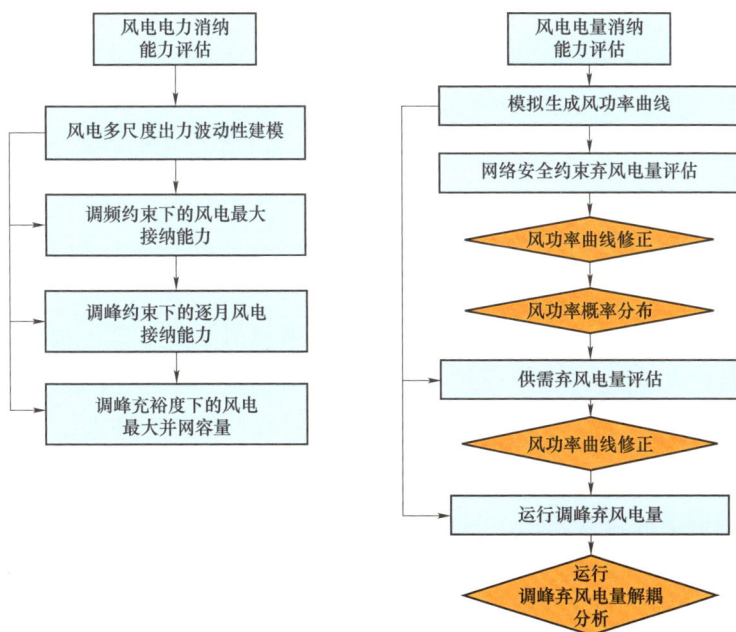

图 5-27　风电消纳能力评估整体流程图

5.3.2 系统灵活性充裕度和弃风弃光在线分析

电力系统中的设备可以根据其对灵活性的贡献分为灵活性供给资源和灵活需求资源。评价对象是否具有可控性决定了其在灵活性中的地位：可控电源、可控负荷和储能装置能够为系统提供灵活性，是灵活性供给资源；不可控电源和不可控负荷具有很强的波动性和不确定性，需要系统具有一定的调节能力以应对这些变化，是灵活性需求资源。本节对电力系统中的设备对电网的灵活性贡献进行量化，以建立设备层面的灵活性平衡。

5.3.2.1 常规电源

常规电源主要指传统火电机组、供热机组、自备电厂和燃气机组等，除自备电厂外，其他机组具有很强的控制能力，可以根据系统的电力需求调节自身出力，是系统中的备用容量的主要提供者。常规电源（除自备电厂外）在系统需要减小发电出力时提供向下的灵活性，在系统需要增大发电出力时提供向上的灵活性。其提供向上/向下灵活性的能力受最大/最小出力限制的约束。结合机组的出力范围对常规电源的灵活性供给定义如下。

系统中的向上灵活性供给为

$$Supply_{u_T,+} = Gen_{\max,u_T} - P_T \qquad (5-93)$$

系统中的向下灵活性供给为

$$Supply_{u_T,-} = P_T - Gen_{\min,u_T} \qquad (5-94)$$

式中：$Supply_{u_T,+/-}$ 代表火电、水电和燃气机组等的向上和向下灵活性；$Gen_{\max/\min,u_T}$，P_T 分别代表火电、供热机组、燃气机组的最大最小出力和当前出力。

常规电源提供的灵活性范围为

$$Supply_{u_T,+} = Gen_{\max,u_T} - Gen_{\min,u_T} \qquad (5-95)$$

式（5-95）表明，常规电源的出力范围即其灵活性供给能力，调峰能力越强的机组灵活性供给能力越强，不参与调峰的机组不提供灵活供给能力。提高系统中常规电源的灵活性供给能力一方面可以提高常规电源参与调峰的比例，另一方面可以对机组进行深度调峰。

5.3.2.2 可再生能源

波动性可再生能源（variable renewable energy source，VRES）主要考虑风电、光伏和常规水电，其出力均受自然条件的限制，具有很强的波动性和不确定性。因此 VRES 参与电力平衡的机理与常规电源不同。确定 VRES 参与电力平衡比例通常基于整个发电系统可靠性不变的原理进行,即将系统所有 VRES 装机替换成与 VRES 参与平衡的容量相等的常规煤电容量,整个发电系统的可靠性应保持不变。

VRES 参与电力平衡比例又称保证容量系数,是指计入电力平衡的风电容量占风电总装机规模的比例,也称替代装机比例。参与电力平衡比例的大小对于整个系统的供电可靠性具有较大影响。不同类型的 VRES 受其自然条件特性、预测技术精度等不同,参与电力平衡的比例也不同。

风电参与电力平衡比例通常取 5%~10%,这主要与系统电源结构及当地风电出力特性等因素有关。根据目前掌握的资料,利用国际通用的可靠性方法初步测算蒙西地区风电参与平衡的比例约为 8%,主要是考虑目前掌握的资料还不准确,从保守的角度出发,取一个较低的比例值,因为若参与平衡的比例过高会对调度造成较大的运行压力。光伏参与电力平衡的比例较低,甚至为 0%,这主要与光伏的预测精度及出力特性(夜间出力为 0)有关。水电主要受季节性影响,参与平衡的比例与当地水资源条件有关,蒙西水电调节性能差,冬季来水较少,水电受阻按照 50%考虑。

根据 VRES 参与电力平衡的方式,将 VRES 分为两部分,即可信容量和不可信容量。其中可信容量部分与常规电源相同,是 VRES 中的可控部分,该部分可以参与调峰为系统提供灵活性供给,也可以与自备电厂相同不参与调峰;不可信容量部分为系统的不可控部分,具有波动性和不确定性,该部分出力需要其他电源进行跟随,会给系统带来灵活性消耗。

假设 VRES 的可信容量为 P_X,若可信容量部分参与调峰,则其能够提供的灵活性供给为

$$Supply_{VRES} = P_X \tag{5-96}$$

假设 VRES 的出力为 P_{VRES},则 VRES 的不可信出力为 $P_{VRES} - P_X$,该部分不可控,具有的波动性和不确定性都会消耗灵活性。不可信 VRES 不参与电力平衡,因此其出力消耗系统中的下调资源,其带来的最大灵活性需求为不可信 VRES 的最大值,即

$$Demand_{VRES} = (P_{VRES} - P_X)_{max} = P_{VRES,max} - P_X \tag{5-97}$$

不可信 VRES 的不确定性主要包括可信容量的不确定性和风电预测的不确定性,该部分的灵活性需求类似于常规机组发生故障带来的灵活性需求,统一计入负荷的备用系数 μ_B 中。

5.3.2.3 不可控负荷

不可控负荷具有波动性和不确定性,而负荷是系统中的电力需求,因此不可控负荷的波动性和不确定性都会影响到电力平衡,带来灵活性需求。

不可控负荷的波动性和不确定性产生灵活性需求。假设负荷只具有波动性，此时的灵活性需求为 $P_{Lmax} - P_{Lmin}$；假设负荷没有波动性，出力为 P_L，但因其具有不确定性，此时灵活性的需求为 $\mu_L P_L$。考虑系统中所有的不确定性，将负荷、机组和风电等的不确定性统一用备用系数 μ_B 进行考虑，表示为 $\mu_B P_{Lmax}$，代表系统中的不确定性带来的灵活性需求。μ_B 的大小代表了系统的不确定程度，VRES 出力和负荷预测值越精确，系统的不确定性越小，不确定性带来的灵活性需求越小。

不可控负荷的灵活性需求应该是波动性和不确定性所产生需求的和，即

$$Demand_L = \mu_B P_{Lmax} + (P_{Lmax} - P_{Lmin}) \tag{5-98}$$

5.3.2.4　储能装置

电力系统中的储能设备是最灵活的灵活性资源，可以灵活地跟踪负荷、风电等的波动、平滑波动曲线、减小系统的灵活性需求。储能装置提供灵活性的方式取决于系统的状态：当系统向下灵活性不足时通过蓄能为系统提供向下灵活性，然后在灵活性向下充足时放电清空；当系统向上灵活性不足时通过放电为系统提供向上灵活性，然后在向上灵活性充足时充电蓄能。系统中的储能设备有抽水蓄能、压缩空气储能、飞轮储能、电池储能等。

储能装置主要通过削峰填谷发挥灵活性供给能力，在系统灵活性充足时对储能装置进行充电，在系统灵活性不足时通过储能装置放电为系统提供灵活性。充放电功率和储能容量是储能装置的重要参数，这两个参数都会影响到储能装置的灵活性供给能力，充放电功率限制了储能装置平滑波动的功率幅度，储能容量限制了装置平滑波动的电量。因此对储能装置的灵活性评价不同于电源和负荷：首先储能装置的灵活性评价中要体现功率和容量两个参数，其次储能装置的灵活性供给依赖于系统，对储能装置灵活性的量化评价需要结合系统的灵活性情况。

1. 储能装置的最大充放电功率对灵活性的影响

考虑储能装置的充放电功率是可变的，最大充电功率为 P_{Smax}，最大放电功率为 P_{GSmax}。

定义系统的灵活性供给与需求之间的不平衡量为系统的净灵活性 $Flex = \sum_{i=1}^{S} Supply_i - \sum_{i=1}^{D} Demand_i$。假设不考虑储能装置时，系统的净灵活性曲线 $Flex$ 如图 5-28 所示。其中 $Flex > 0$ 部分代表系统灵活性充足，可以用于放电供给；$Flex < 0$ 的部分表明系统的灵活性不足，可以使储能装置进行蓄电存储。

由于储能装置存在最大的充放电功率，根据储能装置的最大充放电功率 P_{Smax}、P_{GSmax}，将系统的净灵活性分为两部分 $Flex = Flex_{es} + Flex_{nes}$，其中 $Flex_{es}$ 为储能装置能够参与调节的灵活性，如图 5-28 中黄色部分。$Flex_{nes}$ 为储能装置不

能参与调节的灵活性，如图 5-28 中灰色部分。

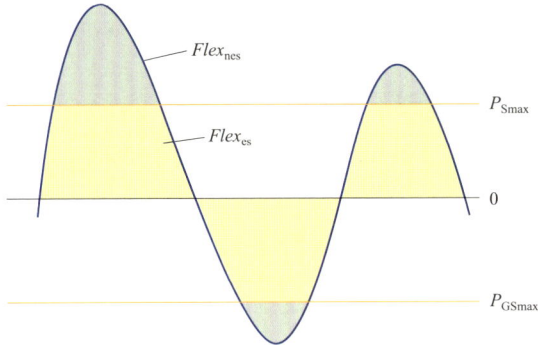

图 5-28　系统净灵活性曲线实例

$Flex_{es}$ 和 $Flex_{nes}$ 两者的曲线如图 5-29 所示。

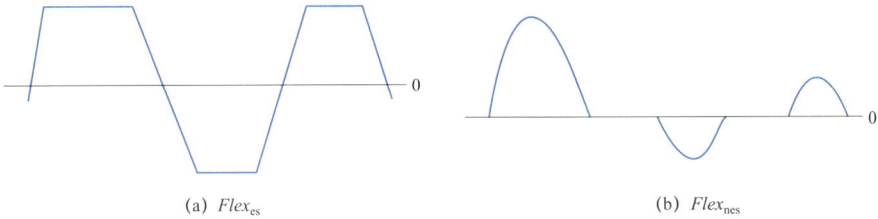

(a) $Flex_{es}$

(b) $Flex_{nes}$

图 5-29　$Flex_{es}$ 和 $Flex_{nes}$ 曲线图

2. 储能容量对灵活性的影响

通过储能装置对 $Flex_{es}$ 部分进行灵活性调节可以发挥储能装置的灵活性作用。此时影响灵活性调节的特征量只有一个，即储能容量，因此从电量角度进一步分析储能容量对 $Flex_{es}$ 的影响。

考虑储能容量的充放电过程如图 5-30 所示。假设初始时刻储能装置的容量为 W_0，储能装置的最大容量为 W_{max}。储能装置在灵活性充足的时候进行放电，在灵活性不足的时候进行充电，充放电的容量受储能装置的容量限制。

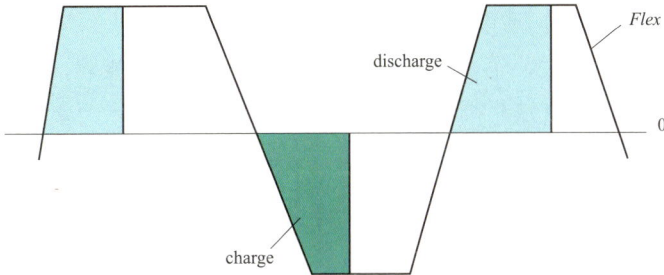

图 5-30　考虑储能容量的充放电过程示意图

249

判断储能装置灵活性的过程为：

（1）累加各时刻的 $Flex_{es}$ 得到灵活电量序列 $Qlex_{es}$，对序列中每个元素均叠加上 W_0，形成新的序列 $Qlex_{es}^{(0)}$。

（2）假设 $Qlex_{es}^{(0)}$ 序列中第一个不在 $[0,W_{max}]$ 范围内的数在第 i 位，为 $Qlex_{es,i}$。定义修正因子 α 为超出 $[0,W_{max}]$ 的部分，并将 α 依次叠加到序列中第 i 位及以后的元素上完成一次修正，修正后的灵活电量序列为 $Qlex_{es}^{(1)}$。

（3）重复步骤（2），直到修正数列 $Qlex_{es}^{(n)}$ 中全部元素均位于 $[0,W_{max}]$ 范围内为止，此时得到的序列为储能装置的容量变化序列 Q_{es}。

（4）对储能装置容量变化序列 Q_{es} 进行顺差计算，形成新的序列 E_{es}，即 $E_{es,i} = Q_{es,i} - Q_{es,i-1}$。新的序列 E_{es} 为储能装置的充放电功率序列。

修正储能有效灵活性 $Flex_{es}$ 为 $Flex_{es} - E_{es}$。

3. 考虑充放功率和储能容量的灵活性量化

不考虑储能装置时系统的净灵活性为 $Flex$，考虑储能后，系统的净灵活性为

$$Flex = (Flex_{es} - E_{es}) + Flex_{nes} \qquad (5-99)$$

5.3.2.5 系统级灵活性评价指标—弃风量

系统级灵活性评价指标是在设备级灵活性评价的基础上加入系统的网络约束。全网的净灵活性为

$$Flex_{sys} = Supply_{sys} - Demand_{sys} \qquad (5-100)$$

若 $Flex_{sys} \geqslant 0$ 则系统灵活性充足，若 $Flex_{sys} < 0$ 则灵活性不足。灵活性不足会导致弃风，因此弃风量是量化系统灵活性的指标之一。

弃风源于灵活性需求和供给之间的不平衡，弃风功率在数值上为系统的灵活性需求与灵活性供给之间的差。当不考虑网络约束时，弃风功率 $P_Q = Demand - Supply$，当考虑网络约束时，弃风功率的计算需要借助灵活性平衡判定矩阵 F。

假设待消区域 i 位于矩阵 F 的第 i 行，第 i 行对角元为 a_{ii}，非零对角元为 a_{ij}，对区域 i 进行等效消去，消去方法同灵活性平衡判定方法相同，每次消去过程中的消去因子 β 的计算方法相同，每次消去过程中产生的弃风功率 P_{Qi} 为

$$P_{Qi} = \begin{cases} 0, a_{ii} \geqslant -a_{ij} \\ -a_{ii} - a_{ij}, a_{ii} < -a_{ij} \end{cases} \qquad (5-101)$$

对式（5-101）进行解释：

（1）若 $a_{ii} \geqslant -a_{ij}$，则表明联络线对灵活性传输不造成限制，不会出现弃风现象，该区域的弃风功率为 $P_{Qi} = 0$。

（2）若 $a_{ii} < -a_{ij}$，则表明本地灵活性不足，并且联络线对灵活性传输造成限制，将出现弃风现象，弃风功率为 $P_{Qi} = -(a_{ii} + a_{ij})$。

将所有等效区域的弃风功率相加得到全网的弃风功率，即

$$P_Q = \sum_{i=1}^{N} P_{Qi} \qquad\qquad (5-102)$$

以一天 24 个点进行计算，可以得到典型日的弃风量为 $Q_Q = \sum_{t=1}^{24} P_{Qt}$（该方法计算得到的 $P_{Qt} \geqslant 0$）。

灵活性平衡约束可以用于规划中，可以用来规划各类型机组开机容量，以保证系统的灵活调节能力大于需求；将灵活性平衡约束用于运行调度中，作为一项约束，体现在方程中；也可以对既定的开机方式进行校验，得到其灵活性平衡程度。

5.3.3　多种电源调节能力和技术潜力评估在线分析方法

5.3.3.1　多种电源调节能力分析

1. 调节范围

热电联产机组在供热期机组的最小出力限制和运行约束要比非供热期的约束要紧，非供热期火电机组和供热期火电机组出力上下限值，分别如图 5-31 和图 5-32 所示。可以明显看出，非供热期火电机组的出力上下限范围更大。

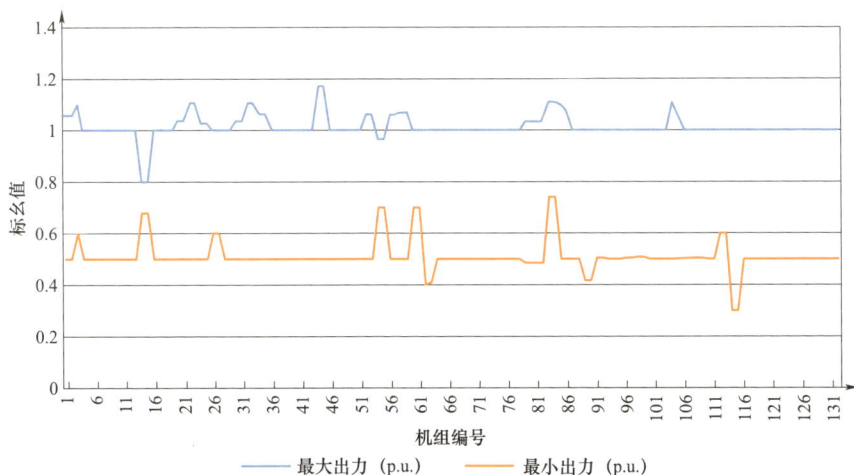

图 5-31　非供热期火电机组的出力上下限

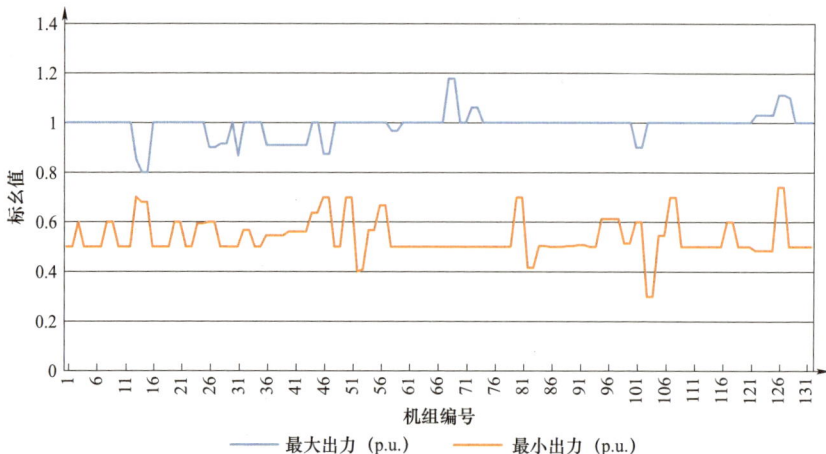

图 5-32 供热期火电机组的出力上下限

根据提供的资料统计，在非供热期，机组最小出力的限制原因主要包括：最低稳燃负荷要求；设备性能受阻，如循环流化床回料不稳等；煤质受阻；温度过低导致脱销脱硫退出，环保超标排放。机组的最大设计出力一般在装机容量附近，甚至高于装机容量。但也有机组最大出力受到限制，限制原因主要为锅炉设计吸热能力不足、环保不合格导致全年停用等。

在供热期，机组最小出力的限制原因主要包括最低稳燃负荷要求、供热抽汽要求、煤质受阻、温度过低脱硫脱硝退出、环保超标排放。供热机组在供热期也会受到某些因素限制，包括抽汽供热要求、锅炉吸热能力、供热机组供热时的物理限制等。

2. 响应时间

响应时间是反应机组动作快慢的重要指标之一，也是反应系统灵活性的重要指标。通过对机组的响应时间进行分析，得出了各类机组响应时间的分布，所统计的 60 台机组的响应时间分布直方图如图 5-33 所示。

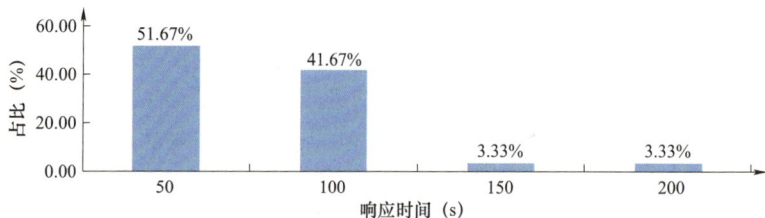

图 5-33 机组响应时间分布直方图

从图 5-33 可以看出，超过一半的机组响应时间在 50s 以内，超过 90%机组的响应时间在 100s 以内。在进行机组安排时可以根据系统的灵活性需求和各个机组的灵活性供给能力进行安排。

从装机容量角度看，100MW 及以下机组的响应时间分布如图 5-34 所示。100～300MW 机组的响应时间分布如图 5-35 所示。

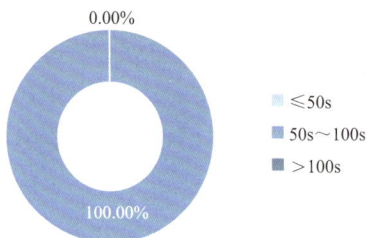

图 5-34　100MW 及以下机组的
响应时间分布情况图

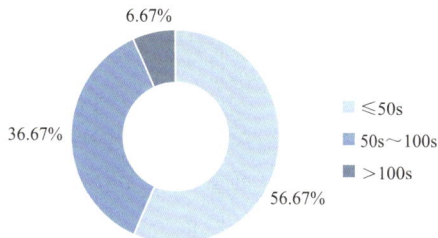

图 5-35　100～300MW 机组的
响应时间分布情况图

300MW 以上机组的响应时间分布如图 5-36 所示。

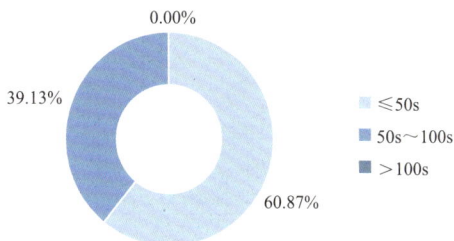

图 5-36　300MW 及以上机组的响应时间分布情况图

可以发现，小容量机组（100MW 及以下）的响应时间较长，均大于 100s；100～300MW 容量的机组响应时间大都在 100s 以内；300MW 以上的大容量机组响应时间均在 100s 以内，且响应时间在 50s 以内的机组占比高达 60.87%。

可以进一步分析响应时间区间中机组容量的占比，对应响应时间段的机组分布图如图 5-37 所示。

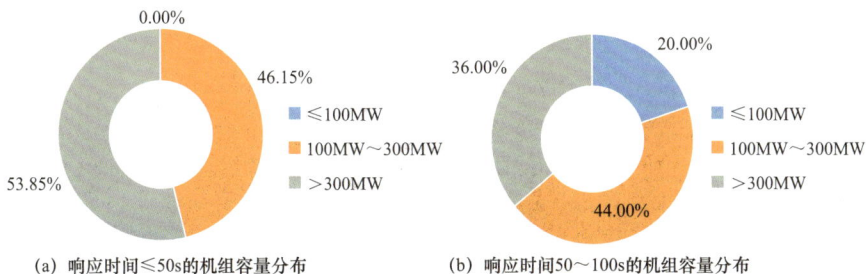

(a)　响应时间≤50s的机组容量分布　　　(b)　响应时间50～100s的机组容量分布

图 5-37　对应响应时间段的机组分布图

响应时间大于 100s 的机组有四台，响应时间大于 100s 的机组信息表见表 5 – 1。

表 5–1 　　　　　　　　　响应时间大于 100s 机组信息表

装机容量（MW）	响应时间（s）
125×2	180
150×2	120

3. 爬坡能力

机组爬坡能力是反应机组调峰能力的指标，通过数据统计得到，大多数机组装有 AGC 调节系统，但是在供热期部分机组的 AGC 无法投运，导致该机组丧失调峰能力；也有机组由于锅炉和脱硫设备等的物理限制以及燃用劣质煤导致爬坡能力受阻。

非供热期火电机组、供热期热电联产机组、自备电厂的爬坡能力分布直方图如图 5–38 所示。

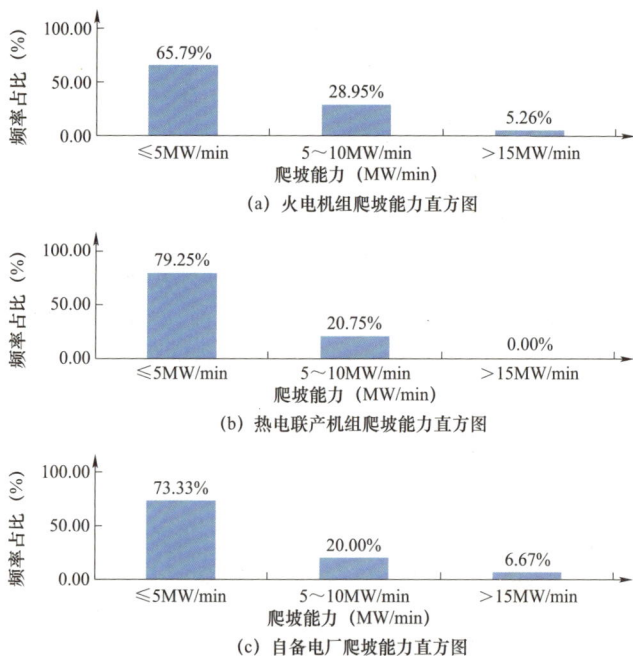

(a) 火电机组爬坡能力直方图

(b) 热电联产机组爬坡能力直方图

(c) 自备电厂爬坡能力直方图

图 5–38　各类型机组的爬坡能力分布直方图

从图 5–38 可以看出，火电机组中爬坡能力大于 5MW/min 的占比要比热电联产机组中的相应占比高，说明非供热期火电机组的爬坡能力高，灵活性供给能力大，而供热期机组整体的爬坡能力更差，灵活性供给能力更小。自备电厂爬坡能力的分布范围较大，有些没有装 AGC，所以爬坡能力为 0；有些爬坡能力较大，达装机容量的 14%/min。

5.3.3.2 对电源调峰能力的评估

假设自备电厂全部不参与调峰，对比供暖期和非供暖期机组的调峰能力。首先统计常规电源中各机组的容量和上下出力限制，按照调节能力对机组容量进行分类整理。自备电厂参与调峰时的机组出力性能统计见表 5–2。

表 5–2　供热季及非供热季机组自备电厂参与调峰时的机组出力性能统计

非供暖期		供暖期	
调节范围（p.u.）	最大出力（MW）	调节范围（p.u.）	最大出力（MW）
[0.12，0.4）	690	[0.12，0.4）	9502
[0.4，0.5]	16 520	[0.4，0.5]	12 680
(0.5，0.7]	8490	(0.5，0.7]	2410

按照机组的出力范围由大到小排序可以得到对应于一定机组出力下的最大灵活性，按照机组出力范围由小到大排序可以得到对应于一定机组出力下的最差灵活性。供热季与非供热季机组调节能力范围对比如图 5–39 所示，给出了全部自备电厂参与调峰时的最大和最小灵活性。两条曲线均由线段组成，线段的斜率为出力范围，线段的射影长度为对应于该出力范围的机组容量。

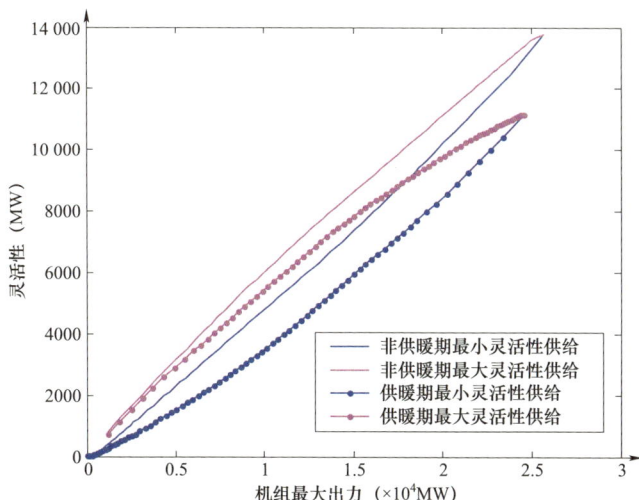

图 5–39　供热季与非供热季机组调节能力范围对比

对比非供暖期和供暖期非自备火电机组提供的灵活性，可以看出供暖期系统的灵活性供给明显不如非供暖期，主要是由于供暖期供热机组的调峰能力受热负荷的影响，严重下降。北方地区供热期长、供热负荷大、供热机组比例高，因此供暖期系统的灵活性供给问题严重。

5.3.3.3　自备电厂参与调峰比例对调峰能力影响

统计非供暖期自备电厂参与调峰与不参与调峰两种情况下系统的灵活性。自备电厂参与调峰时的机组出力性能统计见表5-3。

表5-3　　　　　　自备机组是否参与功率调节系统调节范围统计

自备不参与		自备参与	
调节范围（p.u.）	最大出力（MW）	调节范围（p.u.）	最大出力（MW）
[0.12，0.4)	10 052	[0.12，0.4)	1040
[0.4，0.5]	15 800	[0.4，0.5]	21 962
(0.5，0.7]	8700	(0.5，0.7]	11 550

自备电厂参与功率调节时的系统灵活性范围如图5-40所示，给出了自备参与调峰和不参与调峰时非供暖期机组能够提供的灵活性，可以发现自备不参与调峰对灵活性的供给能力具有一定影响。

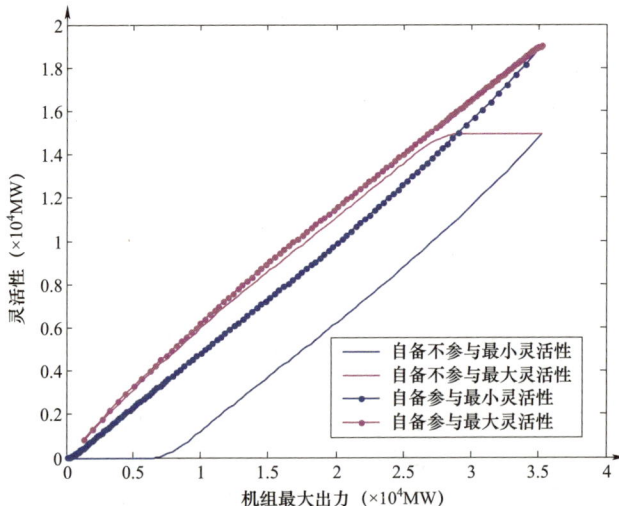

图5-40　自备电厂参与功率调节时的系统灵活性范围

可信VRES参与调峰会增加系统的灵活性供给。风电参与调峰与不参与调峰时系统灵活性范围的对比图如图5-41所示。

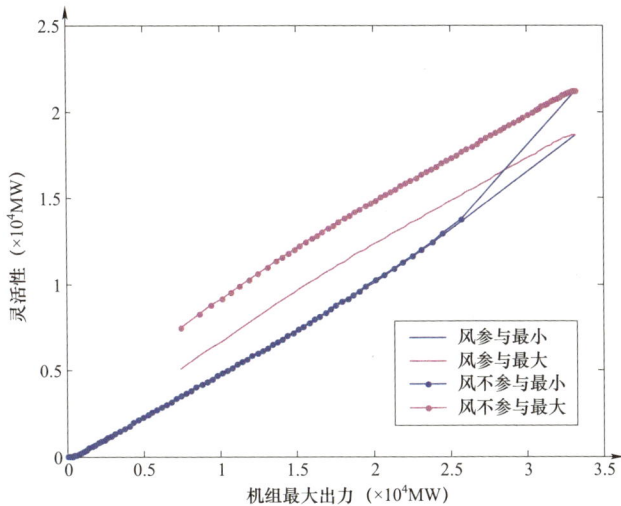

图 5–41　可信 VRES 参与调峰与不参与功率调节时的系统灵活性范围

第 6 章

基于电力系统灵活性的源网协调
综合优化运行应用实例

本章基于前一章的理论与方法进行实践应用，主要包括基于集群虚拟机组的分层优化调度技术实例（甘肃省酒泉风电基地），风光水火储多能互补优化运行实例（蒙西电网），因素量化分析与技术潜力提升的综合消纳技术实例（蒙西、东北电网），以及消纳评估系统建设及应用。

6.1 风光集群虚拟机组分层优化运行实例

6.1.1 酒泉基地系统及参数说明

风火联运源端系统的 WVPG 划分示意图如图 6-1 所示，采用各风电场 2011 年全年实测功率和短期功率预测值。数据采样周期为 15min，其中前 11 个月的数据为风电建模数据，后 1 个月数据为仿真测试数据。根据实际调研情况，参照我国大型燃煤机组灵活性差（最小稳燃出力高、最小开机停机时间长、启停成本高）的特点确定仿真系统中火电机组参数，取燃煤价格为$62.47/t，即$2.25/MBTU。该源端系统本地负荷较轻，发电功率主要靠联络线外送到负荷中心，负荷 1～5 的峰值分别取为 200MW，标幺负荷曲线由该系统实测负荷数据折算到系统总峰值负荷而得。

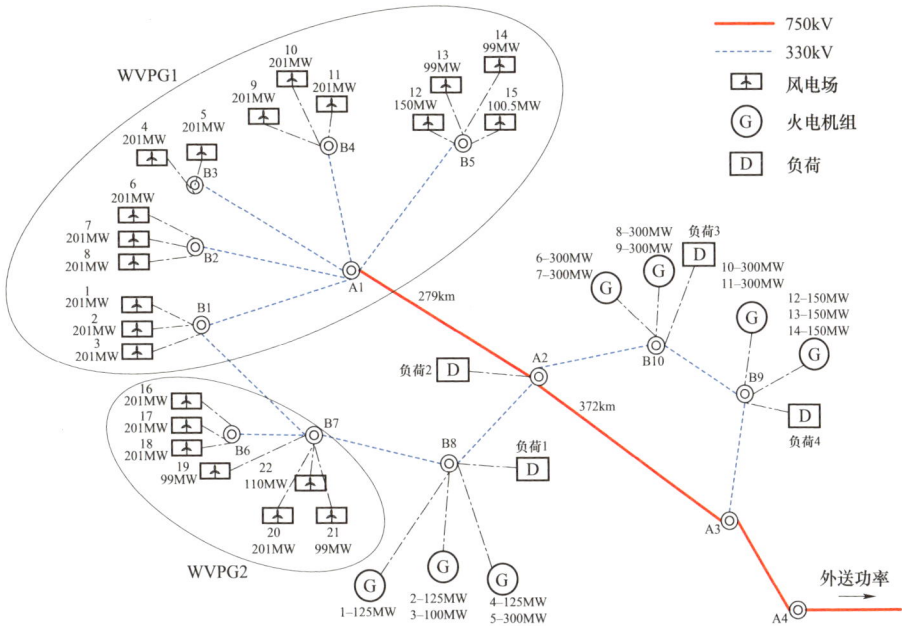

图 6-1　风火联运源端系统的 WVPG 划分示意图

6.1.2　基于集群虚拟机组的源端系统分层协调日前发电计划

6.1.2.1　不同 WVPG 与火电机组日前计划模型分析

为比较上层不同日前计划模型效果，考虑三种情况，即基于风险和概率约束的日前计划模型（分层策略）、简单场景模型和区间模型。为保持三种模型中风电特性建模的一致性，场景和区间均由本书模型中所采用的风电不确定性概率分布生成，仅讨论不同建模方式的影响。

三种不同优化运行模型对系统运行指标的影响见表 6-1。

表 6-1　　　　　　　不同优化运行模型对系统运行指标的影响

运行指标	分层策略	简单场景	简单区间
WVPG1 电量利用率（%）	89.47	85.25	87.58
WVPG2 电量利用率（%）	96.05	93.48	95.30
常规机组单位发电成本（$/MWh）	19.51	19.41	19.85
系统总单位发电成本（$/MWh）	14.79	14.96	15.21
切负荷或外送功率不满足比例（%）	0.44	0.97	0.62

由表 6-1 结果可知，场景法中常规机组单位发电成本低于分层策略。这是因为场景法难以考虑风电可发功率概率分布中调度缺额风险的影响，对常规机组备用容量需求降低；区间法要求常规机组能平衡在整个概率区间内的风电波动，对常规机组备用需求较高，增加了其单位发电成本。

场景法的 WVPG 电量利用率低于分层策略。这是因为场景法仅能考虑特定场景的风电波动情况，对风电概率分布全概率信息，特别是尾部概率特性考虑不足，当某些时段正向不确定性较大时预留的下调备用不足，导致弃风。区间法的风电利用率高于场景法，但低于分层策略。区间法虽然能较好地考虑整个置信区间内风电波动的情况，但对区间外正向不确定性对应的弃风风险考虑不足。

场景法和区间法的外送功率或负荷功率不满足比例高于分层策略，这是由于对负向不确定性较高时，调度缺额尾部风险考虑不足，导致可能出现大的风电调度缺额。

6.1.2.2　单风电场直调策略与分层协调策略比较分析

本部分对比分析基于 WVPG 的分层协调日前计划模型（简称分层策略）与单个风电场直接参与（简称直调策略）的差异。

以 WVPG1 为例，单个风电场调度模式和分层协调策略风险指标比较见表 6-2，对比了两种策略下总仿真时段内 WVPG1 的平均安全性和经济性 $CVaR$ 风险指标。其中，直调策略的风险指标是 WVPG1 所在的区域风电集群内所有风电场的平均风险指标之和。

表 6-2　　　　　单个风电场调度模式和分层协调策略风险指标比较

日前调度优化策略	调度缺额 VaR（MW）	弃风功率 VaR（MW）	调度缺额 $CVaR$（MW）	弃风功率 $CVaR$（MW）
分层策略	244.20	49.83	285.35	60.37
直调策略	379.35	66.62	459.12	82.96

由表 6-2 中结果可知，分层策略可降低风电日前计划的安全性和经济性风险。在相同置信概率下，分层策略的 VaR 指标值更小，表明其调度缺额和弃风功率的取值上限降低，安全性和经济性增强；同时，分层策略的 $CVaR$ 指标值更小，表明极端调度缺额和弃风功率的期望值降低，高风险事件发生的可能性降低。

直调策略和分层协调策略对系统运行指标的影响见表 6-3。其中，直调策略对应的 WVPG 电量利用率指 WVPG 所在的区域集群风电内部所有风电场调度电量之和与可发电量之和的比例。某两个仿真日中，直调策略和分层协调策略对应的弃风功率和切负荷或外送功率不满足量的时序曲线如图 6-2 所示。

由表 6-3 结果可知，与直调策略相比，分层策略可提高风电电量利用率，分层策略中 WVPG1 的风电电量利用率为 89.47%，直调策略中为 87.26%。以虚拟机组技术分层调度的风电场电量利用率提高 1.6%~2.3%（1.5~2.1 个百分点）。

这是因为风电空间的平滑效应使得 WVPG 不确定性低于单个风电场，降低了风电调度缺额风险，使得在一定风险指标约束下，可增加风电调度指令值；同时，降低了对火电机组备用的需求，使得在相同备用条件下，可增加风电消纳空间。例如，图 6-2 中分层策略 WVPG1 的弃风功率小于直调策略中风电场 1~15 的弃风功率之和。

分层策略的外送功率或负荷功率不满足比例比直调策略低 67.65%（约 0.9 个百分点），分层策略中该比例为 0.44%，直调策略中该比例为 1.36%。这是因为分层策略降低了实际运行中高风电调度缺额出现的可能性，减小功率不平衡量。

表 6-3　　　　　直调策略和分层协调策略对系统运行指标的影响

运行指标	分层策略	直调策略
WVPG1 电量利用率（%）	89.47	87.26
WVPG2 电量利用率（%）	96.05	94.54
常规机组单位发电成本（$/MWh）	19.51	19.82
系统总单位发电成本（$/MWh）	14.79	15.20
切负荷或外送功率不满足比例（%）	0.44	1.36

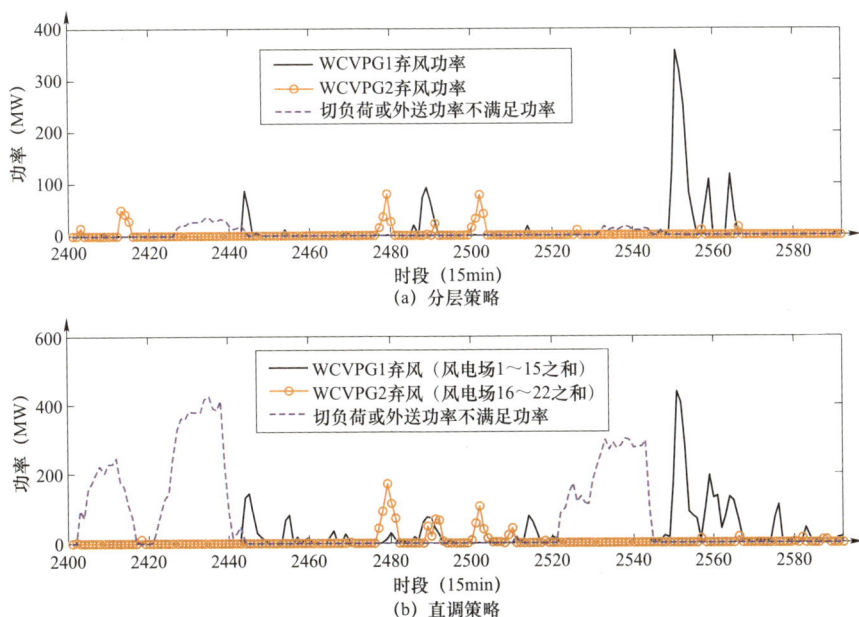

图 6-2　某两个仿真日直调策略和分层策略运行曲线

分层策略的常规机组发电成本低于直调策略，分层策略中常规机组单位发电成本为 19.51$/MWh，直调策略为 19.82$/MWh。这主要是因为直调策略中风电对常规机组的备用需求更高，增加了常规机组启停和运行点调整频率。同时，分层策略的风电利用率高于直调策略，进一步使得总单位发电成本小于直调策略。系统总单位发电成本由 15.20$/MWh 降低至 14.79$/MWh，降低 2.8%。

6.1.2.3 风电概率分布的时变特性对日前分层协调发电计划的影响

本部分主要研究风电特性建模时，是否考虑时变特性对日前计划结果的影响。风电特性概率分布的时变特性对运行指标的影响见表 6−4。

表 6−4　　　　　　　风电特性概率分布时变特性对运行指标的影响

运行指标	时变分布	固定分布
WVPG1 电量利用率（%）	89.47	90.28
WVPG2 电量利用率（%）	96.05	96.45
常规机组单位发电成本（$/MWh）	19.51	19.83
系统总单位发电成本（$/MWh）	14.79	14.85
切负荷或外送功率不满足比例（%）	0.44	3.80

由表 6−4 结果可知，采用时变概率描述时，风电利用率略低于固定概率分布。例如，采用时变概率分布时 WVPG1 电量利用率为 89.47%，采用固定概率分布时 WVPG1 电量利用率为 90.28%。

这是因为不考虑时变特性时，不确定性概率分布描述的是所有资源条件和预测尺度下不确定性可能取值，对每个特定时段不确定性分布尾部的极端正/负取值描述能力较差。当出现极端负向不确定性时，固定概率分布易高估 WVPG 可发功率；当出现极端正向不确定性时，固定概率分布易低估 WVPG 可发功率。通常极端负向不确定性出现的频率高于正向不确定性。因此，大多数情况下固定概率分布高估了 WVPG 可发功率。虽然风电电量率稍有提高，但切负荷或外送功率不满足比例明显增加。采用时变概率分布时，切负荷或外送功率不满足比例为 0.44%，而采用固定概率分布时，该比例为 3.80%。

此外，可以看到虽然采用固定概率分布描述时接纳了更多的风电，但火电机组单位发电成本和系统总单位发电成本均高于采用时变概率分布描述。例如，采用时变概率分布描述时，总单位发电成本为 14.79$/MWh，采用固定概率分布描述时，该成本为 14.85$/MWh。

这是因为当不考虑概率分布时变特性时，总仿真时段内 WVPG 平均可发功率的标准差、出力上下限的标准差均大于考虑时变特性时的情况。这使得日前决策中不考虑时变特性时预估的 WVPG 可发功率取值范围更宽，为平衡 WVPG 的出力波动增加了火电机组不必要的启停。

同时，考虑时变特性后，WVPG 可发功率下限平均值高于不考虑时变特性时的情况，降低了对上调备用的需求，从而减少了单位发电成本。

如图 6-3 所示为某时段 WVPG1 正常运行条件下的概率后评估结果，即调度缺额和弃风功率可能取值及对应的概率。其中横轴表示在当前 WVPG1 的日前计划指令下，实际运行中调度缺额和弃风功率可能取值，纵轴表示相应取值对应的概率。

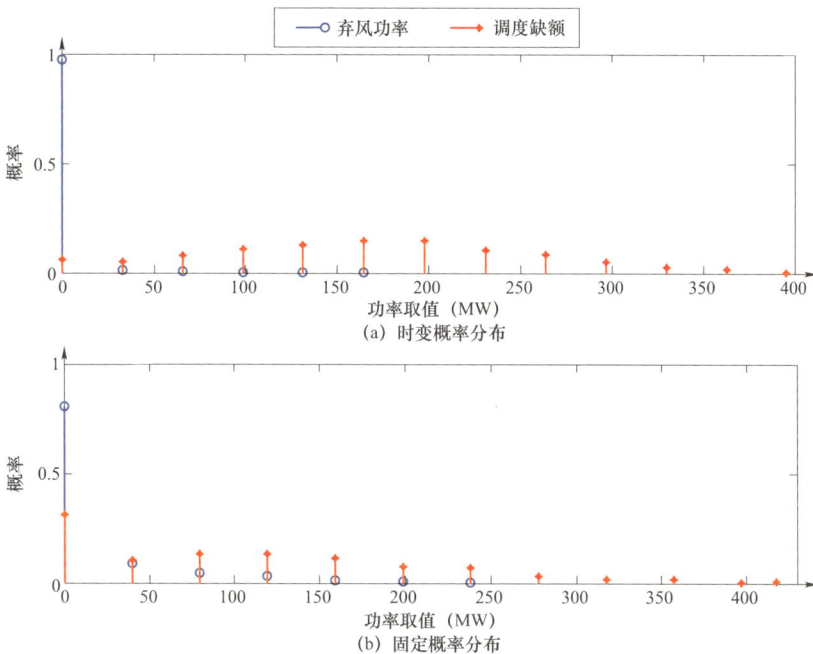

图 6-3　某时段 WVPG1 调度缺额和弃风功率可能取值及概率

该调度时段对应 WVPG 可发功率较低的时段，采用时变概率分布描述时，调度缺额取较小值的概率小于采用固定概率分布描述时的情况。例如，采用时变概率分布描述时调度缺额取值为 0 的概率约为 0.067，而采用固定概率分布描述时为 0.317。考虑时变特性后，在可发功率较低的时段，可尽可能规避低估调度缺额的情况发生。

如图 6-4 所示为高风险条件下的概率后评估结果，即某仿真日高风险调度缺额和弃风功率对应的可发功率阈值图。实时运行中，当 WVPG 可发功率低于高风险调度缺额对应的可发功率阈值时，认为现有 WVPG 调度指令出现大的调度缺额，需上调火电机组调度指令而下调风电调度指令。当 WVPG 可发功率高于高风险弃风功率对应的可发功率阈值时，认为现有 WVPG 调度指令将出现大的弃风功率。

对比图 6-4 中结果可知，考虑时变特性后，调度指令可更好地与实时可发风功率相吻合，出现高风险调度缺额和弃风功率的概率和严重程度降低。若不考虑时变特性，在某些负向不确定性取值较大时段，将高估 WVPG 可发功率造成高调度缺额（区域 1）；而在某些正向不确定性取值较大时段，将低估 WVPG 可发功率，造成高弃风功率（区域 2）。

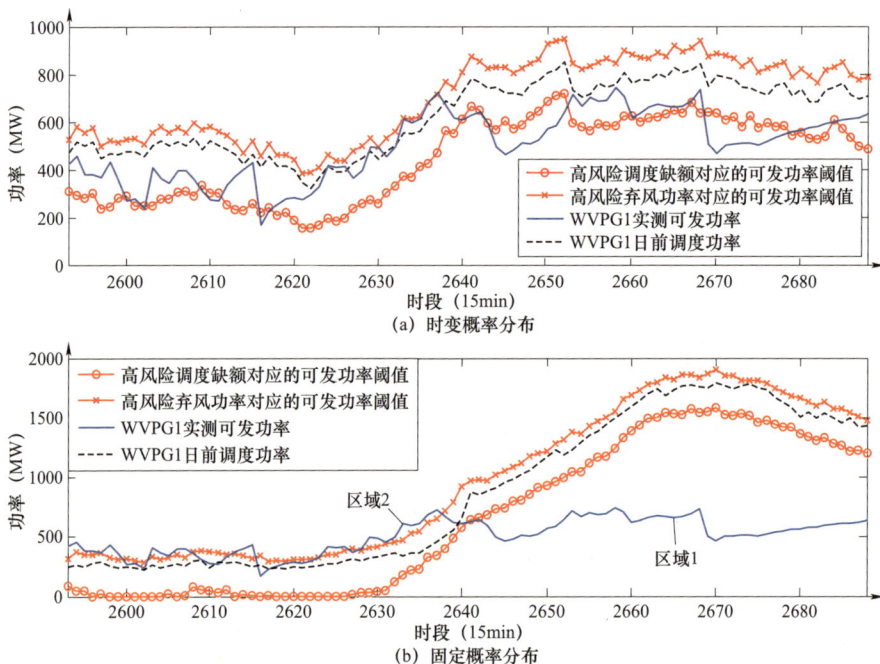

图 6-4　某仿真日 WCPG1 高风险事件对应的可发功率阈值

6.1.2.4　WVPG 内部多风电场日前计划分配模式比较

上层调度策略均采用折中方案，考虑如下三种 WVPG 内部风电场日前计划分配方案：本书提出的基于集群虚拟机组的分层协调日前分配策略、基于装机容量的比例分配策略、基于日前预测功率的比例分配策略。

不同策略下风电场实测可发功率与日前计划的正负偏差平均值如图 6-5 所示，其中正、负偏差分别为总仿真时段内出现的正、负偏差平均值。负偏差表示实测可发功率小于日前计划值时，实测可发功率与日前计划之差；而正偏差表示实测可发功率大于日前计划值时，实测可发功率与日前计划之差。

由图 6-5 所示结果可知,基于集群虚拟机组的分层协调日前分配策略可使各风电场平均负偏差、正偏差绝对值小于比例分配策略。这是因为基于集群虚拟机组的分层协调日前分配策略中考虑了各风电场不确定性概率分布差异,并且以调度缺额风险最小作为优化目标。时段 t 负向不确定较小、正向不确定性较大的风电场可获得日前计划分配的优先权,减小了正负偏差,降低了实际运行中可能出现的风电场调度缺额以及弃风功率,提高了风电场日前计划的安全性和经济性。

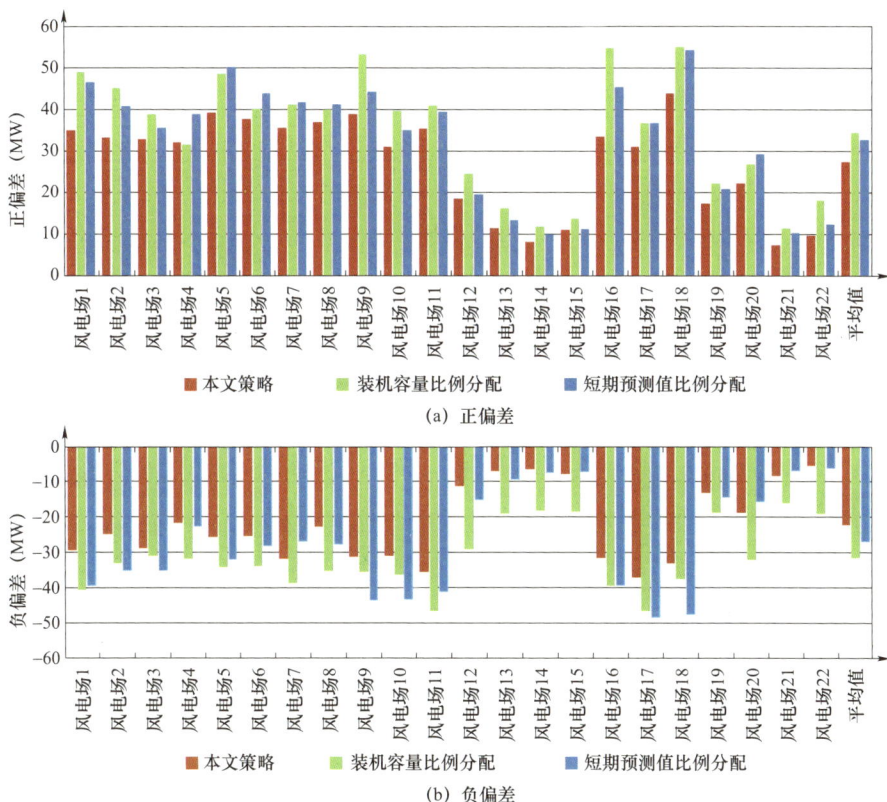

(a) 正偏差

(b) 负偏差

图 6-5　风电场可发功率与日前计划的正负偏差平均值

6.1.3　基于集群虚拟机组的源端系统分层协调实时调度策略

6.1.3.1　单个风电场直调和分层协调的实时调度策略比较

本算例对比分析本章提出的基于 WVPG 的分层协调实时调度策略(简称分层策略)与单个风电场直接参与上层实时调度策略(简称直调策略)的差异。

单风电场直调和分层协调策略对实时调度运行指标的影响见表 6-5,对于直调策略，WVPG1 和 WVPG2 的电量利用率指内部所有风电场（即第 1～15 和第 16～22 个风电场）总实际发电电量与总实际可发电量之比。两种策略下，各风电场的电量利用率如图 6-6 所示。

表 6-5　　　　　单风电场直调和分层协调对实时调度运行指标的影响

运行指标	分层策略	直调策略
WVPG1 电量利用率（%）	89.21	87.12
WVPG2 电量利用率（%）	95.51	94.03
常规机组单位发电成本（$/MWh）	19.51	19.67
系统总单位发电成本（$/MWh）	14.81	15.22
切负荷或外送功率不满足比例（%）	0.36	0.98

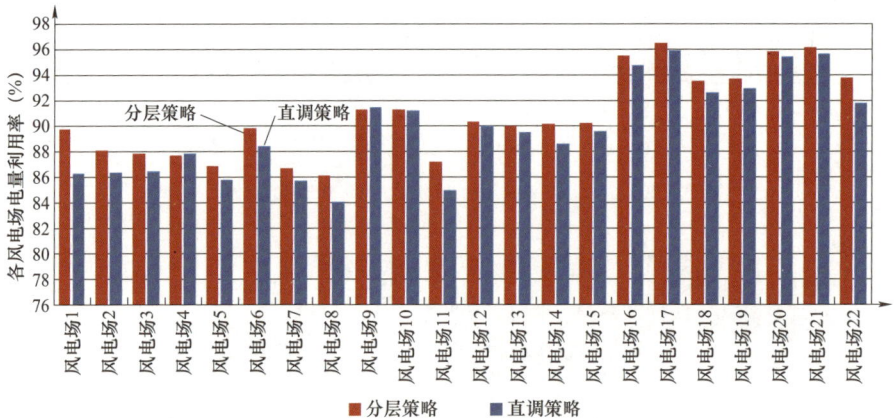

图 6-6　各风电场电量利用率

由表 6-5 结果可知，分层策略中常规机组单位发电成本更低（分层策略为 19.51$/MWh，直调策略为 19.67$/MWh）。这是因为分层策略中通过内部多风电场互济提高了风电整体可调度性，降低了对常规机组运行点调节的需求。同时，可调度性的提高也增加了实时调度安全性，分层策略中切负荷或外送功率不满足比例为 0.36%，直调策略中为 0.98%。

分层策略中系统总单位发电成本降低（分层策略为 14.81$/MWh，直调策略为 15.22$/MWh）。这是因为一方面，分层策略中常规机组单位发电成本降低；另一方面，分层策略中风电电量利用率提高，而风电的发电成本为 0，从而减小了总单位发电成本。

与单个风电场相比，分层策略电量利用率有所提高。这是因为一方面，对于上层风电和火电协调而言，由于 WVPG 能提供更高比例的可靠出力，降低了对常规机组上调备用和调节灵活性的需求，使得在既定机组启停方式下，风电可调度空间增加。另一方面，分层策略中考虑了多风电场间基于动态分群的协调策略，可更好地利用风电场实时风资源；同时，减小了当前资源不足的风电场实时调度指令，避免了风电场由于出力偏差过大导致下一调度时段受惩罚而不允许增加出力。由图 6-6 可知，分层策略中多数风电场的电量利用率均有所提高。

某仿真日中分层策略和直调策略中，两个典型风电场实时调度相对负偏差绝对值如图 6-7 所示。由图 6-7 中结果可知，采用分层协调策略时，风电场实时调度相对负偏差降低，特别是对于超短期功率预测负偏差较大的风电场 B，通过内部协调降低其实时调度指令，而由 WVPG 内部风资源富集程度较高、超短期功率预测负偏差较小的上调优先场群内风电场来承担这部分发电功率。

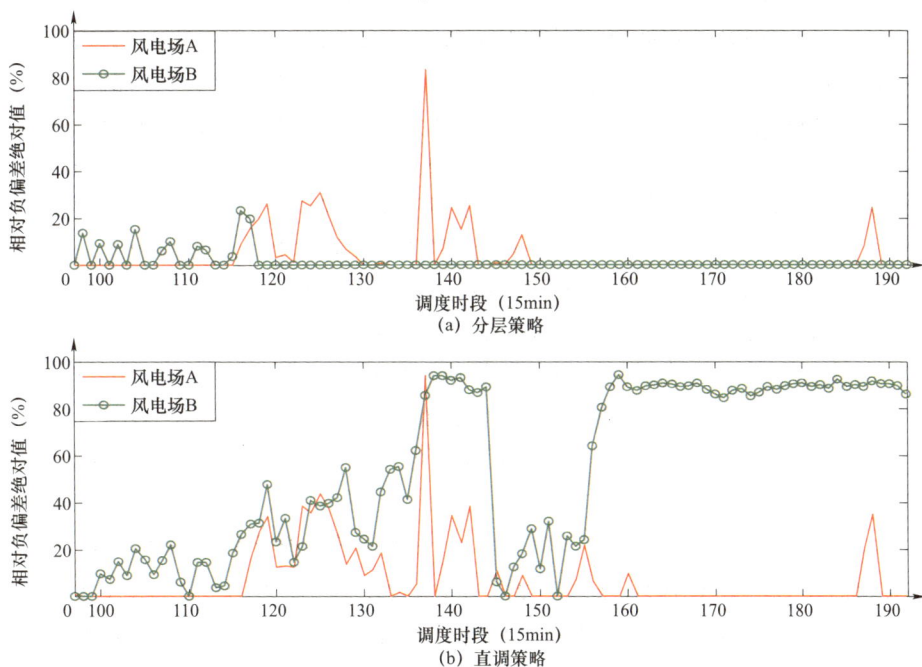

图 6-7　分层策略和直调策略风电场实时调度相对负偏差绝对值

6.1.3.2　本书策略和基于比例分配多风电场实时调度策略比较

本算例的目的是比较下层实时调度策略中，本书策略与比例分配策略对 WVPG 内部多风电场协调实时调度效果的影响。本书策略和比例分配策略下的实时调度指标见表 6-6。

表 6-6　　　　　　　　本书策略和比例分配策略的实时调度指标

指标	本文策略	超短期预测比例分配	装机容量比例分配
WVPG1 电量利用率（%）	89.21	87.65	64.68
WVPG2 电量利用率（%）	95.51	93.68	70.61
WVPG1 平均相对负偏差绝对值（%）	14.58	18.33	40.40
WVPG2 平均相对负偏差绝对值（%）	14.03	17.81	44.93

　　基于装机容量的比例分配策略将导致大的实时调度负偏差，例如 WVPG1 平均相对负偏差绝对值达 40.40%。基于超短期预测功率比例分配的策略由于考虑了实时风资源的可获得性，与装机容量比例分配策略相比，实时调度控制精度和风电利用率均有明显的提升，例如 WVPG1 平均相对负偏差绝对值为 18.33%。

　　本书策略考虑了超短期功率预测的不确定性，和实时调度指令可能带来的调度缺额和弃风功率后果，对风电场实时可发功率进行了更准确地评估，进一步提高了风电实时调度精度和风电利用率，使得 WVPG 跟踪调度指令的能力增强。例如不同多风电场间协调策略下 WVPG1 跟踪调度指令情况如图 6-8 所示，本书策略的 WVPG 跟踪调度指令的能力明显优于比例分配策略。

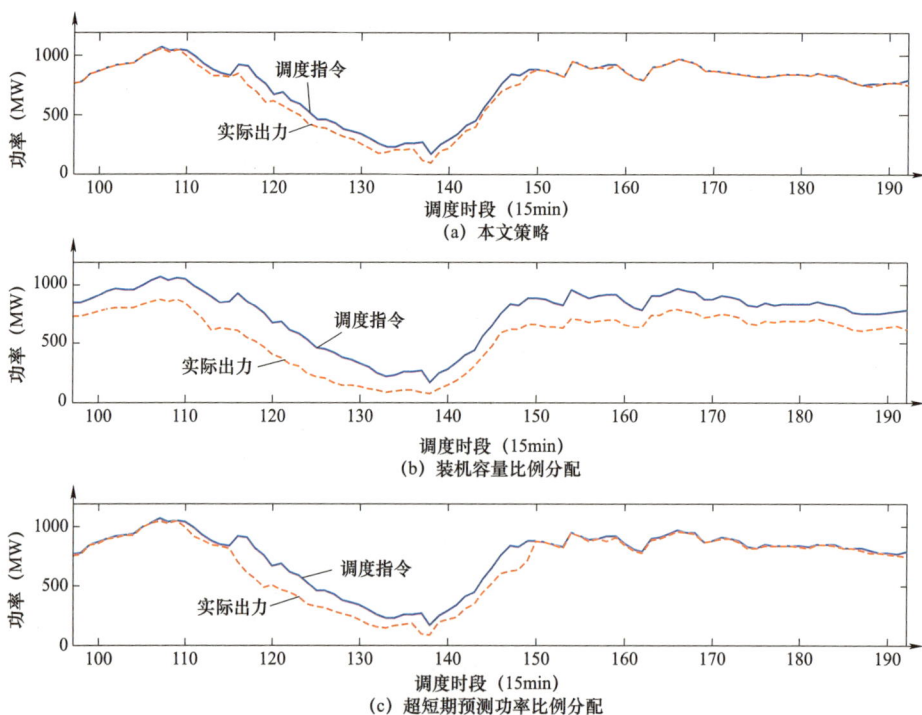

图 6-8　不同多风电场间协调策略下 WVPG1 跟踪调度指令情况

6.1.3.3　本书策略和风电场平等参与实时调度的比较

本算例的目的是分析下层调度策略中,基于实时动态分群的优先调节策略(简称分群策略)与平等调度所有风电场(简称平等策略)的差异。分群策略和平等策略的实时调度指标见表 6-7,两种策略下,各风电场的电量利用率和实时调度平均相对负偏差分别如图 6-9 和图 6-10 所示。

表 6-7　　　　　　　　　　分群策略和平等策略的实时调度指标

指标	分群策略	平等策略
WVPG1 电量利用率(%)	89.21	86.94
WVPG2 电量利用率(%)	95.51	92.99
WVPG1 平均相对负偏差绝对值(%)	14.58	19.63
WVPG2 平均相对负偏差绝对值(%)	14.03	18.94

图 6-9　分群策略与平等策略的风电场电量利用率

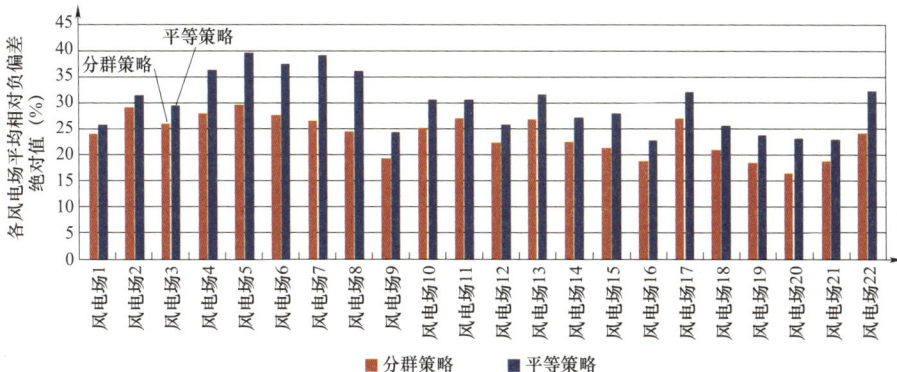

图 6-10　分群策略与平等策略的风电场平均相对负偏差绝对值

从表 6-7 可知，与各风电场平等参与实时功率上、下调的策略相比，考虑基于风电富集程度和不确定性的动态分群可提高风电实时调度准确性和风电利用率，例如分群策略中 WVPG1 的电量利用率和负偏差分别为 89.21% 和 14.58%，平等策略中电量利用率和负偏差分别为 86.94% 和 19.63%。这是因为，在 WVPG 功率上调时，考虑动态分群策略后，可优先上调风资源富集程度高和负向不确定性低的风电场功率；同时，避免风资源富集程度低和负向不确定性高的风电场参与功率上调，充分利用了风资源并降低了功率上调偏差。当功率下调时，优先调节风资源富集程度低和负向不确定性高的风电场，从而在满足功率下调需求前提下充分利用风资源。

由图 6-9 和图 6-10 中的结果可知，参与分群策略后，由于风电场的功率调节方向与资源条件变化方向的一致性提高，风电场实时调度负偏差和电量利用率均得以提高。

6.2　考虑电网约束的风光水火储多能互补运行实例

6.2.1　内蒙古电网风电-抽储联合运行的案例

针对内蒙古电网实际情况，基于内蒙古电网 2014 年全年的负荷以及发电等数据，利用 5.2.1 节提出的算法为内蒙古电网的风电-抽储联合运行提供实践依据。算法中需要确定的参数如下：

（1）抽蓄容量范围。抽蓄的容量上限由静态稳定约束限制。如内蒙古电网呼和浩特抽水蓄能电站接入 500kV 主网架，稳定性较好，静态稳定约束下的最大容量设为 1500MW。抽蓄的容量下限由风电瞬时波动大小限制，由 5.2.1 节的统计分析可知，该值可取为 300MW。在分析的过程中储能容量应该在 300～1500MW 的范围内选取。

（2）功率和水量调整量的比例 k_1 为

$$k_1 = \frac{P}{V} = \frac{\rho g h}{\Delta T} = \frac{10^3 \times 10 \times 600}{15 \times 60} = 6666 \qquad (6-1)$$

呼和浩特蓄电站的上下水库落差为 600m，经济调度的时段长度为 15min。

（3）上下水库容量基本相当，为 650 万 m^3。设抽水效率为 90%，则可以计算出每 15min 一个点的抽水功率之和的最大值为 39 000MW。由于发电用电量是抽水用电量的 75%，因此发电功率之和的最大值为 29 250MW。

（4）考虑风电接纳的备用成本。旋转备用补偿费用（元）=旋转备用贡献量（MWh）×20（元/MWh）。旋转备用贡献量为电力调度机构指定的备用容量和提供备用时间的乘积，其中提供备用时间仅限定于高峰时段。

（5）另外还需要超短期风功率预测、全网负荷、发电成本以及抽蓄建设成本、发电机最大最小出力以及爬坡速率等参数。

仿真算例中的火电情况见表 6-8。

表 6-8　　　　　　　　　　　　仿真算例中的火电情况

种类编号	容量（MW）	最大出力（MW）	最小出力（MW）	成本［元/（15min×MW）］	台数
1	600	600	400	40	6
2	330	330	200	50	12
3	300	300	160	52	17
4	200	200	100	60	10
5	155	155	75	64	5
6	150	150	70	65	10
7	135	135	60	68	6
8	125	125	55	70	6
9	100	100	40	75	10
10	60	60	20	80	10
11	50	50	15	82	10

仿真结果，即年运行费用和风电消纳水平以及抽蓄机组容量的关系如图 6-11 所示。

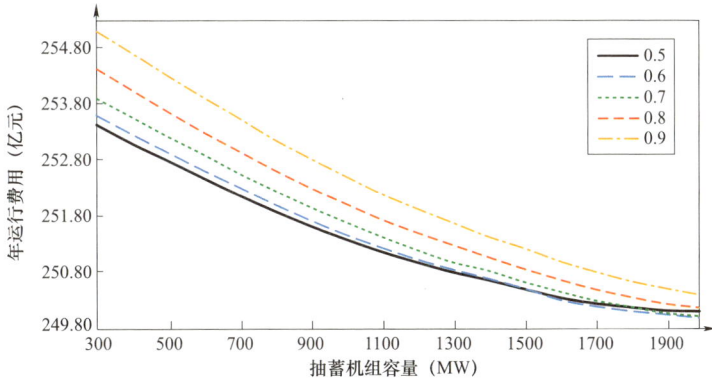

图 6-11　年运行费用和风电消纳水平以及抽蓄机组容量的关系

可以看出，在固定的风电消纳水平下，运行费用随着抽蓄机组容量的增加而减少，原因是抽蓄机组减小了系统的峰谷差，可以减少使用灵活性大但成本高的机组，另外增加了风电的接纳就可以减小火电的成本。若没有抽蓄机组，在考虑备用成本的情况下，年运行费用随着风电消纳水平的增加而增加。引入抽蓄以后，随着抽蓄机组容量的增加，系统峰谷差减小，备用成本的差别逐渐减小。随着抽蓄机组容量的增加，低风电消纳水平下的年运行费用和高风电消纳水平下的年运行费用逐渐接近，甚至反超。因此增加抽蓄机组的容量不仅能够在固定的风电接纳水平下降低运行费用，还能减小风电消纳水平增加带来的备用附加成本。然而抽蓄机组的容量选择不仅要考虑火电的运行成本，还要考虑其他因素，如抽蓄的建设和维护成本。设抽蓄的建设成本为

$$CostPump = 5(亿元 / 百MW) \qquad (6-2)$$

如果计划使用 20 年，每年的维护成本为 2000 万，则折算到每年，抽蓄建设和维护成本为 $0.25Pv+0.2$（亿元），其中 Pv 的单位是百 MW。

可以计算出各风电消纳水平下的年费用（包括运行费用和抽蓄的建设以及维护费用），年费用和风电消纳水平以及抽蓄机组容量的关系如图 6-12 所示。

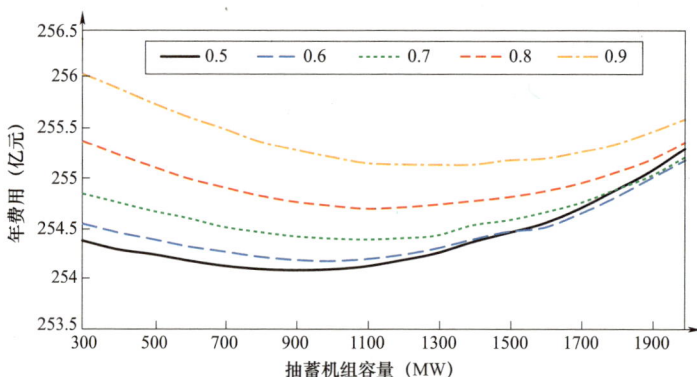

图 6-12　年费用和风电消纳水平以及抽蓄机组容量的关系

由图 6-12 可以看出在固定的风电消纳水平下，年费用随着抽蓄机组的容量先减小后增加，存在极小值点。这是由于在抽蓄机组容量较小时抽蓄机组带来的消峰填谷和风电消纳的经济效益增加占主导地位，而随着抽蓄机组的容量进一步增加，抽蓄的建设和维护成本占主导地位。在不同的风电消纳水平下，年费用极小值点的位置有所差别——随着风电接纳水平的增加，年费用的极小值点往抽蓄机组容量增加的方向移动，即电网想要接纳更多的风电应该增加抽蓄机组的容量来保证最优的经济性。图 6-12 中曲线表明风电接纳水平为 50%～90%时，抽蓄机组容量的最优值为 900～1300MW。

6.2.2　集群风储系统广域协调策略算例分析

6.2.2.1　集群风储系统内部广域协调策略仿真

仿真系统中含三个装机容量分别为 124、134.7、100.3MW 的风电场，风电场

预测误差的空间相关系数分别为 0.367、0.312、0.305。三个风电场通过 220kV 升压变压器汇集，形成小型集群风储联合系统，仿真系统拓扑结构图如图 6-13 所示。

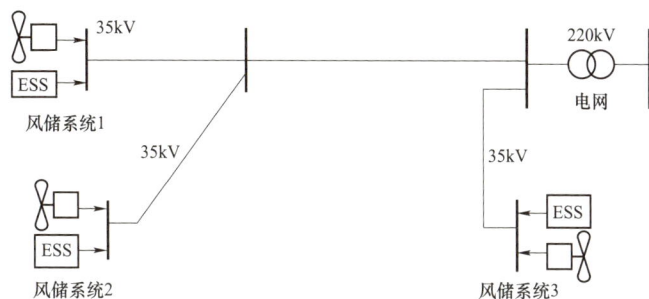

图 6-13　仿真系统拓扑结构图

设置三种控制模式：① 各风储联合系统根据自身风电场和储能进行独立控制；② 集群风电场将总预测误差按误差比例分配到各风电场，各风电场的储能进行独立控制；③ 采用集群风储系统广域协调控制策略进行统一控制。

计算三种场景下的上网收益、惩罚费用、储能循环费用和总收益的数学期望，不同仿真场景下集群风储系统各项经济指标期望见表 6-9。

表 6-9　　　　　　　不同仿真场景下集群风储系统各项经济指标期望

场景	上网收益（万元）	惩罚期望（万元）	循环费用（万元）	总收益（万元）
模式 1	241.22	33.52	3.801	203.90
模式 2	242.50	24.34	3.499	214.66
模式 3	241.75	21.07	3.353	217.33

从表 6-9 计算结果可以看出，模式 2 减少了集群风电场的惩罚期望，同时也减少了储能的循环费用。模式 3 在此基础上可进一步降低惩罚期望，总收益最大。模式 2 与模式 1 相比的改善量体现了风电空间互补的效益；模式 3 与模式 2 相比的改善量体现了储能互济的效益。

某风电随机场景中三个储能系统的出力及总出力情况如图 6-14 所示。

模式 1 下各风电场仅针对自身误差进行控制，存在大量储能充放电状态相反的情况（如图 6-14 中 10～16 时段、20～23 时段），造成了能源浪费。

模式 2 针对总的预测误差进行控制，可有效减少储能相互充放电的幅值和频次，但仍存在少量状态互斥的情况（如图中 16～23 时段）。

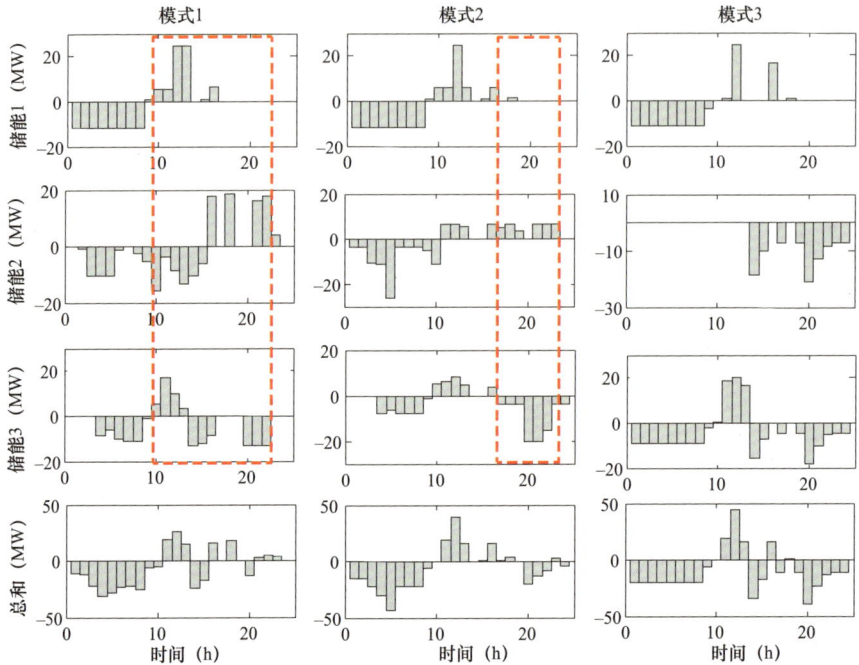

图6-14　某风电随机场景下三个储能系统的出力及总出力情况

模式3将集群风储系统进行广域协调统一控制，可充分协调各个储能，一方面有效减少其同时充放电的情况，另一方面也可通过合理安排各个储能轮流充放电，在不增加储能总循环次数的情况下增加整体充放电状态的变换次数，从而可更好地补偿短时频繁变化产生的小幅预测误差，改善控制效果，达到整体最优。

统计一年内三个风电场储能系统在不同控制模式下的循环次数以及充放电深度的概率分布，三个风电场储能的年循环次数统计见表6-10。从表6-10可以看出，由于集群风电场总预测误差的小幅度变化误差概率减少，因此模式2的储能充放电次数较模式1有所降低。而模式3则通过多个储能的广域协调可合理安排储能的充放电顺序，进一步减少储能循环次数。

表6-10　　　　　三个风电场储能的年循环次数统计

场景	风电场1	风电场2	风电场3	总循环次数
模式1	401	421	424	1246
模式2	382	392	397	1171
模式3	355	352	387	1094

6.2.2.2 集群风储系统与电网的协调运行仿真

将 6.2.2.1 中的集群风储系统接入 IEEE RTS 标准系统，分析集群控制模式对电网运行的影响。选取 IEEE RTS 系统中的核电、水电和燃煤机组，其中 5 台 60MW 水电机组等值为一台 300MW 大型水电机组，作为系统主要调频电源；一台 400MW 核电机组作为基荷机组，满负荷运行，不参与调节；另一台核电机组改为 350MW 火电机组，与原有的 9 台火电机组（分别为 76、155MW 和 350MW）共同参与机组组合优化。则系统中各类电源的装机容量为火电 1624MW（60.53%）、核电 400MW（14.91%）、水电 300MW（11.18%）、风电 359MW（13.38%）。常规机组的出力范围、运行成本、启停成本以及启停时间等经济运行参数见表 6－11。

表 6－11　仿真系统常规机组的经济运行参数

机组编号	最大出力（MW）	最小出力（MW）	发电成本（元）			开机费用（万元）	停机费用（万元）	最小开机时间（h）	平均停机时间（h）
			a	b	c				
G1～4	76	30.4	0.044 1	138	2294	0.632	0.422	3	3
G5～8	155	77.5	0.024 7	122	2790	3.348	2.232	6	6
G9～10	350	210	0.001 9	107	6014	18.60	12.40	8	8
G11	300	0	0	0	0	0	0	1	1
G12	400	400							

负荷选取 IEEE RTS 的日负荷曲线，最高负荷为 1828MW，最小负荷为 1078MW，负荷峰谷差为 750MW。机组组合模型中负荷备用率为 5%，取风储系统 90% 的概率波动区间。

比较两种风储系统与电网的交互模式：

（1）独立控制模式。三个风储系统各自向电网提交发电计划和相应的概率波动区间，电网对提交计划和区间加和后进行机组组合。

（2）广域协调模式。三个风储系统构成集群并进行广域协调控制，由集群向电网提交总发电计划和概率区间。

根据 6.2.2.1 的计算结果，两种模式下提交的风储发电计划和 90% 概率波动区间如图 6－15 所示。两种模式的发电计划均在电价低谷时段充电、高峰时段谷时段放电，从而起到削峰填谷的作用。广域协调模式的削峰填谷深度比独立控制模式小，其波动区间小于独立控制模式。另外，独立控制模式下各风储系统提交的发电计划和概率区间直接加和，也导致其概率波动区间大于广域协调模式。风储出力区间的增大将导致系统备用需求的增加，从而增加常规机组的运行费用。

不同交互模式下电网常规机组的运行费用见表 6－12，广域协调模式可降低常规机组的费用，主要体现在启停费用的减少上。

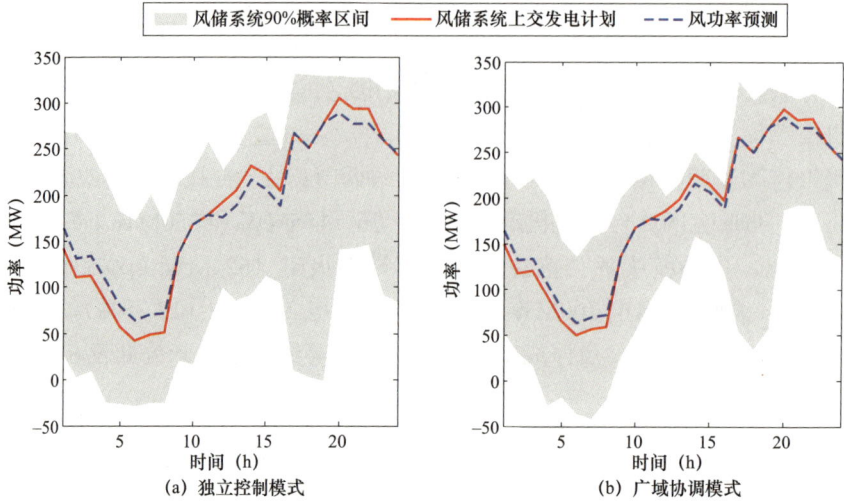

图 6-15 不同电网交互模式下风储系统提交的发电计划和波动区间

表 6-12 不同模式下常规机组的运行费用

交互模式	总费用（万元）	燃料费用（万元）	启停费用（万元）
独立控制	251.33	220.08	31.26
广域协调控制	238.97	217.71	21.25

电网可对峰谷电价时段进行调整，引导风储系统为电网提供所需的调峰或备用服务，负荷趋势及两种仿真场景下的峰谷电价如图 6-16 所示，调整后的电价高峰时段与负荷趋势更为吻合。

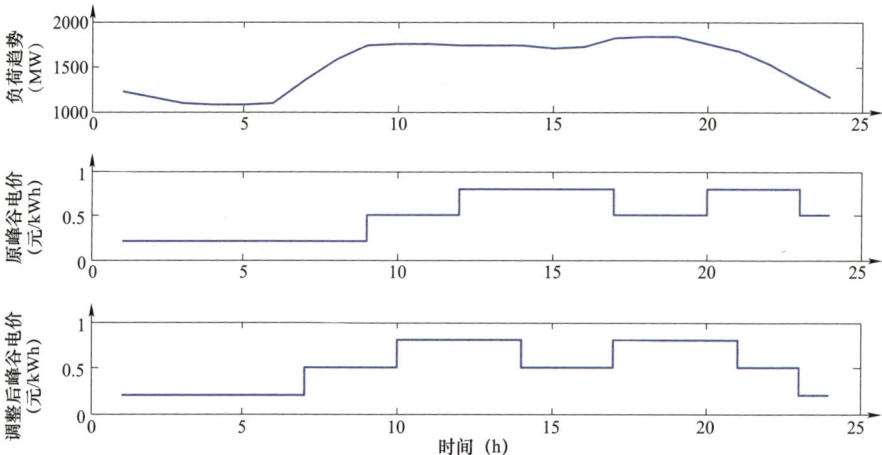

图 6-16 负荷趋势及两种仿真场景下的峰谷电价

比较上述两种峰谷电价指引下系统的开机方式和运行经济性指标，不同峰谷电价下的机组组合开机方式如图 6-17 所示，峰谷电价调整前后的系统运行费用见表 6-13。

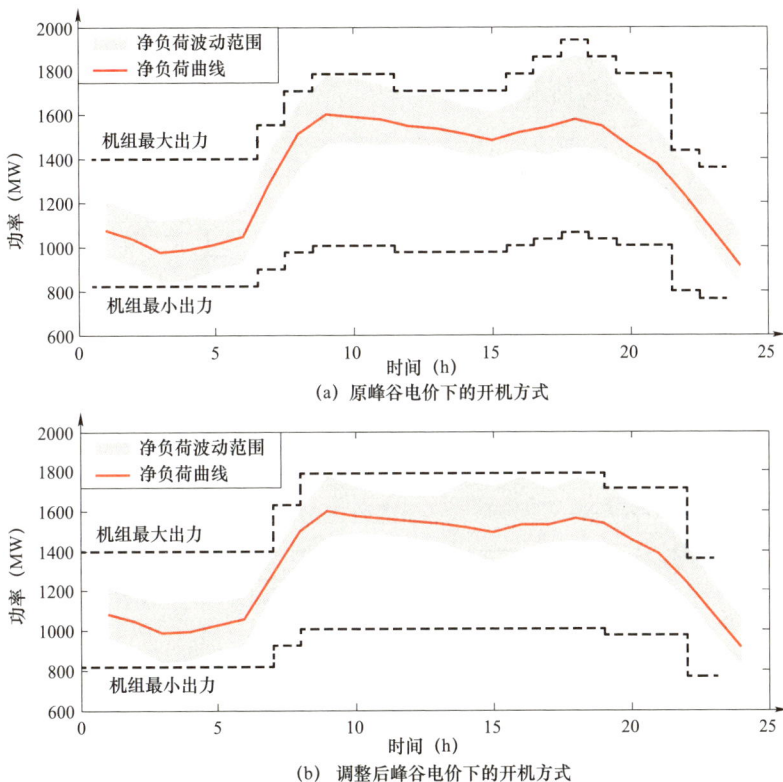

(a) 原峰谷电价下的开机方式

(b) 调整后峰谷电价下的开机方式

图 6-17　不同峰谷电价下的机组组合开机方式

表 6-13　　　　　　　　峰谷电价调整前后的系统运行费用

仿真场景	总费用（万元）	燃料费用（万元）	启停费用（万元）
原峰谷电价	238.97	217.71	21.25
调整后峰谷电价	235.05	216.68	18.36

可以看到，峰谷电价调整后储能的调节容量转移到 17～21 的高峰时段，使得净负荷（即负荷减去风电）的波动范围明显减小，因此避免了此时段火电机组的频繁启停，从而减小了系统的运行成本。

综上可知，集群风储系统的广域协调模式，对内可实现多个风储系统的协调优化，提高储能利用效率；对外可降低电网运行复杂度，促使储能响应电网的价格激励，减小系统运行成本，从而实现各类电源的协调运行。

6.2.3 考虑电网安全性的风光水火多能系统日前运行算例分析

在 IEEE 39 节点系统的基础上，结合实际电网的电源构成比例、机组分布和流域分布，修改后的 IEEE 39 节点系统单线图如图 6-18 所示，图中蓝线为梯级水电站所在流域流向。其中来风情况可分为顺调峰和逆调峰两种情况；来水情况可分为丰水期、平水期和枯水期。

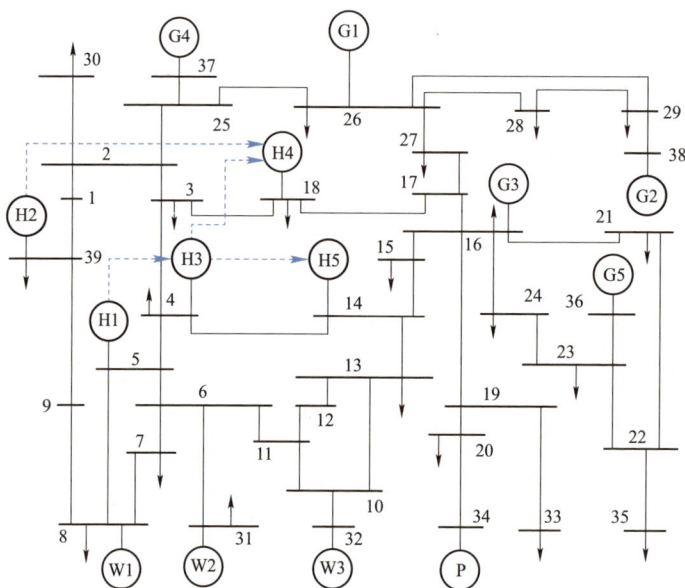

图 6-18　修改后的 IEEE 39 节点系统单线图

根据不同的来水情况、来风情况和负荷情况（年平均负荷和峰谷差最大负荷），进行了 12 种自然场景下的日前调度仿真分析，具体的模式划分和仿真结果，即不同自然场景下的日前调度结果见表 6-14。

分析表 6-14 可得出以下结论：

（1）仅 III1b 和 III2b 模式下会产生弃风、弃水电量，因为丰水期、负荷峰谷差最大时系统会产生弃风、弃水电量以保证系统的安全稳定运行。

（2）对比 I1a、II1a、III1a 可知在相同的来风情况和负荷需求下，枯水期、平水期、丰水期的运行成本递减。

（3）对比 III2a、III2b 可知在丰水期、逆调峰的自然条件下，负荷处于系统最大峰谷差模式时，常规火电机组的启停成本要远高于年均负荷时的启停成本，这是因为丰水期系统的调峰能力较弱，必须依靠火电机组的启停进行调峰。

（4）对比 I2b、III2b 可知来风情况为逆调峰、负荷处于系统最大峰谷差模式时，枯水期的启停成本低于丰水期时的启停成本，这是由于枯水期水电出力占比小，火电机组多发、启停相对不频繁，而丰水期需通过火电机组的启停来完成调峰。

表 6-14　　　　　　　　　不同自然场景下的日前调度结果

模式	机组组合费用（RMB）				弃风、弃水电量（MWh）
	总费用	运行费用	启动费用	停机费用	
I1a	3 748 801	3 746 658	2142	0	0
II1a	2 643 521	2 643 521	0	0	0
III1a	2 027 779	2 008 217	9511	10 050	0
I1b	3 759 509	3 754 705	4803	0	0
II1b	2 717 852	2 693 198	11 654	13 000	0
III1b	2 242 980	2 187 104	22 876	33 000	456
I2a	3 799 489	3 797 346	2142	0	0
II2a	2 681 607	2 681 607	0	0	0
III2a	2 066 583	2 047 072	9511	10 000	0
I2b	3 808 525	3 803 722	4803	0	0
II2b	2 760 192	2 735 538	11 654	13 000	0
III2b	2 290 410	2 241 195	20 215	29 000	473

注　I 表示枯水期、II 表示平水期、III 表示丰水期；1 表示顺调峰、2 表示逆调峰；a 表示负荷为年均负荷，
　　　b 表示负荷为峰谷差最大一天的负荷。

另外利用基于分支定界法直接求解的方法和第 5 章提出的三阶段法分别对丰水期的四种模式 III1a、III1b、III2a、III2b 进行计算，对比分析二者的计算效率见表 6-15。从结果中可以看出直接求解法的效率明显低于三阶段法，且二者得到的弃风、弃水电量完全一致。而三阶段法在经济性上稍逊于直接求解法的原因在于抽水蓄能电站的水库容量需满足周期性约束，这使得模型中对 0-1 变量的预处理结果与全局最优解有一定的偏差，该问题在抽水蓄能电站的初始水位设定合理的情况下可以有效避免。

表 6-15　　　　　　　　　计 算 效 率 分 析

模式	求解算法	运行费用（元）	弃风、弃水电量（MWh）	计算时间（s）
III1a	直接求解	2 027 587	0	1532.44
	三阶段求解方法	2 027 779	0	13.84
III1b	直接求解	2 242 035	456	1869.38
	三阶段求解方法	2 242 980	456	15.73

模式	求解算法	运行费用（元）	弃风、弃水电量（MWh）	计算时间（s）
III2a	直接求解	2 065 874	0	1605.96
	三阶段求解方法	2 066 583	0	15.94
III2b	直接求解	2 289 727	473	1876.13
	三阶段求解方法	2 290 410	473	17.70

综合考虑系统安全性、经济性及可再生能源的充分消纳，建立了含有风电、梯级水电、火电和抽水蓄能电站的多能系统日前优化调度模型，并提出了基于Benders 分解思想的三阶段求解方法。利用本书提出的调度方法能形成各电源出力之间的合理配合，构建满足安全性要求的经济调度决策，而且能大幅提高调度模型求解效率，使得系统能够在充分考虑有效备用容量的基础上实现日前调度计划的快速求解。

风电利用率情况对比如图 6－19 所示，显示了风电利用率随风电占比的变化关系，可以看出，当风电占比提高到50%时，单纯以成本最低为目标的调度模式（Mode1）的点利用率仅为91%，而本书所提方法（Mode2）在成本增加较少的前提下，风电利用率达到98%，提高了 7 个百分点。

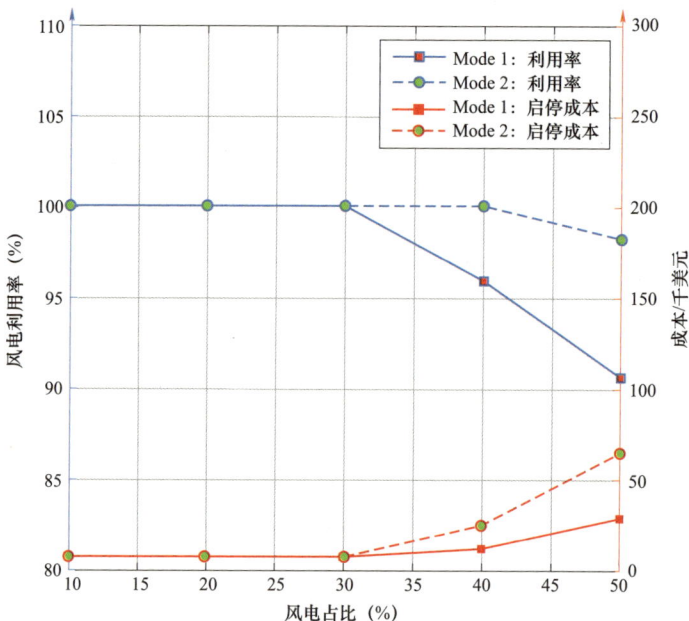

图 6－19　风电利用率情况对比

6.3　基于多时空尺度灵活性的可再生能源综合消纳技术应用实例

6.3.1　东北电网风电电力消纳能力评估

6.3.1.1　基于调频约束的东北电网风电最大并网容量及风险分析

计算案例中，东北电网火电装机容量为 8480 万 kW，水电 854 万 kW。调频约束计算参数见表 6-16。

表 6-16　　　　　　　　　　　　调 频 约 束 计 算 参 数

参数	参数值
P	99.999 9%
α	0.000 05%
B	0.550 8
z_α	4.8
S_s	9334 万 kW
S_G	6223 万 kW
S_c	5653 万 kW
S_h	570 万 kW
λ_1	0.35
λ_2	0.75
λ_3	0.667
λ_4	0.55
H_0	8.5s
K_L^*	1.5
K_{G0}^*	22
γ	0.908
λ_{2pk}	0.85
λ_{2vl}	0.65
r	0.55

1. 考虑一次调频调整速度

取 $\Delta T = 30\text{s}$，计算出 $a = 0.21$。取 $\sigma_2^* = 0.3\%$。考虑一次调频功率调整速度 $v_p = 8\% \times S_c + 10\% \times S_h$，$v_{p-ex} = 1.5 v_p$。并计算出 v_p^*；以风电比例 η 为自变量，在同一张图中作 v_p^*、$R^*(\eta)$ 图像，一次调频调整速度如图 6-20 所示。

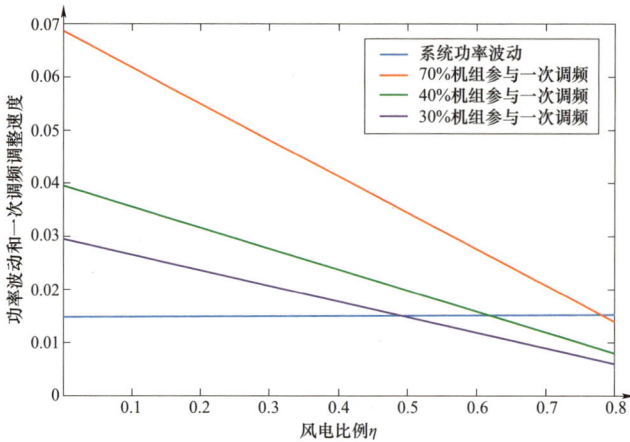

图 6-20 一次调频调整速度

由图 6-20 可知，当系统仅有 30% 机组参与一次调频，系统风电并网容量为 12 811 万 kW 时，东北电网每年将有 94.6s 时间面临一次调频调整速度不足的风险。因此，只要有 30% 以上的机组参与一次调频，考虑留有裕度，则可以认为风电极限并网比例为 45%，则可得风电极限并网容量为 10 910 万 kW。

2. 考虑静态频率偏差限制

选择 $\Delta T = 120\text{s}$，计算得 $a = 0.957\,6$，取 $\sigma_2^* = 0.5\%$。计算出静态频率偏差 Δf_{st}，考虑静态频率偏差限制如图 6-21 所示。

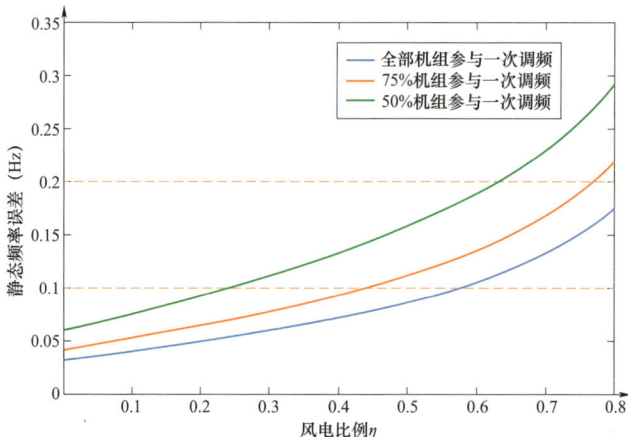

图 6-21 考虑静态频率偏差限制

由图 6-21 可知，在仅有 50% 机组参与一次调频情形下，风电并网容量达到 3983 万 kW 时，东北电网每年将有 94.6s 的时间面临静态频率偏差超过 0.1Hz 的风险；若有 75% 的机组参与一次调频，风电并网容量达到 10 910 万 kW。

保守估计，在仅有 50% 机组参与一次调频情形下，若留有一定裕度，可以认为风电极限并网容量为 20%，则可得风电极限并网容量为 3334 万 kW；若有 75% 的机组参与一次调频情形下，则可认为风电极限并网容量为 40%，即 8890 万 kW。

3. 小结

（1）考虑负荷随风电装机增大而增大的情形。各调频特性限制下的东北地区风电并网容量及其风险见表 6-17，保留裕度下的东北地区最大风电并网容量见表 6-18 所示。

表 6-17　　　　　各项调频特性限制下的风电并网容量及相应风险

调频特性	并网容量（万 kW）	风险说明
不考虑调频限制	12 811	期望 94.6s（百万分之三）面临一次调频调整速度不足的风险
一次调频静态频率偏差限制	3983（50% 常规机组参与一次调频）	期望 94.6s（百万分之三）面临静态频率偏差超过 0.1Hz 的风险
	10 910（75% 常规机组参与一次调频）	期望 94.6s（百万分之三）面临静态频率偏差超过 0.1Hz 的风险
二次调频调整速度限制	4932	期望 94.6s（百万分之三）面临二次调频调整速度不足的风险
二次调频备用容量限制	16 298	期望 94.6s（百万分之三）面临调频备用容量不足的风险

表 6-18　　　　　保留裕度下的东北地区最大风电并网容量

调频特性	最大并网容量（万 kW）
一次调频调整速度限制	10 910
一次调频静态频率偏差限制	3334
	8890
二次调频调整速度限制	4445
二次调频备用容量限制	13 334

由表 6-18 可知，考虑调频限制的最大风电并网容量为 3334 万 kW 以上，考虑当前风电为 2000 万 kW 左右，风电对东北电网调频特性的影响较小，并非限制风电消纳的主要原因。

（2）考虑负荷固定，风电增大的情形。各调频特性限制下最大负荷为 5000 万 kW 的东北地区风电并网容量及相应风险见表 6-19。

表 6－19　　　　最大负荷为 5000 万 kW 的风电并网容量及相应风险

调频特性	并网容量（万 kW）	风险说明
一次调频调整速度限制	不受限	无
一次调频静态频率偏差限制	3429（50%常规机组参与一次调频）	期望 94.6s（百万分之三）面临静态频率偏差超过 0.1Hz 的风险
	5571（75%常规机组参与一次调频）	期望 94.6s（百万分之三）面临静态频率偏差超过 0.1Hz 的风险
二次调频调整速度限制	3586（30%机组参与二次调频）	期望 94.6s（百万分之三）面临二次调频调整速度不足的风险
	6457（50%机组参与一次调频）	
二次调频备用容量限制	7000	期望 94.6s（百万分之三）面临调频备用容量不足的风险

6.3.1.2　调峰能力约束下的东北电网逐月风电电力消纳能力分析

计算案例中，风电装机为 2100 万 kW。东北电网常规机组调峰能力见表 6－20。

表 6－20　　　　　　　　东北电网常规机组调峰能力

机组类型	调峰容量比（%）
核电	0
有调节水电机组	100
无调节水电机组	0
供暖期火电机组	0
非供暖期火电机组（≥60 万 kW）	50
非供暖期火电机组（30 万～60 万 kW）	45
非供暖期火电机组（≤30 万 kW）	40

此外，东北电网供暖期带基荷机组出力见表 6－21。

表 6－21　　　　　　　东北电网供暖期带基荷机组出力

机组	容量（万 kW）	最小保证出力（%）
核电	223.6	80
自备电厂	397.0	70
辽宁热电	1069.0	65
吉林热电	1047.8	65
黑龙江热电	1089.2	65
蒙东热电	280.7	65

通过计算，得到东北电网逐月负荷高峰及低谷时刻的最大消纳风电电力的能力，见表 6-22。

表 6-22　　　　　　　　　东北电网逐月风电电力消纳能力

月份	峰荷可最大消纳风电出力（万 kW）	谷荷可最大消纳风电出力（万 kW）	系统规模（万 kW）
1	1440～1651	363～465	4618
2	1190～1342	295～386	4513
3	1188～1364	368～477	4511
4	1377～1503	446～561	4379
5	1547～1789	847～963	4280
6	1728～1846	865～1011	4299
7	1709～1896	867～987	4495
8	1681～1786	1000～1097	4366
9	1645～1874	867～948	4215
10	1794～1906	720～801	4595
11	1176～1366	517～626	4726
12	1341～1542	540～687	5011

若常规机组调峰能力得到改善，东北电网常规机组调峰能力见表 6-23。

表 6-23　　　　　　　　　东北电网常规机组调峰能力

机组类型	调峰容量比（%）
核电	0
有调节水电机组	100
无调节水电机组	0
供暖期火电机组	0
非供暖期火电机组（≥60 万 kW）	55
非供暖期火电机组（30 万～60 万 kW）	50
非供暖期火电机组（≤30 万 kW）	45

通过计算，得到东北电网逐月负荷高峰及低谷时刻的最大消纳风电电力的能力见表 6-24。

由表 6-24 可以看出，当常规机组调峰容量比（调峰深度）提升 5 个百分点之后，各项消纳能力提高 120 万～200 万 kW 以上。

285

表 6-24 东北电网逐月风电电力消纳能力

月份	峰荷可最大消纳风电出力（万 kW）	谷荷可最大消纳风电出力（万 kW）
1	1659.4	480.4
2	1372.4	408.4
3	1369.6	486.2
4	1583.5	565.8
5	1914.6	1149.1
6	2122.9	1168.4
7	2104.2	1165.5
8	1958.4	1198.1
9	1914.2	1166.5
10	2086.8	1179.5
11	1355.0	625.0
12	1540.7	653.6

由以上分析可看出，每个月峰、谷荷最大可消纳的风电出力差别极大，侧面也反映了东北电网在大规模风电并网运行之后存在着极大的调峰挑战。其中，1～4 月、11～12 月由于热电机组供暖，导致电网调峰能力不足，这几个月峰荷时最大可消纳风电出力均为 1300 万～1500 万 kW 左右，谷荷时仅为 300 万～500 万 kW；而 5～10 月峰荷时最大可消纳风电出力为 1750 万～1900 万 kW，谷荷时最大可消纳 1000 万 kW。由于东北地区供暖期风大，夜间谷荷时风大，因此也给东北电网调峰带来极大困难。

采用标杆分析法可得各制约因素影响风电消纳的影响大小如图 6-22 所示。电源结构和负荷特性是制约东北电网风电消纳的最主要原因，其影响比例分别为 52% 和 23%，主要表现形式是运行调峰约束。优化消纳可从技术、政策等多角度入手，针对主要限制因素开展工作，从不同制约因素入手的优化消纳措施如图 6-23 所示。

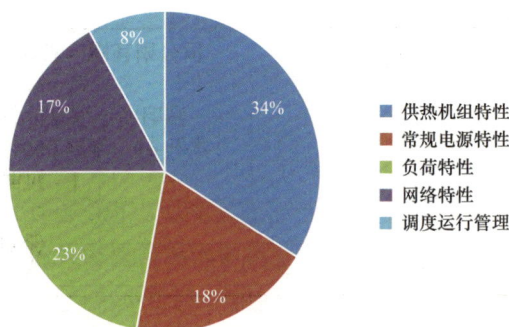

图 6-22 各制约因素影响大小

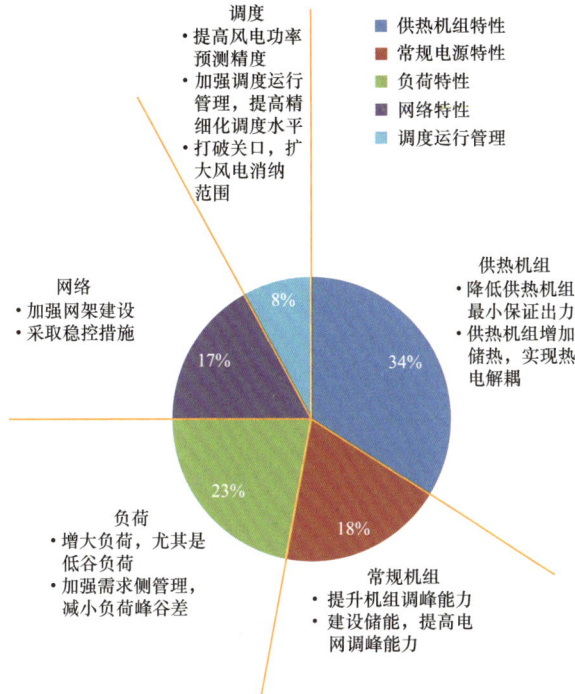

图 6-23　从不同制约因素入手的优化消纳措施

6.3.2　蒙西电网消纳瓶颈与弃风成因分析

6.3.2.1　典型场景的构造原则

本算例中共构造 48 个典型场景，分别选取各月份的典型日与典型风场景，每月选择 4 个典型场景，通过计算典型场景内的运行模拟来合理的规划系统内各类电源的装机情况容量。

根据此方法确定的各月典型日及典型风场景见表 6-25。

表 6-25　　　　　　　某年蒙西电网的典型日及典型风场景

月份	典型工作日	工作日风场景		典型非工作日	非工作日风场景	
		正调峰	负调峰		正调峰	负调峰
1	26	15	8	10	15	8
2	26	10	12	8	10	12
3	3	10	5	7	10	5
4	7	18	26	25	18	26
5	1	30	5	10	9	5

月份	典型工作日	工作日风场景		典型非工作日	非工作日风场景	
		正调峰	负调峰		正调峰	负调峰
6	29	1	3	27	1	3
7	1	22	29	12	22	29
8	5	14	16	2	14	16
9	25	26	25	26	25	5
10	12	28	20	3	28	20
11	30	28	14	15	28	14
12	4	—	—	5	—	—

6.3.2.2 负荷数据

算例中选取的负荷数据为 5.2.1 中构造出的 48 个典型场景下的实际运行电热负荷数据，其中供暖季 24 个典型场景、非供暖季 24 个典型场景，统计得到各典型日电、热负荷数据如图 6-24 所示。

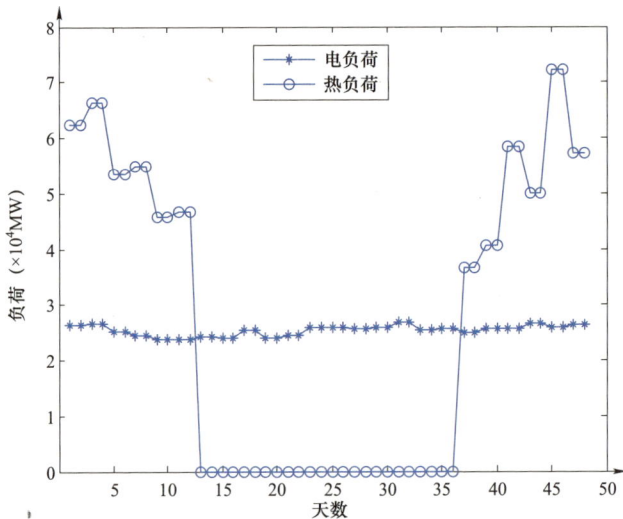

图 6-24　算例各典型日内电热负荷数据

6.3.2.3 模型基础算例分析

本算例所描述的场景为：考虑当前各类电源的装机情况，并考虑自治区经信委下发的各类电源的利用小时数要求，对各类电源装机规模进行优化，模型中具体计算边界见表6-26～表6-30。

表6-26　利用小时数边界

机组类型	利用小时数下限（h）	利用小时数上限（h）
常规火电	3000	8760
热电机组	3000	8760
自备机组	—	8760
风力发电	2000	8760
光伏发电	1500	8760

注　算例中若不对利用小时数上限进行限制，则默认为8760h；自备机组默认利用率为80%。

表6-27　装机容量边界

机组类型	装机容量下限（MW）	装机容量上限（MW）
常规火电	9850	1 000 000
热电机组	17 030	1 000 000
自备机组	10 244	1 000 000
风力发电	14 976	1 000 000
光伏发电	4083	1 000 000

注　算例中若不对机组装机容量上限进行限制，则默认为1 000 000MW。

表6-28　机组调节参数

机组类型	出力上限	出力下限	爬坡速率（%）
常规火电	1.0	0.5	5
热电机组	1.0	0.6	5

表6-29　可再生能源置信水平

可再生能源类型	置信水平
风电	0.05
光伏	0.02

表6-30　储能装置参数

储能容量（MWh）	最大放电功率（MW）	最小放电功率（MW）	放电效率	充电效率
7000	1200	1200	0.83	0.9

　　根据以上边界条件，此时优化模型无解。由上述分析可得，典型场景内全年的电负荷总量为2.03×10^{11}kWh，若按上述边界运行，仅从电量平衡角度看，各类

电源总的发电量应为 $1.89×10^{11}$kWh，可见算例规划所给出的下限约束使得电力系统运行的灵活性已经严重受限，下限情况下发电量情况已经接近全网总负荷。蒙西地区风资源按季节划分，主要集中在供暖季，然而，按照当前蒙西装机情况，不仅供暖季需要有足够的热电机组参与运行以保证用户供暖需求，并且过多的自备机组以及其不参与功率调节的特性使得供暖季留给风电等可再生能源的并网空间很少，即使在非供暖季降低常规火电的出力，风电的全年利用小时数也难以保证，这也反映了目前蒙西电网电源结构的不合理性：不参与功率调节的自备机组容量大、供暖季热电机组调节能力差、可再生能源装机规模与负荷水平不匹配，因此需要对可再生能源以及各类电源内的装机进行合理地规划。

若不考虑当前可再生能源的装机限制，风电的最优装机在 9960MW 左右。本算例的分析中，可以发现若考虑当前系统内的常规电源装机限制，当前的风电装机无法满足电源利用小时数的限制。经过方案的校验，当风电装机容量下调到11 500MW 时，装机情况开始满足各类规划边界的要求。故将上述规划边界中的风电装机下限改为"11 500"，得到考虑现有装机情况（除风电）的电热联合系统运行优化结果见表 6-31。电源规划优化结果如图 6-25 所示。

由算例所得优化结果可见，在保证供热需求（热电利用小时数 3000）以及新能源的利用率（风电 2000h、光伏 1500h）的条件下，当前蒙西电网的热电和自备机组装机已经饱和，并且可再生能源的装机也已经超过系统的消纳能力，规划所得的合理风电装机为 8877MW，当前风电装机超出优化结果 6088MW；合理的光伏装机为 2983.9MW，当前光伏装机超出优化结果 1099.1MW。因此，若按当前的利用小时数约束，未来蒙西电网应该限制可再生能源的装机，常规火电尚有一部分扩建空间。

表 6-31 考虑现有装机情况（除风电）的电热联合系统运行优化结果统计

电负荷总量（kWh）	热负荷总量（kWh）	电热系统运行煤耗（kg）	单位供电煤耗（g/kWh）	单位供热煤耗（g/kWh）	单位供能煤耗（g/kWh）
$2.03×10^{11}$	$2.18×10^{11}$	$7.805×10^{10}$	259.38	121.52	185.4

机组类型	当前装机容量（MW）	最优规划容量（MW）	利用小时数边界（h）	机组容量边界（MW）
常规火电	9850	15 101	[1500，—]	[9850，—]
热电机组	17 030	17 532	[3000，—]	[17 030，—]
自备机组	10 244	10 244	[—，—]	[10 244，—]
风力发电	14 976	11 500	[2000，—]	[11 500，—]
光伏发电	4083	4083	[1500，—]	[4083，—]

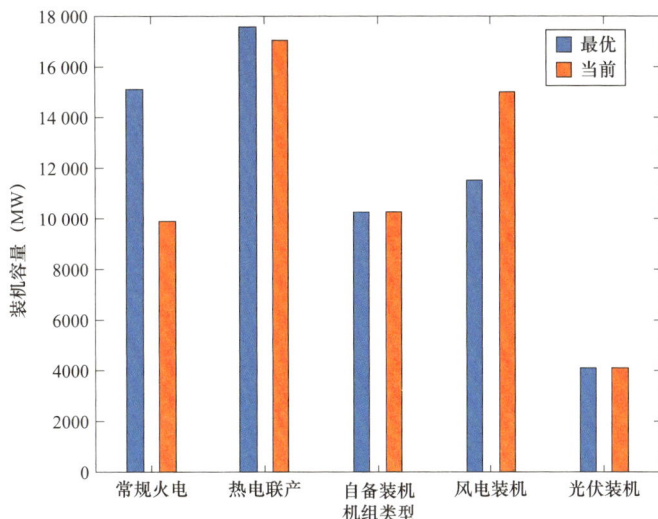

图 6-25　考虑现有装机情况（除风电）的电源规划优化结果

将各因素量化，基础算例各部分弃风电量见表 6-32。各约束占全网总弃风的比例如图 6-26 所示。

表 6-32　　　　　　　　　　　　基础算例各部分弃风电量

原因	弃风电量（亿 kWh）（供暖期）	弃风电量（亿 kWh）（非供暖期）	总弃风电量（亿 kWh）
网络约束弃风	46.04		46.04
运行调峰弃风	107.51	4.14	127.59

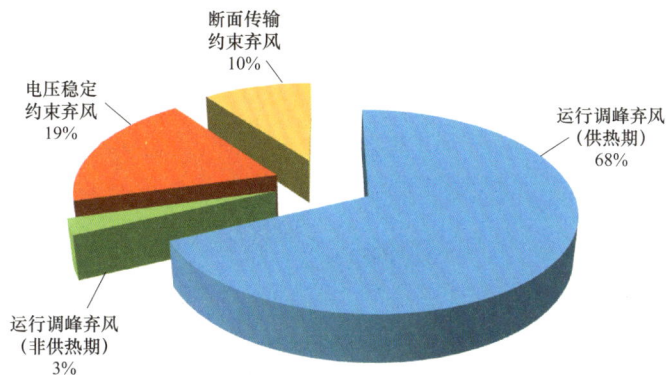

图 6-26　各约束占全网总弃风的比例

由表 6-32 和图 6-26 可分析得出蒙西电网 2020 年风电弃风率主要受网络约束与运行调峰弃风两方面影响，其中网络安全弃风电量大约占总弃风电量的 29.30%，运行调峰约束弃风占整个弃风的 71%。除此之外，供热期间弃风电量远远大于非供热期的弃风电量，说明供热期供热机组大比例开机是导致蒙西电网弃风严重的根本原因。

6.3.3 冀北电网弃风成因量化分析

新能源资源利用在消纳的各个环节均存在能量损失问题，其中场内设备可靠性、断面外送能力、系统电源结构及优先调度水平构成了受阻电量的主要影响因素。对冀北电网 2017 年弃风成因进行量化分析如下。

6.3.3.1 全年分析

从省、地、场三个层面对冀北电网 2016～2017 年新能源弃电情况进行归因量化分析，新能源弃电影响因素分析结果如图 6-27、图 6-28 所示。2016 年，省、地、场不同层面因素导致的新能源弃电量占比分别为 25.3%、49.3% 和 22.1%。其中，因新能源外送通道能力不足以及电网设备检修和非计划停运导致弃电量占比最高，达到 49.3%；由于全网备用留取不合理及发电计划不精确，导致电网调峰困难弃电量占比达到 25.3%；因场站内部设备的非计划停运、检修和功率调节性能较差等原因，导致的弃电量占比为 22.1%。

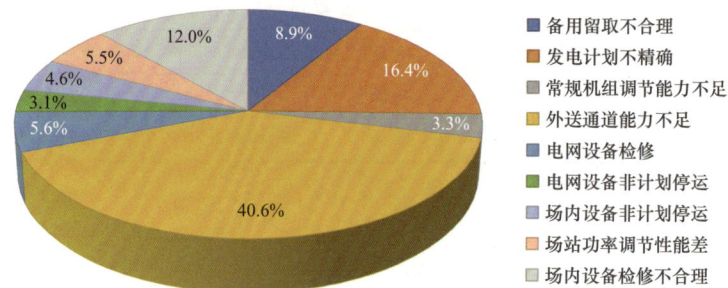

图 6-27 2016 年冀北新能源弃电影响因素分析结果

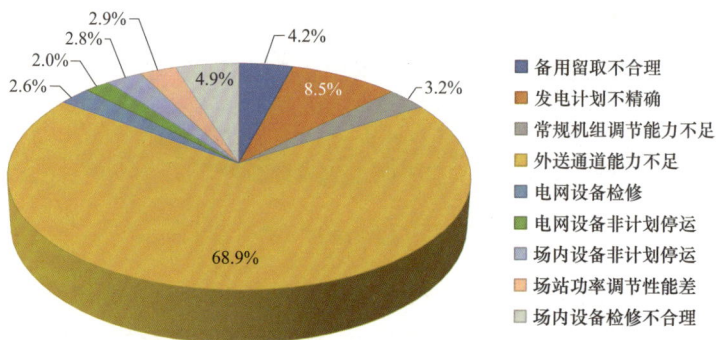

图 6-28 2017 年冀北新能源弃电影响因素分析结果

在 2017 年，由于采取了备用容量优化、发电计划滚动修正等措施，省级电网层面导致的新能源弃电量占比下降到 15.9%，外送通道能力不足导致的弃电量占比上升到了 73.5%。

6.3.3.2　大、小风期分析

为深入挖掘不同时间尺度下冀北电网的弃电成分，结合冀北电网风电功率的周期特性，每年 6～10 月为冀北地区典型的小风期，11 月到次年 5 月为大风期，对不同风期的弃电成分分别进行分析，新能源弃电影响因素分析结果如图 6-29、图 6-30 所示。可以看到，由于冀北地区大风期和供热期重叠，电网备用留取不合理和发电计划制定不精确等原因导致的调峰困难弃电量非常大，占比达到 38%；但在小风期，外送通道能力不足是主要的弃电原因，弃电量占比达到 80%。

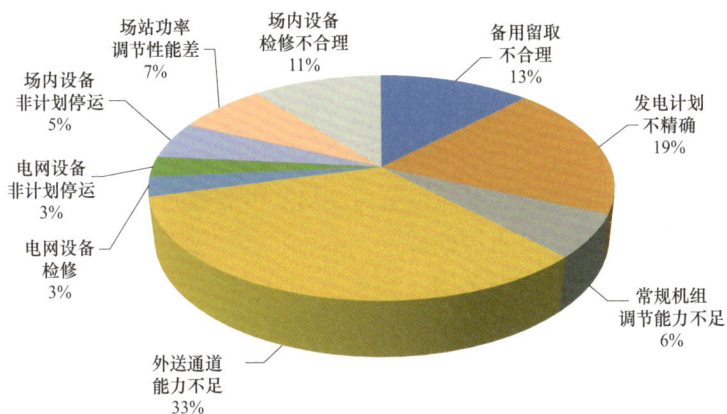

图 6-29　2016 年大风期冀北新能源弃电影响因素分析结果

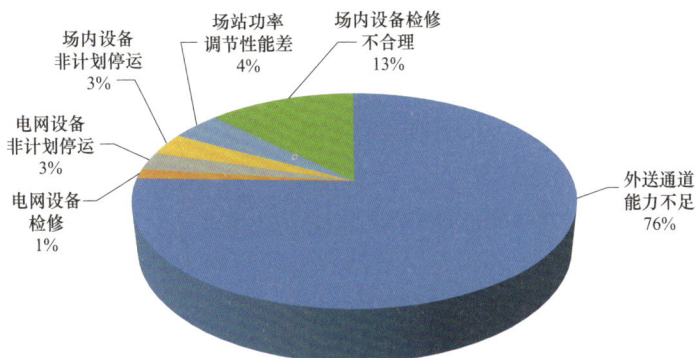

图 6-30　2016 年小风期冀北新能源弃电影响因素分析结果

6.4　蒙西电网电源容量规划与新能源消纳评估系统应用

6.4.1　开机方式评价软件

动态评估系统中的开机方式评价部分，主要通过对系统灵活性的校核定量分析电网可再生能源消纳能力，实现对电网日前开机方式进行可再生能源消纳情况的分析。

6.4.1.1　软件的输入数据

本软件的基本输入数据包括以下几种：

（1）日前各分区的供电负荷数据（从电网公司 EMS 中取得为各盟市供电负荷数据，软件内自动处理生成所规定的分区负荷数据）。

（2）日前各分区的热电机组出力数据（从电网公司 EMS 中取得为各机组的计划出力，软件内将其中的热电机组数据进行统计）。

（3）日前各分区的自备机组出力数据（从电网公司 EMS 中取得为各机组的计划出力，软件内将其中的自备机组数据进行统计）。

（4）日前开机方式统计（从电网公司 EMS 中取得为各机组的计划出力，软件内将其自动生成对应的开机方式）。

（5）系统内各机组的调节范围。

（6）日前对系统内各新能源电厂的出力预测。

若以上数据采用日前的预测数据，则本软件所能实现的功能为根据现有开机方式预测本日可再生能源的消纳情况，借此为电网日前开机方式的制订提供一定的辅助决策；若以上数据采用当天运行结束后的实际数据，则本软件所能实现的功能为校核当天的实际开机方式是否仍有提升可再生能源消纳空间的修正方案。

6.4.1.2　软件中开机方式的修正

软件提供了用户可以计算不同开机方式下的系统可再生能源消纳能力的功能。软件左侧为提供的开机方式自定义区域，其中"当前开机方式"为系统制定的日前开机方式，点击后会出现当前开机方式的说明，其中包括所开机组的场站名、机组编号、装机容量、机组调节范围；"当前开机方式最优运行模式"为在当前的开机方式基础上，令系统内自备机组均参与功率调节，并使系统内的抽水蓄能电站全部工作的运行模式；"自定义开机方式"允许用户可在系统机组信息表内随意勾选希望开机的机组，选择完毕后点击确定，生成用户自定义的开机方式，软件将以此生成对应参与运算的开机方式矩阵，自定义的开机方式数目无限制。

6.4.1.3　软件中可修正的计算参数

软件中目前所设定的计算参数均为负荷当前系统运行情况，若将来系统的电源、负荷、运行情况以及电网结构发生变化，软件为用户提供了可以更改部分关键计算参数的功能，点击软件界面按钮，即可弹出计算参数修正框，开机方式评价软件参数修正界面如图 6-31 所示。

图 6-31　开机方式评价软件参数修正界面

软件中具体可供用户修正的计算参数见表 6-33。

表 6-33　　　　　　　　　开机方式评价软件可修正参数列表

参数名称	参数现值	参数说明
备用容量系数	0.15	电力平衡过程中常规电源备用系数
风电置信系数	0.05	风电参与电力平衡的比例
光伏置信系数	0	光伏参与电力平衡的比例
开机冗余度	1.2	允许的最大开机冗余度
鄂盟负荷分区比例	[0.33，0.33，0.33]	鄂盟按断面分区后各部分负荷比例
储能装置最大储存电量	7000MWh	呼市抽蓄电站的库容
抽蓄机组台数	4	呼市抽蓄电站机组台数
储能最大充电功率	1200MW	呼市抽蓄电站最大充电功率
储能最大放电功率	1200MW	呼市抽蓄电站放大充电功率
储能装置充电效率	0.83	
储能装置放电效率	0.9	
供暖季范围	[1 月 1 日～4 月 9 日]+ [10 月 11 日～12 月 31 日]	
主要 RES 汇集点并网极限	按"2016 年蒙西电网新能源会议"讨论结果设定	
断面传输极限	算例 6.3.2 中 4 个主要断面的传输极限	

6.4.1.4　软件的输出数据

1. 系统电力充裕度情况

软件针对不同的开机方式，统计全网以及各分区的电力充裕度。当前开机方式及"当前开机方式最佳运行模式"的电力充裕度数据相同，此外，每增加一个自定义开机方式，都将额外地给出对应的电力充裕度数据。系统电力充裕度展示界面如图6-32所示。

图6-32　系统电力充裕度展示界面

2. 系统灵活性情况

采用系统可再生能源消纳能力作为灵活性的衡量指标，软件根据所制定的开机方式、对应机组的调节范围以及预测的负荷情况，计算得到全天各时段系统的灵活性数值，即当前时刻系统所能消纳的可再生能源最大功率。每增添一个自定义开机方式，系统灵活性曲线增加一条。系统灵活性展示界面如图6-33所示。

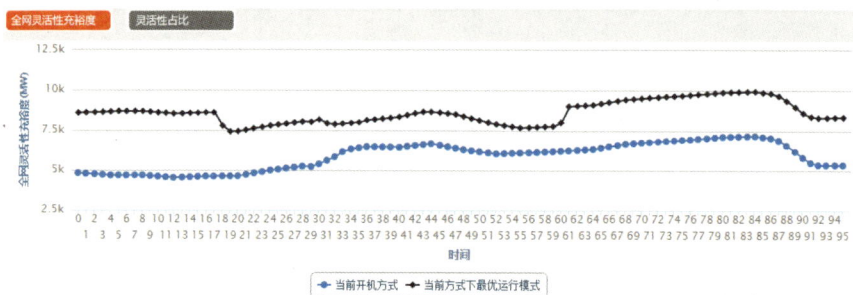

图6-33　系统灵活性展示界面

3. 当前开机方式的简要评价

软件的主功能为计算某一开机方式下的可再生能源消纳情况，故仅对开机方式提出了简要的评价。软件对开机方式的评价从四部分入手，即全网的电力充裕度评价、全网的灵活性充裕度评价、分区的电力充裕度评价以及分区的灵活性充裕度评价。其中基本的灵活性充裕度是系统开机方式必须要达到的；电力充裕度可能根据电网人员的实际运行经验，在可再生能源充裕的典型日中为了消纳更多的可再生能源而减少常规电源的开机，因此电力充裕度可能会略有不足，故开机方式评价过程中若提示系统或分区电力充裕度不满足，提示警告。软件开机方式评价展示界面如图 6-34 所示。

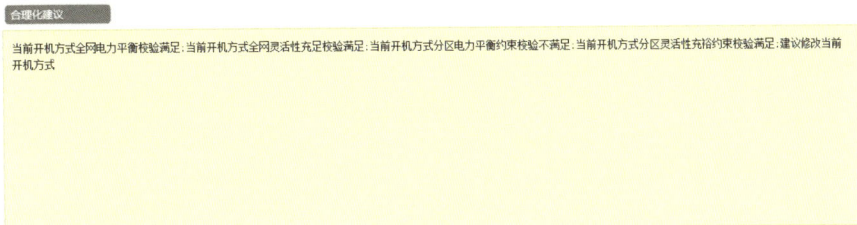

图 6-34　软件开机方式评价展示界面

4. 系统弃风弃光情况

软件将计算所得的系统弃风弃光数据进行统计，在"弃风弃光"栏下显示的是各分区弃风弃光总量，不同颜色代表不同分区，若自定义了新的开机方式，也将给出对应的计算结果。点击某一分区的"弃风弃光量"，将出现本分区全天各时段的弃风弃光功率曲线。系统弃风弃光情况界面展示如图 6-35～图 6-37 所示。

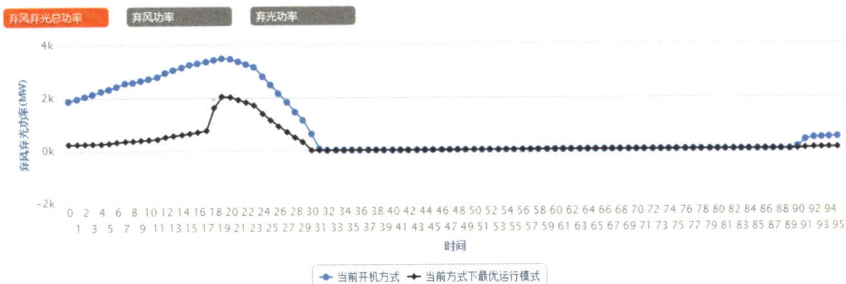

图 6-35　系统弃风弃光情况界面展示

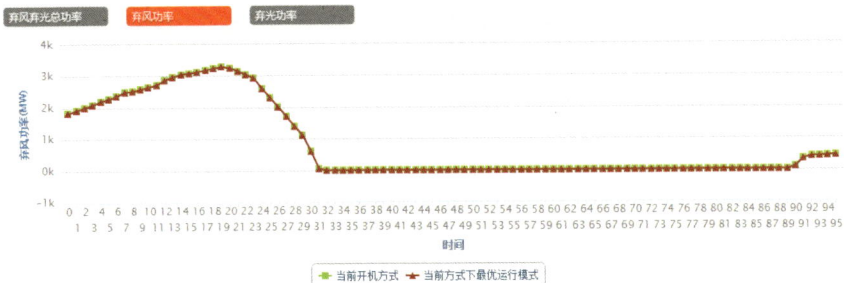

图 6-36　系统弃风情况界面展示

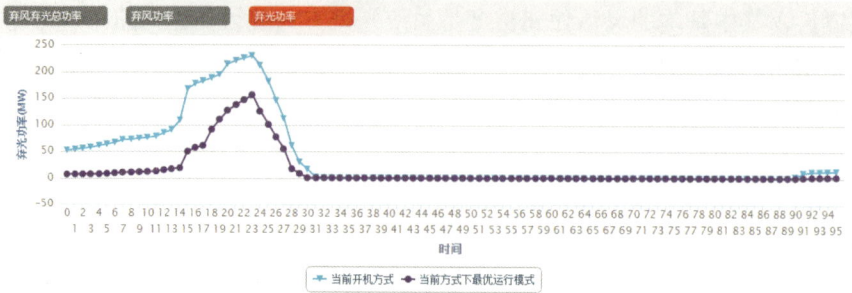

图6-37　系统弃光情况界面展示

5. 系统弃风弃光原因分析

软件将分析系统出现弃风弃光的原因，分别统计由于新能源汇集点接纳极限限制、联络线灵活性不足以及系统机组灵活性不足各自造成的弃风弃光量以及所占比重，用饼状图表示。点击"新能源汇集点接纳极限限制"将出现当前开机方式下系统由于各主要汇集点接纳限制造成的弃风弃光总量；点击"联络线灵活性不足"将出现各条联络线所造成的弃风弃光总量；点击"系统机组灵活性不足"将出现各分区由于机组灵活性不足所造成的弃风弃光总量。可再生能源富余原因界面展示如图6-38所示。

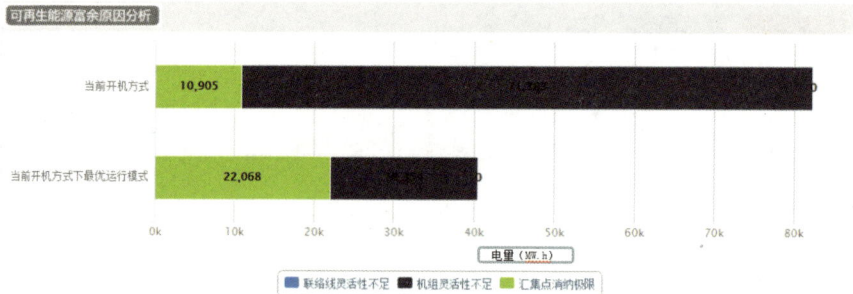

图6-38　可再生能源富余原因界面展示

6. 系统各类电源的利用率

软件将给出各种开机方式下各类电源的利用率，其中包括常规火电、热电机组、自备机组、风电、光伏以及水电的利用率。各类电源利用率界面展示如图6-39所示。

6.4.2　装机容量规划软件

动态评估系统中的装机容量规划部分，主要从电热联合系统综合运行煤耗最低角度出发进行系统各类电源装机容量的模型规划，提供一个便于根据不同边界条件，实现"规划计算器"功能的软件。

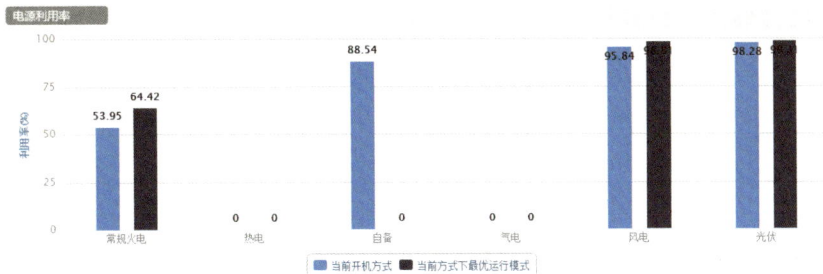

图 6-39　各类电源利用率界面展示

6.4.2.1　软件的输入数据

本软件均为离线计算，不需要同"开机方式评价软件"一样导入每天的预测或实际数据，仅需要输入以下用作规划的基础数据。软件当前的基础数据采用的是 2015 年实际运行数据，包括：

（1）2015 年每天各时段的发电负荷数据。

（2）2015 年每天各时段的热负荷数据（由热电机组的出力数据、热电机组热电比以及热电机组承担系统热负荷比例估算得到）。

（3）2015 年每天各时段风电预测出力。

（4）2015 年每天各时段光伏预测出力。

（5）2015 年典型场景内对应所选取的负荷及可再生能源出力曲线。

软件留有基础数据读入接口，可更换算例基础数据。

6.4.2.2　软件中可修正的计算参数

由于不同的边界条件下将得到不同的电源容量规划结果，因此，软件为用户提供可随意更改计算参数及规划边界的功能。容量规划软件参数修正界面展示如图 6-40 所示。

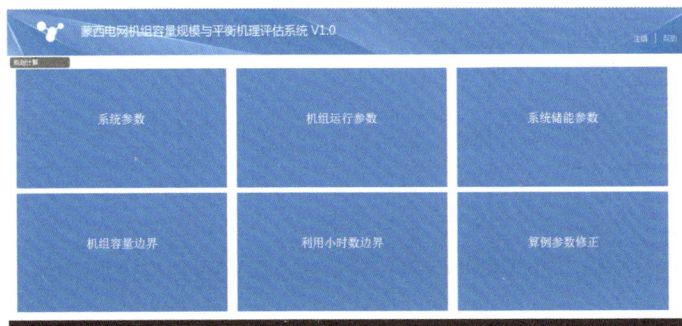

图 6-40　容量规划软件参数修正界面展示

容量规划软件可修正参数见表6-34。

表6-34　　　　　　　　　容量规划软件可修正参数列表

参数名称	参数现值	参数说明
备用容量系数	0.15	电力平衡过程中常规电源备用系数
风电置信系数	0.05	风电参与电力平衡的比例
光伏置信系数	0	光伏参与电力平衡的比例
电源充裕度系数	1.25	装机规划确保为安排开机的方式留有足够的电源容量
当前火电装机	9850MW	
当前热电装机	17 030MW	
当前自备装机	10 244MW	
当前风电装机	14 076MW	
当前光伏装机	4083MW	
火电机组平均出力上限	1.0	
火电机组平均出力下限	0.5	
供热机组平均出力上限	1.0	
供热机组平均出力下限	0.6	
自备机组平均出力系数	0.8	
火电机组爬坡速率	$5\%P_n$/min	
热电机组爬坡速率	$5\%P_n$/min	
热电机组平均热电比	1.0	
储能最大充电功率	1200MW	呼市抽蓄电站最大充电功率
储能最大放电功率	1200MW	呼市抽蓄电站放大充电功率
储能装置充电效率	0.83	
储能装置放电效率	0.9	
火电装机设定下限 （热、自、风、光同理）	9850MW	规划时所设定的火电装机下限
火电装机设定上限 （热、自、风、光同理）	10 000 000MW	规划时对上限不要求时默认值
火电利用小时数设定下限 （热、自、风、光同理）	4000h	规划时对火电年利用小时数设定的下限
火电利用小时数设定上限 （热、自、风、光同理）	8760h	规划时对火电年利用小时数设定的上限
基础算例中全网年用电量	2.02×10^{11}kWh	可对规划场景进行修正
电量增长比例	0%	用电水平提升后进行规划
基础算例中全网年用电量	2.132×10^{11}kWh	可对规划场景进行修正
热量增长比例	0%	用热水平提升后进行规划
热电机组承担热负荷比例	0.2	假定值：用于估算全年热负荷

6.4.2.3　软件的输出数据

将各类边界条件及计算参数设定完毕后，点击"规划"按钮，界面将显示出当前参数下的规划结果。容量规划软件输出界面展示如图 6-41 所示。

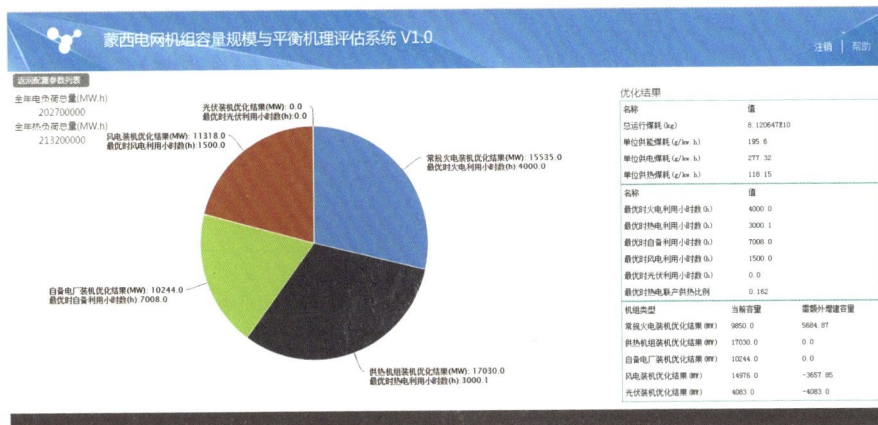

图 6-41　容量规划软件输出界面展示

6.4.3　蒙西电网新能源接纳能力分析

6.4.3.1　电压稳定约束弃风电量评估

假定其他条件不变，取各风电汇集节点处允许的最小运行电压为 214kV，在 PSD-BPA 仿真平台上取两不同运行点时的潮流结果，以及各分区的风电极限并网容量计算见表 6-35 和表 6-36。

表 6-35　　　　　不同运行点下各分区风电汇集点电压与功率

分区	运行点 1（kV，MW）		运行点 2（kV，MW）		V-P 灵敏度
	电压	功率	电压	功率	
阿拉善	225.963	287.733	230.214	293.146	0.785
巴彦淖尔	225.270	3322.482	230.016	3392.481	0.068
包头	224.497	2753.550	229.177	2810.952	0.082
鄂尔多斯	223.631	476.836	227.630	485.362	0.469
呼和浩特	222.682	1117.884	225.932	1134.200	0.199
乌兰察布	221.627	5559.982	225.125	5647.737	0.030
锡林郭勒	218.253	3605.764	227.766	3762.928	0.061

表6-36   各分区风电极限并网容量

分区	风电装机容量（MW）	风电极限并网容量（MW）
阿拉善	272.5	272.5
巴彦淖尔	3713.25	3156.263
包头	3088	2624.8
鄂尔多斯	456.3	456.3
呼和浩特	1074.3	1074.3
乌兰察布	8259.45	5368.643
锡林郭勒	7071	3535.5
全网	23 934.8	16 488.305

由计算结果可以看出，全网风电极限并网容量为 16 488MW，其中阿拉善、鄂尔多斯与呼和浩特风电极限并网容量均可达到装机容量，巴彦淖尔和包头风电极限容量略低于其装机容量，而乌兰察布与锡林郭勒地区因风电装机大，网架结构薄弱，其实际并网容量较其他地区少，说明这两个分区存在一定的电压稳定问题。利用各地区全年风电出力曲线与风电极限并网容量，计算各时间刻度上的弃风电量，累积得到电压稳定约束下各分区及全网风电弃风电量评估结果见表6-37。

表6-37   电压稳定约束下各分区及全网风电弃风电量评估结果

分区	可发电量（亿 kWh）	弃风电量（亿 kWh）	弃风率（%）
阿拉善	6.01	0.00	0.00
巴彦淖尔	101.16	0.06	0.06
包头	80.81	0.07	0.09
鄂尔多斯	10.82	0.00	0.00
呼和浩特	27.53	0.00	0.00
乌兰察布	210.88	11.43	5.42
锡林郭勒	168.32	18.55	11.02
全网	605.53	30.12	4.97

根据表6-35 和表6-37 的计算结果可分析得出，仅在电压稳定约束限制下，蒙西电网 2020 年全网弃风电量约为 30.12 亿 kWh，弃风率约为 4.97%，弃风存在的分区为巴盟、锡盟、包头与乌兰察布，其中锡林郭勒与乌兰察布地区的年弃风电量较高，共达到了 29.98 亿 kWh，占到总弃风电量的 90% 以上，弃风情况较为严重。这是因为锡林郭勒地区风资源丰富，风电装机达到 7071MW，但该地区用电负荷非常少，最大负荷不到风电装机的一半，且电压稳定问题严重，故网架相

对薄弱，因网络限制的弃风比例较高。

6.4.3.2　基于调峰需求和运行模拟的风电消纳能力评估

为计算方便，将网络安全约束中的断面传输约束弃风作为约束条件并入调峰需求和运行模拟的风电消纳能力计算中。根据前几节提供的机组、负荷与风电数据，2020 年蒙西电网各分区最大供电负荷、风电装机容量见表 6−38。

表 6−38　　　　　　　2020 年各地区最大供电负荷与风电装机容量

分区	风电装机容量（MW）	负荷年增长率（%）	最大供电负荷（MW）
阿拉善	272.5	10.10	1441.69
巴彦淖尔	3713.25	8.80	2788.05
包头	3088	7.50	5733.65
鄂尔多斯	456.3	13.30	6868.99
呼和浩特	1074.3	7.80	3132.02
乌兰察布	8259.45	15.80	8000.05
锡林郭勒	7071	12.40	1738.22
全网	23 934.8	10.10	

假定网损率为 7%，机组检修备用率为 5%，省间外送为蒙西送华北 P_{ece} 且外送点位于乌兰察布，考虑自备用电负荷 P_{ZB} 与最大供电负荷 P_{Lmax}，则最大发电负荷计算公式为

$$P_{Lmax\_s} = (1 + 7\% + 5\%)(P_{Lmax} + P_{ece} + P_{ZB})$$

各分区最大发电负荷与供受端关系划分见表 6−39 和图 6−42。

表 6−39　　　　　　2020 年各地区最大发电负荷与供受端关系划分

分区	最大发电负荷（MW）	分区电源装机容量（MW）	负荷/装机	供受端关系
阿拉善	2120.70	3579.5	0.59	供
巴彦淖尔	3407.63	8129.25	0.42	供
包头	13 809.68	19 649.01	0.70	供
鄂尔多斯	19 989.74	36 646.8	0.55	供
呼和浩特	6881.14	6698.3	1.03	受
乌兰察布	14 077.22	12 279.45	1.15	受
锡林郭勒	2549.59	8907.05	0.29	供

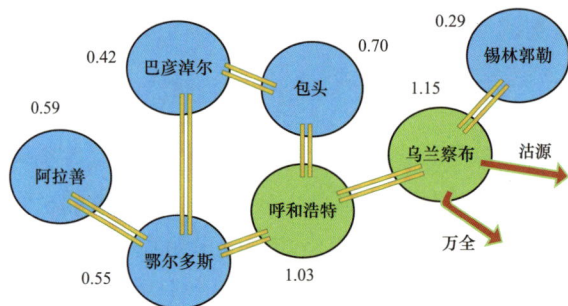

图6-42 2020年各地区供受端关系划分

在确定各分区供受端关系后，根据上文提供的机组、负荷与风电数据，基于时序运行模拟算法，以5天作为机组安排的最小单位，在每个机组安排单元内，确定各分区对应的最大送出极限或最大接受极限，分别安排供受端电力生产，并根据其调节能力，计算一个最小单元内风电的最大消纳能力。然后遍历所有最小单元，完成1年的常规机组发电计划，并结合电压稳定约束弃风电量，计算全年全网总弃风电量与弃风率。本部分主要进行风电的消纳评估，对于光伏处理如下：

（1）如果常规机组调节能力能够接纳所有风电和光伏，则不需要弃风弃光。

（2）如果常规机组调节能力无法接纳所有风电和光伏，且光伏出力为0，则弃风量为风电可发电量减去最大接纳量。

（3）如果常规机组调节能力无法接纳所有风电和光伏，且光伏出力不为0，则按照风电和光伏的装机比例进行弃风和弃光。

作为基础算例，本算例不考虑抽水蓄能机组与自备电厂调峰，因此在上述过程中不安排抽蓄机组与自备电厂，同时设定供热机组（公用或自备热电）均不参与调峰。运行模拟中机组安排的优先级顺序见表6-40。

表6-40　　　　　　　　　　运行模拟中机组安排的优先级顺序

时期	优先级（从高到低）	是否参与调峰
供热期	自备供热机组	否
	公用供热机组	否
	自备火电机组	否
	水电机组	是
	气电机组	是
	常规火电	是
非供热期	自备火电机组	否
	水电机组	是
	气电机组	是
	常规火电	是

　　根据表 6-40 中的优先级顺序，进行运行模拟仿真，得到系统全年的机组生产计划，并进行风电最大接纳能力评估，得到仅因断面传输约束弃风电量评估与蒙西电网各月份的风电可发电量及弃风电量，见表 6-41 与表 6-42。

　　根据表 6-42 计算结果可知，蒙西电网 2020 年在不考虑抽蓄、自备电厂调峰时，在运行调峰与断面传输约束下的弃风电量为 111.67 亿 kWh，考虑因电压稳定约束弃风部分 30.12 亿 kWh 与断面传输约束弃风部分 15.92 亿 kWh 后，则总弃风电量为 157.71 亿 kWh，弃风率评估结果为 26.05%，其中尤其以供暖季 1～3 月和 10～12 月的弃风情况较为严重，1 月份的弃风率最高为 57.65%，其次为 11 月 36.35%。4～9 月由于是非供暖季节，以常规火电机组为主，其调节能力较强，因此基本不会出现弃风现象。

　　当自备机组和抽水蓄能机组都不考虑参与调峰时，风电全年平均发电利用小时数仅为 1984h，此时火电机组全年平均利用小时数为 4669h，公用火电机组全年平均利用小时数仅为 4092h，自备火电机组全年平均利用小时数为 6328h，光伏发电机组全年平均利用小时数为 1681h。

表 6-41　　　　　　　　　　仅因断面传输约束弃风电量评估

月份	可发电量（亿 kWh）	弃风电量（亿 kWh）	弃风率（%）
1	104.04	4.40	0.73
2	34.26	1.36	0.23
3	26.11	0.47	0.08
4	10.87	0.00	0.00
5	49.32	0.00	0.00
6	55.16	0.00	0.00
7	46.19	0.00	0.00
8	46.67	0.00	0.00
9	15.18	0.00	0.00
10	55.96	1.36	0.22
11	76.68	4.00	0.66
12	85.09	4.32	0.71
汇总	605.53	15.92	2.63

表 6-42　　　　　　　　　　各月份风电弃风电量评估

月份	可发电量（亿 kWh）	弃风电量（亿 kWh）	弃风率（%）
1	104.04	55.58	53.42
2	34.26	3.45	10.07
3	26.11	0.42	1.61

月份	可发电量（亿 kWh）	弃风电量（亿 kWh）	弃风率（%）
4	10.87	0.00	0.00
5	49.32	0.00	0.00
6	55.16	0.01	0.02
7	46.19	0.00	0.00
8	46.67	0.00	0.00
9	15.18	0.00	0.00
10	55.96	4.13	7.38
11	76.68	23.87	31.13
12	85.09	24.22	28.46
运行调峰约束		111.67	18.44
断面传输约束		15.92	2.63
电压稳定约束		30.12	4.97
汇总	605.53	157.71	26.05

6.4.3.3　不同调峰场景下风电消纳能力评估

按照自备电厂与抽水蓄能电站是否参与调峰，将风电电量消纳能力评估分为以下场景并计算每个场景下的弃风电量与弃风率，不同场景下蒙西电网 2020 年风电电量消纳能力评估结果见表 6-43。

（1）场景一。自备机组不参与调峰、抽水蓄能机组不参与调峰。

（2）场景二。自备机组参与调峰、抽水蓄能机组不参与调峰。

（3）场景三。自备机组不参与调峰、抽水蓄能机组参与调峰。

（4）场景四。自备机组参与调峰、抽水蓄能机组参与调峰。

表 6-43　　不同场景下蒙西电网 2020 年风电电量消纳能力评估结果

场景	消纳电量（亿 kWh）	弃风电量（亿 kWh）	弃风率（%）（高方案）
场景一	447.82	157.71	26.05
场景二	517.63	87.89	14.52
场景三	483.76	121.77	21.65
场景四	538.65	66.88	12.54

各场景下各类型机组年平均利用小时数评估结果见表 6-44。

表 6-44　　　　　各场景下各类型机组年平均利用小时数评估结果

机组类型	年平均利用小时数（h）			
	场景一	场景二	场景三	场景四
风电	1984	2509	2085	2570
常规火电	4092	4041	4057	4032
自备机组	6328	6328	6328	6328
全网火电	4669	4455	4640	4432
光伏发电	1681	1685	1683	1688

其中，自备电厂参与调峰时，其调峰能力与常规火电机组相同，考虑到抽水蓄能电站在实际情况下的检修原因，其可用率设定为 75%，即有 4 台机组的情况下实际开机 3 台，1 台处于检修状态，故 2020 年抽蓄电站实际开机容量为 900MW。

由计算结果可分析得出，随着自备机组与抽水蓄能机组相继参与调峰，蒙西电网 2020 年风电电量消纳能力有着明显提升，其中若抽水蓄能全部参与调峰，弃风率可降低大约 4%，而自备机组全部参与调峰时弃风率可降低大约 10%。

6.4.3.4　不同负荷规划下风电消纳能力评估

考虑到蒙西电网 2020 年负荷规划容量的不确定性，提出了不同负荷方案下的风电消纳评估计算，其中高方案即为前面计算过程中的基础负荷方案（负荷年增长率为 10.8%），中方案和低方案考虑负荷年增长率分别为 8.8% 与 6.8%，假设其他条件不变，结合上述风电消纳评估体系进行评估计算结果见表 6-45。

表 6-45　　　　不同负荷方案下蒙西电网 2020 年风电消纳能力评估结果

负荷方案		高方案	中方案	低方案
最大发电负荷（MW）		4150	3788	3460
弃风率（%）	场景一	26.05	30.89	35.62
	场景二	14.52	18.86	23.59
	场景三	21.65	25.29	29.96
	场景四	12.54	15.26	19.04

由计算结果可得出，场景一中，在负荷中方案和低方案下的蒙西电网 2020 年弃风率分别增加了 4.84% 和 9.57%（自备电厂与抽蓄电站均不调峰）。

参 考 文 献

［1］ Lannoye E，Flynn D，O'Malley M.The role of power system flexibility in generation planning ［C］//Proceedings of 2011 IEEE Power Engineering Society General Meeting.San Diego，CA：IEEE，2011：1－6.

［2］ Cochran J，Miller M，Zinaman O，et al.Flexibility in 21st Century power systems ［R］. Colorado：National Renewable Energy Laboratory，Dublin：University College Dublin，Paris：International Energy Agency，California：Electric Power Research Institute，Portland：Northwest Power and Conservation Council，Finland：VTT Technical Research Centre，New Delhi：Power System Operation Corporation，2014.

［3］ Electric Power Research Institute.Metrics for quantifying flexibility in power system planning ［R］. California，USA：Electric Power Research Institute，2014.

［4］ 鲁宗相，李海波，乔颖. 含高比例可再生能源电力系统灵活性规划及挑战［J］. 电力系统自动化，2016，40（13）：147－158.

［5］ YASUDA Y，GOMEZ-LAZARO E，MENEMENLIS N.Flexibility chart：evaluation on diversity of flexibility in various areas［C］//12th Wind Integration Workshop，October 22－24，London，UK：6p.

［6］ International Energy Agency.The power of transformation：wind，sun and the economics of flexible power systems ［R］. Paris：International Energy Agency，2013.

［7］ MA J，SILVA V，BELHOMME R，et al.Evaluating and planning flexibility in sustainable power systems ［J］. IEEE Trans on Sustainable Energy，2013，4（1）：200－209.

［8］ LANNOYE E，FLYNN D，O'MALLEY M.Evaluation of power system flexibility ［J］. IEEE Trans on Power Systems，2012，27（2）：922－931.

［9］ LANNOYE E，FLYNN D，O'MALLEY M.Transmission，variable generation，and power system flexibility ［J］. IEEE Trans on Power Systems，2015，30（1）：57－66.

［10］ NOSAIR H，BOUFFARD F.Flexibility envelopes for power system operational planning ［J］. IEEE Trans on Sustainable Energy，2015，6（3）：800－809.

［11］ ZHAO J，ZHENG T，LITVINOV E.A unified framework for defining and measuring flexibility in power system ［J］. IEEE Trans on Power Systems，2016，31（1）：339－347.

［12］ ULBIG A，ANDERSSON G.Analyzing operational flexibility of electric power systems ［C］//Power Systems Computation Conference（PSCC），August 18－22，2014，Wroclaw，Poland：8p.

［13］ Thatte A A，Xie L.A metric and market construct of inter-temporal flexibility in time-coupled economic dispatch［J］．IEEE Transactions on Power Systems，2016，31（5）：3437－3446.

［14］何勇健."十三五"电力规划应强调系统优化［EB/OL］.（2015－08－14）［2017－04－05］，http：//www.chinasmartgrid.com.cn/news/20150804/607826.shtml.

［15］Mejía-Giraldo D，D.McCalley J. Maximizing future flexibility in electric generation portfolios［J］．IEEE Transactions on Power Systems，2014，29（1）：279－288.

［16］Lannoye E，Flynn D，O'Malley M.The role of power system flexibility in generation planning:Proceedings of 2011 IEEE Power Engineering Society General Meeting［C］．San Diego，CA，24－29，July，2011.

［17］Martinez C E A，Capuder T，Mancarella P.Flexible distributed multienergy generation system expansion planning under uncertainty［J］．IEEE Transactions on Smart Grid，2015，7（1）：348－357.

［18］Juan M，Vera S，Régine B，et al.Evaluating and planning flexibility in sustainable power systems［J］．IEEE Transactions on Sustainable Energy，2013，4（1）：200－209.

［19］Chen X，Kang C，O'Malley M，et al.Increasing the flexibility of combined heat and power for wind power integration in China：Modeling and Implications［J］．Power Systems IEEE Transactions on，2015，30（4）：1848－1857.

［20］徐飞，闵勇，陈磊，等.包含大容量储热的电－热联合系统［J］.中国电机工程学报，2014，34（29）：5063－5072.

［21］陈磊，徐飞，王晓，等．储热提升风电消纳能力的实施方式及效果分析［J］．中国电机工程学报，2015，35（17）：4283－4290.

［22］陈新宇.促进风电消纳的电热能源集成系统模型与方法研究［D］.北京：清华大学，2014.

［23］张洪明，樊亚亮.输电系统规划的柔性决策方法［J］.中国电机工程学报，1998，18（1）：48－50.

［24］张洪明，樊亚亮.输电系统灵活规划的模型及算法［J］.电力系统自动化，1999，23（1）：23－26.

［25］朱海峰，马则良.考虑线路被选概率的电网灵活规划方法［J］.电力系统自动化，2000，24（17）：20－24.

［26］程浩忠，朱海峰，王建民，等．基于盲数 BM 模型的电网灵活规划方法［J］.上海交通大学学报，2003，37（9）：1347－1350.

［27］程浩忠，朱海峰，马则良，等．基于等微增率准则的电网灵活规划方法［J］.上海交通大学学报，2003，37（09）：1351－1354.

［28］金华征，程浩忠，杨晓梅，等．基于联系数模型的电网灵活规划方法［J］.中国电机工程学报，2006，26（12）：16－20.

［29］麻常辉，杨永军.考虑发电和负荷不确定因素的输电网灵活规划［J］.电力系统保护与

309

控制，2008，36（21）：29－32.

［30］ 麻常辉，梁军，杨永军，等. 基于蒙特卡罗模拟法的输电网灵活规划［J］. 电网技术，2009，33（04）：99－102.

［31］ Electric Power Research Institute.Metrics for quantifying flexibility in power system planning ［R］. USA：California，2014.

［32］ Wu H，Shahidehpour M，Alabdulwahab A，et al.Thermal generation flexibility with ramping costs and hourly demand response in stochastic security-constrained scheduling of variable energy sources ［J］. IEEE Transactions on Power Systems，2015，30（6）：2955－2964.

［33］ Hongjun G，Junyong L. Review and prospect of active distribution system planning ［J］. Journal of Modern Power Systems and Clean Energy，2015，3（4）：457－467.

［34］ Chunyu Z，Yi D. FLECH: A Danish market solution for DSO congestion management through DER flexibility services ［J］. Journal of Modern Power Systems and Clean Energy，2014，2（2）：126－133.

［35］ 王承民，孙伟卿，衣涛，等. 智能电网中储能技术应用规划及其效益评估方法综述［J］. 中国电机工程学报，2013，33（7）：33－41.

［36］ 姜书鹏，乔颖，徐飞，等. 风储联合发电系统容量优化配置模型及敏感性分析［J］. 电力系统自动化，2013，37（20）：16－21.

［37］ 国家电网公司"电网新技术前景研究"项目咨询组. 大规模储能技术在电力系统中的应用前景分析［J］. 电力系统自动化，2013，37（1）：3－8.

［38］ 陆秋瑜. 风储联合系统的协调运行和优化配置方法研究［D］. 北京：清华大学，2015.

［39］ 王彩霞，李琼慧，雷雪姣. 储能对大比例可再生能源接入电网的调频价值分析［J］. 中国电力，2016，49（10）：148－152.

［40］ 王乐，周章，尉志勇，等. 风电－抽水蓄能联合系统的优化运行研究［J］. 电网与清洁能源，2014，30（02）：70－75.

［41］ 王诗元，都放. 风电－抽水蓄能联合运行系统的多目标优化调度研究［J］. 中国高新区，2017（24）：10+42.

［42］ 徐飞，陈磊，金和平，等. 抽水蓄能电站与风电的联合优化运行建模及应用分析［J］. 电力系统自动化，2013，37（1）：149－154.

［43］ 肖白，丛晶，高晓峰，等. 风电－抽水蓄能联合系统综合效益评价方法［J］. 电网技术，2014，38（2）：400－404.

［44］ 徐飞，陈磊，金和平，等. 抽水蓄能电站与风电的联合优化运行建模及应用分析［J］. 电力系统自动化，2013，37（1）：149－154.

［45］ Suazo-Martinez C，Pereira-Bonvallet E，Palma-Behnke R，et al.Impacts of Energy Storage on Short Term operation planning under Centralized Spot Markets ［J］. IEEE Transactions on

Smart Grid，2014，5（2）：1110－1118.

[46] Khodayar M E，Shahidehpour M，Wu L.Enhancing the Dispatchability of Variable Wind Generation by Coordination With Pumped-Storage Hydro Units in Stochastic Power Systems [J]. IEEE Transactions on Power Systems，2013，28（3）：2808－2818.

[47] 黄杨，胡伟，闵勇，等. 考虑日前计划的风储联合系统多目标协调调度 [J]. 中国电机工程学报，2014，34（28）：4743－4751.

[48] Garcia-Gonzalez J，de la Muela R M R，Santos L M，et al.Stochastic Joint Optimization of Wind Generation and Pumped-Storage Units in an Electricity Market[J].IEEE Transactions on Power Systems，2008，23（2）：460－468.

[49] Akhavan-Hejazi H，Mohsenian-Rad H.Optimal Operation of Independent Storage Systems in Energy and Reserve Markets With High Wind Penetration [J]. IEEE Transactions on Smart Grid，2014，5（2）：1088－1097.

[50] Khatamianfar A，Khalid M，Savkin A V，et al.Improving Wind Farm Dispatch in the Australian Electricity Market With Battery Energy Storage Using Model Predictive Control [J]. IEEE Transactions on Sustainable Energy，2013，4（3）：745－755.

[51] Yu Z，Zhao Y D，Feng J L，et al.Optimal Allocation of Energy Storage System for Risk Mitigation of DISCOs With High Renewable Penetrations [J]. IEEE Transactions on Power Systems，2014，29（1）：212－220.

[52] 黄杨. 风储联合发电系统多时间尺度有功协调调度方法研究 [D]. 北京：清华大学，2013.

[53] Miao Z，Fan L，Osborn D，et al.Wind farms with HVDC delivery in inertial response and primary frequency control[J].IEEE Trans on Energy Conversion，2010，25（4）：1171－1178.

[54] Castro L M，Acha E. On the provision of frequency regulation in low inertia AC grids using HVDC systems [J]. IEEE Trans on Smart Grid，2016，7（6）：2680－2690.

[55] Phulpin Y. Communication-free inertia and frequency control for wind generators connected by an HVDC-link [J]. IEEE Trans on Power Systems，2012，27（1）：1136–1137.

[56] Pipelzadeh Y，Chaudhuri B，Green T C.Inertial response from remote offshore wind farms connected through VSC-HVDC links：A communication-less scheme [C] //Power and Energy Society General Meeting.San Diego，CA：IEEE，2012：1－6.

[57] 李宇骏，杨勇，李颖毅，等. 提高电力系统惯性水平的风电场和 VSC-HVDC 协同控制策略 [J]. 中国电机工程学报，2014，34（34）：6021－6031.

[58] Liu H，Chen Z.Contribution of VSC-HVDC to frequency regulation of power systems with offshore wind generation [J]. IEEE Trans on Energy Conversion，2015，30（3）：918－926.

[59] 朱瑞可，王渝红，李兴源，等. 用于 VSC-HVDC 互联系统的附加频率控制策略 [J]. 电力系统自动化，2014，38（16）：81－87.

［60］曾雪洋，刘天琪，王顺亮，等. 风电场柔性直流并网与传统直流外送的源网协调控制策略［J］. 电网技术，2017，41（5）：1390－1398.

［61］Subcommittee P M. IEEE reliability test system［J］. IEEE Transactions on Power Apparatus and Systems，1979，2047－2054.

［62］Grigg C，Wong P，Albrecht P，et al. The IEEE reliability test system-1996. A report prepared by the reliability test system task force of the application of probability methods subcommittee［J］. IEEE Transactions on Power Systems，1999，14: 1010－1020.

［63］Pena I，Martinez-Anido C B，Hodge B-M. An extended IEEE 118-bus test system with high renewable penetration［J］. IEEE Transactions on Power Systems，2017，33: 281－289.

［64］Wang J，Wei J，Zhu Y，et al. The reliability and operation test system of power grid with large-scale renewable integration［J］. CSEE Journal of Power and Energy Systems，2019.

［65］Zhuo Z，Zhang N，Yang J，et al. Transmission Expansion Planning Test System for AC/DC Hybrid Grid With High Variable Renewable Energy Penetration［J］. IEEE Transactions on Power Systems，2019.

［66］Du E，Zhang N，Hodge B-M，et al. Economic justification of concentrating solar power in high renewable energy penetrated power systems［J］. Applied Energy，2018，222: 649－661.

［67］International Energy Agency（IEA）. World Energy Outlook 2018［R］. Paris: IEA，2018.

［68］Venkataraman S，Jordan G，O'Connor M，et al. Cost-Benefit Analysis of Flexibility Retrofits for Coal and Gas-Fueled Power Plants: August 2012-December 2013［R］. National Renewable Energy Lab.（NREL），Golden，CO（United States），2013.

［69］张宁，代红才，胡兆光，等. 考虑系统灵活性约束与需求响应的源网荷协调规划模型［J］. 中国电力，2019，52: 61－69.

［70］Mongird K，Fotedar V，Viswanathan V，et al. Energy Storage Technology and Cost Characterization Report［R］. Renewable Energy World，2019.

索　引